Staudt
Experimentalphysik
Teil 1

Günter Staudt

Experimentalphysik

Einführung in die Grundlagen der Physik mit zahlreichen Übungsaufgaben

Teil 1: Mechanik, Wärmelehre, Wellen und Schwingungen

8., durchgesehene Auflage

Autor
Prof. Dr. Günter Staudt
Universität Tübingen,
Deutschland

8., durchgesehene Auflage 2002

Die Deutsche Bibliothek - CIP-Einheitsaufnahme
Ein Titelsatz für diese Publikation ist bei Der Deutschen Bibliothek erhältlich

Gedruckt auf säurefreiem Papier

ISBN: 978-3-5274036-08

Vorwort zur 7. Auflage

Das wieder wachsende Interesse am Studium der Physik machte nach sechs Jahren eine Neuauflage des bewährten Buches notwendig.

Die auch bei Studierenden der Naturwissenschaften und Medizin zur studienbegleitenden Vorbereitung auf die Vorprüfung im Fach Physik beliebte Darstellung der Experimentalphysik wurde in dieser Ausgabe erstmals durch Aufnahme von Übungsaufgaben erweitert. Der Verlag hofft, damit einem Wunsch vieler Leser nachzukommen.

Den Herren Dr. Wilhelm Pfleging und Oberstudienrat Karsten Beuche danke ich für die Überlassung von ergänzenden Aufgaben im Übungsteil.

Tübingen, im August 1999

Der Verleger

Aus dem Vorwort zur 1. Auflage

Der vorliegende Band ist der erste Teil einer Zusammenstellung des Stoffes der klassischen Experimentalphysik, wie er in den Vorlesungen Experimentalphysik I und II an der Universität Tübingen angeboten wird. Die Vorlesungen richten sich an die Studienanfänger der Fachrichtungen Physik und Mathematik, Chemie und Biochemie, Geologie und Mineralogie, in ähnlicher Form auch an die Studenten der Biologie.

Dieser erste Band entstand aus der Vorlesung „Experimentalphysik I für Physiker und Mathematiker". Den Vorlesungen für die Studenten der anderen naturwissenschaftlichen Fachrichtungen liegen die gleiche Stoffauswahl und insbesondere die gleichen Experimente zugrunde; es fehlt nur der Stoff der Ergänzungsvorlesung und manche (mathematische) Ableitung.

Die Vorlesungen wurden von den Herren M. Ronge und H. Schmid in Form von Staatsexamensarbeiten im Rahmen ihrer wissenschaftlichen Prüfung für das Lehramt an Gymnasien im Fach Physik sorgfältig ausgearbeitet. Dabei wurde auch auf die Beschreibung der Vorlesungsversuche, die von Herrn Feinmechanikermeister W. Gugel betreut werden, besonderer Wert gelegt. Die fertigen Manuskripte wurden von mir durchgesehen und zur Buchform zusammengefaßt. Die vorliegende Stoffzusammenstellung soll den Studienanfängern zum einen dabei helfen, den Vorlesungen konzentrierter folgen zu können, zum anderen soll sie auch einen Anhaltspunkt für die Stoffauswahl beim notwendigen Nacharbeiten der Vorlesungen anhand von umfangreicheren Lehrbüchern geben.

Tübingen, April 1981 G. Staudt

Inhalt

Kapitel 1

Mechanik des Massenpunktes

Die Aufgabe der Mechanik ist es, Bewegungen und Verformungen von Körpern unter dem Einfluß von Kräften zu untersuchen und die Vorgänge quantitativ zu beschreiben. In der Mechanik des Massenpunktes vernachlässigt man die Ausdehnung der Körper und beschreibt in dieser Näherung die Bewegung von Massenpunkten unter der Einwirkung von Kräften.

1.1 Physikalische Größen, Länge und Zeit, Vektorrechnung

1.1.1 Definition der physikalischen Größe

Alle Aussagen der Physik beruhen auf *Messungen.* Die Meßgröße muß sich qualitativ definieren lassen („Länge, Temperatur"), und sie muß quantitativ vergleichbar sein („A ist doppelt so groß, lang, schwer, ... wie B"). Wenn diese beiden Bedingungen erfüllt sind, heißt die Größe eine physikalische Größe.

Das Messen einer Größe A bedeutet: Man vergleiche die Größe A mit einer Größe B gleicher Qualität, auf der eine Einheit dieser Größe angegeben ist. Das Ergebnis einer Messung ist die *Maßzahl*:

$$\begin{aligned} \text{Größe} &= \text{Maßzahl} \cdot \text{Einheit} \\ \text{oder symbolisch} \quad A &= \{A\} \cdot [A] \\ \text{z. B.} \quad \text{Länge eines Stabes} &= 1,5 \text{ m}. \end{aligned}$$

Unter $[A]$ wird also die Einheit der Größe A verstanden, unter $\{A\}$ der reine Zahlenwert.

Beim Ablesen von Maßzahlen muß parallaxenfrei gearbeitet werden. Parallaxe heißt die scheinbare Veränderung der Meßgröße unter verschiedenen Blickwinkeln. Man vermeidet sie, wenn die Visierlinie senkrecht zum Maßstab steht.

Die physikalische Größe ist unabhängig von der Wahl der Einheit: Werden bei der Messung der Länge eines Stabes mehrere Maßstäbe mit unterschiedlichen Einheiten verwendet, dann erhält man als Meßergebnis zwar verschiedene Maßzahlen, aber natürlich ist in allen Fällen die Länge des Stabes dieselbe. *Die physikalische Größe ist invariant gegenüber dem Wechsel der Einheit.* Das ist der Grund dafür, daß die physikalischen Gesetze i. a. in Form von Größengleichungen (und nicht in Form von Zahlenwertgleichungen) formuliert werden.

1.1.2 Das Internationale Einheitensystem

Alle Größen der Mechanik lassen sich auf drei Grundgrößen zurückführen. Nimmt man die übrigen Gebiete der Physik hinzu, genügen insgesamt sieben Grundgrößen mit ihren Einheiten. Auf der *Conférence Générale des Poids et Mesures* (CGPM) im Jahre 1960 und 1971 wurde das *Internationale Einheitensystem (Système International d'Unités: SI)* beschlossen. Es basiert auf folgenden Grundgrößen:

Grundgröße	**SI-Einheit**	
	Zeichen	Name
Länge	m	Meter
Zeit	s	Sekunde
Masse	kg	Kilogramm
Elektr. Stromstärke	A	Ampere
Thermodyn. Temperatur	K	Kelvin
Stoffmenge	mol	Mol
Lichtstärke	cd	Candela

In den einzelnen Gebieten der Physik ist es des öfteren notwendig, Vielfache oder Teile der SI-Einheiten zu verwenden. Deshalb wurde für alle Einheiten eine dekadische Vervielfachung bzw. Unterteilung eingeführt: Das Vorsatzzeichen wird vor die SI-Einheit gesetzt. Eine Tabelle mit den Vorsatzsymbolen befindet sich im Anhang.

1.1.3 Erste Grundgröße: die Länge

Die erste Grundgröße der Mechanik ist die Länge. Die Länge eines Körpers kann man durch Vergleich mit einem Maßstab, auf dem eine Einheit vorgegeben ist, messen. Als Meßgeräte werden u. a. Meßlatte, Maßband, Schieblehre, Mikrometerschraube, Okularmikrometer verwendet. Zur Erhöhung der Ablesegenauigkeit wird bei den drei letztgenannten Geräten ein Nonius benutzt. Dadurch kann man auf 10^{-1} Skalenteile genau ablesen.

Als Einheit der Länge dient das im 18. Jahrhundert willkürlich eingeführte Meter: [Länge] = 1 Meter = 1 m. Es war ursprünglich als der 10^{-7}-te Teil eines Erdquadranten definiert und wurde als Urmeter aus einer Platin-Iridium-Legierung gefertigt und in Paris aufbewahrt. Genaue Messungen am Urmeter ergaben aber, daß trotz sorgfältiger Aufbewahrung ständig umweltbedingte Längenänderungen auftreten. 1960 wurde diese Definition aufgegeben und durch einen atomaren Standard ersetzt, der sich genauer und einfacher reproduzieren läßt. Man nahm als Maß die Wellenlänge des Lichtes, welches durch das angeregte Edelgasisotop $^{86}_{36}$Krypton beim Übergang vom Atomzustand $5d_5$ nach $2p_{10}$ in das Vakuum ausgesandt wird. Definition:

$$1 \text{ m} := 1\,650\,763,73 \text{ Wellenlängen } (5d_5 - 2p_{10}).$$

Zum experimentellen Anschluß der Länge eines Meters an die Wellenlänge der Kryptonlinie dient ein *Michelson-Interferometer.* Seine Wirkungsweise beruht auf der Interferenz von Lichtwellen.

Versuch: Statt der Lichtwellen werden cm-Wellen (Mikrowellen) verwendet und die Wellenlänge mit dem Abstand zweier Marken verglichen.
Neben der Längeneinheit Meter sind folgende Bezeichnungen gebräuchlich:

$$\begin{array}{lcccc} 1 \text{ Å (Ångström)} & = & 10^{-8} \text{ cm} & = & 10^{-10} \text{ m} \\ 1 \text{ fm (Fermi)} & = & 10^{-13} \text{ cm} & = & 10^{-15} \text{ m} \\ 1 \text{ Lj (Lichtjahr)} & = & 9,46 \cdot 10^{15} \text{ m} & & \end{array}$$

Aus der Grundgröße „Länge“ und ihrer Einheit „Meter“ lassen sich *abgeleitete Größen* und ihre Einheiten gewinnen (vgl. Abb. 1.1):

$$\begin{array}{rll} \text{Fläche} & A = a \cdot b & [A] = 1 \text{ m}^2 \\ \text{Volumen} & V = a \cdot b \cdot c & [V] = 1 \text{ m}^3 \\ \text{Winkel} & \alpha = s/r & [\alpha] = 1 \text{ rad (Radiant)} \end{array}$$

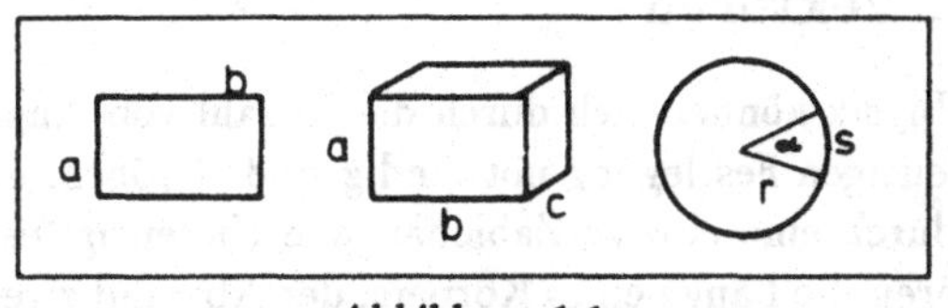

Abbildung 1.1

1 rad ist der Winkel, der auf dem Einheitskreis mit $r = 1$ m die zugehörige Bogenlänge von 1 m herausschneidet. Neben dieser SI-Einheit wird für Winkelmessungen noch die Einheit im Gradmaß verwendet. Wegen 2π rad $\widehat{=}$ 360° gilt: 1 rad $\widehat{=}$ 360°/2π $\approx$ 57°.

1.1.4 Zweite Grundgröße: die Zeit

So wie man mit dem Begriff Länge die qualitative Eigenschaft eines „Nebeneinander“ von Raumpunkten verbindet, so ist der Begriff der Zeit mit der Eigenschaft „Nacheinander“ von zwei Ereignissen verbunden. Ein Zeitintervall kann durch Vergleich mit der Dauer eines *periodischen Vorganges* gemessen werden. Setzen wir die Dauer einer Periode gleich der Zeiteinheit, dann bedeutet die Messung eines Zeitintervalles zwischen zwei Ereignissen das Abzählen der Anzahl der Perioden des als Uhr benutzten periodischen Vorganges.

Entsprechend wie ursprünglich die Längeneinheit an die räumliche Ausdehnung der Erde angeschlossen wurde, ist die Zeiteinheit ebenfalls mit einem irdischen Maß verknüpft worden, mit der Periode der Erddrehung um ihre eigene Achse.

$$1 \text{ Sekunde} = 1 \text{ s} = \frac{1}{24 \cdot 60 \cdot 60} \text{ mittlerer Sonnentag}$$

Mit fortschreitender Technik erwies sich diese Definition aber als zu grob. Man hatte gelernt, genauere Zeitmesser (Uhren), die alle auf periodischen Vorgängen beruhen, zu bauen. Beispiele: Pendeluhren, Torsionsuhren, Quarzuhren; für Präzisionsmessungen Moleküluhren (Ammoniakuhr), Atomuhr (Cäsiumuhr).

Seit 1967 wird im SI-System als Zeitstandard die Sekunde als ein bestimmtes Vielfaches der Schwingungsdauer T der elektromagnetischen Strahlung angegeben, die von dem Isotop $^{133}_{55}$Cäsium beim Übergang zwischen den beiden Hyperfeinstrukturniveaus des Grundzustandes ausgesandt wird:

$$1 \text{ s} = 9\,192\,631\,770 \; T.$$

Die Schwingungsdauer T ist die Zeit einer vollen Schwingung (Hin- und Rückschwingung). Den reziproken Wert von T nennt man *Frequenz* ν.

$$\nu = \frac{1}{T} \qquad [\nu] = 1 \text{ s}^{-1} = 1 \text{ Hz (Hertz)}$$

1.1.5 Skalare, Vektoren

Die Größen in der Physik können sich durch die Anzahl von Angaben unterscheiden, welche zu ihrer eindeutigen Festlegung notwendig sind. Größen, die — bei vorgegebener Maßeinheit — durch eine einzige Zahlenangabe eindeutig festgelegt sind, heißen *Skalare*. Hierzu gehören die Länge eines Körpers, der Abstand zweier Punkte, die Zeit, die Temperatur usw.

Größen, die — bei vorgegebener Maßeinheit — durch eine Zahl („Betrag“ oder „Länge“) *und* durch eine Richtung charakterisiert sind, heißen *Vektoren*. Hierzu gehören die Geschwindigkeit, die Kraft, der Impuls usw. Im folgenden sollen einige elementare Beziehungen zwischen Vektorgrößen plausibel gemacht werden.

1. *Zerlegung eines Vektors in Betrag und Einheitsvektor.* Es soll eine gerichtete Strecke betrachtet werden, die einem Punkt A einen Punkt B zuordnet. Die Größe, die diese Zuordnung beschreibt und die durch die gerichtete Strecke dargestellt wird, heißt Verschiebungsvektor $\vec{a}$ (Abb. 1.2). Dieser Vektor ist zum einen charakterisiert durch eine skalare Größe, den Abstand a der beiden Punkte A und B, den man auch den *Betrag* oder die *Länge* des Vektors $\vec{a}$ nennt ($|\vec{a}| = a$), zum anderen ist er charakterisiert durch den Einheitsvektor $\hat{\vec{a}}$, der in die gleiche Richtung zeigt wie $\vec{a}$, aber den Betrag oder die Länge 1 besitzt: $|\hat{\vec{a}}| = 1$.

   Die Verschiebung läßt sich zusammensetzen aus der a-fachen Anwendung der Verschiebung $\hat{\vec{a}}$: $\vec{a} = a \cdot \hat{\vec{a}} = |\vec{a}| \cdot \hat{\vec{a}}$.

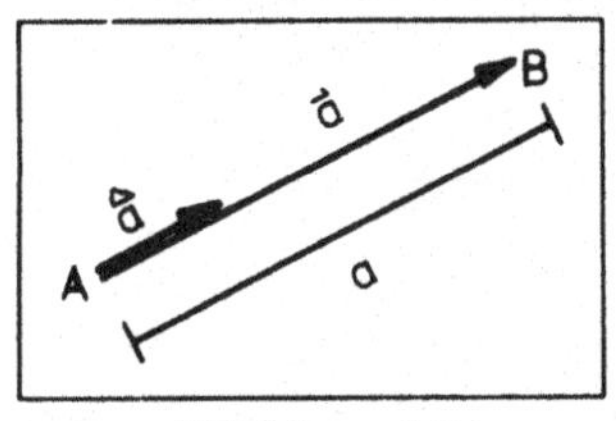

Abbildung 1.2

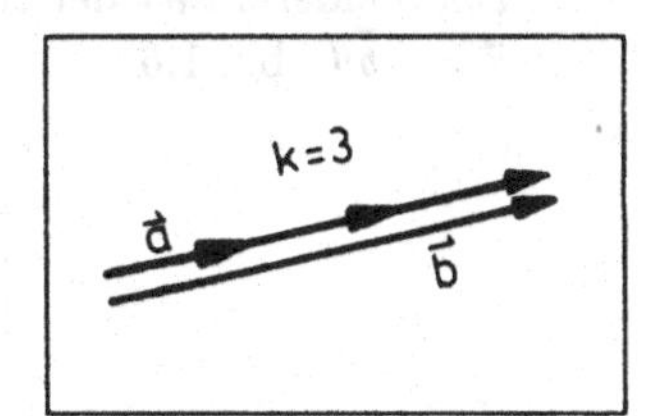

Abbildung 1.3

2. *Multiplikation eines Vektors mit einem Skalar.* In Verallgemeinerung der letzten Aussage folgt, daß eine k-malige Anwendung der Verschiebung $\vec{a}$ zu einem neuen Vektor $\vec{b}$ führt, der in die gleiche Richtung zeigt wie $\vec{a}$, aber die k-fache Länge besitzt: $\vec{b} = k \cdot \vec{a}$ (vgl. Abb. 1.3).

3. *Summe und Differenz zweier Vektoren.* Die vektorielle Addition, d. h. das Aneinanderreihen der Verschiebungen $\vec{a}$ und $\vec{b}$ ergibt eine Gesamtverschiebung, den Vektor $\vec{c}$. Man erhält die Vektorsumme, wenn an den Endpunkt von Vektor $\vec{a}$

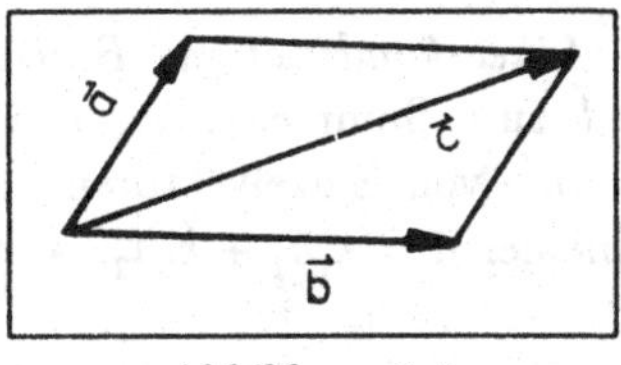
Abbildung 1.4

der Vektor $\vec{b}$ angesetzt wird (Parallelogrammkonstruktion, Abb. 1.4): $\vec{a} + \vec{b} = \vec{c}$. Die Vektoraddition ist kommutativ: $\vec{a} + \vec{b} = \vec{b} + \vec{a} = \vec{c}$.

Die Differenz $\vec{a} - \vec{b}$ bedeutet eine Summation der Vektoren $\vec{a}$ und $-\vec{b}$: $\vec{a} - \vec{b} = \vec{a} + (-\vec{b}) = \vec{c}$, $\vec{a} = \vec{c} + \vec{b} = \vec{b} + \vec{c}$ (Abb. 1.5).

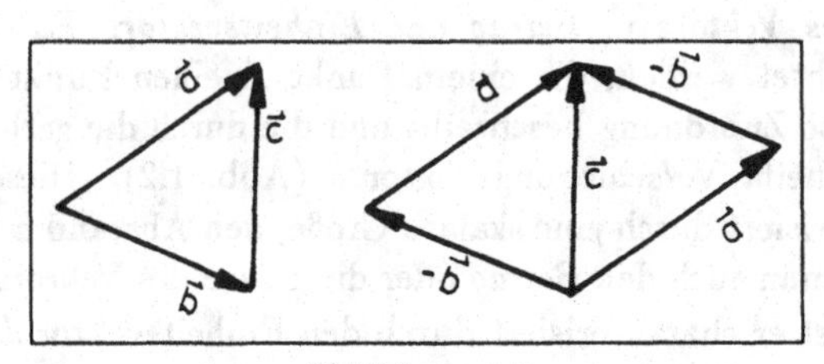
Abbildung 1.5

Ein Sonderfall ist der *Nullvektor*, der den Punkt A in sich überführt: $\vec{a} + \vec{b} = \vec{0}$, $\vec{a} = -\vec{b}$ (Abb. 1.6).

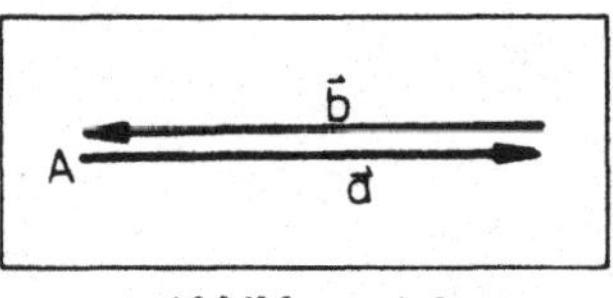

Abbildung 1.6

4. *Assoziativität und Distributivität.* Eine Kombination der Summations- und Multiplikationsgesetze führt zu folgenden Aussagen:

$$\begin{aligned} (\vec{a}+\vec{b})+\vec{c} &= \vec{a}+(\vec{b}+\vec{c}) = \vec{a}+\vec{b}+\vec{c} \quad \text{Assoziativgesetz} \\ k(\vec{a}+\vec{b}) &= k\vec{a}+k\vec{b} \\ (k+q)\vec{a} &= k\vec{a}+q\vec{a} \quad \text{Distributivgesetz} \end{aligned}$$

5. *Komponentenzerlegung, Linearkombination, Basisvektoren.* Da die Addition zweier Vektoren $\vec{a}$ und $\vec{b}$ zum Summenvektor $\vec{c}$ führt, können wir umgekehrt jeden Vektor in eine Summe von Einzelvektoren, seine *Komponenten*, zerlegen: $\vec{a} = \vec{a}_1 + \vec{a}_2$, oder allgemeiner $\vec{a} = k_1\vec{a}_1 + k_2\vec{a}_2$. k_1 und k_2 sind dabei reell (vgl. Abb. 1.7).

   Die letzte Beziehung heißt *Linearkombination* der Vektoren $\vec{a}_1$ und $\vec{a}_2$. Ist $\vec{a}_2 \neq q\vec{a}_1$, lassen sich mit dieser Linearkombination alle Vektoren der Ebene, die durch $\vec{a}_1$ und $\vec{a}_2$ aufgespannt wird, aufbauen. Man nennt deshalb $\vec{a}_1$ und $\vec{a}_2$ linear unabhängige *Basisvektoren*; sie bilden *eine* mögliche Basis zu dem von diesen beiden Vektoren aufgespannten zweidimensionalen Vektorraum. Um alle Vektoren im dreidimensionalen Ortsraum zu erfassen, benötigt man ein System von drei linear unabhängigen Basisvektoren $\vec{a}_1, \vec{a}_2, \vec{a}_3$.

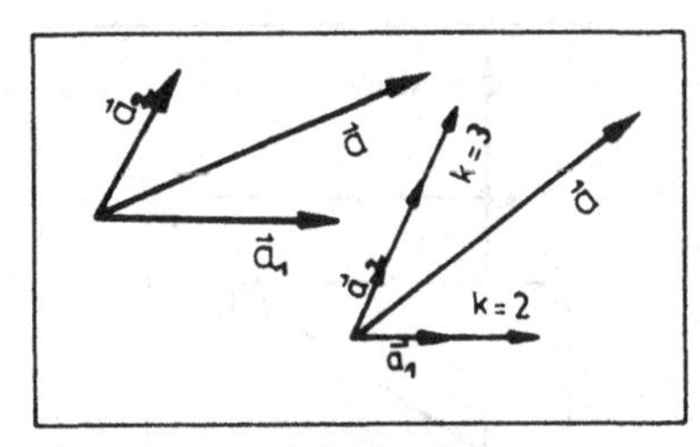

Abbildung 1.7

Entsprechend wird in Verallgemeinerung dazu ein n-dimensionaler Vektorraum durch n linear unabhängige Basisvektoren $\vec{a}_1, \vec{a}_2, \vec{a}_3, \ldots, \vec{a}_n$ aufgespannt.

1.1.6 Koordinatensystem und Komponentenschreibweise

Will man die Lage eines Punktes im Raum angeben, muß ein *Koordinatensystem* eingeführt werden. Das geschieht durch einige Festlegungen:

1. Wahl eines festen Bezugspunktes O, des *Koordinatenursprunges.*
2. Wahl von drei festen Raumrichtungen, den *Koordinatenachsen.* Die Aussage „fest" heißt in beiden Fällen feste Lage bezüglich bestimmter materieller Körper unserer Umwelt, z. B. gegenüber der Erdoberfläche.
3. Wahl der Reihenfolge in der Zählung der drei Achsen.
4. Wahl der Einheitslängen auf den drei Achsen.

Nach den Ausführungen von Abschnitt 1.1.5 lassen sich die Koordinatenachsen mit den Richtungen von Basisvektoren eines Vektorraumes identifizieren. Zum Aufspannen eines dreidimensionalen Ortsraumes benötigt man drei linear unabhängige Basisvektoren. Zweckmäßigerweise wird oft eine Basis mit drei senkrecht aufeinander stehenden Vektoren gewählt, die in der Reihenfolge von Daumen, Zeige- und Mittelfinger der rechten Hand orientiert sind und die die Längen 1 haben. Man nennt ein solches System ein *normiertes, rechtshändiges, orthogonales (kartesisches) Basissystem* und kennzeichnet es z. B. mit $\hat{\vec{x}}, \hat{\vec{y}}, \hat{\vec{z}}$. Dieses Basissystem erfüllt die zur Festlegung eines Koordinatensystems genannten Bedingungen.

Ein Punkt im Raum läßt sich dann durch den Ortsvektor $\vec{r}$ charakterisieren, der den Ursprung in den Punkt P überführt: $\vec{r} = x\hat{\vec{x}} + y\hat{\vec{y}} + z\hat{\vec{z}}$ (Abb. 1.8).

Bei festgelegten Basisvektoren bzw. festgelegtem Koordinatensystem ist die Lage des Punktes P auch eindeutig charakterisiert durch die Angabe des (geordneten) Zahlentripels: $\vec{r} = (x, y, z)$. Die (skalaren) Größen x, y, z heißen die (skalaren) Komponenten des

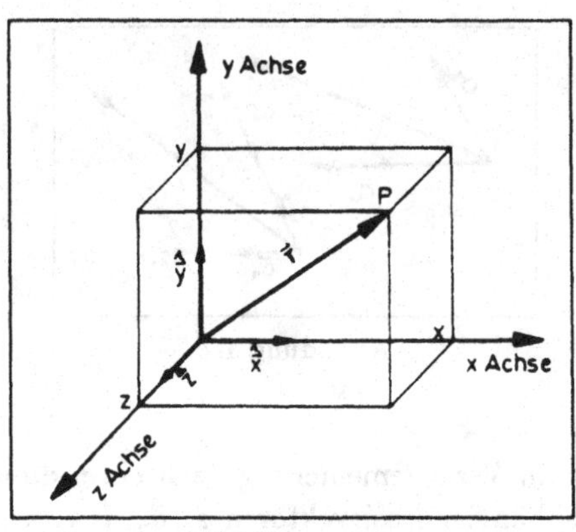

Abbildung 1.8

Vektors $\vec{r}$ oder die kartesischen Koordinaten des Punktes P. Die Beziehung $\vec{r} = (x, y, z)$ nennt man *Komponentendarstellung* des Ortsvektors $\vec{r}$.

Komponentendarstellung der unter 1.1.5 eingeführten Rechenoperation für Vektoren:

Abbildung 1.9:

$$\begin{aligned} \vec{c} &= k\vec{a} \quad \text{mit} \quad \vec{a} = (a_x, a_y, a_z) \\ \Rightarrow \quad \vec{c} &= (ka_x, ka_y, ka_z) \end{aligned}$$

Abbildung 1.10:

$$\begin{aligned} \vec{a} \pm \vec{b} = \vec{c} \quad \text{mit} \quad \vec{a} &= (a_x, a_y, a_z) \\ \vec{b} &= (b_x, b_y, b_z) \\ \vec{c} = (c_x, c_y, c_z) &= (a_x \pm b_x, a_y \pm b_y, a_z \pm b_z) \end{aligned}$$

Den Abstand des Punktes P vom Ursprung O erhält man mit Hilfe des Satzes von Pythagoras als Betrag des Ortsvektors $\vec{r} = (x, y, z)$ zu $r = |\vec{r}| = \sqrt{x^2 + y^2 + z^2}$.
Der Abstand zweier Punkte P_1 und P_2 (Abb. 1.11) ist der Betrag des Differenzvektors $\vec{r}_2 - \vec{r}_1 = \Delta\vec{r}$, also

$$\begin{aligned} |\Delta\vec{r}| = |\vec{r}_2 - \vec{r}_1| &= |(x_2\hat{\vec{x}} + y_2\hat{\vec{y}} + z_2\hat{\vec{z}}) - (x_1\hat{\vec{x}} + y_1\hat{\vec{y}} + z_1\hat{\vec{z}})| \\ &= |(x_2 - x_1)\hat{\vec{x}} + (y_2 - y_1)\hat{\vec{y}} + (z_2 - z_1)\hat{\vec{z}}| \\ &= \sqrt{(x_2 - x_1)^2 + (y_2 - y_1)^2 + (z_2 - z_1)^2}. \end{aligned}$$

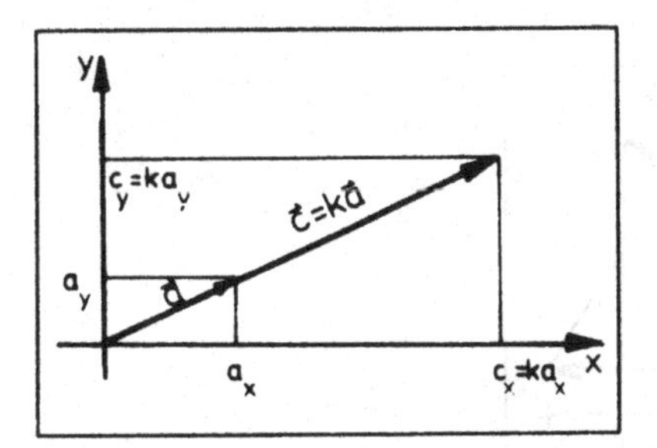

Abbildung 1.9

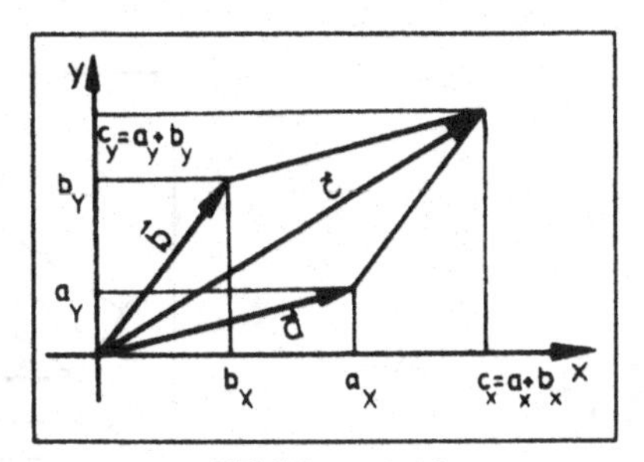

Abbildung 1.10

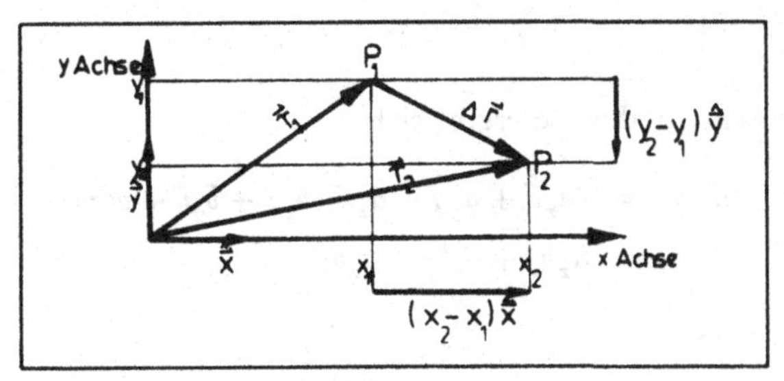

Abbildung 1.11

1.1.7 Produkte von Vektoren

Skalares oder inneres Produkt zweier Vektoren

Das skalare oder innere Produkt $\vec{a} \cdot \vec{b}$ zweier Vektoren $\vec{a}$ und $\vec{b}$ ist die (skalare) Zahl, die gleich ist dem Produkt aus den Beträgen der beiden Vektoren mit dem Kosinus des eingeschlossenen Winkels $\alpha = \angle(\vec{a}, \vec{b})$:

$$\boxed{\vec{a} \cdot \vec{b} = \vec{b} \cdot \vec{a} = ab \cos \angle(\vec{a}, \vec{b}).}$$

Anschaulich bedeutet dieser Ausdruck das Produkt aus Länge a und der senkrechten Projektion der Länge b auf die Richtung $\vec{a}$ (oder umgekehrt; vgl. Abb. 1.12).
Es gilt:

1. $\vec{a} \cdot \vec{b} = \vec{b} \cdot \vec{a}$ (Kommutativität)

2. $\vec{a}(\vec{b} + \vec{c}) = \vec{a} \cdot \vec{b} + \vec{a} \cdot \vec{c}$ (Distributivität)

3. $\vec{a} \cdot \vec{b} = 0$, wenn $\vec{a} = 0$ oder $\vec{b} = 0$ oder $\vec{a} \perp \vec{b}$ ($\alpha = 90°$)

4. $\vec{a} \cdot \vec{a} = a^2$.

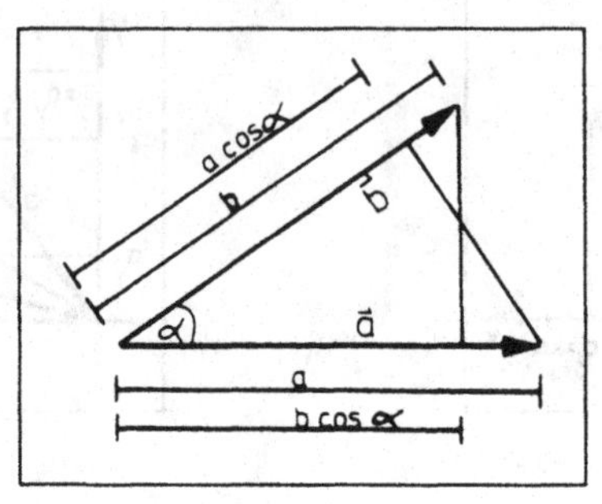

Abbildung 1.12

Für die Komponentenschreibweise ergibt sich

$$\begin{aligned}\vec{a}\cdot\vec{b} &= (a_x\hat{\vec{x}} + a_y\hat{\vec{y}} + a_z\hat{\vec{z}})(b_x\hat{\vec{x}} + b_y\hat{\vec{y}} + b_z\hat{\vec{z}}) \\ &= a_x b_x + a_y b_y + a_z b_z,\end{aligned}$$

da

$$\begin{aligned}\hat{\vec{x}}\cdot\hat{\vec{x}} &= \hat{\vec{y}}\cdot\hat{\vec{y}} = \hat{\vec{z}}\cdot\hat{\vec{z}} = 1 \quad (\alpha = 0°) \\ \hat{\vec{x}}\cdot\hat{\vec{y}} &= \hat{\vec{x}}\cdot\hat{\vec{z}} = \hat{\vec{y}}\cdot\hat{\vec{z}} = 0 \quad (\alpha = 90°).\end{aligned}$$

Das Skalarprodukt ist gleich der Summe der Produkte gleichartiger Komponenten.

Vektorielles oder äußeres Produkt zweier Vektoren

Das Vektor- oder äußere Produkt $\vec{a}\times\vec{b}$ zweier Vektoren $\vec{a}$ und $\vec{b}$ ergibt einen Vektor, der senkrecht auf der von $\vec{a}$ und $\vec{b}$ aufgespannten Ebene steht. Sein Betrag ist der Flächeninhalt des von $\vec{a}$ und $\vec{b}$ gebildeten Parallelogramms (Abb. 1.13):

$$\boxed{|\vec{a}\times\vec{b}| = ab\sin\angle(\vec{a},\vec{b}).}$$

Die Richtung dieses Produktvektors $\vec{a}\times\vec{b}$ ist wie folgt festgelegt: Dreht man den ersten Vektor $\vec{a}$ auf kürzestem Wege in die Richtung des zweiten Vektors $\vec{b}$, so soll diese Drehbewegung zusammen mit der Richtung von $\vec{a}\times\vec{b}$ eine Rechtsschraube bilden. (Oder: Liegt der Daumen in Richtung von $\vec{a}\times\vec{b}$, so zeigen die gekrümmten Finger der rechten Hand in die Drehrichtung von $\vec{a}$ nach $\vec{b}$.)

Es gilt:

1. $\vec{a}\times\vec{b} = -\vec{b}\times\vec{a}$ (Antikommutativität)

2. $\vec{a}\times(\vec{b}+\vec{c}) = \vec{a}\times\vec{b} + \vec{a}\times\vec{c}$ (Distributivität)

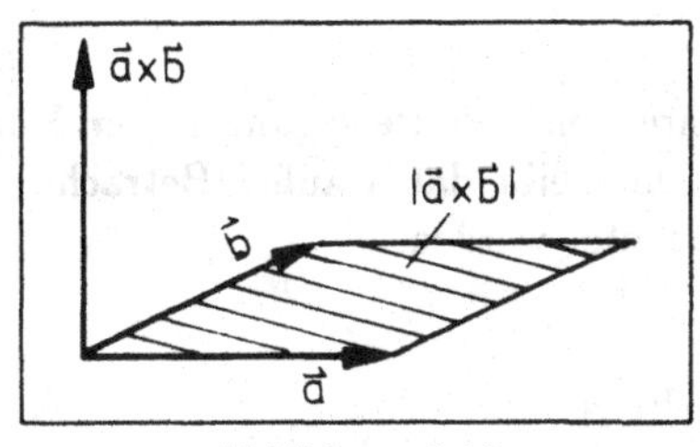

Abbildung 1.13

3. $\vec{a} \times \vec{b} = 0$, wenn $\vec{a}$ oder $\vec{b}$ Null sind, oder aber $\vec{a}$ parallel bzw. antiparallel zu $\vec{b}$ $(\sin \angle(\vec{a}, \vec{b}) = 0)$

4. $\vec{a} \times \vec{a} = 0$.

Die Komponentenschreibweise ergibt sich zu

$$\begin{aligned}
\vec{c} = \vec{a} \times \vec{b} &= (a_x\hat{\vec{x}} + a_y\hat{\vec{y}} + a_z\hat{\vec{z}}) \times (b_x\hat{\vec{x}} + b_y\hat{\vec{y}} + b_z\hat{\vec{z}}) \\
&= a_xb_x(\hat{\vec{x}} \times \hat{\vec{x}}) + a_xb_y(\hat{\vec{x}} \times \hat{\vec{y}}) + a_xb_z(\hat{\vec{x}} \times \hat{\vec{z}}) \\
&\quad + a_yb_x(\hat{\vec{y}} \times \hat{\vec{x}}) + a_yb_y(\hat{\vec{y}} \times \hat{\vec{y}}) + a_yb_z(\hat{\vec{y}} \times \hat{\vec{z}}) \\
&\quad + a_zb_x(\hat{\vec{z}} \times \hat{\vec{x}}) + a_zb_y(\hat{\vec{z}} \times \hat{\vec{y}}) + a_zb_z(\hat{\vec{z}} \times \hat{\vec{z}}) \\
&= (a_yb_z - a_zb_y)\hat{\vec{x}} + (a_zb_x - a_xb_z)\hat{\vec{y}} + (a_xb_y - a_yb_x)\hat{\vec{z}} \\
&=: c_x\hat{\vec{x}} + c_y\hat{\vec{y}} + c_z\hat{\vec{z}},
\end{aligned}$$

da

$$\begin{aligned}
\hat{\vec{x}} \times \hat{\vec{x}} &= \hat{\vec{y}} \times \hat{\vec{y}} = \hat{\vec{z}} \times \hat{\vec{z}} = 0 \\
\hat{\vec{x}} \times \hat{\vec{y}} &= \hat{\vec{z}}; \quad \hat{\vec{y}} \times \hat{\vec{z}} = \hat{\vec{x}}; \quad \hat{\vec{z}} \times \hat{\vec{x}} = \hat{\vec{y}} \\
\hat{\vec{y}} \times \hat{\vec{x}} &= -\hat{\vec{z}}; \quad \hat{\vec{z}} \times \hat{\vec{y}} = -\hat{\vec{x}}; \quad \hat{\vec{x}} \times \hat{\vec{z}} = -\hat{\vec{y}}.
\end{aligned}$$

Determinantenschreibweise:

$$\vec{a} \times \vec{b} = \begin{vmatrix} \hat{\vec{x}} & \hat{\vec{y}} & \hat{\vec{z}} \\ a_x & a_y & a_z \\ b_x & b_y & b_z \end{vmatrix}$$

1.2 Kinematik

Die Kinematik ist die Lehre von den Bewegungen der Körper in Raum und Zeit. Die Ursache der Bewegungen bleibt dabei außer Betracht. Im folgenden sollen nur punktförmige Objekte betrachtet werden.

1.2.1 Geschwindigkeit

Bewegungen werden gemessen mit Bezug auf ein vorgegebenes Koordinatensystem KS. Ändern sich die Koordinaten eines Körpers als Funktion der Zeit, befindet sich der Körper in bezug auf dieses Koordinatensystem in Bewegung. Da kein Koordinatensystem vor einem anderen physikalisch ausgezeichnet ist, sind alle Bewegungen grundsätzlich Relativbewegungen gegen ein anderes Koordinatensystem.

Gleichförmige, geradlinige Bewegung

Außer der Ruhe ist die einfachste Bewegungsart die gleichförmige, geradlinige Bewegung. Dabei legt ein Körper auf geradliniger Bahn in gleichen Zeitintervallen $\Delta t = t_2 - t_1$ gleiche Bahnabschnitte $\Delta s = s_2 - s_1$ zurück; Δs ist proportional zu Δt (vgl. Abb. 1.14). Der Proportionalitätsfaktor heißt *Geschwindigkeit*:

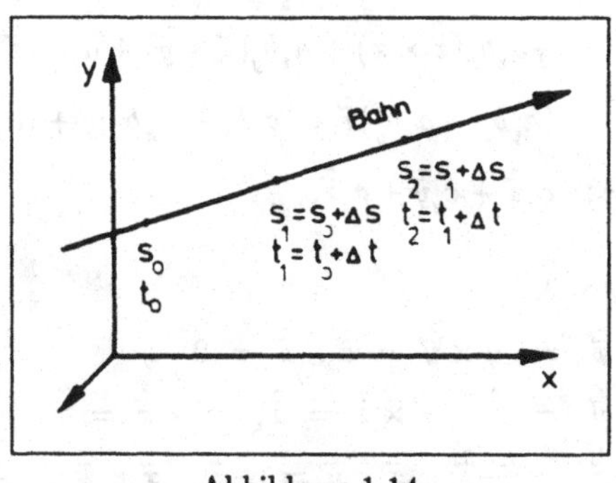

Abbildung 1.14

$$\boxed{\Delta s = v \cdot \Delta t.}$$

Die Geschwindigkeit ist demnach die pro Zeiteinheit Δt zurückgelegte Wegstrecke Δs.

$$\boxed{v = \frac{\Delta s}{\Delta t} \qquad [v] = 1\,\frac{\mathrm{m}}{\mathrm{s}}.}$$

In einem Weg-Zeit-Diagramm bedeutet v die Steigung der Geraden. Je steiler die Gerade, desto größer ist die Geschwindigkeit. Es gilt für die Steigung

$$v = \frac{\Delta s}{\Delta t} = \frac{s_2 - s_1}{t_2 - t_1} = \tan\alpha.$$

Für die in Abb. 1.15 dargestellte Gerade läßt sich

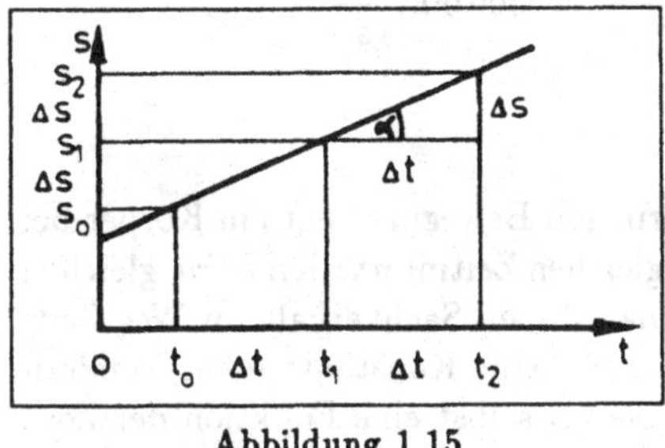

Abbildung 1.15

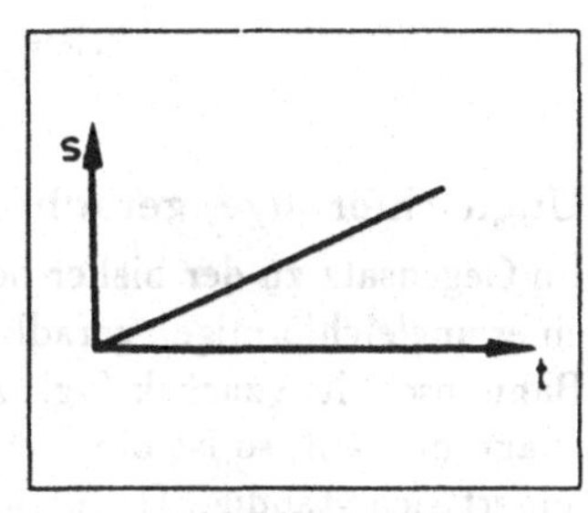

Abbildung 1.16

$$s(t) = s_0 + v(t - t_0)$$

ablesen. Wird der Nullpunkt für die Orts- und Zeitangabe so gewählt, daß $s_0 = t_0 = 0$ ist (Abb. 1.16), dann folgt

$$\boxed{s(t) = v \cdot t.}$$

Die Definition der Geschwindigkeit gibt zugleich auch die Meßvorschrift an: Man greift sich entlang der (geradlinigen) Bahn zwei Wegmarken 1 und 2 heraus, die von der (willkürlichen) Nullmarke der Bahn die Abstände s_1 und s_2 haben, mißt die Zeiten t_1 und t_2 des Vorbeifluges des Körpers an den Wegmarken s_1 und s_2 und berechnet daraus

$$v = \frac{s_2 - s_1}{t_2 - t_1} = \frac{s}{t}.$$

1. *Bestimmung der Geschoßgeschwindigkeit*: Aus einem Gewehr wird eine Kugel abgefeuert. Sie durchläuft eine Wegstrecke $\Delta s = 1$ m. Anfang und Ende der Strecke sind durch Drähte markiert, die von der Kugel auf ihrer Flugbahn zerrissen werden. Dadurch öffnen sich elektrische Kontakte, die eine angeschlossene Quarzuhr ein- und ausschalten. Als Geschoßgeschwindigkeit erhält man $v \approx 300$ m/s.

   Nach der gleichen Meßvorschrift lassen sich auch die Ausbreitungsgeschwindigkeiten von Vorgängen wie Schall und Licht messen.

2. *Schallgeschwindigkeit in Luft*: Ein Lautsprecher erzeugt einen kurzen Ton; dabei wird eine Quarzuhr gestartet. Im Abstand Δs vom Lautsprecher befindet sich ein Mikrofon, das den eintreffenden Schallimpuls registriert und die Uhr stoppt. Ergebnis: Die Ausbreitungsgeschwindigkeit von Schall in Luft bei Atmosphärendruck beträgt $v \approx 330$ m/s.

3. *Bestimmung der Lichtgeschwindigkeit*: Eine intensive Lichtquelle (LASER) erzeugt einen kontinuierlichen Lichtstrahl, aus dem mit Hilfe eines schnellen Schalters („Kerr-Effekt“) ein kurzer Lichtimpuls herausgeschnitten wird. Die Laufzeit dieses Lichtimpulses über eine Strecke von 30 m wird auf einem Oszilloskop registriert. Es ergeben sich Laufzeiten von 100 ns. Daraus folgt

$$v_{Licht} = \frac{\Delta s}{\Delta t} = \frac{30\ \mathrm{m}}{100 \cdot 10^{-9}\ \mathrm{s}} = 300\,000\ \frac{\mathrm{km}}{\mathrm{s}}.$$

Ungleichförmige, geradlinige Bewegung

Im Gegensatz zu der bisher betrachteten gleichförmigen Bewegung legt ein Körper bei einer ungleichförmigen geradlinigen Bewegung in gleichen Zeitintervallen *keine* gleichen Bahnabschnitte zurück (vgl. Abb. 1.17). Trägt man diesen Sachverhalt im Weg-Zeit-Diagramm auf, so ist die Steigung der Kurve $s = s(t)$ keine Konstante mehr, sondern ändert sich ständig. Damit wird die Geschwindigkeit v selbst eine Funktion der Zeit: $v = v(t)$. Während bei der gleichförmigen Bewegung die Messung von v nicht von der Länge des Zeitintervalles abhängt, ist im vorliegenden Falle

$$\frac{s_3 - s_1}{t_3 - t_1} < \frac{s_2 - s_1}{t_2 - t_1}.$$

Man erhält also unterschiedliche Meßergebnisse, wenn unterschiedlich lange Zeitintervalle für die Messung betrachtet werden. Der Wert der Momentangeschwindigkeit $v(t)$ ergibt sich, wenn man die Länge des Zeitintervalles Δt beliebig klein wählt:

$$\boxed{v(t) = \lim_{\Delta t \to 0} \frac{\Delta s}{\Delta t} = \frac{ds}{dt} = \dot{s}.}$$

Der Differentialquotient ds/dt läßt sich im Weg-Zeit-Diagramm als Anstieg der Tangente an die Kurve $s = s(t)$ interpretieren (Abb. 1.17). Die Momentangeschwindigkeit $v(t)$ zum Zeitpunkt $t = t_1$ ergibt sich demnach aus der Tangentensteigung für den Abszissenwert $t = t_1$. Die vorher betrachteten Differenzenquotienten $\Delta s/\Delta t$, nämlich $(s_3 - s_1)/(t_3 - t_1)$ bzw. $(s_2 - s_1)/(t_2 - t_1)$ bedeuten geometrisch den Anstieg von Sekanten an die Kurve $s = s(t)$ zwischen den Abszissenwerten t_1 und t_3 bzw. t_1 und t_2. Physikalisch geben sie die mittlere Geschwindigkeit $\overline{v}$ des Körpers zwischen den Zeitpunkten t_1 und t_3 bzw. t_1 und t_2 wieder.

Bei der Betrachtung von geradlinigen Bewegungen genügt eine skalare Betrachtungsweise: Das Koordinatensystem kann so gewählt werden, daß eine Achse („s-Achse“) parallel zur Bahn liegt. Dann wird der Bewegungsvorgang zu einem eindimensionalen Problem; die Bahnabschnitte entsprechen Koordinatenabschnitten auf der s-Achse.

Nicht-geradlinige Bewegung

Bei der nicht-geradlinigen Bewegung läßt sich diese Vereinfachung *nicht* anwenden. Die

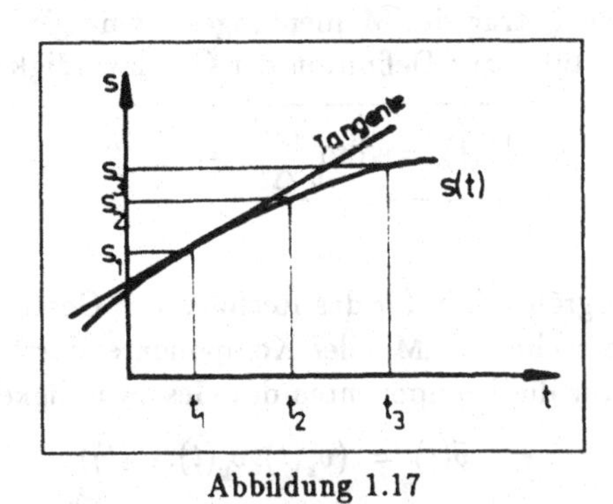

Abbildung 1.17

Bahnkurve muß durch einen zeitlich veränderlichen Ortsvektor $\vec{r}$ im dreidimensionalen Ortsraum beschrieben werden (vgl. Abb. 1.18).
Zum Zeitpunkt t wird die Lage des Körpers durch den Ortsvektor $\vec{r}(t)$, zum Zeitpunkt $t + \Delta t$ durch den Ortsvektor $\vec{r}(t + \Delta t)$ festgelegt. In der Zwischenzeit ist der Körper

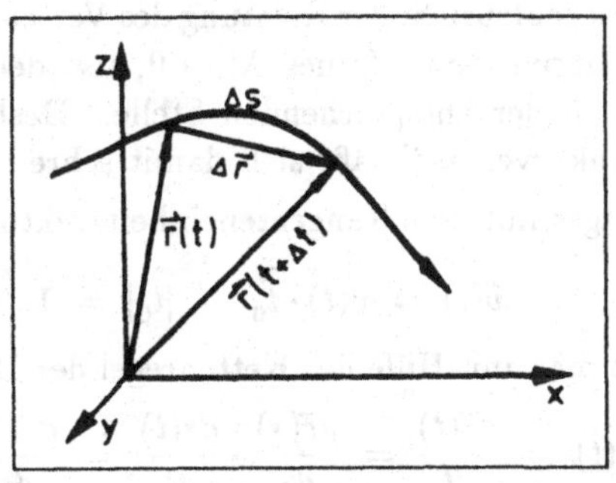

Abbildung 1.18

auf der Bahnkurve um das Wegstück Δs weitergewandert, und die Lage des Körpers hat sich um $\Delta\vec{r} = \vec{r}(t + \Delta t) - \vec{r}(t)$ verschoben.
In Verallgemeinerung der Geschwindigkeitsdefinition bei geradlinigen Bewegungen definiert man die Momentangeschwindigkeit im Zeitpunkt t als

$$v(t) = \frac{ds}{dt} = \lim_{\Delta t \to 0} \frac{\Delta s}{\Delta t}.$$

Während bei nicht geradliniger Bahn für endliche Δt die Größe $|\Delta r| < \Delta s$ ist, gilt für den Grenzübergang $\Delta t \to dt$ die Beziehung $\Delta s \to |\Delta\vec{r}|$. Deshalb läßt sich schreiben:

$$v(t) = \lim_{\Delta t \to 0} \frac{\Delta s}{\Delta t} = \lim_{\Delta t \to 0} \frac{|\Delta\vec{r}|}{\Delta t} = \frac{|d\vec{r}|}{dt}.$$

Diese Beziehung gibt den Betrag der Momentangeschwindigkeit an. Die Verallgemeinerung dieses Ausdrucks führt zur Definition der Geschwindigkeit:

$$\boxed{\vec{v}(t) = \lim_{\Delta t \to 0} \frac{\Delta \vec{r}}{\Delta t} = \frac{d\vec{r}}{dt}.}$$

Daraus folgt:

1. $\vec{v}(t)$ ist eine Vektorgröße, d. h. für das Rechnen mit Geschwindigkeiten gelten die Gesetze der Vektorrechnung. Mit der Komponentendarstellung des Ortsvektors $\vec{r} = (x, y, z)$ folgt für die Komponenten des Geschwindigkeitsvektors

$$\vec{v}(t) = (v_x(t), v_y(t), v_z(t))$$

mit

$$v_x(t) = \frac{dx(t)}{dt} = \dot{x}(t), \quad v_y(t) = \frac{dy(t)}{dt} = \dot{y}(t), \quad v_z(t) = \frac{dz(t)}{dt} = \dot{z}(t).$$

Für den Betrag der Geschwindigkeit gilt

$$|\vec{v}(t)| = \left|\frac{d\vec{r}}{dt}\right| = \frac{ds}{dt} = \sqrt{v_x^2 + v_y^2 + v_z^2} = \sqrt{\dot{x}^2 + \dot{y}^2 + \dot{z}^2}.$$

2. Die Richtung von $\vec{v}(t)$ entspricht der Richtung des Verschiebungsvektors $\Delta\vec{r} \to d\vec{r}$ für benachbarte Bahnpunkte im Limes $\Delta t \to 0$, also der Richtung der Tangente an die Bahnkurve an der entsprechenden Stelle. Deshalb ist $\vec{v}(t)$ ein Vektor tangential zur Bahnkurve. $\vec{v}(t)$ läßt sich damit schreiben als Produkt des Geschwindigkeitsbetrages mit dem Tangenteneinheitsvektor $\hat{\vec{t}}_0$:

$$\vec{v}(t) = v(t) \cdot \hat{\vec{t}}_0 \qquad |\hat{\vec{t}}_0| = 1.$$

Andererseits erhält man mit Hilfe der Kettenregel der Differentiation

$$\vec{v}(t) = \frac{d\vec{r}(t)}{dt} = \frac{d\vec{r}(s)}{ds} \cdot \frac{ds(t)}{dt} = \frac{d\vec{r}(s)}{ds} v(t).$$

Ein Vergleich liefert für den Tangenteneinheitsvektor:

$$\boxed{\hat{\vec{t}}_0 = \frac{d\vec{r}(s)}{ds}.}$$

Um diese Beziehung zu verstehen, substituiert man im Ausdruck für den Ortsvektor $\vec{r}(t)$ den Zeitparameter durch den Bahnparameter s. Die Ableitung des Vektors $\vec{r}(s)$ nach dem Bahnelement, also $d\vec{r}(s)/ds$, ist ein Vektor, der erstens parallel zu $d\vec{r}$, d. h. tangential zur Bahn liegt, und zweitens wegen

$$\frac{d\vec{r}(s)}{ds} = \lim_{\Delta s \to 0} \left|\frac{\vec{r}(s + \Delta s) - \vec{r}(s)}{\Delta s}\right| = \frac{\Delta s}{\Delta s} = 1$$

den Betrag 1 hat. Damit besitzt $d\vec{r}(s)/ds$ in der Tat die Eigenschaften eines Tangenteneinheitsvektors an die Bahnkurve.

1.2.2 Die Beschleunigung

Eine Bewegung, bei der sich der Geschwindigkeitsvektor im Laufe der Zeit ändert, heißt *beschleunigte Bewegung*. Deshalb ist jede ungleichförmige Bewegung eine beschleunigte Bewegung. Ein Körper habe zur Zeit t die Geschwindigkeit $v(t)$, bei $t + \Delta t$ dann $v(t + \Delta t)$ (Abb. 1.19). Für die Geschwindigkeitsänderung Δv gilt dann

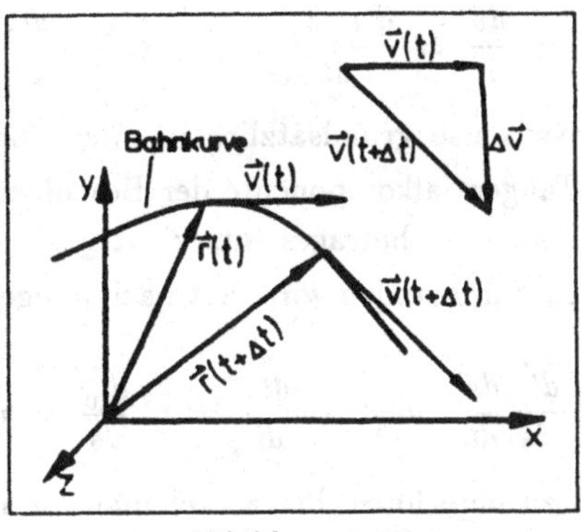

Abbildung 1.19

$$\begin{aligned}\vec{v}(t) + \Delta\vec{v} &= \vec{v}(t + \Delta t)\\ \Delta\vec{v} &= \vec{v}(t + \Delta t) - \vec{v}(t).\end{aligned}$$

Man definiert nun die Beschleunigung $\vec{a}(t)$ als die zeitliche Änderung der Geschwindigkeit $\vec{v}$:

$$\begin{aligned}\vec{a}(t) &= \lim_{\Delta t \to 0} \frac{\vec{v}(t + \Delta t) - \vec{v}(t)}{\Delta t} = \lim \frac{\Delta\vec{v}}{\Delta t} = \frac{d\vec{v}}{dt} = \dot{\vec{v}} = \ddot{\vec{r}}\\ [a] &= 1\,\frac{\mathrm{m}}{\mathrm{s}^2}.\end{aligned}$$

Auch die Beschleunigung ist also ein Vektor; seine Komponenten lauten

$$\vec{a} = (a_x, a_y, a_z)$$

mit

$$a_x = \frac{dv_x}{dt} = \frac{d^2x}{dt^2}; \quad a_y = \frac{dv_y}{dt} = \frac{d^2y}{dt^2}; \quad a_z = \frac{dv_z}{dt} = \frac{d^2z}{dt^2}.$$

Für den Betrag der Beschleunigung ergibt sich

$$|\vec{a}| = a = \sqrt{\left(\frac{dv_x}{dt}\right)^2 + \left(\frac{dv_y}{dt}\right)^2 + \left(\frac{dv_z}{dt}\right)^2} = \sqrt{\left(\frac{d^2x}{dt^2}\right)^2 + \left(\frac{d^2y}{dt^2}\right)^2 + \left(\frac{d^2z}{dt^2}\right)^2}.$$

Wegen $\vec{v} = v \cdot \hat{\vec{t}}_0$ gilt

$$\vec{a} = \frac{d\vec{v}}{dt} = \frac{d(v \cdot \hat{\vec{t}}_0)}{dt} = \frac{dv}{dt}\hat{\vec{t}}_0 + v\,\frac{d\hat{\vec{t}}_0}{dt}.$$

Die Beschleunigung läßt sich also grundsätzlich in zwei Anteile zerlegen: Der erste Summand $\frac{dv}{dt}\hat{\vec{t}}_0$ gibt die Tangentialkomponente der Beschleunigung an, deren Betrag der Änderung des Geschwindigkeitsbetrages entspricht.

Die Bedeutung des zweiten Summanden wird erst nach einigen Umformungen ersichtlich: Aus

$$\frac{d\hat{\vec{t}}_0}{dt} = \frac{d\hat{\vec{t}}_0}{ds}\frac{ds}{dt} \quad \text{folgt} \quad v\,\frac{d\hat{\vec{t}}_0}{dt} = v^2\,\frac{d\hat{\vec{t}}_0}{ds} = v^2\,\frac{d^2\vec{r}}{ds^2}.$$

Um den Ausdruck $d\hat{\vec{t}}_0/ds$ zu berechnen, betrachtet man die Bahnkurve des bewegten Körpers (Abb. 1.20). Die Bahnkurve wird im Bereich zwischen den Bahnpunkten $\vec{r}(t)$ und $\vec{r}(t + \Delta t)$ für kleine Δt durch einen Kreis approximiert, der sich in diesem Bereich optimal der Bahnkurve anpassen soll. Dieser Krümmungskreis besitzt den Krümmungsradius ρ. Für den Winkel $\Delta\varphi$ gilt nach Abb. 1.20:

$$\Delta\varphi = \frac{\Delta s}{\rho} = \frac{|\Delta\hat{\vec{t}}_0|}{|\hat{\vec{t}}_0|} = |\Delta\hat{\vec{t}}_0|,$$

damit

$$\frac{|\Delta\hat{\vec{t}}_0|}{\Delta s} = \frac{1}{\rho}.$$

Die Richtung von $d\hat{\vec{t}}_0/ds$ kann man aus folgender Überlegung gewinnen: $|\hat{\vec{t}}_0| = 1 \Rightarrow \hat{\vec{t}}_0^{\,2} = 1$; die Ableitung einer Konstanten ergibt Null:

$$\frac{d\hat{\vec{t}}_0^{\,2}}{ds} = 2\hat{\vec{t}}_0\frac{d\hat{\vec{t}}_0}{ds} = 0 \quad \Rightarrow \quad \frac{d\hat{\vec{t}}_0}{ds} \perp \hat{\vec{t}}_0.$$

Mit dem Hauptnormalenvektor $\hat{\vec{n}}$, der vom Bahnpunkt $\vec{r}(t)$ zum Krümmungsmittelpunkt M gerichtet ist und der den Betrag 1 hat, läßt sich $d\hat{\vec{t}}_0/ds$ schreiben als

$$\boxed{\frac{d\hat{\vec{t}}_0}{ds} = \frac{1}{\rho}\,\hat{\vec{n}}.}$$

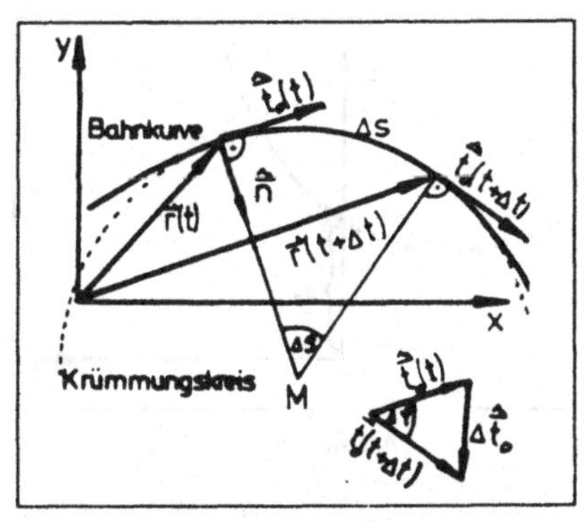

Abbildung 1.20

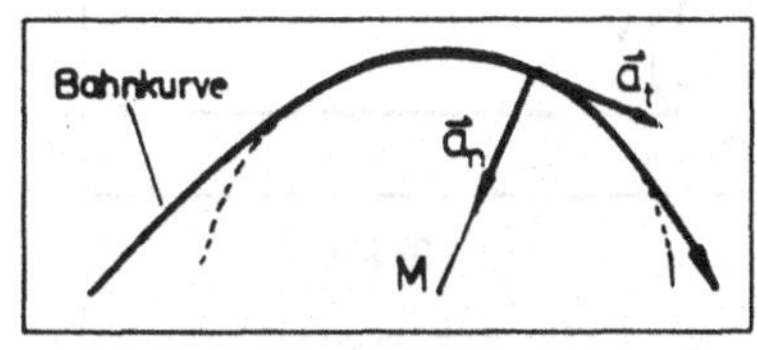

Abbildung 1.21

Der zweite Summand gibt also die Normalenkomponente der Beschleunigung an, deren Betrag durch das Quadrat der Bahngeschwindigkeit dividiert durch den Krümmungsradius gegeben ist.

Somit kann jede Beschleunigung grundsätzlich zerlegt werden in *Tangential-* und *Normalbeschleunigung* (vgl. Abb. 1.21):

$$\vec{a}(t) = \frac{d\vec{v}(t)}{dt} = \frac{dv}{dt}\hat{\vec{t}}_0 + \frac{v^2}{\rho}\hat{\vec{n}}.$$

Sonderfälle:

1. *Geradlinige Bewegung.* In diesem Fall sind Weg, Geschwindigkeit und Beschleunigung stets kollinear. Die Normalenkomponente der Beschleunigung ist Null ($d\hat{\vec{t}}_0/ds = 0$), nur die Tangentialkomponente $\vec{a}_t = \frac{dv(t)}{dt}\hat{\vec{t}}_0$ bleibt übrig. Ist $\vec{a} = \text{const.} = a$, so wird der Körper geradlinig gleichförmig beschleunigt. Durch Integration erhält man wegen $a = \dot{v} = \ddot{s}$

$$v(t) = \int a\,dt = at + v_0.$$

v_0 ist dabei die Anfangsgeschwindigkeit zum Zeitpunkt $t = 0$ (Abb. 1.22).

Den zurückgelegten Weg erhält man durch nochmalige Integration:

$$\begin{aligned} s(t) &= \int v\,dt = \int at\,dt + \int v_0\,dt \\ &= \frac{a}{2}t^2 + v_0 t + s_0 \end{aligned}$$

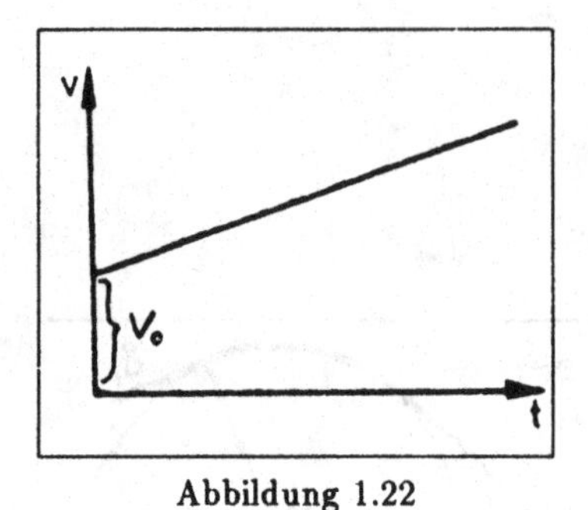

Abbildung 1.22

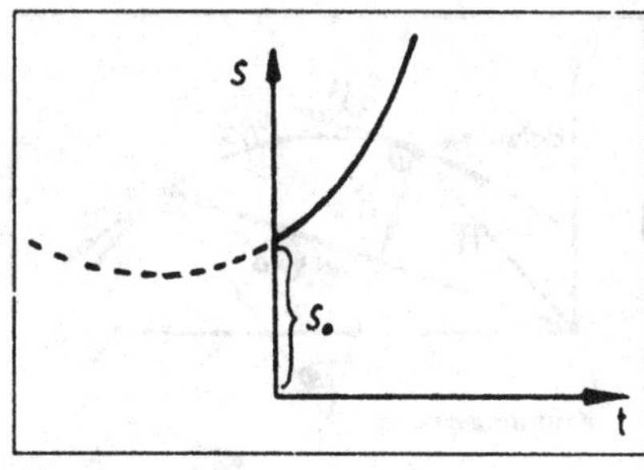

Abbildung 1.23

s_0 ist die Wegmarke zur Zeit $t = 0$ (Abb. 1.23).

Werden die Anfangsbedingungen so gewählt, daß zur Zeit $t = 0$ auch $s_0 = 0$ ist, vereinfacht sich die Gleichung:

$$\begin{aligned} v(t) &= at + v_0 \\ s(t) &= \frac{a}{2}t^2 + v_0 t. \end{aligned}$$

Erfolgt eine gleichförmig beschleunigte Bewegung aus der Ruhe, dann ist auch $v_0 = 0$ und es gilt:

$$\begin{aligned} s(t) &= \frac{a}{2}t^2 \\ v(t) &= at. \end{aligned}$$

2. *Kreisbewegung mit konstantem Geschwindigkeitsbetrag.* Ein punktförmiger Körper bewege sich mit der Bahngeschwindigkeit $\vec{v}$ auf einem Kreis mit dem Radius r. Der Betrag der Geschwindigkeit sei konstant ($|\vec{v}| = \text{const.}$). Das Bahnstück Δs ist dem Winkel $\Delta\varphi$ zugeordnet: $\Delta\varphi = \Delta s / r$ (Abb. 1.24).

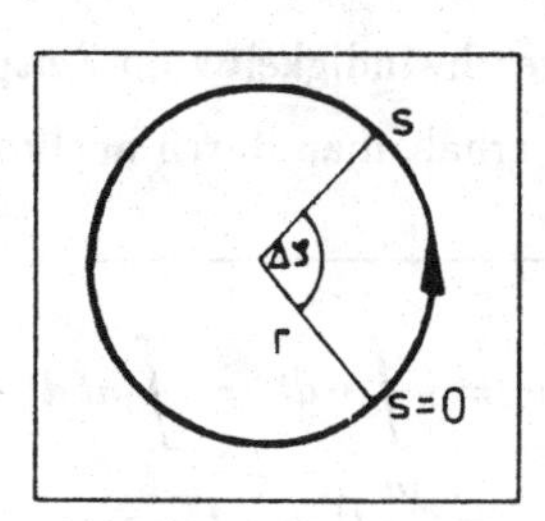

Abbildung 1.24

Es wird nun eine neue Größe definiert, die *Winkelgeschwindigkeit* ω:

$$\boxed{\omega = \lim_{\Delta t \to 0} \frac{\Delta \varphi}{\Delta t} = \frac{d\varphi}{dt}.}$$

Wegen

$$\Delta\varphi = \frac{\Delta s}{r} \quad \text{folgt} \quad \frac{\Delta\varphi}{\Delta t} = \frac{1}{r} \cdot \frac{\Delta s}{\Delta t},$$

damit

$$\boxed{\omega = \lim_{\Delta t \to 0} \frac{\Delta \varphi}{\Delta t} = \frac{|\vec{v}|}{r}.}$$

Die Bahngeschwindigkeit $|\vec{v}|$ und die Winkelgeschwindigkeit ω sind über den Radius r der Kreisbahn miteinander verknüpft. Mit der *Umlaufzeit* T, der Zeit, die für einen vollen Umlauf $\varphi = 2\pi$ benötigt wird, gilt für ω

$$\omega = \frac{2\pi}{T} = 2\pi\nu; \quad \nu = \frac{1}{T}; \quad [\nu] = \frac{1}{\mathrm{s}}.$$

Obwohl die Bahngeschwindigkeit dem Betrage nach konstant ist, liegt eine beschleunigte Bewegung vor, weil sich die Richtung von $\vec{v}$ fortwährend ändert. Es gilt:

$$\vec{a}(t) = \frac{d\vec{v}(t)}{dt} = \frac{dv}{dt}\hat{\vec{t}}_0(t) + \frac{v^2}{r}\hat{\vec{n}}(t).$$

Wegen $|d\vec{v}|/dt = 0$ folgt

$$\boxed{\vec{a}(t) = \frac{v^2}{r}\hat{\vec{n}}(t) = \omega^2 r\hat{\vec{n}}; \qquad |\vec{a}| = a = \omega^2 r = \frac{v^2}{r}.}$$

Die Tangentialkomponente der Beschleunigung ist gleich Null. Die verbleibende Beschleunigung ist auf den Kreismittelpunkt gerichtet. Man nennt sie deshalb *Zentripetalbeschleunigung*.

1.3 Kraft und Masse

Die Kinematik beschäftigt sich mit der Beschreibung von Bewegungen, ohne nach der Ursache für einen in der Natur realisierten und beobachtbaren Bewegungszustand zu fragen. Die Antwort auf die Frage nach den Ursachen von Bewegungsänderungen der Körper geben die Newtonschen Axiome der Mechanik. Mit ihrer Hilfe ist es möglich, die Dynamik eines Bewegungszustandes zu studieren. Das bedeutet, daß man einen Bewegungszustand nicht nur kinematisch beschreibt, sondern aus den Ursachen heraus berechnet.

1.3.1 Das Trägheitsgesetz

Eingehende Beobachtungen und Überlegungen führten Galilei (1564–1642) zum Trägheitsgesetz, welches von Newton (1643–1727) schließlich an die Spitze seiner Axiome gestellt wurde.

> **Erstes Newtonsches Axiom:** „Alle Körper verharren im Zustand der Ruhe oder der gleichförmigen, geradlinigen Bewegung, wenn keine äußeren Einflüsse vorhanden sind."

Das Beharrungsvermögen ist wie die räumliche Ausdehnung eine Qualität des Körpers. Sie kommt zum Ausdruck durch die *träge Masse* m_t. Alle Körper sind träge, d. h. sie ändern Größe und Richtung ihrer Geschwindigkeit nie von selbst, sondern nur unter äußeren Einflüssen. Ruhe ist demnach ein Spezialfall der Bewegung mit der Geschwindigkeit $v = 0$.

Versuch (Luftkissentisch): Wird ein Körper auf dem Luftkissentisch angestoßen, dann gleitet er gleichförmig und geradlinig weiter. Die Reibung als äußerer Einfluß wird durch die Luftschicht zwischen Unterlage und Körper verringert.

1.3.2 Das Kraftgesetz von Newton

Die in Abschnitt 1.3.1 erwähnten äußeren Einflüsse werden *Kräfte* genannt.

- Qualitative Definition: Die Kraft F ist die Ursache für die Änderung des Bewegungszustandes bzw. Ursache für eine Deformation.

- Quantitative Definition: Kräfte sind gleich, wenn sie gleiche Veränderungen hervorrufen (z. B. gleiche Deformation).

Beispiele für Kräfte sind:

1. Muskelkraft

2. Reibungskraft
3. Schwerkraft
4. Rückstellkraft einer Feder.

Zu Beispiel 3: Der Schwerkraft sind alle Körper auf der Erde unterworfen. Sie ist eine Folge einer weiteren Qualität der Körper, ihrer *schweren Masse* m_s.

Zu Beispiel 4 (Auslenkung einer Feder): Befestigt man an einer Schraubenfeder einen Körper, so wird sie ausgelenkt. Ursache für die Deformation der Feder ist die Schwerkraft des Körpers. Lenkt ein zweiter Körper die Feder um die gleiche Strecke aus, so ist er gleich schwer. Entsprechend kann man noch weitere gleich schwere Körper heraussuchen. Werden nun diese einer nach dem anderen dazugehängt, vervielfacht sich entsprechend die Auslenkung x der Feder (Abb. 1.25). Verdopplung der Schwerkraft

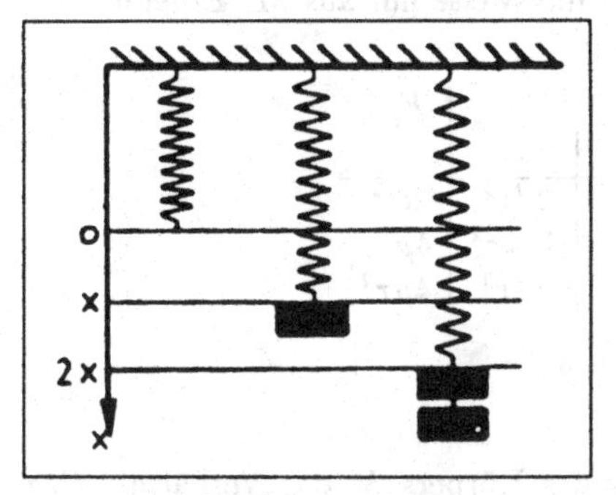

Abbildung 1.25

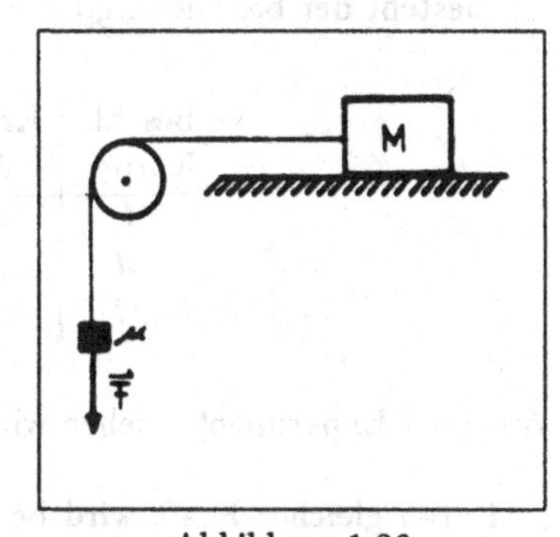

Abbildung 1.26

heißt Verdopplung der Auslenkung. Also gilt: Die Auslenkung x ist proportional der Schwerkraft:

$$\boxed{F \sim x.}$$

Versuch: Ein Körper M ist frei beweglich auf einer waagerechten Luftschiene angebracht. Er wird durch eine Schnur über eine Umlenkrolle mit dem kleinen Körper μ verbunden (Abb. 1.26). Die Körper werden losgelassen. Durch die Wirkung der Schwerkraft von Körper μ erfahren beide Körper eine Bewegungsänderung. Es wird die Zeit gemessen, die für eine bestimmte Wegstrecke benötigt wird. Ergebnis:

Weg in cm	30	120
Zeit in s	1,63	3,26

Für den vierfachen Weg brauchen die Körper die doppelte Zeit: Der zurückgelegte Weg ist proportional zum Quadrat der Zeit ($s \sim t^2$).

Setzen wir die Proportionalitätskonstante gleich $a/2$, ergibt sich die Gleichung für eine gleichförmige beschleunigte Bewegung (vgl. Abschnitt 1.2.2). Die Kraft bewirkt also eine gleichförmige Beschleunigung der Körper. Es gilt das Weg-Zeit-Gesetz

$$s(t) = \frac{a}{2}t^2.$$

Welchen Zusammenhang gibt es zwischen der Kraft und der Beschleunigung? Er muß aus dem Experiment bestimmt werden.

Versuch: Im zuletzt verwendeten Versuchsaufbau werden jetzt verschiedene Vielfache der Körper M und μ verwendet und auf einer konstanten Wegstrecke beschleunigt. Für die Beschleunigung gilt $a \sim 1/t^2$, und man darf deshalb a in Einheiten von $1/t^2$ angeben. Die Kraft F kann in Einheiten des Körpers μ angegeben werden, weil die Größe von μ die Kraft bestimmt (s. Auslenkung Feder). Weil μ sehr viel kleiner als M ist, besteht der beschleunigte Gesamtkörper näherungsweise nur aus M. Ergebnis:

beschl. Körper	Kraft F	t	a	F/a
M	μ	3,26 s $= \tau$	$1/\tau^2$	$\mu\tau^2$
$4M$	μ	6,58 s $\approx 2\tau$	$1/4\tau^2$	$4\mu\tau^2$
$4M$	4μ	3,24 s $\approx \tau$	$1/\tau^2$	$4\mu\tau^2$

Aus dem Experiment ersehen wir:

1. Bei gleicher Kraft wird bei Vervierfachung des Körpers M das Verhältnis F/a ebenfalls vervierfacht.

2. Für einen gleichen Körper ($4M$) bleibt bei Vervierfachung der Kraft (4μ) das Verhältnis F/a konstant. Man nennt diese Konstante die *träge Masse* m_t dieses Körpers.

Da eine Vervielfachung des Körpers M die entsprechende Vervielfachung von F/a zur Folge hat, folgt: ***Die trägen Massen addieren sich (skalar).*** Bei fester Kraft ist $m_t \cdot a =$ const. Damit folgt:

> **Zweites Newtonsches Axiom:** Wirkt auf einen frei beweglichen Körper eine Kraft F, so bewegt sich der Körper mit der Beschleunigung a, die proportional der wirkenden Kraft ist:
>
> $$\boxed{F = m_t \cdot a.}$$

Das Trägheitsgesetz (erstes Newtonsches Axiom) ist ein Spezialfall vom zweiten Axiom, denn wenn keine Kräfte wirken, ist $a = 0$ und somit $v =$ const.

Die träge und die schwere Masse (sie ist erst qualitativ definiert) sind zwei verschiedene Größen. Später (Abschnitt 1.4.2) wird sich jedoch zeigen, daß man sie gleichsetzen kann. Deshalb lassen wir in den nächsten Abschnitten die Bezeichnung „Trägheit" bei Massen weg.
Die Masse ist die dritte Grundgröße im SI-System.

$$[m] = 1 \text{ kg} \quad \text{(Kilogramm)}$$

Damit folgt für die Kraft:

$$[F] = [m \cdot a] = 1 \text{ kg} \cdot 1 \frac{\text{m}}{\text{s}^2} = 1 \text{ N} \quad \text{(Newton)}.$$

Den Quotient aus Masse und Volumen eines Körpers bezeichnet man als die *Dichte* des Körpers:

$$\rho = \frac{m}{V}$$

$$[\rho] = 1 \frac{\text{kg}}{\text{m}^3} = \frac{1000 \text{ g}}{10^6 \text{ cm}^3} = \frac{1 \text{ g}}{10^3 \text{ cm}^3}$$

Beispiele von verschiedenen Massen von Körpern:

Elektronenmasse:	$m_e = 9,109 \cdot 10^{-31}$ kg
Neutronenmasse:	$m_n = 1,6749 \cdot 10^{-27}$ kg
Erdmasse:	$m_E = 5,98 \cdot 10^{24}$ kg
Sonnenmasse:	$m_S = 1,993 \cdot 10^{30}$ kg

Ausblick in die moderne Physik

1. Die Masse eines Körpers ist nicht immer eine Konstante. In der Atomphysik gibt es Vorgänge, bei denen ein ***Massendefekt*** auftritt.

   (a) $^1\text{H} + n \longrightarrow {}^2\text{H}$: $m_\text{H} + m_n = m_\text{D} + \Delta m$
   ^{1}H bezeichnet hierbei ein Wasserstoff-Atom, n ein Neutron und ^{2}H Deuterium. Das Deuterium ist leichter als die Summe der Massen $m_\text{H} + m_n$. Die Differenz Δm ist gleich dem Massendefekt.

   (b) Uran (U) zerfällt spontan in zwei Kerne K_1 und K_2:
   $\text{U} \longrightarrow K_1 + K_2$: $m_\text{U} = m_{\text{K}1} + m_{\text{K}2} + \Delta m$.

   Nach Einstein sind Masse und Energie äquivalent: $E = mc^2$. Der Massendefekt Δm wird in Form der Energie $E = \Delta mc^2$ freigesetzt (c ist hierbei die Lichtgeschwindigkeit).

2. Die Masse m ist eine Funktion der Geschwindigkeit v. Mit größer werdender Geschwindigkeit nimmt die Masse m zu:

$$m(v) = \frac{m_0}{\sqrt{1-\frac{v^2}{c^2}}}.$$

Diese Beziehung stammt aus der Speziellen Relativitätstheorie Einsteins; m_0 ist hierbei die Ruhemasse bei $v = 0$. Bei kleinen Geschwindigkeiten $v \ll c$ kann man v^2/c^2 vernachlässigen: $m(v) \approx m_0$.

1.3.3 Die Kraft als Vektorgröße

Da die Beschleunigung $\vec{a}$ eine Vektorgröße und m ein Skalar ist, liegt es nahe, die Kraft F aufgrund der Beziehung $F = m \cdot a$ auch als Vektor aufzufassen und in der Form

$$\boxed{\vec{F} = m \cdot \vec{a}}$$

darzustellen. Somit müßte eine Zerlegung der Kraft in Komponenten möglich sein:

$$\begin{aligned} F_x &= m \cdot a_x \\ F_y &= m \cdot a_y \\ F_z &= m \cdot a_z. \end{aligned}$$

Die Vektoreigenschaften der Kraft lassen sich experimentell überprüfen:

1. *Kompensierbarkeit von Kräften.* Befindet sich das in Abb. 1.27 skizzierte System in Ruhe, so muß $\vec{F}_{ges} = 0$ gelten. Die Gewichtskraft $\vec{F}_G$ wird durch die Federkraft $\vec{F}_F$ kompensiert. Beide Kräfte sind betragsmäßig gleich, aber entgegengesetzt gerichtet, d. h.

$$\begin{aligned} \vec{F}_G + \vec{F}_F &= 0 \\ \text{bzw.} \quad \vec{F}_G &= -\vec{F}_F. \end{aligned}$$

2. *Umlenkbarkeit von Kräften* (Abb. 1.28). Kräfte lassen sich mit Rollen in ihrer Richtung umlenken (z. B. Flaschenzug).

3. Kräfte unterliegen den Gesetzen der *Vektoraddition* (Abb. 1.29):

$$\vec{F} = \vec{F}_1 + \vec{F}_2.$$

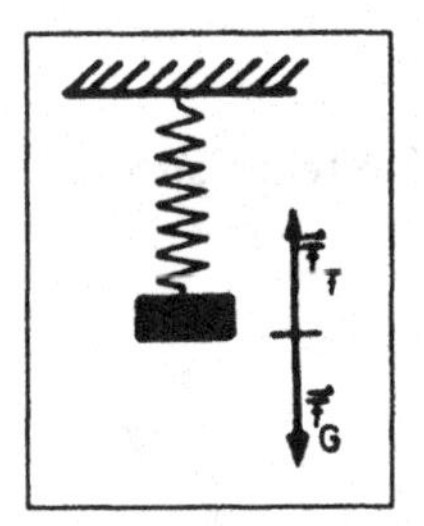

Abbildung 1.27

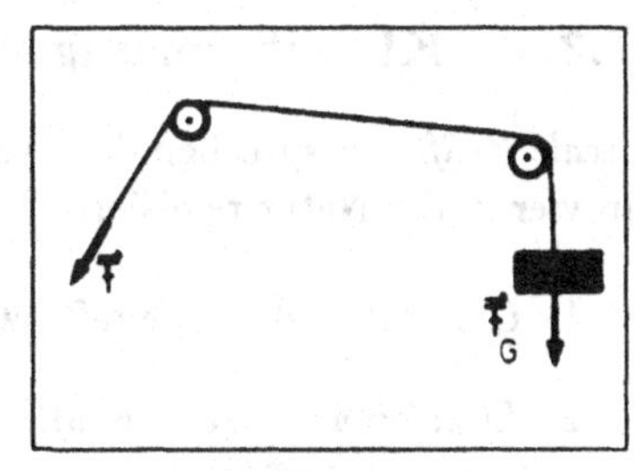

Abbildung 1.28

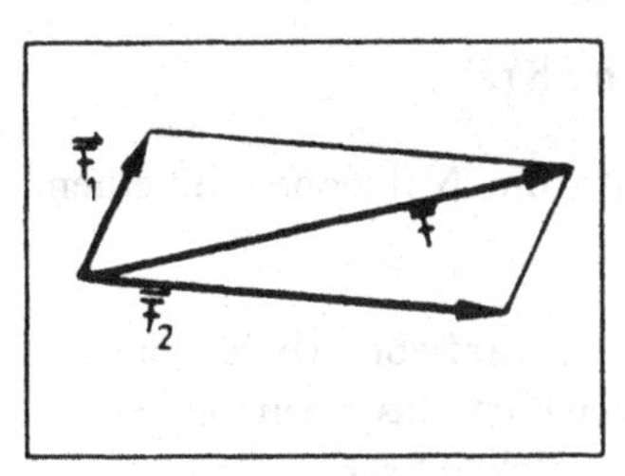

Abbildung 1.29

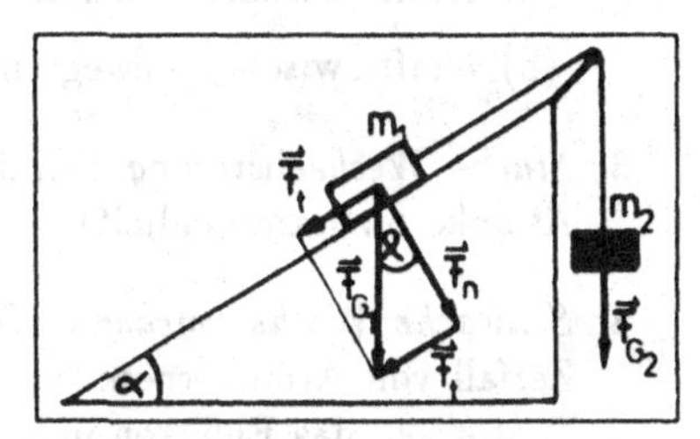

Abbildung 1.30

4. *Komponentenzerlegung der Kraft*, Beispiel schiefe Ebene: $\vec{F}_{G1}$ wird zerlegt in zwei senkrecht aufeinanderstehende Komponenten $\vec{F}_n$ und $\vec{F}_t$ (*Normalkraft*, senkrecht zur Auflagefläche und *Tangentialkraft*, parallel zur Auflagefläche).

$$\vec{F}_{G1} = \vec{F}_n + \vec{F}_t$$

Die Normalkraft $\vec{F}_n$ wird durch die Gegenkraft der Unterlage kompensiert. Mit Hilfe einer Gewichtskraft $\vec{F}_{G2}$ kann unter Berücksichtigung der Umlenkbarkeit von Kräften die Tangentialkraft $\vec{F}_t$ aufgehoben werden. Aus Abb. 1.30 ersieht man:

$$|\vec{F}_t| = |\vec{F}_{G1}| \cdot \sin\alpha$$
$$|\vec{F}_n| = |\vec{F}_{G1}| \cdot \cos\alpha.$$

Befindet sich das System in Ruhe, so gilt

$$|\vec{F}_{G2}| = |\vec{F}_t|.$$

Eine Verschiebung der Massen bringt also keine Änderung des Gleichgewichtszustandes! Spezialfall:

$$\alpha = 30° \quad \Rightarrow \quad \sin\alpha = 0,5 \quad \Rightarrow \quad |\vec{F}_t| = \left|\frac{1}{2}\vec{F}_{G1}\right|.$$

Nach dem zweiten Newtonschen Axiom folgt $m_1 = 2m_2$.

1.3.4 Klassifizierung von Kräften

Reale Kräfte entsprechen den Wechselwirkungen zwischen Körpern. Sie teilen sich auf in vier in der Natur realisierte *Fundamentalkräfte*:

1. *Gravitationskraft* (Kraft zwischen schweren Massen)

2. *Elektromagnetische Kraft*:

   (a) Kraft zwischen ruhenden Ladungen (Coulombkraft)

   (b) Kraft zwischen bewegten Ladungen (magnetische Kraft)

3. *Starke Wechselwirkung* (Kraft, welche beispielsweise die Nukleonen in einem Atomkern zusammenhält)

4. *Schwache Wechselwirkung* (Diese ist unter anderem verantwortlich für den β-Zerfall von Atomkernen: $n \rightarrow p + e^- + \bar{\nu}_e$. n bezeichnet das Neutron, p das Proton, e^- das Elektron und $\bar{\nu}_e$ das Antineutrino des Elektrons.)

Alle anderen Kräfte lassen sich aus diesen Fundamentalkräften ableiten! Während die ersten beiden Kräfte Fundamentalkräfte der klassischen Physik sind, spielen die letzten beiden Kräfte ausschließlich in der Mikrophysik eine Rolle.

Im Gegensatz zu den realen Kräften stehen die *fiktiven Kräfte* oder *Pseudokräfte*. Darunter versteht man die Trägheitskräfte (Abschnitt 1.6.1) oder Scheinkräfte in Nichtinertialsystemen (Abschnitt 1.7.2).

Im Zusammenhang mit der schiefen Ebene lassen sich die auftretenden Kräfte folgendermaßen einteilen. Die Gewichtskraft wird als *eingeprägte Kraft* bezeichnet (Gravitationskraft). $\vec{F}_n$ (Normalkraft) heißt *verlorene Kraft*, da sie senkrecht zur Oberfläche steht und durch die elastische Gegenkraft der Unterlage $-\vec{F}_n$ (Zwangskraft) kompensiert wird. Bei der schiefen Ebene ist die Tangentialkraft $\vec{F}_t$ gleich der *wirksamen Kraft*.

Die wirksame Kraft ist immer die Summe aus eingeprägter Kraft und Zwangskraft.

1.3.5 Das dritte Newtonsche Axiom

> „Die reale Kraft, die auf einen Körper ausgeübt wird, hat ihren Ursprung im Vorhandensein eines anderen Körpers. Üben zwei Körper aufeinander Kräfte aus, so ist die Kraft $\vec{F}_1$ vom ersten auf den zweiten Körper stets betragsmäßig gleich groß der Kraft $\vec{F}_2$ vom zweiten Körper auf den ersten. Die Kräfte haben jedoch entgegengesetzte Richtung."

$$\vec{F}_1 = -\vec{F}_2 \qquad \text{actio} = \text{reactio.}$$

Beispiele:

1. Betragsmäßig ist die von der Sonne auf die Erde ausgeübte Kraft gleich der von der Erde auf die Sonne.

2. Expander: Eine Person versucht eine Feder mit den Kräften $\vec{F}_1'$ und $\vec{F}_2'$ zu dehnen. Die Feder wirkt der Deformation mit den Kräften $\vec{F}_1$ und $\vec{F}_2$ entgegen. Befindet sich das in Abb. 1.31 skizzierte System in Ruhe, so erhält man die Kräftebilanz:

$$\left.\begin{aligned} \vec{F}_1' + \vec{F}_2' &= 0 \\ \vec{F}_1 + \vec{F}_2 &= 0 \\ \vec{F}_1 + \vec{F}_1' &= 0 \\ \vec{F}_2 + \vec{F}_2' &= 0 \end{aligned}\right\} \quad \vec{F}_1 = -\vec{F}_2$$

Die von der Feder bewirkten Kräfte sind also betragsmäßig gleich, aber entgegengesetzt gerichtet.

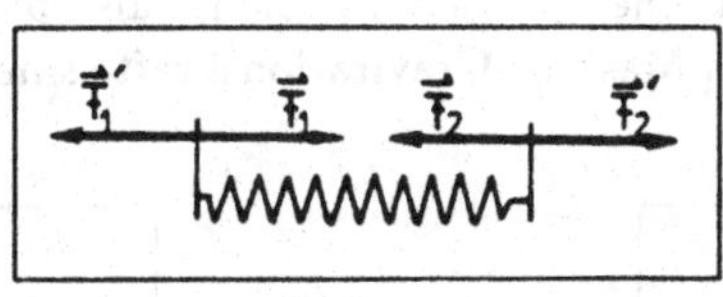

Abbildung 1.31

Das dritte Newtonsche Axiom gilt nur für Wechselwirkungen zwischen Körpern, also nur für reale Kräfte! In vielen Fällen gilt es nur im zeitlichen Mittel (z. B. bei der Ausbreitung von Wellen).

1.4 Gravitation und Schwerkraft

1.4.1 Das Gravitationsgesetz

Aufgrund intensiver Planetenbeobachtungen von Tycho Brahe (1546–1601) entwickelte Johannes Kepler (1571–1630) die nach ihm benannten Keplerschen Gesetze. Isaac Newton (1643–1724) wiederum leitete aus ihnen das Kraftgesetz zwischen Körpern ab. Dieses Kraftgesetz wird allgemein als *Gravitationsgesetz* bezeichnet.

Aus Abb. 1.32 erkennt man $\vec{r}_{21} := \vec{r}_2 - \vec{r}_1 = -\vec{r}_{12}$. Der Abstand der Massen beträgt $|\vec{r}_{21}| = |\vec{r}_{12}| = r$. Für zwei punktförmige Massen m_1 und m_2 im Abstand r gilt:

$$\text{Kraft auf } m_1: \quad \vec{F}_1 = G\frac{m_1 \cdot m_2}{r^2}\hat{\vec{r}}_{21}$$

$$\text{Kraft auf } m_2: \quad \vec{F}_2 = G\frac{m_1 \cdot m_2}{r^2}\hat{\vec{r}}_{12} = -\vec{F}_1$$

$\hat{\vec{r}}_{12}$ und $\hat{\vec{r}}_{21}$ sind Einheitsvektoren, d. h. $|\hat{\vec{r}}_{12}| = |\hat{\vec{r}}_{21}| = 1$. Sie geben lediglich die Richtung der Kraft an.

Die Gravitationskraft $\vec{F}$ ist eine *Zentralkraft*. Sie ist also parallel oder antiparallel zur Verbindungslinie der beiden Massen. Gravitationskräfte sind immer Anziehungskräfte.

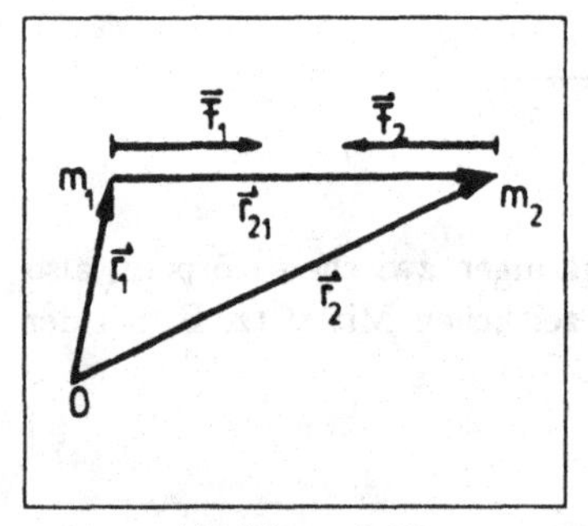

Abbildung 1.32

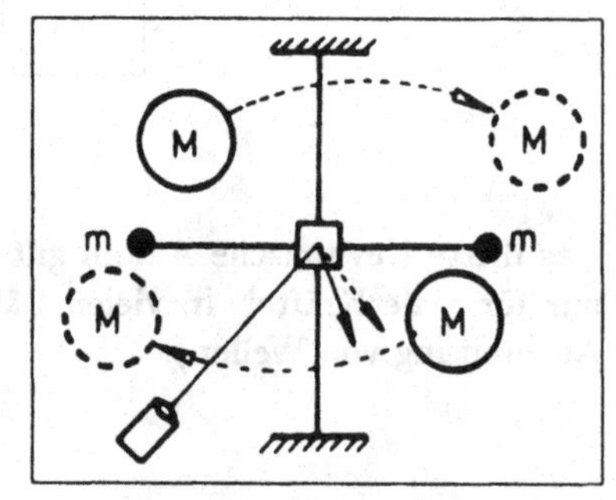

Abbildung 1.33

Nach Newton ist die Schwerkraft $\vec{F}_G$ ein Spezialfall der allgemeinen Massenanziehung, da im Anziehungsbereich der Erde an jeden Körper eine Kraft angreift, die man sein *Gewicht* nennt. Der Betrag der Gravitationskraft ist gegeben durch

$$F = G\frac{m_1 \cdot m_2}{r^2},$$

wobei $G = 6,67259(85) \cdot 10^{-11}\ \mathrm{Nm^2/kg^2}$ die *Gravitationskonstante* ist. Sie muß experimentell bestimmt werden. Da sie eine sehr kleine Größe ist, ist es schwierig, sie genau zu messen.

Bestimmung der Gravitationskonstante nach der Methode von Cavendish (1798) mittels Drehwaage:
Zwei kleine, fest verbundene Massen m hängen an einem Torsionsdraht. Ihnen gegenüber befinden sich zwei große, ebenfalls fest verbundene Massen M (vgl. Abb. 1.33). Nach dem Gravitationsgesetz wirken zwischen den kleinen und den großen Massen Anziehungskräfte.

Dreht man nun die großen Massen so, daß die Anziehungskräfte von der entgegengesetzten Seite auf die kleinen Massen wirken, so verändert sich deren Lage. Experimentell wird diese Drehung durch einen Lichtstrahl nachgewiesen, der von einem fest mit dem Torsionsdraht und damit auch mit den kleinen Massen verbundenen Spiegel reflektiert wird.

Superpositionsprinzip: Sind mehr als zwei punktförmige Massen vorhanden, so läßt sich die Gesamtkraft auf eine Masse berechnen als die Summe der Einzelkräfte zwischen der betrachteten Masse und allen anderen Massen (Abb. 1.34), d. h.: Gesamtkraft = Summe aus Zweikörperkräften.

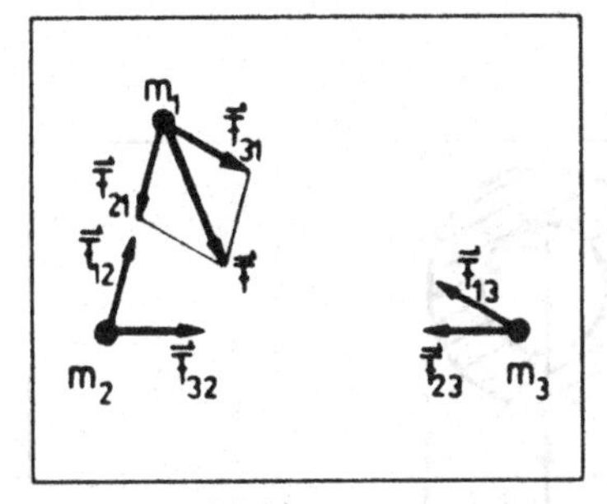

Abbildung 1.34

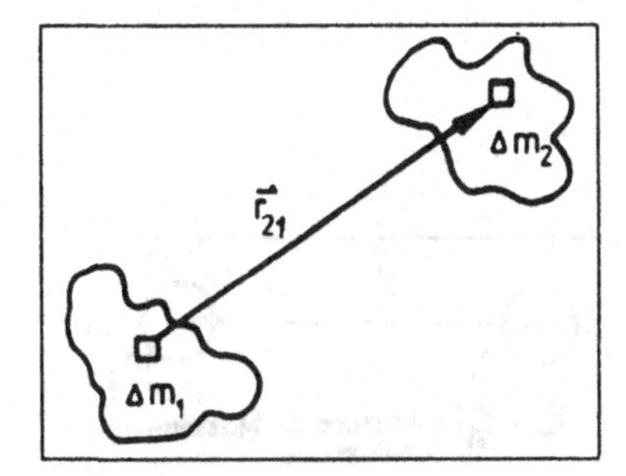

Abbildung 1.35

Verallgemeinerung für ausgedehnte Massen: Nach dem Superpositionsprinzip ergibt sich die Gesamtkraft zwischen zwei ausgedehnten Massen als Summe der Wechselwirkungskräfte zwischen allen Massenelementen Δm (Zweikörperkräfte):

$$\Delta\vec{F} = G\frac{\Delta m_1 \cdot \Delta m_2}{r_{21}^2}\hat{\vec{r}}_{21}.$$

$\Delta\vec{F}$ entspricht der Kraft zwischen den beiden in Abb. 1.35 eingezeichneten Massenelementen. Um die Gesamtkraft $\vec{F}$ zu erhalten, ist über alle Elemente Δm_1 des Körpers 1 und alle Δm_2 des Körpers 2 zu summieren:

$$\vec{F} = \sum_{\Delta m_1}\sum_{\Delta m_2} G\frac{\Delta m_1 \cdot \Delta m_2}{r_{21}^2}\hat{\vec{r}}_{21}.$$

Betrachtet man infinitesimal kleine Massenelemente ($\Delta m \to dm$), so geht die Summierung über in ein Doppelintegral der Form

$$\vec{F} = G \int_{m_1} \int_{m_2} \frac{\hat{\vec{r}}_{21}}{r_{21}^2} \, dm_1 \, dm_2 = G \cdot \rho_1 \rho_2 \int_{V_1} \int_{V_2} \frac{\hat{\vec{r}}_{21}}{r_{21}^2} \, dV_1 \, dV_2$$

mit $dm = \rho \, dV$, sofern jeder Körper eine homogene Massendichte aufweist. Das erste Integral erstreckt sich über das Volumen V_1 des Körpers 1, das zweite über das Volumen V_2 des Körpers 2. Bei beliebig geformten Körpern werden die Integrale beliebig schwierig bzw. unlösbar. Besonders einfach sind die Lösungen bei kugelsymmetrischen Körpern. Hierzu einige Beispiele:

1. *Zwei Kugeln.* Das Gravitationsgesetz reduziert sich auf die einfache Form für zwei Massenpunkte (Abb. 1.36):

$$F = G \frac{m_1 \cdot m_2}{r_{21}^2}.$$

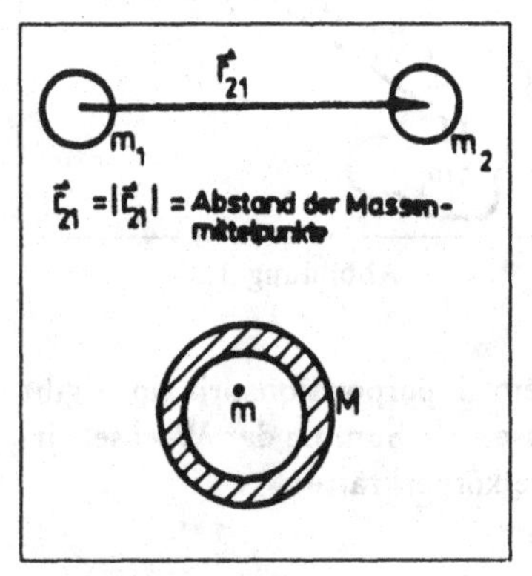

Abbildungen 1.36 und 1.37

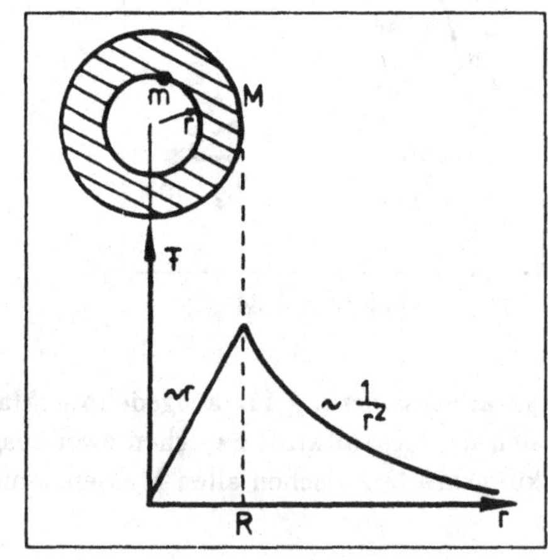

Abbildung 1.38

2. *Hohlkugel mit kleiner Masse im Innenraum.* Im Innenraum der Hohlkugel existiert keine Gravitationskraft ($F = 0$). Die Gravitationswirkung gegenüberliegender Massenelemente hebt sich gegenseitig auf (Abb. 1.37).

3. *Homogene Vollkugel.* Aus Beispiel 2 ist bekannt, daß der Bereich zwischen r und R keinen Beitrag zur Gravitation im Innern liefert. Der Probekörper m erfährt

deshalb nur eine Gravitationskraft, die von der Masse der Innenkugel M_i mit dem Radius r herrührt. Es gilt:

$$M_i = \rho \cdot V_i = \rho \cdot \frac{4}{3}\pi r^3.$$

Damit erhält man die Gravitationskraft:

$$F = G\frac{m \cdot M_i}{r^2} = G\frac{m\left(\rho \cdot \frac{4}{3}\pi r^3\right)}{r^2} = G \cdot \rho \cdot \frac{4}{3}\pi \cdot m \cdot r.$$

Für eine homogene Vollkugel folgt mit $\rho = M/V = M/\frac{4}{3}\pi R^3$

$$\boxed{F = G\frac{m \cdot M}{R^3}r} \qquad \text{für } 0 \leq r \leq R.$$

Im *Innenraum* ($0 \leq r \leq R$) einer homogenen Vollkugel nimmt die Gravitationskraft proportional mit r zu ($F \sim r$, vgl. Abb. 1.38). Für den *Außenraum* ($r \geq R$) gilt $F \sim 1/r^2$.

1.4.2 Die Schwerkraft

Die Schwerkraft an der Erdoberfläche ist gegeben durch

$$F = G\frac{M_E \cdot m}{R_E^2} = m \cdot g$$

mit M_E = Erdmasse und R_E = Erdradius, wobei

$$\boxed{g = \frac{G \cdot M_E}{R_E^2}}$$

sich aus lauter Konstanten zusammensetzt und damit auch selbst eine Konstante darstellt.

Jeder Körper mit der schweren Masse m_s erfährt im Schwerefeld der Erde eine Beschleunigung durch die Anziehungskraft $F = m_s \cdot g$. Gleichzeitig gilt nach Newton bei Beschleunigung der trägen Masse m_t: $F = m_t \cdot a$. Daraus folgt

$$m_t \cdot a = m_s \cdot g \quad \text{oder} \quad \boxed{a = \frac{m_s}{m_t}g.}$$

Welcher Zusammenhang besteht nun zwischen schwerer und träger Masse? Hierzu greifen wir auf einen historischen Versuch zurück: Galilei (1564–1642) stellte bei Fallversuchen am Schiefen Turm von Pisa fest, daß alle Körper näherungsweise gleich schnell fallen.

Versuch: In einem luftgefüllten, senkrecht angeordneten Rohr befinden sich eine Feder und eine Stahlkugel. Läßt man am oberen Rohrende beide Körper gleichzeitig fallen, so erreicht die Stahlkugel den Boden schneller als die Feder. Grund: Die Feder hat einen höheren Luftwiderstand.

Versuch: Eliminiert man den Luftwiderstand durch Evakuieren des Rohres, so erkennt man bei erneuter Versuchsdurchführung, daß *beide Körper gleichzeitig den Boden des Rohres erreichen.* Die Beschleunigung ist also wirklich unabhängig von der Masse und der Art des Körpers!

Diesen Spezialfall bezeichnet man als *freien Fall* (s. Abschnitt 1.4.3). Er gilt uneingeschränkt für alle Körper im Vakuum.

Aus dem Experiment ersieht man, daß die träge Masse m_t proportional der schweren Masse m_s ist. m_t und m_s sind nur *Eigenschaften* des Körpers und hängen nicht vom Gravitationsfeld ab. Da der Proportionalitätsfaktor sonst in keinem anderen Zusammenhang auftritt, setzt man ihn gleich eins:

$$\boxed{\frac{m_s}{m_t} = 1 \quad \Rightarrow \quad m_t = m_s.}$$

Man bezeichnet diesen Zusammenhang als *Äquivalenzprinzip* zwischen Gravitation und Trägheit.

Im Gravitationsfeld der Erde gilt nun $a = g$; g heißt deshalb *Erdbeschleunigung.* Mit der Beziehung $s = gt^2/2$ läßt sich die Erdbeschleunigung experimentell ermitteln durch Weg- und Fallzeitmessungen. Für den 50. Breitengrad besitzt die Erdbeschleunigung den Wert

$$\begin{aligned} g_{50^\circ} &= 9,81\,\frac{\mathrm{m}}{\mathrm{s}^2}, \\ \text{am Pol:}\quad g_{\mathrm{Pol}} &= 9,8322\,\frac{\mathrm{m}}{\mathrm{s}^2}, \\ \text{am Äquator:}\quad g_{\mathrm{Äq}} &= 9,7805\,\frac{\mathrm{m}}{\mathrm{s}^2}. \end{aligned}$$

Die Erdbeschleunigung g ist eine Konstante für alle Körper an einem bestimmten Ort. Sie ist aber abhängig von der geographischen Breite. Am Äquator ist ein Körper leichter als am Nordpol, zeigt also eine geringere Gewichtskraft $F = m \cdot g$. Seine Masse bleibt dagegen unverändert!

Bestimmung der Erdmasse

Ein Probekörper der Masse m erfährt an der Erdoberfläche die Gravitationskraft

$$F = G\,\frac{M_E \cdot m}{R_E^2} = m \cdot g.$$

Daraus ergibt sich die Erdmasse zu

$$M_E = \frac{g \cdot R_E^2}{G} = 5,98 \cdot 10^{24}\ \mathrm{kg}.$$

Aus dem Versuch mit der Gravitationswaage ist die Gravitationskonstante G bekannt. Der Erdradius ist über den Umfang der Erde zugänglich: $R_E \approx 6360$ km.
Die Erdbeschleunigung g ist abhängig von der Höhe h über der Erdoberfläche.

$$g = g(h) = \frac{G \cdot M_E}{(R_E + h)^2} = \frac{G \cdot M_E}{R_E^2 \left(1 + \frac{h}{R_E}\right)^2}$$

Für $h/R_E \ll 1$ läßt sich der Ausdruck $(1 + h/R_E)^{-2}$ nach Taylor entwickeln:

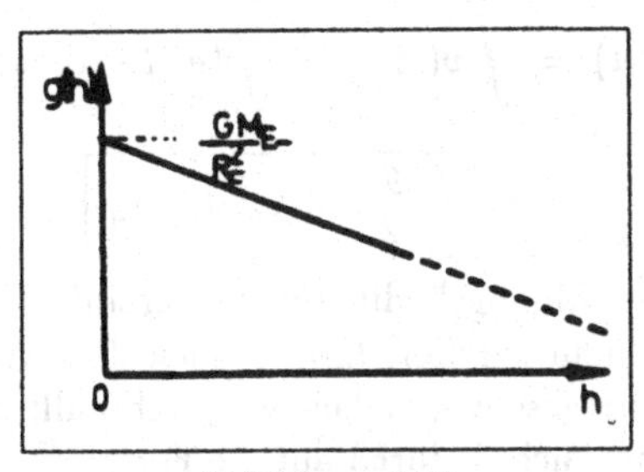

Abbildung 1.39

$$\left(1 + \frac{h}{R_E}\right)^{-2} \approx \left(1 - \frac{2h}{R_E}\right).$$

Damit ergibt sich

$$\boxed{g(h) = G\frac{M_E}{R_E^2}\left(1 - \frac{2h}{R_E}\right),}$$

vgl. Abb. 1.39. Aufgrund der obigen Näherung gilt diese Beziehung nur für Höhen $h \ll R_E$.
In einer Höhe von 300 km über der Erdoberfläche hat die Erdbeschleunigung $g(h)$ um etwa 10 % ihres ursprünglichen Wertes abgenommen:

$$\frac{\Delta g}{g_{R_E}} \approx 0,1.$$

1.4.3 Die Fallgesetze

Freier Fall im Vakuum (keine Luftreibung)
Im Schwerefeld der Erde wirkt auf einen Körper mit der schweren Masse m_s die Kraft $\vec{F}_G = m_s \cdot \vec{g}$. Sie bewirkt eine Beschleunigung $\vec{a}$ der trägen Masse m_t:

$$\vec{F}_G = m_t \cdot \vec{a} = m_t \cdot \ddot{\vec{x}} = m_s \cdot \vec{g}.$$

Da $m_s = m_t = m$ zu setzen ist, gilt

$$m \cdot \ddot{x} = m \cdot g \quad \Leftrightarrow \quad \ddot{x} = g = \frac{dv}{dt}.$$

Integration führt auf die Geschwindigkeit des Körpers:

$$v(t) = \int g\,dt = g \cdot t + v_0.$$

Den zurückgelegten Weg erhält man durch nochmalige Integration:

$$x(t) = \int v(t)\,dt = \int (g \cdot t + v_0)\,dt$$

$$\boxed{x(t) = \frac{g}{2}t^2 + v_0 \cdot t + x_0.}$$

Durch geeignete Wahl der Anfangsbedingungen vereinfachen sich die Beziehungen. Zweckmäßigerweise wählt man zur Zeit $t_0 = 0$ auch den Abstand zum Koordinatenursprung x_0 und die Anfangsgeschwindigkeit v_0 gleich null: $x_0 = 0$, $v_0 = 0$ bei $t_0 = 0$. Die Funktionen vereinfachen sich dadurch auf die Form:

$$\boxed{\begin{aligned} x(t) &= h(t) - \frac{g}{2}t^2 \\ v(t) &= g \cdot t = \sqrt{2 \cdot g \cdot h} \end{aligned}}$$

mit $t = \sqrt{2h/g}$. Beim freien Fall entspricht der Weg $x(t)$ der Fallhöhe $h(t)$.

Waagerechter Wurf

Man betrachtet einen Körper, der zur Zeit $t_0 = 0$ mit der Anfangsgeschwindigkeit $\vec{v}_0$ in horizontaler Richtung wegfliegt (Abb. 1.40). Auf ihn wirkt die Schwerkraft, deshalb verliert er ständig an Höhe. Die Bewegung des Körpers setzt sich aus einer geradlinigen (x-Richtung) und einer gleichmäßig beschleunigten (y-Richtung) Bewegung zusammen. Beide Bewegungen überlagern sich nach den Gesetzen der Vektoraddition ungestört.

In x-Richtung gilt $v_x = v_0 = \text{const.}$, $x(t) = v_0 \cdot t + x_0$. Aus der Randbedingung $x = 0$ für $t = 0$ folgt $x_0 = 0$.

$$x(t) = v_0 \cdot t \quad \text{bzw.} \quad t = \frac{x}{v_0}.$$

In y-Richtung gilt $v_y = g \cdot t = \ddot{y} \cdot t$. Durch Integration und Berücksichtigung der Randbedingung $\dot{y} = 0$ und $y = 0$ für $t = 0$ ergibt sich

$$y(t) = \frac{g}{2}t^2.$$

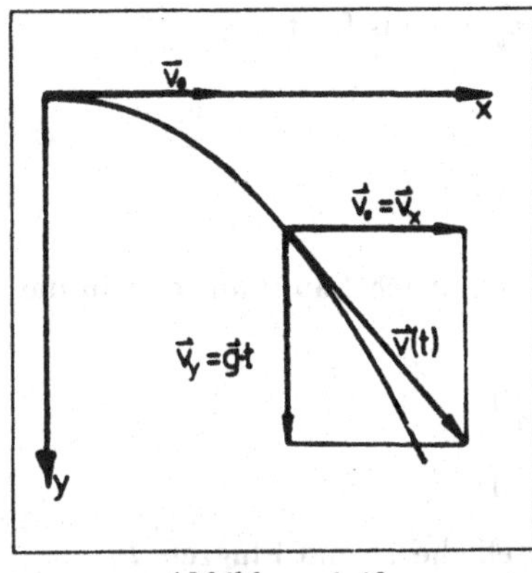

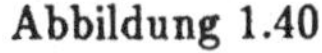
Abbildung 1.40

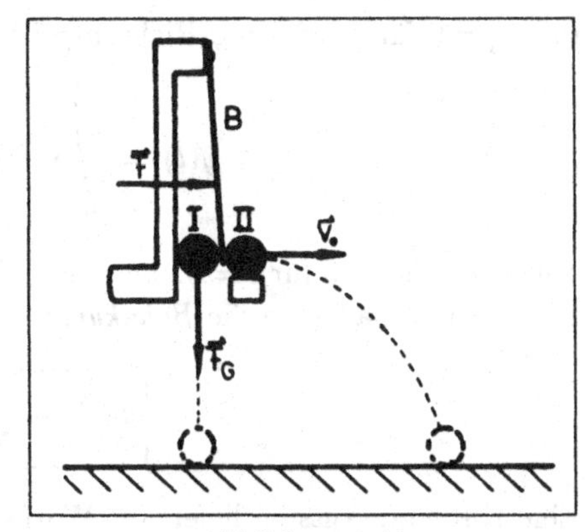

Abbildung 1.41

Mit $t = x/v_0$ erhält man die Gleichung für die Wurfparabel:

$$\boxed{y(t) = \frac{g}{2v_0^2}\,x^2(t).}$$

Die ungestörte Superposition von Bewegungen läßt sich mit folgendem Experiment zeigen.

Versuch: Durch einen kurzen Schlag auf die Blattfeder B beginnt die Kugel I sofort senkrecht zu fallen, während Kugel II gleichzeitig waagerecht mit der Geschwindigkeit $\vec{v}_0$ abgestoßen wird (Abb. 1.41). Nach dem Abwurf ist Kugel I genau wie Kugel II ihrem Gewicht überlassen. Beide Kugeln schlagen *gleichzeitig* auf dem Boden auf und zwar unabhängig von der Fallhöhe.

Die Fallbewegung von Kugel II verläuft wie die von Kugel I, wird also durch die waagerechte Bewegung nicht gestört.

Schiefer Wurf

Beim schiefen Wurf kann man die Momentangeschwindigkeit $\vec{v}$ in zwei aufeinander senkrecht stehende Komponenten zerlegen, wobei eine zum Erdmittelpunkt gerichtet ist (Abb. 1.42). Diese Komponente v_y erfährt eine Änderung durch die Erdbeschleunigung. Die waagerechte Komponente v_x bleibt konstant.

In x-Richtung gilt $v_x(t) = \text{const.} = v_{x_0}$, daraus folgt

$$x(t) = \int_0^t v_{x_0}\,dt = v_{x_0} \cdot t$$

mit $x_0 = 0$ für $t = 0$. In y-Richtung gilt $v_y(t) = v_{y0} - v_g$, daraus folgt

$$y(t) = \int_0^t v_y(t)\,dt = v_{y0} \cdot t - \frac{1}{2} g t^2$$

mit $y_0 = 0, v_g = 0$ für $t = 0$. Löst man die erste Gleichung nach t auf und setzt in die zweite ein, erhält man die *Bahnkurve*

$$\boxed{y(x) = \frac{v_{y0}}{v_{x0}} x - \frac{g}{2v_{x0}^2} x^2.}$$

Eine Kurvendiskussion liefert die Wurfweite W, Scheitelhöhe H und Flugzeit T:

$$W = \frac{2v_{x0} \cdot v_{y0}}{g} = \frac{v_0^2}{g} \sin 2\alpha$$

$$H = \frac{v_{y0}^2}{2g} = \frac{v_0^2}{2g} \sin^2 \alpha$$

$$T = \frac{2v_{y0}}{g} = \frac{2v_0}{g} \sin\alpha = 2t_s.$$

t_s ist dabei die Steigzeit (= Fallzeit). *Maximale Wurfweite* erzielt man für $\sin 2\alpha = 1$, d. h. der Abwurfwinkel α ist 45°. Die Wurfweite beträgt dann $W_{max} = v_0^2/g$.
Der freie Fall mit Reibung wird in Abschnitt 1.5.5 behandelt.

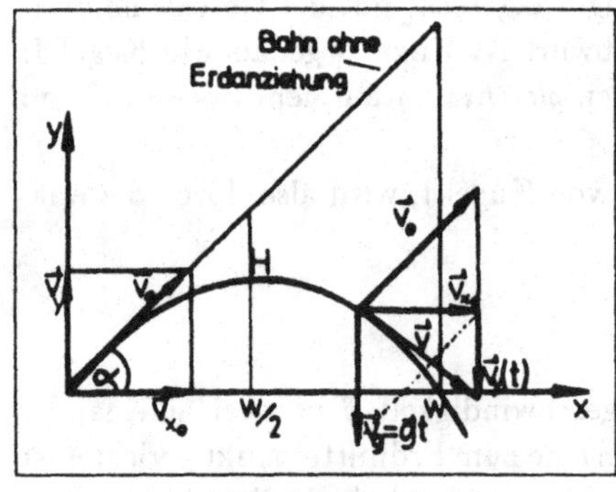

Abbildung 1.42

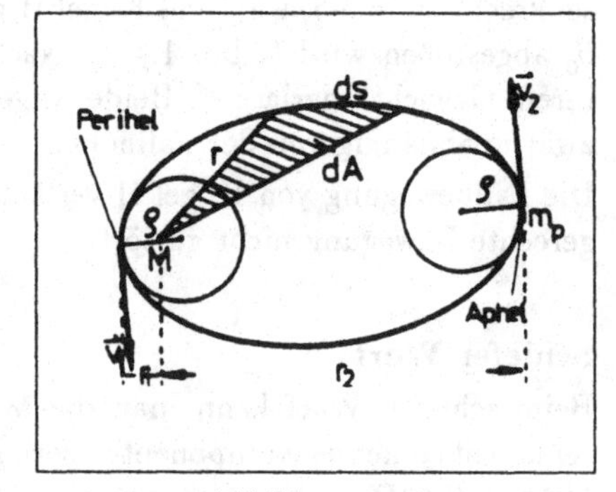

Abbildung 1.43

1.4.4 Keplersche Gesetze

Die Bewegung der Himmelskörper ist eine Folge der Gravitationskraft. Kepler beschreibt die Planetenbewegung in drei Gesetzen:

Erstes Keplersches Gesetz: „Jeder Planet bewegt sich in einer Ebene um die Sonne. Seine Bahn ist eine Ellipse, in deren einem Brennpunkt die Sonne steht."

Zweites Keplersches Gesetz: „Der Fahrstrahl (Verbindungsstrecke Sonne–Planet) überstreicht in gleichen Zeiten dt gleiche Flächen dA, d. h. die Flächengeschwindigkeit dA/dt ist konstant." (vgl. Drehimpulserhaltungssatz, Abschnitt 1.10.3)

Es sollen die Verhältnisse in zwei ausgewählten Punkten der Planetenbahn betrachtet werden. Für das Perihel (sonnennächster Punkt) und für das Aphel (sonnenfernster Punkt) zeichnet man die Krümmungskreise ein (Abb. 1.43). Da die Ellipse symmetrisch ist, sind die Krümmungskreise gleich groß. Für die auftretenden Kräfte (Gravitationskraft = Zentripetalkraft) gilt dann:

$$\text{Perihel:} \quad G\frac{m_p \cdot M_s}{r_1^2} = m_p \cdot \frac{v_1^2}{\rho} \quad \Rightarrow \quad G\frac{M_s}{r_1^2} = \frac{v_1^2}{\rho}$$

$$\text{Aphel:} \quad G\frac{m_p \cdot M_s}{r_2^2} = m_p \cdot \frac{v_2^2}{\rho} \quad \Rightarrow \quad G\frac{M_s}{r_2^2} = \frac{v_2^2}{\rho}$$

Aus den beiden Gleichungen ergibt sich

$$r_1^2 \cdot v_1^2 = r_2^2 \cdot v_2^2 \quad \text{bzw.} \quad r_1 \cdot v_1 = r_2 \cdot v_2.$$

Aus Abb. 1.43 ersieht man, daß die in der Zeit dt überstrichene Fläche $dA = \frac{1}{2} r\, ds$ bzw.

$$\frac{dA}{dt} = \frac{1}{2} r \frac{ds}{dt} = \frac{1}{2} r \cdot v$$

ist. Man erhält

$$\boxed{\frac{dA_1}{dt} = \frac{dA_2}{dt} = \text{const.}}$$

Drittes Keplersches Gesetz: „Die Quadrate der Umlaufzeiten T_1 und T_2 zweier Planeten verhalten sich wie die Kuben der großen Halbachsen r_1 und r_2 der Bahnellipsen."

$$\boxed{\frac{T_1^2}{T_2^2} = \frac{r_1^3}{r_2^3}.}$$

Für den Spezialfall der Kreisbewegung läßt sich das dritte Keplersche Gesetz leicht herleiten. Es gilt:

$$G\frac{m_p \cdot M_s}{r^2} = m_p \frac{v^2}{r} = m_p \cdot \omega^2 \cdot r \quad \Rightarrow \quad \omega^2 = \frac{G \cdot M_s}{r^3}.$$

ω kann auch geschrieben werden als $\omega = 2\pi/T$, wobei T die Umlaufzeit ist. Einsetzen ergibt

$$\frac{4\pi^2}{T^2} = \frac{G \cdot M_s}{r^3} \quad \Rightarrow \quad \boxed{\frac{T^2}{r^3} = \frac{4\pi^2}{G \cdot M_s} = \text{const.}}$$

Für Ellipsenbahnen ist die Lösung dieses Problems zwar schwieriger, aber prinzipiell gleich.

Anwendungen

1. Mit dem dritten Keplerschen Gesetz kann man die Masse der Sonne berechnen. Die Umlaufzeit T und der mittlere Radius $\bar{r}_{SE}$ der Umlaufbahn der Erde um die Sonne werden bestimmt: $T_E = 1\ \text{a} = 3{,}156 \cdot 10^7$ s. Man erhält $\bar{r}_{SE} = 1{,}496 \cdot 10^{11}$ m.

   Mit Hilfe der abgeleiteten Formel erhält man $M_s = 1{,}993 \cdot 10^{30}$ kg. Ebenso berechnet sich die Masse für jedes Zentralgestirn.

2. System Erde–Mond:

$$\begin{aligned} T_{Mond} &= 2{,}36 \cdot 10^6\ \text{s} \\ \bar{r}_{EM} &= 3{,}84 \cdot 10^8\ \text{m} \\ M_{Erde} &= 5{,}98 \cdot 10^{24}\ \text{kg} \end{aligned}$$

   Im Vergleich dazu beträgt die Masse des Mondes $M_{Mond} = 7{,}35 \cdot 10^{22}$ kg, der Mondradius $R_{Mond} = 1{,}74 \cdot 10^3$ km und die Schwerebeschleunigung $g_{Mond} = 1{,}62\ \text{m/s}^2 \approx g_{Erde}/6$.

3. Künstliche Satelliten: Die Umlaufzeiten T künstlicher Erdmonde (Satelliten) auf Kreisbahnen um die Erde genügen ebenfalls der Gleichung

$$\frac{T^2}{r^3} = \frac{4\pi^2}{GM_E}.$$

   Mit $r = R_E + h$ (h ist die Höhe über der Erdoberfläche) ergibt sich

$$\boxed{T^2 = \frac{4\pi^2(R_E + h)^3}{GM_E}.}$$

   Die Tabelle gibt einige Zahlenbeispiele an.

h/km	0	200	2000	35800
T/min	84	88	126	1440

   1440 Minuten sind ein Tag. Der Satellit fliegt auf einer *geostationären Bahn*, d. h. er bleibt über einem bestimmten Erdpunkt stehen.

1.5 Harmonische Schwingungen, Federkraft, Reibung

1.5.1 Definition der harmonischen Schwingung

Man betrachtet einen Punkt P, der auf einem Kreis vom Radius r mit konstanter Winkelgeschwindigkeit ω entgegen dem Uhrzeigersinn periodisch umläuft (Abb. 1.44). Die Kreisbahn liegt in der x-y-Ebene, der Kreismittelpunkt fällt mit dem Ursprung O

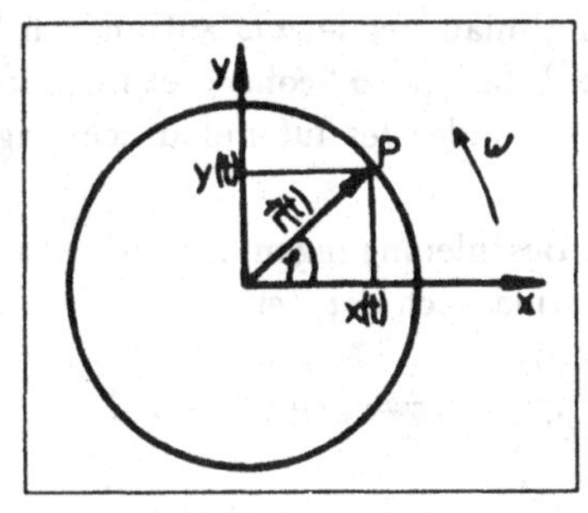

Abbildung 1.44

des Bezugssystems zusammen. Der Winkel φ zwischen Radiusvektor $\vec{r}$ und der x-Achse wächst linear mit der Zeit t an: $\varphi(t) = \varphi_0 + \omega t$, φ_0 ist die Anfangsphase bei $t = 0$. Als x- und y-Koordinaten des Punktes liest man ab:

$$x(t) = a_0 \cos\varphi(t) = a_0 \cos(\omega t + \varphi_0) \quad \text{mit } a_0 = |\vec{r}|$$
$$y(t) = a_0 \sin\varphi(t) = a_0 \sin(\omega t + \varphi_0)$$

Der Verlauf dieser Funktionen ist in Abb. 1.45 dargestellt.

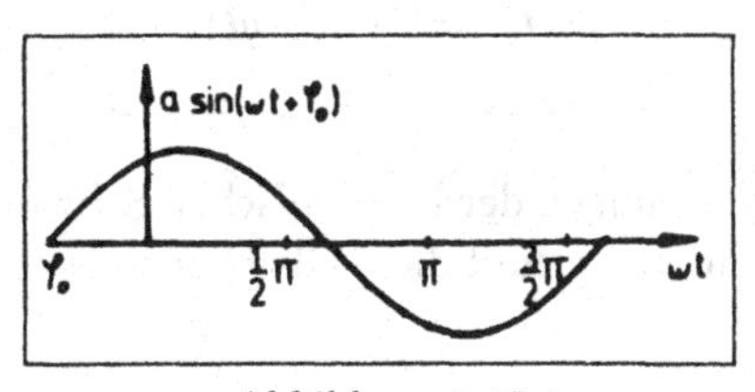

Abbildung 1.45

Diese Bewegungsform auf der x- und y-Achse wird als *harmonische Schwingung* bezeichnet. a_0 ist die Amplitude, $\varphi(t)$ die Phase und φ_0 die Anfangsphase oder Phasenverschiebung der Schwingung.

Die Zeit, die der Radiusvektor $\vec{r}$ für eine vollständige Umdrehung braucht, nennt man *Schwingungsdauer* T. Die harmonische Schwingung ist dadurch ausgezeichnet, daß die Schwingungsdauer unabhängig von der Amplitude a_0 ist.

Eine positive Phasenänderung $\varphi_0 > 0$ entspricht einem zeitlich vorgerückten Vorgang. Die Kurve ist in Richtung kleiner t-Werte, d. h. nach links, verschoben.

Bei $\varphi_0 < 0$ liegt die Kurve weiter rechts (in Richtung größerer t-Werte) gegenüber dem Zustand $\varphi_0 = 0$.

Versuch: Ein rotierender, exzentrisch angebrachter Stab wird über einen zunächst in Ruhe befindlichen Drehspiegel an die Wand projiziert. Man beobachtet den Schatten des Stabes, der sich mit der Umlauffrequenz ω auf und ab bewegt. Versetzt man den Drehspiegel in gleichförmige Rotation, so beobachtet man das Bild einer Sinusfunktion, d. h. aus dem zeitlichen Nacheinander des auf und ab schwingenden Schattenbildes wird ein räumliches Nebeneinander.

Die Geschwindigkeiten bzw. Beschleunigungen der Projektionen auf die x- und y-Achse erhält man durch Differentiation nach der Zeit:

$$\begin{aligned}
v_x(t) &= \frac{dx(t)}{dt} = -\omega a_0 \sin(\omega t + \varphi_0) \\
a_x(t) &= \frac{dv_x(t)}{dt} = -\omega^2 a_0 \cos(\omega t + \varphi_0) = -\omega^2 \cdot x(t) \\
v_y(t) &= \frac{dy(t)}{dt} = \omega a_0 \cos(\omega t + \varphi_0) \\
a_y(t) &= \frac{dv_y(t)}{dt} = -\omega^2 a_0 \sin(\omega t + \varphi_0) = -\omega^2 \cdot y(t).
\end{aligned}$$

Die zweite und vierte Gleichung lassen sich auch schreiben als

$$\boxed{\begin{aligned}
\ddot{x}(t) &= -\omega^2 \cdot x(t) \\
\ddot{y}(t) &= -\omega^2 \cdot y(t)
\end{aligned}}$$

Das sind die Differentialgleichungen der harmonischen Schwingung. Der Ansatz $x(t) = a_0 \cos\varphi(t)$ bzw. $y(t) = a_0 \sin\varphi(t)$ erfüllt diese Gleichung als deren Lösung, wobei $\varphi(t) = \varphi_0 + \omega t$ ist.

1.5.2 Federkraft

Lenkt man ein zunächst in Ruhe befindliches System, bestehend aus einer Feder und einer Masse m um eine Strecke x reibungsfrei aus (Abb. 1.46), so muß man die quasielastische Gegenkraft der Feder überwinden, welche sich nach dem *Hookeschen Gesetz* ergibt zu

$$\boxed{\vec{F}_F = -k \cdot \vec{x}}$$

(s. a. Abschnitte 1.3.2 und 1.3.3). k bezeichnet die *Federkonstante*; sie hat die Einheit $[k] = 1$ N/m. Dieser Zusammenhang gilt nur für kleine Auslenkungen aus der Ruhelage, da bei größeren Auslenkungen plastische Deformationen auftreten.

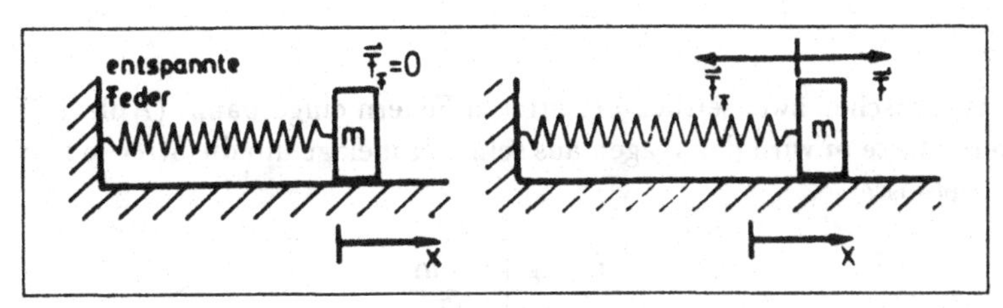

Abbildung 1.46

Nach dem zweiten Newtonschen Axiom versucht die Rückstellkraft der Feder die Masse m in Richtung auf den Ruhepunkt $x = 0$ zu beschleunigen. Für den eindimensionalen Fall gilt also $F_x = m \cdot a_x$. Da die beschleunigende Kraft gleich der Federkraft ist, kann man schreiben:

$$-k \cdot x = m \cdot a_x.$$

Daraus folgt

$$\boxed{a_x = \ddot{x} = -\frac{k}{m} x = -\omega^2 \cdot x.}$$

(Vgl. hierzu die Dgl. der harmonischen Schwingung in Abschnitt 1.5.1.) Für die Winkelgeschwindigkeit ω ergibt sich

$$\omega = \sqrt{\frac{k}{m}} = 2\pi\nu = \frac{2\pi}{T},$$

wobei ν die Frequenz darstellt, also der Zahl der pro Sekunde ausgeführten Schwingungen entspricht. Das Federpendel besitzt somit die Schwingungsdauer

$$\boxed{T = 2\pi \cdot \sqrt{\frac{m}{k}}.}$$

Eine elastische Kraft ist also eine harmonische Kraft, welche zu harmonischen Schwingungen Anlaß gibt.

Bestimmung der Federkonstanten

Versuch: Ein auf einer Glasplatte annähernd reibungsfrei beweglicher Wagen mit der

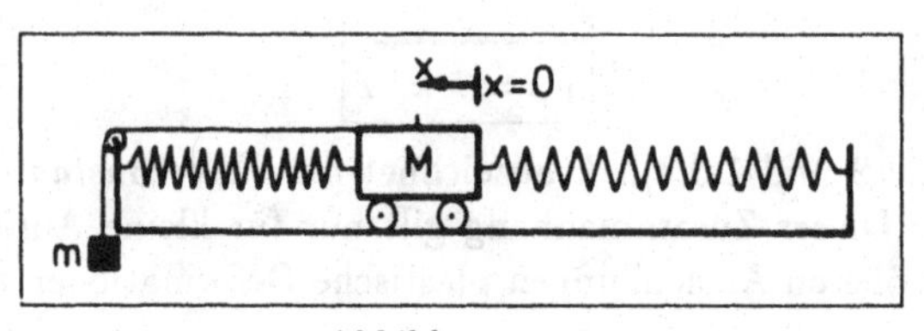

Abbildung 1.47

Masse M ist zwischen zwei seitlich befestigten Federn eingespannt (Abb. 1.47). Durch eine schwere Masse m wird der Wagen aus seiner Ruhelage um die Strecke x ausgelenkt. Versuchsergebnisse:

m/kg	x/cm
5	17
2,5	8,5

Hieraus berechnet sich die Federkonstante zu

$$k = \frac{|\vec{F}|}{x} = \frac{m \cdot g}{x} = \frac{5\ \mathrm{kg} \cdot 9,81\ \mathrm{m/s^2}}{0,17\ \mathrm{m}} = 288,5\ \frac{\mathrm{N}}{\mathrm{m}}.$$

Setzt man diesen Wert für k in die Schwingungsgleichung ein, so erhält man die Schwingungsdauer zu

$$T = 2\pi\sqrt{\frac{M}{k}} = 2\pi\sqrt{\frac{2\ \mathrm{kg} \cdot \mathrm{s^2}}{288,5\ \mathrm{kg}}} = 0,52\ \mathrm{s}.$$

Diese berechnete Schwingungsdauer läßt sich mit Hilfe einer Stoppuhr leicht überprüfen.

Vergrößert man die Masse des Wagens auf das Vierfache, d. h. $M' = 4M$, so muß sich nach der obigen Formel eine doppelt so große Schwingungsdauer ergeben. Auch dies findet experimentell Bestätigung.

In der Schwingungsgleichung taucht die Amplitude der Schwingung nicht auf, *die Schwingungsdauer ist also unabhängig von der Amplitude.* Mit einem einfachen Versuch läßt sich dieser Sachverhalt zeigen.

Versuch: An zwei gleiche Federn wird je eine Masse von 5 kg angehängt. Lenkt man sie unterschiedlich weit aus ihrer Ruhelage aus, so schwingen sie nach dem Loslassen mit derselben Frequenz. Bei unterschiedlichen Startzeiten bleibt die Phasendifferenz konstant.

Parallelschaltung von Federn

Zu Abbildung 1.48:

$$\vec{F}' = \text{auslenkende Kraft}$$

$$\begin{aligned}\vec{F}_{ges} &= \text{gesamte Rückstellkraft der Federn}\\ &= \vec{F}_1 + \vec{F}_2 = -\vec{F}'\end{aligned}$$

Die Federkräfte addieren sich!

$$\begin{aligned}F_1 &= F_{x_1} = -k_1 x_1\\ F_2 &= F_{x_2} = -k_2 x_2\end{aligned}$$

Für gleiche Auslenkungen $x_1 = x_2 = x$ ergibt sich

$$\begin{aligned}|\vec{F}_{ges}| = F_x = F_{x_1} + F_{x_2} &= -k_1 x - k_2 x\\ -(k_1 + k_2)\cdot x &= -k_{ges} x\end{aligned}$$

Bei Parallelschaltungen von Federn setzt sich die Gesamtfederkonstante aus der Summe der einzelnen Federkonstanten zusammen.

$$\boxed{k_{ges} = k_1 + k_2 + \ldots = \sum_{i=1}^{m} k_i.}$$

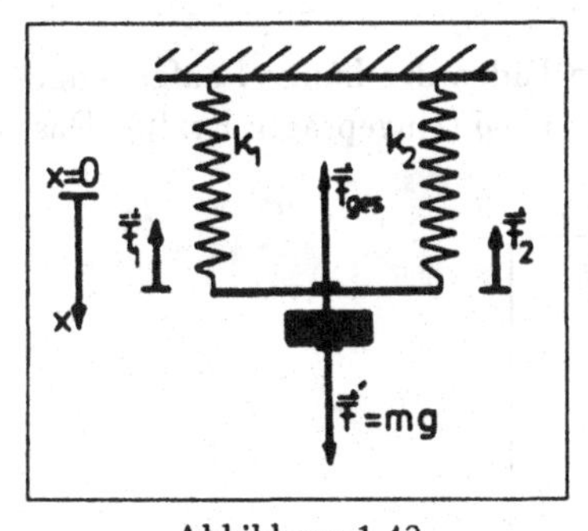

Abbildung 1.48

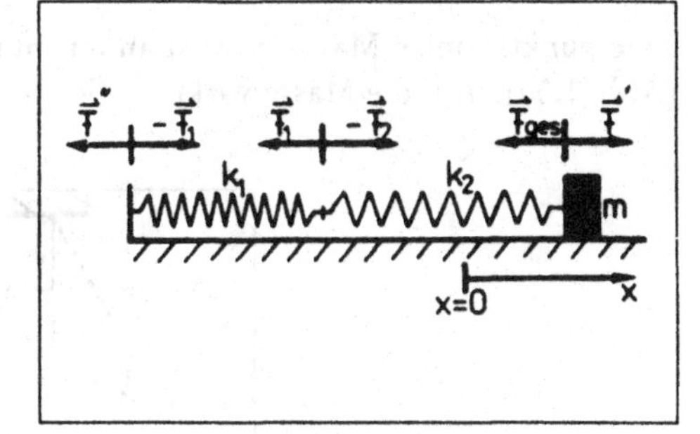

Abbildung 1.49

Reihenschaltung von Federn

Ist das in Abb. 1.49 gezeichnete System in Ruhe, gilt

$$\vec{F}' = -\vec{F}_{ges} = -\vec{F}_2 = -\vec{F}_1 = -\vec{F}''.$$

Alle Kräfte sind betragsmäßig gleich ($|\vec{F}| = F$). Für die Auslenkungen der Federn gilt

$$x_{ges} = x_1 + x_2,$$

sie addieren sich also. Als Gesamtauslenkung ergibt sich:

$$x_{ges} = \frac{|\vec{F}_{ges}|}{k_{ges}} = \frac{F}{k_{ges}} = x_1 + x_2 = \frac{F}{k_1} + \frac{F}{k_2} = F\left(\frac{1}{k_1} + \frac{1}{k_2}\right)$$

$$\boxed{\frac{1}{k_{ges}} = \frac{1}{k_1} + \frac{1}{k_2} + \ldots = \sum_{i=1}^{m} \frac{1}{k_i}.}$$

Ordnet man Federn hintereinander an, so addieren sich die Kehrwerte der Federkonstanten zum Kehrwert der Gesamtfederkonstanten.

Versuch: Vier Federn mit der gleichen Federkonstante k werden aneinandergehängt. Belastet man sie mit einer geeigneten Masse m, so ist die Auslenkung aus der Ruhelage viermal so groß wie die Auslenkung, welche nur eine der Federn durch die gleiche Masse erfährt:

$$\frac{1}{k_{ges}} = \frac{1}{k} + \frac{1}{k} + \frac{1}{k} + \frac{1}{k} = \frac{4}{k} \qquad k_{ges} = \frac{k}{4}.$$

Sinkt die Federkonstante auf ein Viertel ihres ursprünglichen Wertes ab, muß sich die Schwingungsdauer T verdoppeln. Das Experiment bestätigt diese Überlegung.

1.5.3 Das mathematische Pendel

Eine punktförmige Masse m wird an einem masselosen Faden der Länge l aufgehängt (Abb. 1.50). Auf die Masse wirkt die Schwerkraft $\vec{F}_G = m \cdot \vec{g}$ (eingeprägte Kraft). Das

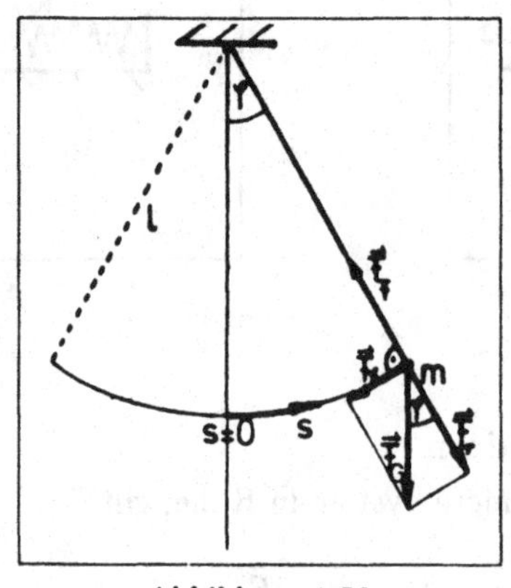

Abbildung 1.50

Pendel wird um einen kleinen Winkel φ ausgelenkt. Nun läßt sich die Schwerkraft zerlegen in eine Komponente tangential zur Bahnkurve und eine Komponente in Richtung des Fadens. Die *Tangentialkomponente*

$$F_\varphi = m \cdot g \cdot \sin\varphi = -m \cdot a_\varphi,$$

in diesem Fall die wirksame Kraft, beschleunigt den Massenpunkt in Richtung auf seine Ausgangslage. Durch die Fadenspannung F_F (Zwangskraft) wird die ***Radialkomponente***

$$F_r = -F_F = m \cdot g \cdot \cos\varphi$$

kompensiert. Für die Geschwindigkeit des Massenpunktes gilt:

$$v_\varphi = \frac{ds}{dt} = l \cdot \frac{d\varphi}{dt} = l \cdot \dot{\varphi}$$

mit $\varphi = s/l$, $d\varphi = ds/l$. Man erhält für die Beschleunigung des Massenpunktes

$$\begin{aligned} a_\varphi &= \frac{dv_\varphi}{dt} = l \cdot \ddot{\varphi} \\ -m \cdot g \cdot \sin\varphi &= m \cdot l \cdot \ddot{\varphi} \end{aligned}$$

$$\boxed{\ddot{\varphi} = -\frac{g}{l} \cdot \sin\varphi.}$$

Dies ist die Differentialgleichung für das mathematische Pendel. Sie ist mit elementaren Funktionen nicht lösbar und beschreibt keine harmonische Schwingung. Für kleine Ausschläge bedient man sich der ***harmonischen Näherung*** $\sin\varphi \approx \varphi$. Dann lautet die Gleichung

$$\boxed{\ddot{\varphi} = -\frac{g}{l}\varphi.}$$

Der Lösungsansatz $\varphi(t) = \widehat{\varphi}\sin(\omega t) \Rightarrow \ddot{\varphi}(t) = -\omega^2 \cdot \widehat{\varphi}\sin(\omega t)$ erfüllt die Differentialgleichung. Man erhält:

$$\omega^2 = \frac{g}{l} \qquad \boxed{T = 2\pi\sqrt{\frac{l}{g}}} \qquad \text{mit } \omega = \frac{2\pi}{T}.$$

Die Schwingungsdauer des mathematischen Pendels ist unabhängig von m. Ein Pendel mit $l' = l/4$ schwingt doppelt so schnell, da $T \sim \sqrt{l}$. Außerdem bietet das Pendel eine Möglichkeit, die Erdbeschleunigung zu messen, indem man die Schwingungszeit und die Pendellänge mißt.

Das mathematische Pendel ist eine Idealisierung, denn es existieren keine Punktmassen und keine masselosen Aufhängungen.

1.5.4 Reibungskräfte

Reibung zwischen festen Körpern
Versucht man einen Körper, der auf eine waagerechte Unterlage die Gewichtskraft F_G ausübt, mit der Kraft $\vec{F}$ zu beschleunigen, so wirkt $|\vec{F}|$ eine Reibungskraft $\vec{F}_R$ entgegen (Abb. 1.51). Man unterscheidet:

Haftreibung:	$F_{RH} = \mu_{RH} \cdot F_G$	bei $v = 0$
Gleitreibung:	$F_{RG} = \mu_{RG} \cdot F_G$	bei $v \neq 0$
Rollreibung:	$F_{RR} = \mu_{RR} \cdot F_G$	bei Abrollvorgängen.

Der Reibungskoeffizient μ ist eine Materialkonstante. Die Reibungskraft F_R ist nur abhängig von der Gewichtskraft F_G des Körpers. Für gleiche Materialien gilt immer:

$$\boxed{\mu_{RH} > \mu_{RG} > \mu_{RR}.}$$

Versuch: Legt man zwei gleiche Quader aus Holz auf ein glattes Holzbrett, so beginnen beide gleichzeitig ab einer bestimmten Neigung gegen die Waagerechte abzugleiten. Die Hangabtriebskraft bzw. Tangentialkraft $\vec{F}_t$ (schiefe Ebene s. Abschnitt 1.3.3) steht der Haftreibungskraft $\vec{F}_{RH}$ gegenüber. Solange $|\vec{F}_t| < |\vec{F}_{RH}|$ ist, bleibt der Körper in Ruhe; wird aber

$$|\vec{F}_t| = |\vec{F}_G| \sin\alpha > |\vec{F}_G| \cdot \mu_{RH} = |\vec{F}_{RH}|, \quad \text{d. h.} \quad \sin\alpha > \mu_{RH},$$

dann beginnt der Körper zu gleiten.

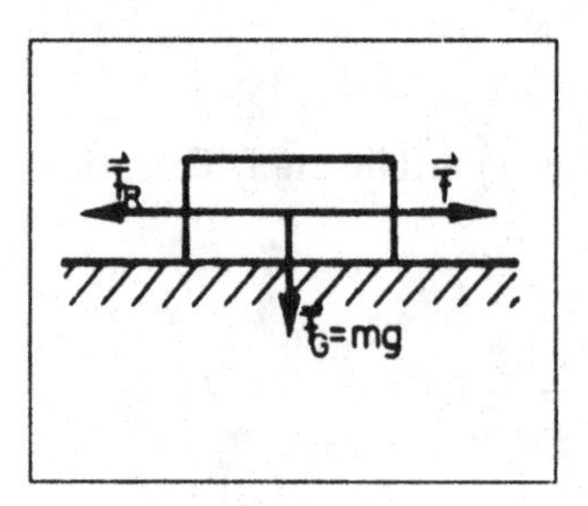

Abbildung 1.51

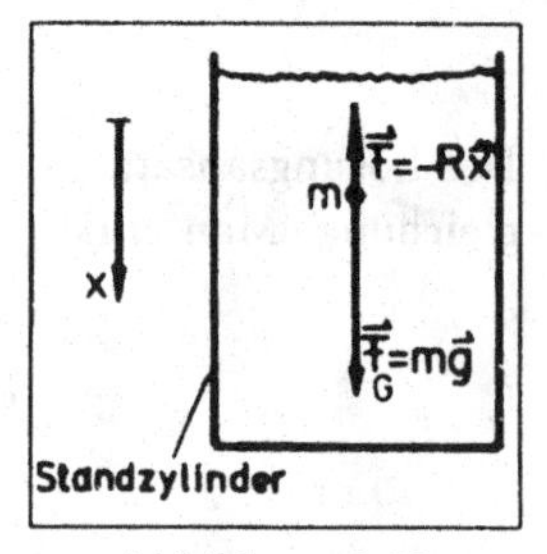

Abbildung 1.52

Versuch: Bei einem der Körper wird ein Filzstück unterlegt. Vergrößert man jetzt den Neigungswinkel α gegen die Waagerechte allmählich, so gleitet der Körper ohne Filzunterlage bei geringerem α ab. Der Reibungskoeffizient $\mu_{\text{Holz-Filz}}$ ist also größer als $\mu_{\text{Holz-Holz}}$.

Bei der Reibung von Festkörpern ist die Reibungskraft näherungsweise unabhängig von der Geschwindigkeit.

Reibung zwischen Festkörper und Flüssigkeit oder Gas

1. Für die viskose Reibung bei der Bewegung eines Körpers durch Flüssigkeiten gilt weitgehend $F_R \sim v$ (Stokessches Gesetz).

2. Für den Luftwiderstand von aerodynamisch ungünstig geformten Körpern, sowie allgemein bei hohen Geschwindigkeiten gilt dagegen $F_R \sim v^2$.

1.5.5 Freier Fall mit Reibung

Als Anwendung betrachtet man den freien Fall eines Körpers in einem Medium, etwa einer Flüssigkeit (Abb. 1.52). Dann ist also die Reibungskraft proportional zur Fallgeschwindigkeit:

$$\vec{F}_R = -R \cdot \dot{\vec{x}}.$$

R sei hierbei die Reibungskonstante. Der Körper werde zur Zeit $t = 0$ losgelassen, das heißt

$$\begin{aligned} v(0) &= \dot{x}(0) = 0 \quad \text{und} \\ x(0) &= 0. \end{aligned}$$

Der Körper wird durch die Schwerkraft $\vec{F}_G$ beschleunigt:

$$\vec{F}_G = m \cdot \vec{g}.$$

Die Gesamtkraft beträgt dann

$$m\ddot{\vec{x}} = \vec{F} = \vec{F}_G + \vec{F}_R.$$

Man erhält daraus eine Differentialgleichung:

$$\boxed{m \cdot \ddot{x} = m \cdot g - R \cdot \dot{x},}$$

bzw.

$$m\frac{dv}{dt} = m \cdot g - R \cdot v.$$

Lösung der Differentialgleichung: Bei $t = 0$ beginnt die Bewegung wie beim freien Fall ohne Reibung, denn die Geschwindigkeit v ist noch klein und damit $F_R = -R \cdot v \approx 0$. Daraus folgt:

$$m\frac{dv}{dt} = m \cdot g.$$

Die Geschwindigkeit wird allmählich größer, und damit vergrößert sich auch die Reibungskraft. Dadurch verringert sich die Beschleunigung des Körpers, bis sie schließlich null wird. Die Geschwindigkeit nähert sich ihrem maximalen Wert und bleibt dann konstant. Es gilt dann

$$0 = m\frac{dv}{dt} = m \cdot g - R \cdot v,$$

Auflösen nach v liefert

$$\boxed{v = \frac{m \cdot g}{R} = v_{max}.}$$

Der Lösungsansatz für die Differentialgleichung geht aus Abb. 1.53 hervor:

$$v(t) = v_{max} - v_1(t).$$

Einsetzen liefert

$$m\frac{dv_{max}}{dt} - m\frac{dv_1}{dt} = m \cdot g - R(v_{max} - v_1).$$

Mit $R \cdot v_{max} = m \cdot g$ (s. o.) wird daraus:

$$\boxed{\frac{dv_1(t)}{dt} = -\frac{R}{m}v_1(t).}$$

Auch dies ist eine Differentialgleichung; sie läßt sich lösen mit dem Ansatz

$$v_1(t) = b \cdot \exp\left(-\frac{R}{m}t\right).$$

Die Differentiation dieser Gleichung zeigt, daß sie die Differentialgleichung erfüllt:

$$\frac{dv_1(t)}{dt} = -\frac{R}{m}b \cdot \exp\left(-\frac{R}{m}t\right) = -\frac{R}{m}v_1(t).$$

Durch Einsetzen in $v(t) = v_{max} - v_1(t)$ erhält man die Gesamtlösung:

$$v(t) = v_{max} - b \cdot \exp\left(-\frac{R}{m}t\right).$$

b wird durch die Anfangsbedingungen $v(0) = 0$ für $t = 0$ bestimmt:

$$0 = v(0) = v_{max} - b \quad \Rightarrow \quad b = v_{max}$$

$$\boxed{v(t) = v_{max} - v_{max}\exp\left(-\frac{R}{m}t\right) = v_{max}\left(1 - \exp\left(-\frac{R}{m}t\right)\right).}$$

Durch Differentiation der Geschwindigkeit nach der Zeit erhält man die Beschleunigung (vgl. Abb. 1.54):

$$\boxed{a(t) = \frac{dv(t)}{dt} = \frac{R}{m}v_{max}\exp\left(-\frac{R}{m}t\right) = g\exp\left(-\frac{R}{m}t\right)}$$

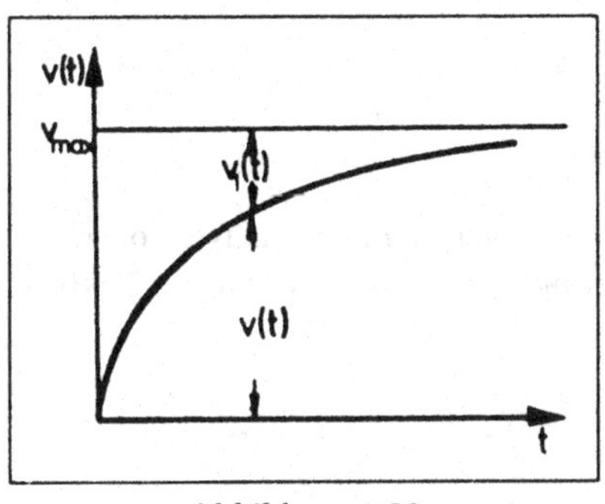

Abbildung 1.53

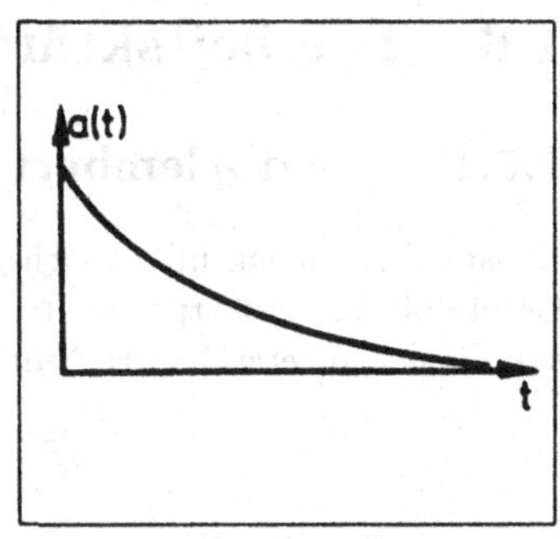

Abbildung 1.54

mit $v_{max} = mg/R$. Der zurückgelegte Weg ergibt sich durch Integration der Geschwindigkeit:

$$x(t) = \int v(t)\,dt,$$

die Anfangsbedingung lautet $x(0) = 0$. Damit verschwindet die Integrationskonstante und man erhält

$$\boxed{x(t) = \frac{m \cdot g}{R} t - \frac{g \cdot m^2}{R^2}\left(1 - \exp\left(-\frac{R}{m} t\right)\right).}$$

1.6 Trägheitskräfte

1.6.1 Die d'Alembertsche Gleichung

Es ist sehr bequem mit Gleichgewichten zu rechnen. Nach dem ersten Newtonschen Gesetz bleibt ein Körper in Ruhe oder in gleichförmiger Bewegung, wenn die Vektorsumme der äußeren Kräfte Null ergibt:

$$\vec{F}_1 + \vec{F}_2 + \vec{F}_3 = \sum_i \vec{F}_i = 0.$$

Dies ist die Gleichgewichtsbedingung für die *Statik*.

In der *Dynamik*, d. h. also bei beschleunigten Bewegungen läßt sich das Gleichgewichtsprinzip von d'Alembert verwenden. Dazu interpretiert man in $\vec{F} = m \cdot \vec{a} \Rightarrow \vec{F} - m \cdot \vec{a} = 0$ die Größe $-m \cdot \vec{a} = \vec{F}_T$ als *Trägheitskraft*. Dann gilt das *d'Alembertsche Prinzip*:

> „Für jeden sich bewegenden Körper muß die Summe aller auf ihn wirkenden Kräfte einschließlich seiner Trägheitskräfte Null ergeben. Der beschleunigenden Kraft $\vec{F}$ steht immer die Trägheitskraft $\vec{F}_T$ entgegen."

$$\boxed{\vec{F} = \sum_i \vec{F}_i = -\vec{F}_T \quad \text{oder} \quad \sum_i \vec{F}_i + \vec{F}_T = 0.}$$

Versuch: Die Trägheitskraft läßt sich demonstrieren mit einem Massenstück, das auf einem Papierblatt liegt. Zieht man das Papier schnell weg, bleibt das Massenstück auf der Stelle liegen. Seine Trägheit hindert es daran, die Bewegung des Papiers mitzumachen. Die Reibungskraft ist in diesem Fall kleiner als die Trägheitskraft.

Da sich jede Beschleunigung in die beiden Komponenten tangential und normal zur Bahnkurve zerlegen läßt, unterscheidet man zwei Arten von Trägheitskräften:

$$\vec{F}_{TW} = -m \cdot \vec{a}_t$$

$$\vec{F}_{ZF} = -\frac{mv^2}{\rho}\hat{\vec{n}}$$

$\vec{F}_{TW}$ heißt *Trägheitswiderstand* und tritt bei tangentialer Beschleunigung $\vec{a}_t$ auf. $\vec{F}_{ZF}$ heißt *Zentrifugalkraft*; sie wirkt bei einer Normalenbeschleunigung.

1.6.2 Trägheitswiderstand

Beispiel: An einer Feder im Fahrstuhl hänge die Masse m.

1. Der Fahrstuhl sei in Ruhe. Es wirkt eine Gewichtskraft $\vec{F}_G = m \cdot \vec{g}$ nach unten; entgegengerichtet ist die Federkraft $\vec{F}_F$ (Abb. 1.55). Im Gleichgewichtszustand gilt

$$\vec{F}_G + \vec{F}_F = 0.$$

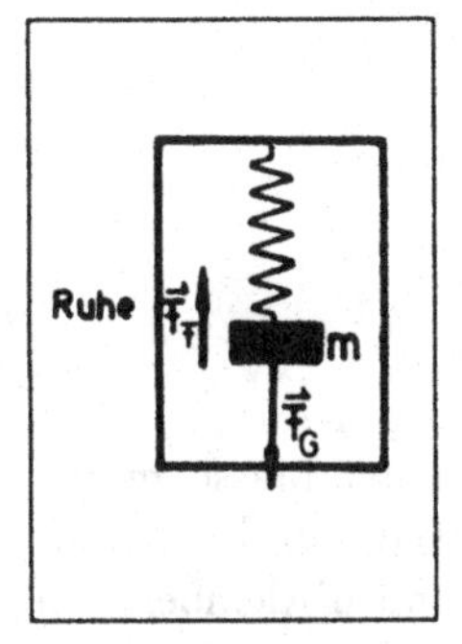

Abbildung 1.55

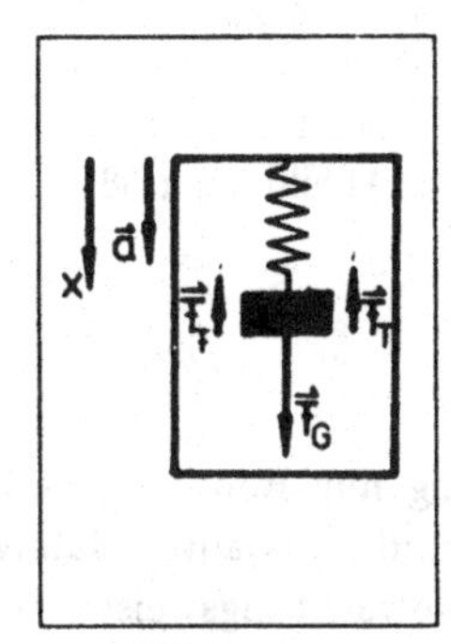

Abbildung 1.56

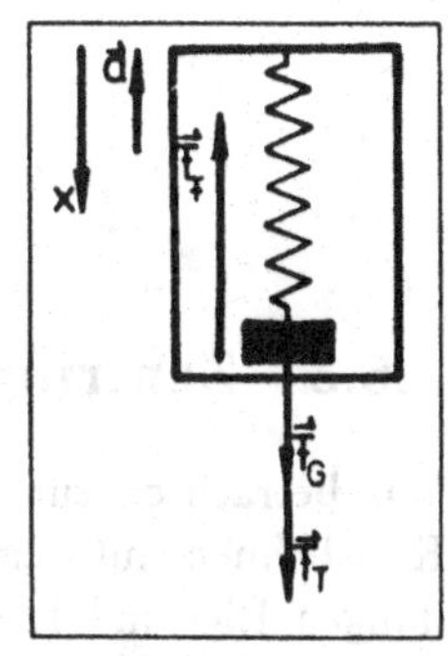

Abbildung 1.57

2. Der Fahrstuhl bewege sich beschleunigt nach unten. An der Masse tritt eine Trägheitskraft entgegengesetzt zur Beschleunigung und damit zur Gewichtskraft auf. Es genügt eine kleinere Federkraft zur Kompensation, d. h. die Feder verkürzt sich gegenüber dem ersten Fall (Abb. 1.56). Es gilt

$$\vec{F}_G + \vec{F}_F + \vec{F}_T = 0$$

$$\text{oder} \quad m \cdot \vec{g} - k \cdot \vec{x} - m \cdot \ddot{\vec{x}} = 0.$$

Ist $a = g$ (freier Fall), so sind Trägheits- und Schwerkraft entgegengesetzt gleich groß (Schwerelosigkeit). Die Feder zeigt keine Dehnung mehr.

3. Beschleunigung nach oben: Die Trägheitskraft zeigt jetzt in Richtung der Gewichtskraft. Die Feder muß eine größere Kraft ausgleichen und wird deshalb gedehnt (Abb. 1.57).

$$\vec{F}_G + \vec{F}_F + \vec{F}_T = 0$$

$$m \cdot \vec{g} - k \cdot \vec{x} + m \cdot \ddot{\vec{x}} = 0.$$

Versuch: Die Trägheit läßt sich auch mit Hilfe der in Abb. 1.58 dargestellten Anordnung zeigen. Zieht man schnell am oberen Faden, wirkt dieser Zugkraft die Trägheitskraft der Masse m entgegen. Unter der Wirkung der beiden entgegengesetzten Kräfte reißt der untere Faden. Bei langsamem Zug ist die Trägheitskraft vernachlässigbar, Zugkraft und Gewichtskraft addieren sich, es reißt der obere Faden.

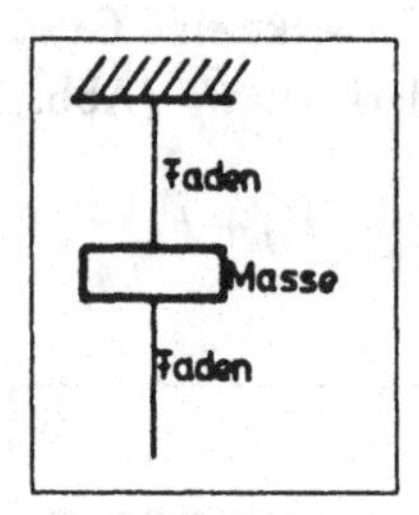

Abbildung 1.58

1.6.3 Zentrifugalkraft

Wir betrachten zur Vereinfachung nur Bewegungen von Körpern der Masse m auf Kreisbahnen mit dem Radius r und konstanter Bahngeschwindigkeit. In den Abbildungen 1.59 und 1.60 sind die Betrachtungsweisen von Newton und d'Alembert am Beispiel einer rotierenden Feder gegenübergestellt. Eine Kreisbewegung mit konstan-

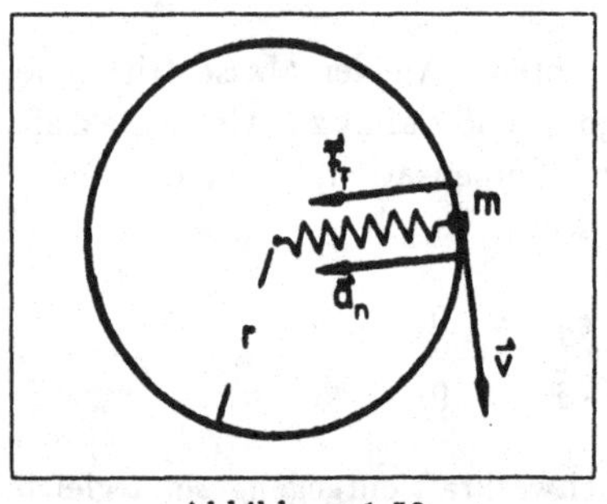

Abbildung 1.59

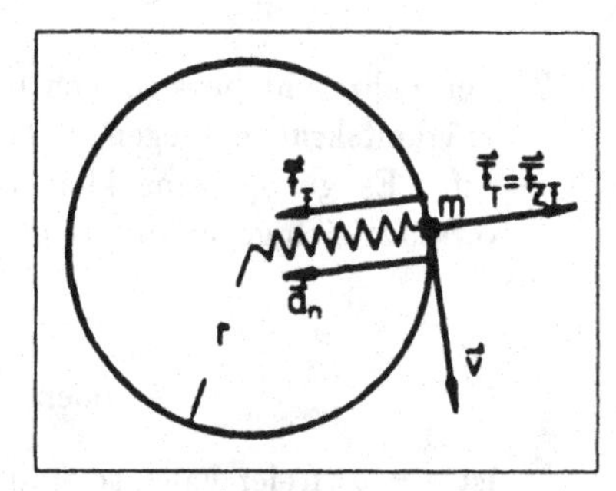

Abbildung 1.60

ter Winkelgeschwindigkeit erfolgt unter der Wirkung der Normalbeschleunigung (s. Abschnitt 1.2.2)

$$\vec{a} = \frac{v^2}{r}\hat{\vec{n}},$$

die auf den Krümmungsmittelpunkt gerichtet ist.

Newton: Es ist eine Zentripetalkraft nötig, welche den Körper von der geradlinigen Bahn auf die Kreisbahn zwingt. Diese wird durch die Feder aufgebracht (Abb. 1.59).

$$\vec{F}_F = m \cdot \vec{a}_n = \frac{mv^2}{r}\hat{\vec{n}}$$

d'Alembert: Die Rückstellkraft der Feder und die Trägheitskraft (Zentrifugalkraft) kompensieren sich im dynamischen Gleichgewicht (Abb. 1.60).

$$\vec{F}_F + \vec{F}_T = 0$$

$$\vec{F}_T = \vec{F}_{ZF} = -\vec{F}_F = -\frac{mv^2}{r}\hat{\vec{n}}$$

Beispiele für die Zentrifugalkraft

1. Die Zentrifugalkraft ist dafür verantwortlich, daß Schleiffunken sich von einer rotierenden Schleifscheibe ablösen und anschließend tangential wegfliegen.

2. Bei raschen Kurvenfahrten kann die Zentrifugalkraft zu einem Vielfachen der Gravitationskraft anwachsen. Ein Düsenflugzeug fliege eine Kurve mit dem Radius $r = 1$ km und der Geschwindigkeit $v = 333$ m/s. Für die Zentrifugalbeschleunigung erhält man
$$a = \frac{v^2}{r} \approx 100\,\frac{\mathrm{m}}{\mathrm{s}^2} = 10\,g,$$
also das Zehnfache der Erdbeschleunigung g.

3. Ultrazentrifuge zur Trennung von Stoffen verschiedener Massendichte: Im Gravitationsfeld sedimentieren Stoffe aus einer Suspension gemäß ihrer Dichte verschieden schnell. Das liegt an den Eigenschaften der Reibungskräfte F_R (s. Abschnitt 1.5.4), die die suspendierten Körper bei der Bewegung in der Flüssigkeit erfahren. Nach Stokes gilt $F_R \sim r \cdot v$, wobei r der Radius bei kugelförmiger Gestalt des Körpers und v seine Geschwindigkeit ist. Im Gleichgewicht von F_R und F_G (Schwerkraft) sinken die Körper mit konstanter Geschwindigkeit v.
$$m \cdot g = c \cdot r \cdot v$$
$$m = \rho \cdot V_k = \frac{4}{3}\pi \rho r^3$$
Dabei ist ρ die Dichte des Körpers, V_k dessen Volumen und c eine Proportionalitätskonstante. Man erhält
$$v \sim \rho r^2 g.$$
Stoffe mit hoher Massendichte sinken schneller als solche mit kleiner Massendichte; damit kann man verschiedene Materialien (Verbindungen) trennen.

   In der Ultrazentrifuge wird dieser Vorgang beschleunigt, da statt der Gravitationskraft die viel größere Zentrifugalkraft eingesetzt wird. Bei einer Zentrifugenfrequenz von $\nu = 1000$ Hz $= 10^3$ s^{-1} ($\omega = 2\pi\nu = 2\pi \cdot 1000$ s^{-1}) und einem Radius von $r = 1$ cm ist die Zentrifugalbeschleunigung $a_{ZF} \approx 40\,000\,g$.

4. Ein mit Wasser gefüllter Eimer wird um die vertikal stehende Symmetrieachse in Rotation versetzt. Reibungskräfte sorgen dafür, daß auch das Wasser nach einiger Zeit sich mitbewegt. Die resultierende Kraft aus Gewichtskraft F_G und Zentrifugalkraft F_{ZF} muß senkrecht zur Wasseroberfläche stehen. Aus Abb. 1.61

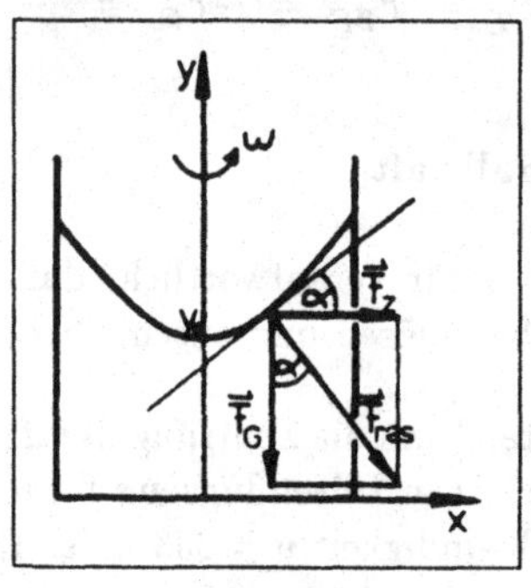

Abbildung 1.61

liest man ab:

$$\tan\alpha = \frac{m\omega^2 x}{mg} = \frac{\omega^2}{g}x = \frac{dy}{dx}.$$

Integration führt zu

$$y(x) = \frac{\omega^2}{2g}x^2 + y_0.$$

Dies ist eine Parabelgleichung: Es stellt sich eine parabolisch gekrümmte Wasseroberfläche ein.

1.7 Inertial- und Nichtinertialsysteme

1.7.1 Inertialsysteme

Definition: Unter einem *Inertialsystem* versteht man ein Koordinatensystem, in dem das Galileische Trägheitsgesetz (erstes Newtonsches Axiom) gilt, gegenüber dem sich also ein kräftefreier Körper mit konstanter Geschwindigkeit bewegt.

Nimmt man an, daß es *ein* Inertialsystem in der Natur gibt, z. B. das Koordinatensystem, welches im Fixsternhimmel verankert ist, dann gibt es *unendliche viele.* Der Übergang von einem Inertialsystem zum anderen wird im Rahmen der klassischen nichtrelativistischen Mechanik durch die *Galilei-Transformation* beschrieben:

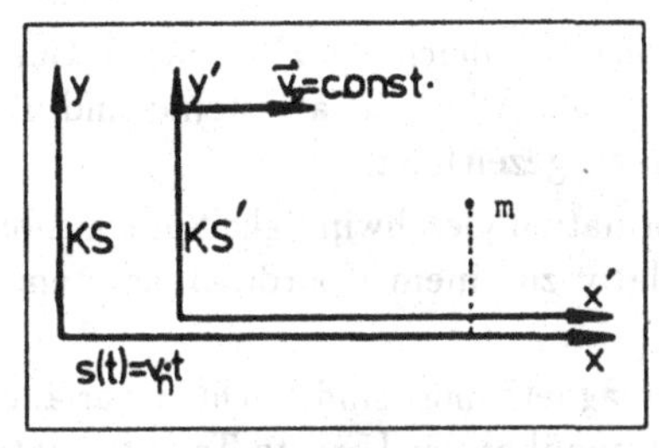

Abbildung 1.62

Das in Abb. 1.62 dargestellte Koordinatensystem KS' bewegt sich relativ zu KS mit der Geschwindigkeit v_0 = const. in x-Richtung. Bei $t = 0$ sei $x = x'$. Dann gilt:

$$\begin{aligned} x &= x' + s(t) \\ y &= y'. \end{aligned}$$

Dies nennt man die Galilei-Transformation. Newton postulierte zusätzlich, daß die Zeit eine absolute Größe sei, die in beiden Koordinatensystemen gleich gemessen wird:

$$\begin{aligned} & t = t' \\ \text{Damit folgt}\quad & x = x' + v_0 t \\ \text{Geschwindigkeit}\quad & \dot{x} = \dot{x}' + v_0 \\ \text{Beschleunigung}\quad & \ddot{x} = \ddot{x}' \quad \Rightarrow \quad a = a'. \end{aligned}$$

In beiden Systemen mißt man dieselbe Beschleunigung. Ist $a = 0$, folgt $a' = 0$; ist also KS ein Inertialsystem, so ist auch KS' eines.

Man nennt eine Größe, die beim Wechsel des Koordinatensystems unverändert bleibt, eine *Invariante* gegenüber dieser Koordinatentransformation. In der Newtonschen Mechanik verhält sich die Zeit als eine Invariante ($t = t'$). Gegenüber der Galilei-Transformation ist die Beschleunigung eine Invariante ($a = a'$). Newton nahm außerdem an, daß die Masse als Körpereigenschaft ebenfalls eine Invariante ist: $m = m'$.

Wie verhält es sich mit der Kraft? Alle Kräfte der Mechanik hängen entweder von einem Relativabstand zweier Körper (z. B. Gravitation, Federkraft) oder von der Relativgeschwindigkeit zwischen zwei Körpern ab (z. B. Reibungskraft). Sowohl Relativabstand als auch Relativgeschwindigkeit sind aber Invarianten gegenüber der Galilei-Transformation, und daher sind auch die Kräfte der Newtonschen Mechanik Invarianten gegenüber der Galilei-Transformation:

$$F = F'.$$

Damit ist auch die Newtonsche Gleichung $F = m \cdot a$ Galilei-invariant, in KS gilt $F = m \cdot a$, in KS' $F' = m' \cdot a'$. Alle Inertialsysteme sind untereinander gleichwertig, keines ist vor dem anderen ausgezeichnet.

Da bei der Galilei-Transformation Geschwindigkeiten transformiert werden, kann man Geschwindigkeiten nur relativ zu einem Koordinatensystem angeben (vgl. Abschnitt 1.2.1).

Die Gesetze des Elektromagnetismus sind nicht invariant gegenüber der Galilei-Transformation, sondern gegenüber der Lorentz-Transformation. In der speziellen Relativitätstheorie (A. Einstein 1905) vermittelt die Lorentz-Transformation auch für die Gesetze der Mechanik den Übergang von einem Inertialsystem zum anderen. Die Lorentz-Transformation geht für kleine Relativgeschwindigkeiten zwischen den Inertialsystemen über in die Galilei-Transformation: $v \ll c$ (Lichtgeschwindigkeit). Gegenüber der Lorentz-Transformation sind der Relativabstand zwischen zwei Punkten (z. B. die Länge eines Körpers), die Zeit und die Masse eines Körpers *keine* Invarianten.

Im Rahmen der klassischen Mechanik wird nur dieser Grenzfall kleiner Relativgeschwindigkeiten zwischen Inertialsystemen betrachtet und mit der Gültigkeit der Galilei-Transformation gerechnet. Diese Voraussetzung sei im folgenden immer erfüllt. Dann gelten in allen Inertialsystemen die Newtonschen Axiome. Es wird im folgenden gezeigt, daß die Newtonschen Axiome ausschließlich in Inertialsystemen Gültigkeit haben.

1.7.2 Nichtinertialsysteme, Scheinkräfte

Inertialsysteme bewegen sich mit geradlinig gleichförmiger Geschwindigkeit gegeneinander. Nichtinertialsysteme sind Koordinatensysteme, die sich beschleunigt gegen ein Inertialsystem IS bewegen, d. h. die Relativgeschwindigkeit des Nichtinertialsystems gegenüber einem Inertialsystem ist nicht konstant.

a) Translatorische Beschleunigung

KS' bewegt sich mit $\vec{a}_0 = \text{const.}$ gegenüber KS, wobei die x-Achsen zusammenfallen sollen (Abb. 1.63). Zur Zeit $t = 0$ sei $x = x'$. Es gilt für die Koordinaten die Galilei-

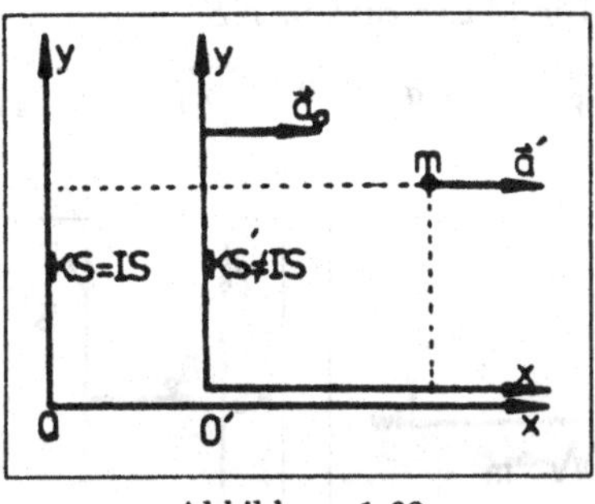

Abbildung 1.63

Transformation:

$$\begin{aligned} y &= y' \\ x(t) &= x'(t) + s(t) \qquad \text{mit} \quad s(t) = \frac{a_0}{2} t^2. \end{aligned}$$

Die Zeitkoordinaten, Massen und Kräfte sind in beiden Systemen gleich:

$$t = t', \quad m = m', \quad F = F'.$$

$$\begin{aligned} &\text{Geschwindigkeit:} \quad \dot{x}(t) = \dot{x}'(t) + a_0 t \quad \Rightarrow \quad \vec{v}(t) = \vec{v}'(t) + \vec{a}_0 t \\ &\text{Beschleunigung:} \quad \ddot{x} = \ddot{x}' + a_0 \quad \Rightarrow \quad \vec{a} = \vec{a}' + \vec{a}_0 \end{aligned}$$

Mißt ein Beobachter in KS an einer Masse m unter der Wirkung einer Kraft $\vec{F}$ eine Beschleuigung $\vec{a}$, so mißt ein Beobachter in KS' an der Masse $m = m'$ unter der Wirkung der Kraft $\vec{F}' = \vec{F}$ eine *andere* Beschleunigung $\vec{a}' = \vec{a} - \vec{a}_0$.

Das Kraftgesetz hat in beiden Systemen eine unterschiedliche Form:

$$\begin{aligned} KS = IS: \quad \vec{F} &= m \cdot \vec{a} \\ KS' \neq IS: \quad \vec{F} &= \vec{F}' = m'(\vec{a}' + \vec{a}_0) = m(\vec{a}' + \vec{a}_0) \\ \vec{F} - m \cdot \vec{a}_0 &= m \cdot \vec{a}' \\ \vec{F} + \vec{F}_A &= m \cdot \vec{a}' \qquad \text{mit} \quad \vec{F}_A = -m \cdot \vec{a}_0. \end{aligned}$$

$\vec{F}_A$ ist eine *Scheinkraft*; sie tritt im Nichtinertialsystem zusätzlich zur realen Kraft $\vec{F}$ auf. Bei einer translatorischen Beschleunigung ist die Scheinkraft identisch mit dem in Abschnitt 1.6.2 eingeführten Trägheitswiderstand:

$$\vec{F}_A = \vec{F}_{TW} = -m \cdot \vec{a}_0.$$

Grenzfälle:

1. Ein Körper der Masse m ist über eine Feder mit einer Aufhängung (Koordinatensystem KS') verbunden, die sich gegenüber KS mit der Beschleunigung $\vec{a}_0$ bewegt (Abb. 1.64). Die Masse ruht in KS', also $\vec{a}' = 0$. Mit $\vec{F}' = \vec{F} = \vec{F}_F$ folgt

$$\vec{F} + \vec{F}_{TW} = m \cdot \vec{a}' = 0 \qquad \vec{F}_F = -\vec{F}_{TW} = m \cdot \vec{a}_0.$$

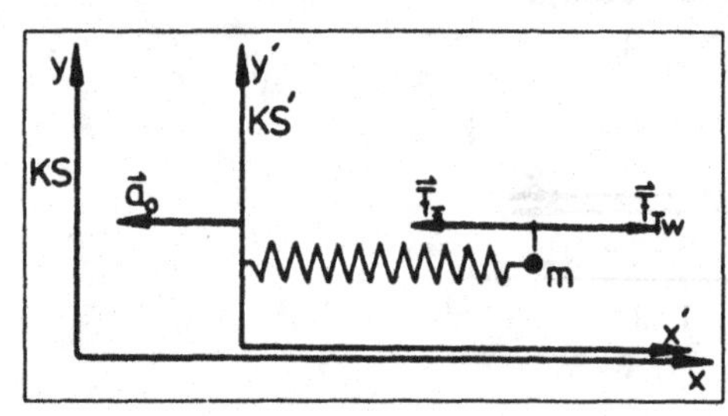

Abbildung 1.64

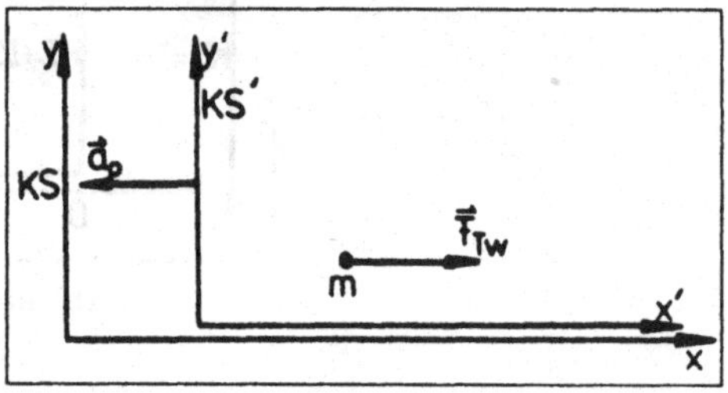

Abbildung 1.65

2. Eine Kugel der Masse m sei in KS' frei beweglich (Abb. 1.65). Beschleunigt man KS' mit $\vec{a}_0$ gegen KS, so bleibt m aufgrund der Trägheit relativ zu KS in Ruhe. Für den Beobachter in KS' wird m jedoch mit $-\vec{a}_0$ beschleunigt. Also:

$$\vec{F}' = \vec{F} = 0 \quad \Rightarrow \quad m \cdot \vec{a}' = \vec{F}_{TW} = -m \cdot \vec{a}_0.$$

3. Die Schwingungsdauer eines mathematischen Pendels ist gegeben durch

$$T = 2\pi\sqrt{\frac{l}{g}}.$$

Bewegt man ein mathematisches Pendel mit $\vec{v} = \text{const.}$ gegen ein Inertialsystem, so zeigt es die gleiche Schwingungsdauer T. Beschleunigt man es jedoch z. B. mit $\vec{a}_0$ in Richtung auf den Erdmittelpunkt, so ist der Trägheitswiderstand $\vec{F}_{TW}$ entgegengesetzt gerichtet. Die Schwingungsdauer ergibt sich zu

$$T' = 2\pi\sqrt{\frac{l}{g - a_0}}.$$

Spezialfall: $g - a_0 = 0 \Rightarrow T \to \infty$. Das Pendel befindet sich beim freien Fall im Zustand der Schwerelosigkeit; es hört auf zu schwingen.

Wird das Pendel mit $\vec{a}_0$ vom Erdmittelpunkt weg beschleunigt, so ist $\vec{F}_{TW}$ zu ihm hin gerichtet. Man erhält die Schwingungsdauer

$$T' = 2\pi\sqrt{\frac{l}{g + a_0}}.$$

Das Pendel schwingt schneller.

b) Rotierende Koordinatensysteme

Auch mit ω = const. rotierende Systeme sind beschleunigte Systeme, da zur Aufrechterhaltung der Drehbewegung eine Zentripetalbeschleunigung notwendig ist (vgl. Abschnitt 1.2.2). In Analogie zur Translationsbeschleunigung erwartet man für einen Körper im Abstand r' von der Drehachse folgenden Ausdruck für das Kraftgesetz:

$$\begin{aligned} \vec{F} + \vec{F}_A &= m \cdot \vec{a}' \\ \text{mit} \quad \vec{F}_A &= -m \cdot \omega^2 \cdot r' \cdot \hat{\vec{n}}' \end{aligned}$$

$\vec{F}_A$ ist dabei die *Zentrifugalkraft* (Abb. 1.66). In Analogie zur Translationsbewegung

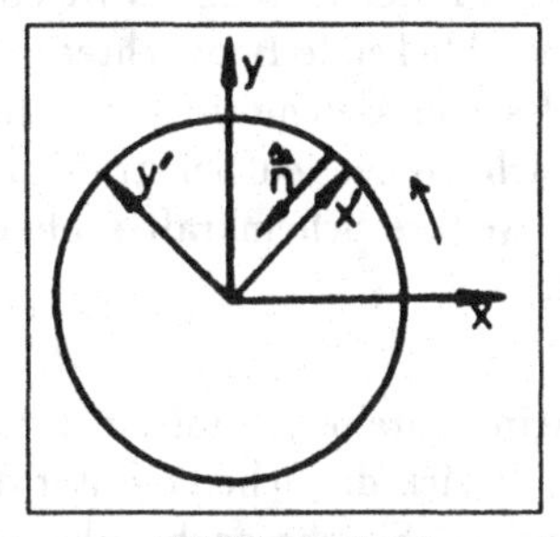

Abbildung 1.66

sollen die beiden Grenzfälle betrachtet werden:

1. $\vec{a}' = 0$. Man erhält

$$\begin{aligned} \vec{F}_F + \vec{F}_A &= m \cdot \vec{a}' = 0 \\ \vec{F}_F = -\vec{F}_A &= m \cdot \omega^2 \cdot r' \cdot \hat{\vec{n}}'. \end{aligned}$$

   Aus $\vec{a}' = 0$ schließt ein Beobachter in KS' auf $\vec{F}_{ges} = 0$, also kompensiert die Scheinkraft $\vec{F}_A$ die Federkraft $\vec{F}_F$ (Abb. 1.67).

2. $\vec{F} = 0$. Dies trifft z. B. bei tangential abspringenden Schleiffunken an einer Schleifscheibe zu.

$$\vec{F} + \vec{F}_A = m \cdot \vec{a}' \quad \Rightarrow \quad \vec{F}_A = m \cdot \vec{a}' \quad (\text{da } \vec{F} = 0).$$

   Ein Beobachter in KS' sieht die Masse (Schleiffunken) beschleunigt radial nach außen fliegen: $\vec{a}' \neq 0$ (Abb. 1.68). Er schließt daraufhin auf die (Schein)kraft

$$\vec{F}_A = -m \cdot \omega^2 \cdot r' \cdot \hat{\vec{n}}'.$$

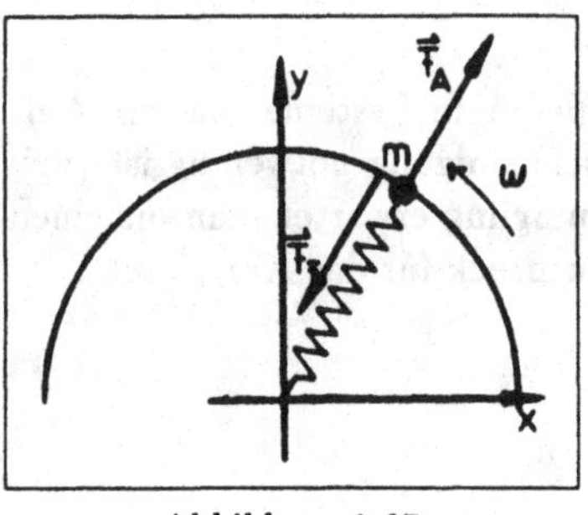

Abbildung 1.67

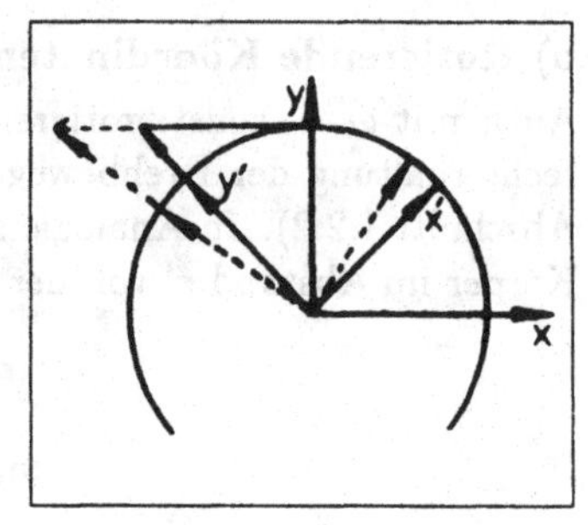

Abbildung 1.68

Diese Beobachtung gilt nur für den Anfang der freien Flugbahn. Im Laufe der Zeit sieht der radial nach außen blickende Beobachter in KS' eine Rechtsabweichung, da der Massenpunkt auf seiner gleichförmigen Bahn hinter dem mit konstanter Winkelgeschwindigkeit sich drehenden Sehstrahl des Beobachters zurückbleibt. Er muß daraus auf eine weitere Scheinkraft schließen, die im obigen Ausdruck noch nicht enthalten ist.

Versuch: Zieht man mit einem Schreibstift auf einer rotierenden Scheibe Linien, so entstehen gekrümmte Striche, da sich die Scheibe unter dem Stift wegdreht. Bei einer Rotation im Uhrzeigersinn sind die Striche nach links, bei einer Rotation im Gegenuhrzeigersinn nach rechts gekrümmt (Abb. 1.69). Ein eventueller Beobachter auf der

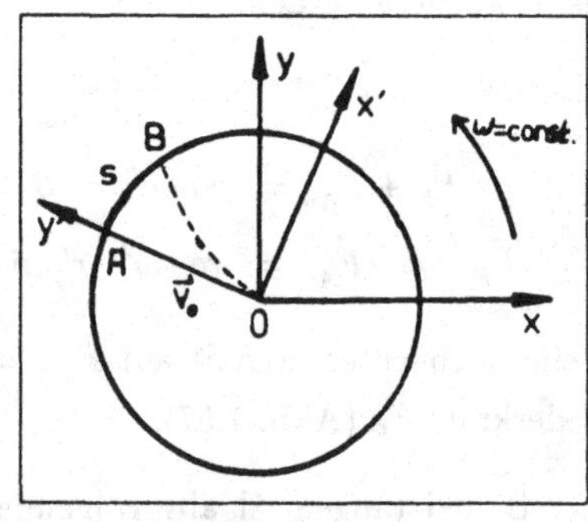

Abbildung 1.69

Scheibe (KS') schließt auf eine Scheinkraft, die Ursache für die Ablenkung des Stiftes ist. Der Einfachheit halber setzt man den Stift in der Mitte der Scheibe an und fährt mit konstanter Geschwindigkeit v_0 radial nach außen. Der mitrotierende „Beobachter" erwartet, daß der Stift nach der Zeit $T = r/v_0$ den Punkt A erreicht. Die Scheibe dreht sich jedoch um das Wegstück $s = v \cdot t = \omega \cdot r \cdot t = \omega \cdot v_0 \cdot t^2$ nach B weiter. Für den mitrotierenden Beobachter scheint eine senkrecht zu v_0 gerichtete Beschleunigung a_c stattzufinden:

$$s = \frac{a_c}{2} t^2 \quad \text{mit} \quad \boxed{a_c = 2 \cdot v_0 \cdot \omega}$$

a_c heißt *Coriolisbeschleunigung*; für sie ist die Scheinkraft

$$\boxed{F_c = 2 \cdot m \cdot v_0 \cdot \omega}$$

verantwortlich, die als *Corioliskraft* bezeichnet wird.

Ein Körper, der sich in einem mit der Winkelgeschwindigkeit ω rotierenden System relativ zu diesem mit der Geschwindigkeit v_0 bewegt, erfährt neben der Zentrifugalkraft noch eine weitere Trägheitskraft, die Corioliskraft.
Bei einer Rotation der Scheibe im Uhrzeigersinn zeigt die Corioliskraft „nach links" gegenüber der Anfangsgeschwindigkeit des Körpers, bei einer Rotation im Gegenuhrzeigersinn ist sie nach rechts gerichtet.

Beschreibung von Drehbewegungen

Infinitesimal kleine Drehungen können durch axiale Vektoren dargestellt werden. Der Grund hierfür die Komponentenzerlegbarkeit einer gleichförmigen Bewegung. Endliche Drehungen sind dagegen nicht als Vektoren darstellbar.

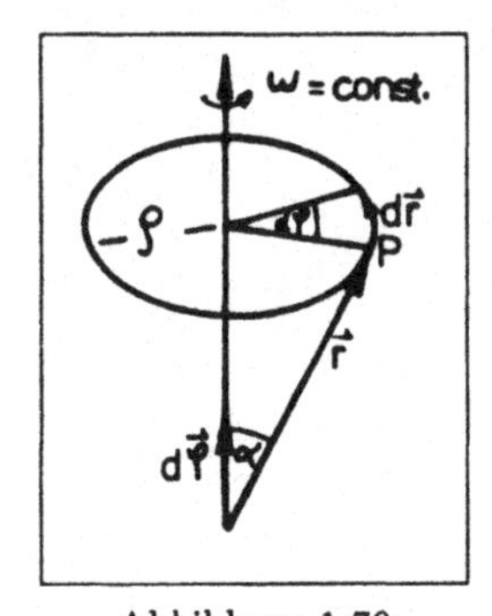

Abbildung 1.70

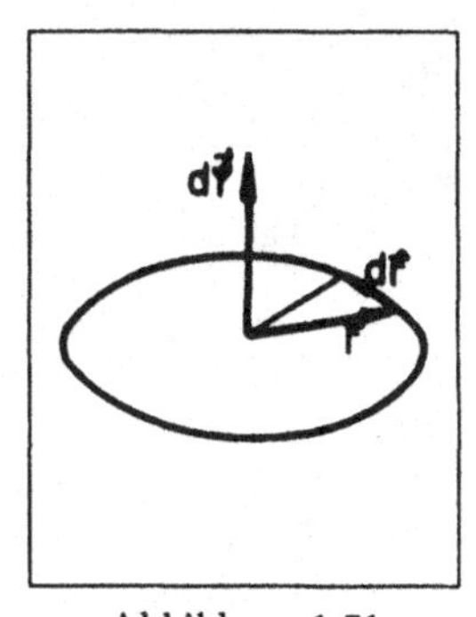

Abbildung 1.71

In Abb. 1.70 erkennt man den infinitesimal kleinen Drehwinkel $d\varphi$. $d\vec{\varphi}$ ist ein Vektor in Richtung der Drehachse, dessen Betrag $d\varphi$ entspricht. In der Zeit dt wird der Ortsvektor $\vec{r}$ um den Winkel $d\varphi$ nach $\vec{r} + d\vec{r}$ im Sinne einer Rechtsschraube gedreht. Betragsmäßig gilt

$$|d\vec{r}| = dr = \rho\, d\varphi = r \cdot \sin\alpha\, d\varphi.$$

$d\vec{r}$, $d\vec{\varphi}$ und $\vec{r}$ bilden ein Rechtssystem. Damit folgt:

$$\boxed{d\vec{r} = d\vec{\varphi} \times \vec{r}}$$

bzw. für die zeitliche Änderung

$$\boxed{\frac{d\vec{r}}{dt} = \vec{v} = \vec{\omega} \times \vec{r}} \qquad \text{mit } \vec{\omega} = \frac{d\vec{\varphi}}{dt}.$$

Hiermit ist ein Zusammenhang zwischen der Bahngeschwindigkeit $\vec{v}$ und der Winkelgeschwindigkeit $\vec{\omega}$ hergestellt. $\vec{\omega}$ hat die Richtung von $d\vec{\varphi}$, stellt also auch einen axialen Vektor dar (Abb. 1.71; vgl. Abschnitt 1.10.2). Im Falle $\vec{r} \perp d\vec{\varphi}$ gilt

$$dr = r\,d\varphi \quad \Rightarrow \quad d\varphi = \frac{dr}{r}; \quad v = \omega \cdot r \quad \Rightarrow \quad \omega = \frac{v}{r}.$$

Ableitung der Bewegungsgleichung: Ein Koordinatensystem $KS' \neq IS$ rotiert mit konstanter Winkelgeschwindigkeit ω relativ zu einem Inertialsystem KS (Abb. 1.72). Vom jeweiligen System aus gesehen läßt sich der Ortsvektor $\vec{r}$ des Massen-

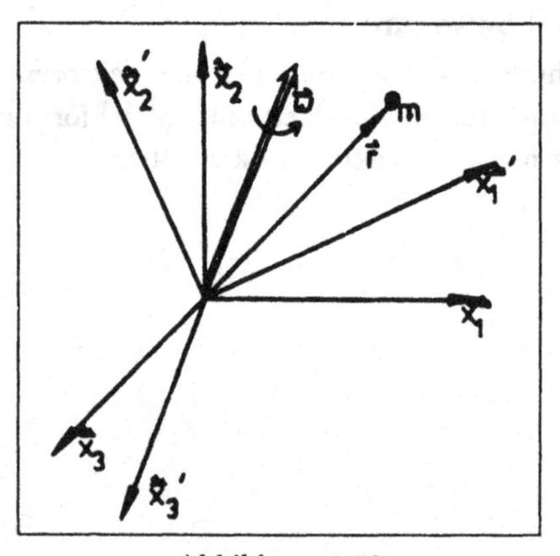

Abbildung 1.72

punktes m durch Basiseinheitsvektoren ($\hat{}$) angeben. Die x_i sind dabei skalare Faktoren.

$$KS: \quad \vec{r} = x_1\hat{\vec{x}}_1 + x_2\hat{\vec{x}}_2 + x_3\hat{\vec{x}}_3 = \sum_{i=1}^{3} x_i\hat{\vec{x}}_i$$
$$KS': \quad \vec{r}\,' = x_1'\hat{\vec{x}}_1' + x_2'\hat{\vec{x}}_2' + x_3'\hat{\vec{x}}_3' = \sum_{i=1}^{3} x_i'\hat{\vec{x}}_i'$$

Da beide Systeme einen gemeinsamen Ursprung haben, gilt $\vec{r} = \vec{r}\,'$. Wegen $d\vec{r}/dt = \vec{v} = \vec{\omega} \times \vec{r}$ gilt für die Einheitsvektoren ebenfalls

$$\frac{d\hat{\vec{x}}_i'}{dt} = \vec{\omega} \times \hat{\vec{x}}_i'.$$

Für die Geschwindigkeit des Massenpunktes relativ zu KS ergibt sich unter Anwendung der Produktregel

$$\begin{aligned}
\vec{v} &= \frac{d}{dt}\vec{r} = \frac{d}{dt}\sum_{i=1}^{3} x_i \hat{\vec{x}}_i = \frac{d}{dt}\vec{r}\,' = \frac{d}{dt}\sum_{i=1}^{3} x'_i \hat{\vec{x}}'_i \\
&= \sum_{i=1}^{3} \frac{dx'_i}{dt}\hat{\vec{x}}'_i + \sum_{i=1}^{3} x'_i \frac{d\hat{\vec{x}}'_i}{dt} \\
&= \sum_{i=1}^{3} \frac{dx'_i}{dt}\hat{\vec{x}}'_i + \sum_{i=1}^{3} x'_i \cdot (\vec{\omega} \times \hat{\vec{x}}'_i) \\
&= \vec{v}\,' + (\vec{\omega} \times \vec{r}\,').
\end{aligned}$$

Durch nochmalige Differentiation erhält man die Beschleunigung $\vec{a}$ bezüglich KS ($\vec{a}\,'$ ist die Beschleunigung bzgl. KS'):

$$\vec{a} = \vec{a}\,' + 2(\vec{\omega} \times \vec{v}\,') + \vec{\omega} \times (\vec{\omega} \times \vec{r}\,').$$

Unter Berücksichtigung von $\vec{r} = \vec{r}\,'$, $m = m'$, $\vec{F} = \vec{F}'$ (für reale Kräfte) erhält man die Bewegungsgleichung:

$$\vec{F}' = \vec{F} = m \cdot \vec{a} = m \cdot \vec{a}\,' + 2m(\vec{\omega} \times \vec{v}\,') + m \cdot \vec{\omega} \times (\vec{\omega} \times \vec{r})$$

$$\boxed{\vec{F} + 2m(\vec{v}\,' \times \vec{\omega}) + m \cdot \vec{\omega} \times (\vec{r} \times \vec{\omega}) = m \cdot \vec{a}\,'.}$$

Diese Formel entspricht der unter Abschnitt 1.7.2 a) angegebenen, da sich die Trägheitskraft bei rotierenden Systemen aus der Zentrifugalkraft

$$\vec{F}_{ZF} = m\vec{\omega} \times (\vec{r} \times \vec{\omega}) = -m\vec{\omega} \times (\vec{\omega} \times \vec{r})$$

und der Corioliskraft

$$\vec{F}_c = 2m(\vec{v}\,' \times \vec{\omega}) = -2m(\vec{\omega} \times \vec{v}\,')$$

zusammensetzt (Abb. 1.73). Im Nichtinertialsystem KS' treten zur dynamischen Grundgleichung $\vec{F} = m \cdot \vec{a}$ des Inertialsystems KS die Scheinkräfte $\vec{F}_c$ und $\vec{F}_{ZF}$ hinzu.

1.7.3 Die Erde als rotierendes Koordinatensystem

a) Zentrifugalkraft

Ein sich auf der Erde befindender Beobachter kann wegen der Erdrotation an allen Punkten der Erde mit Ausnahme der Pole eine Zentrifugalkraft F_{ZF} messen. Die

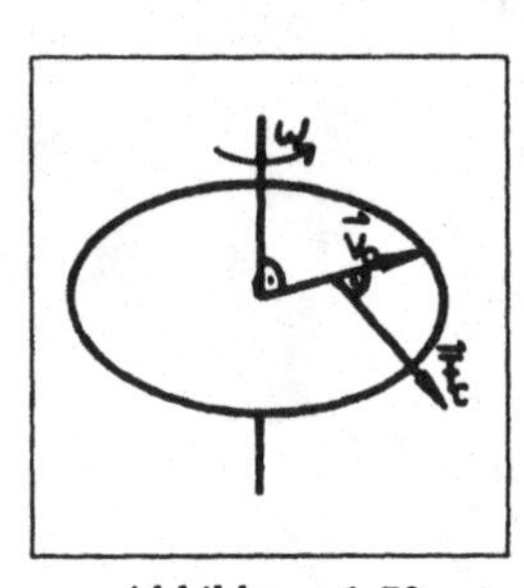

Abbildung 1.73

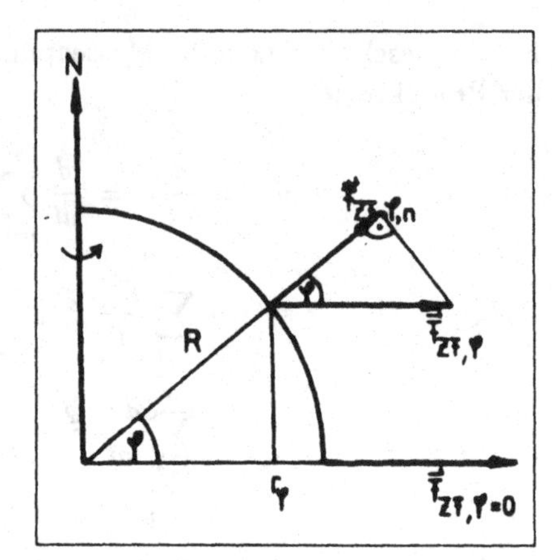

Abbildung 1.74

Größe von F_{ZF} ist abhängig vom Breitenkreiswinkel φ (Abb. 1.74). Für die Zentrifugalbeschleunigung am Äquator gilt

$$a_{ZF,\varphi=0} = \omega^2 \cdot R = \left(\frac{2\pi}{24\ \mathrm{h}}\right)^2 \cdot 6,4 \cdot 10^6\ \mathrm{m} = 0,034\,\frac{\mathrm{m}}{\mathrm{s}^2} \approx \frac{1}{300}\,g.$$

Für beliebiges φ gilt

$$\begin{aligned} a_{ZF,\varphi} &= \omega^2 \cdot r_\varphi = \omega^2 \cdot R \cdot \cos\varphi \\ F_{ZF,\varphi} &= m \cdot \omega^2 \cdot R \cdot \cos\varphi. \end{aligned}$$

Für die Normalkomponente der Zentrifugalbeschleunigung bzw. -kraft erhält man

$$\begin{aligned} a_{ZF,\varphi,n} &= \omega^2 \cdot R \cdot \cos^2\varphi = \frac{1}{300}\,g \cdot \cos^2\varphi \\ F_{ZF,\varphi,n} &= m \cdot \omega^2 \cdot R \cdot \cos^2\varphi. \end{aligned}$$

Die Normalkomponente der Zentrifugalkraft hebt die Gewichtskraft F_G teilweise auf. Man ist am Äquator deshalb „am leichtesten" und an den Polen „am schwersten".

Aufgrund der Zentrifugalkraft ist die Erde nicht ganz kugelförmig, sondern zu den Polen hin abgeplattet, zum Äquator etwas aufgewölbt. Der Abplattungs- und der Zentrifugaleffekt bewirken zusammen, daß die Erdbeschleunigung g am Äquator einen kleineren Wert annimmt als am Pol:

$$\left.\begin{aligned} g_{\text{Äq.}} &= 9,78\ \mathrm{m/s^2} \\ g_{\text{Pol}} &= 9,83\ \mathrm{m/s^2} \end{aligned}\right\} \quad \frac{\Delta g}{g} \approx 5\,\%.$$

b) Corioliskraft

Bewegt sich ein Körper mit der Relativgeschwindigkeit v gegen die Erde, so macht sich die Corioliskraft bemerkbar.

Beispiel Pendel: Ein Pendel behält trotz Rotation der Erde — das Pendel ist über den Aufhängepunkt mit der Erde verbunden — seine Schwingungsebene im Raum gemäß dem Trägheitsgesetz bei. Läßt man es an den Erdpolen schwingen, so dreht sich die Erde im Laufe eines Tages einmal von West über Süd nach Ost unter ihm hinweg. Ein auf der Erde befindlicher Beobachter beschreibt dies als eine Drehung der Schwingungsebene von Ost nach West hervorgerufen durch die Corioliskraft. Am Äquator wird allerdings die Aufhängung so mitbewegt, daß dort das Pendel seine Schwingungsebene relativ zur Erde beibehält. Für dazwischenliegende Punkte mit der geographischen Breite φ beträgt die Winkeldrehung der Pendelebene während eines Tages relativ zur Erde $360° \sin\varphi$. Als Foucault 1851 in Paris auf diese Weise mit dem nach ihm benannten *Foucault-Pendel* die Erddrehung nachwies, erregte er großes Aufsehen.

Versuch: Damit das Foucault-Pendel ohne seitlichen Stoß seine Schwingungen in einer durch den Aufhängepunkt gehenden, vertikalen Ebene beginnt, muß es zunächst in dieser Ebene durch einen Faden beiseite gezogen werden und völlig zur Ruhe kommen. Nach vorsichtigem Durchbrennen des Fadens beginnt es zu schwingen. Nach einiger Zeit hat sich die Schwingungsebene um den Winkel α gedreht. Man kann den Winkel α direkt messen, indem man eine Lampe verschiebt, bis der Schattenriß der Umkehrpunkte wieder zusammenfällt.

Am Pol dreht sich die Schwingungsebene um 15° pro Stunde, in Tübingen um 11,8°, da in unserer geographischen Breite nicht die Winkelgeschwindigkeit ω der Erde, sondern die Größe $\omega_0 = \omega \cdot \sin\varphi$ in die Corioliskraft eingeht. Dazu folgende Überlegung (vgl. auch Abb. 1.75): Sei ein Koordinatensystem x, y, z (Einheitsvektoren i, j, k) an der Erdoberfläche im Punkt P mit der geographischen Breite φ gegeben. x ist parallel zum Breitenkreis, y parallel zum Längenkreis und z stehe senkrecht auf der Erdoberfläche. Die Winkelgeschwindigkeit ω läßt sich in Komponenten parallel zu den Koordinatenachsen zerlegen:

$$\vec{\omega} = (0, \omega\cos\varphi, \omega\sin\varphi).$$

Ein Massenpunkt m bewege sich mit der Geschwindigkeit $\vec{v} = \dot{\vec{r}} = (\dot{x}, \dot{y}, 0)$ parallel zur Erdoberfläche. Auf ihn wirkt die Corioliskraft

$$\begin{aligned} \vec{F}_c &= 2m \cdot (\vec{v} \times \vec{\omega}) \\ &= 2m \cdot (\dot{\vec{r}} \times \vec{\omega}). \end{aligned}$$

Man erhält

$$\boxed{\vec{F}_c = 2m \cdot (\dot{y} \cdot \omega\sin\varphi,\ -\dot{x} \cdot \omega\sin\varphi,\ \dot{x} \cdot \omega\cos\varphi).}$$

Interessiert man sich nur für die Kraft in der Horizontalebene (die anderen Komponenten werden meistens kompensiert, beim Beispiel Pendel durch die Aufhängung), dann

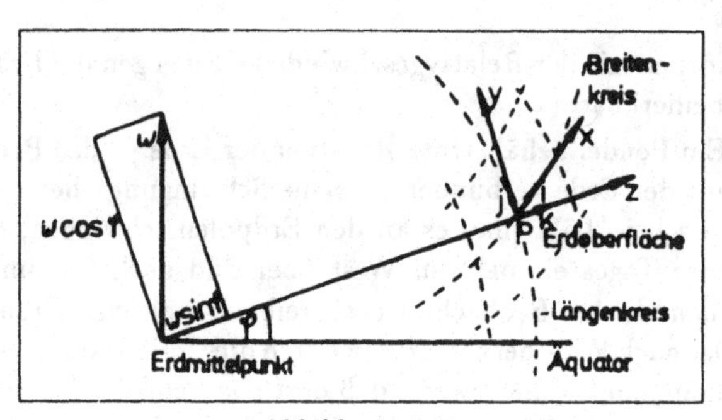

Abbildung 1.75

gilt

$$\begin{aligned}\vec{F}_{c,\text{Hor}} &= 2m\cdot\omega\cdot\sin\varphi\cdot(\dot{y},-\dot{x},0)\\ |\vec{F}_{c,\text{Hor}}| &= 2m\cdot\omega\cdot\sin\varphi\cdot\sqrt{\dot{x}^2+\dot{y}^2}\\ &= 2m\cdot\omega\cdot v\cdot\sin\varphi.\end{aligned}$$

Entsprechend benötigt das Pendel für eine vollständige Drehung der Schwingungsebene die Zeit

$$T_0 = \frac{2\pi}{\omega_0} = \frac{2\pi}{\omega\sin\varphi},$$

wobei die Winkelgeschwindigkeit der Erde $\omega = 1/24$ h beträgt. Damit erhält man

am Nordpol	$(\varphi = 90°)$	$T_0 = 24$ h	
am Äquator	$(\varphi = 0°)$	$T_0 = \infty$,	d. h. keine Drehung
in Paris	$(\varphi = 50°)$	$T_0 \approx 33$ h.	

Der Einfluß der Corioliskraft

1. *Foucault-Pendel am Nordpol.* Winkelgeschwindigkeit $\vec{\omega}$, Horizontalgeschwindigkeit $\vec{v}$ des Pendels und die Corioliskraft $\vec{F}_c$ stehen jeweils senkrecht aufeinander (Rechtssystem). Die Schwingungsebene des Pendels dreht sich für den mitrotierten Beobachter im Uhrzeigersinn (Abb. 1.76).

2. *Foucault-Pendel am Südpol.* ω, $\vec{v}$ und $\vec{F}_c$ stehen ebenfalls senkrecht aufeinander. Die Schwingungsebene des Pendels dreht sich jedoch für einen mitrotierten, von „unten" auf den Südpol blickenden Beobachter, entgegen dem Uhrzeigersinn (Abb. 1.77).

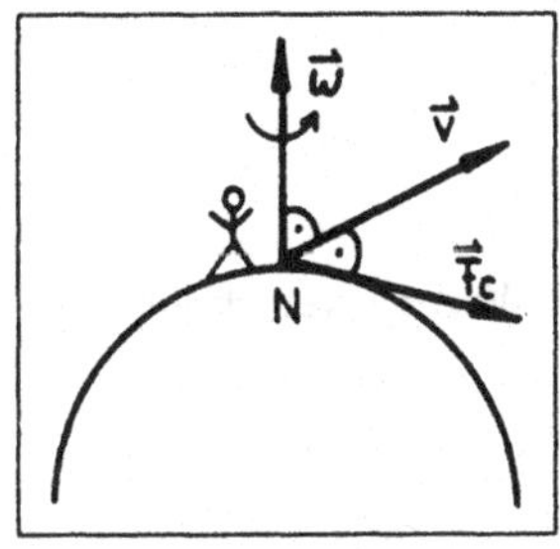

Abbildung 1.76

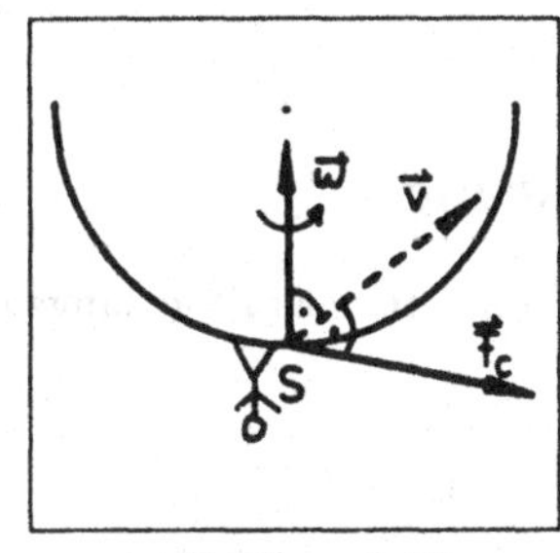

Abbildung 1.77

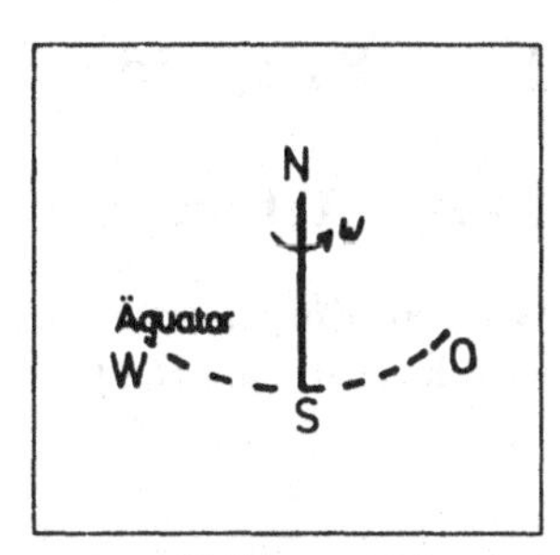

Abbildung 1.78

Allgemein: Auf der nördlichen Erdhalbkugel erfahren bewegte Körper in Bewegungsrichtung eine Kraft nach rechts, südlich vom Äquator tritt Linksablenkung ein! (Ablenkung der Passatwinde und des Golfstroms, Drehrichtung von Hoch- und Tiefdruckgebieten)

3. *Foucault-Pendel am Äquator.* Schwingt das Pendel in Nord-Süd-Richtung ($\vec{v} \parallel \vec{\omega}$), so tritt keine Veränderung ein: $\vec{F}_c = 2m(\vec{v} \times \vec{\omega}) = 0$.

   Pendelbewegung von West nach Ost (Abb. 1.78): Die Corioliskraft ist entgegengerichtet der Schwerkraft. Das Pendel wird scheinbar leichter.

   Pendelbewegung von Ost nach West: Corioliskraft und Schwerkraft haben die gleiche Richtung. Das Pendel erscheint schwerer. Die Zu- und Abnahme des Pendelgewichtes ist experimentell bestimmbar.

4. *Corioliskraft beim freien Fall.* Im windgeschützten Innern eines hohen Turmes fällt ein Körper nicht entlang eines frei hängenden Lots, denn die Turmspitze hat infolge ihrer größeren Entfernung vom Erdmittelpunkt eine größere Umlaufsgeschwindigkeit. Der fallende Körper behält diese wegen seiner Trägheit bei. Er erreicht den Boden deshalb nicht am Fußpunkt des Lots, sondern ein Stück weiter östlich.

1.8 Energie

1.8.1 Arbeit und Leistung

Wird ein Körper unter der Wirkung einer Kraft F längs eines Weges s verschoben, so wird hierbei die Arbeit

$$\begin{aligned} W &= F \cdot s \\ \text{Arbeit} &= \text{Kraft} \cdot \text{Weg} \end{aligned}$$

verrichtet. Diese Definition gilt nur unter zwei Voraussetzungen:

1. Die Kraft ist längs des Weges konstant.
2. Die Kraft $\vec{F}$ und die Verschiebung $\vec{s}$ müssen gleichgerichtet sein.

Wird diese letzte Voraussetzung aufgehoben, schließen die Richtungen von F und s den Winkel α ein. Dann gilt

$$W = F \cdot s \cdot \cos\alpha.$$

Diese Beziehung läßt sich ausdrücken durch das skalare Produkt der beiden Vektoren $\vec{F}$ und $\vec{s}$:

$$W = \vec{F} \cdot \vec{s} = |\vec{F}| \cdot |\vec{s}| \cdot \cos\alpha = F_x \cdot s_x + F_y \cdot s_y + F_z \cdot s_z.$$

Die Arbeit ist eine skalare Größe.
Stehen Kraft und Weg senkrecht zueinander, wird $\alpha = 90° \Rightarrow \cos 90° = 0 \Rightarrow W = 0$.
Es wird keine Arbeit verrichtet.
Beispiel: Massentransport entlang der Erdoberfläche. Wird der Körper reibungsfrei gelagert (Luftkissenfahrzeug), so ist zur Verschiebung keine Kraft erforderlich, denn es wirkt nur die Gravitationskraft senkrecht zum Weg. ($W = 0$)
Die Arbeit kann positives oder negatives Vorzeichen haben:

$$\begin{array}{lll} W > 0 & \text{wenn } \vec{F} \text{ in gleicher Richtung wie } \vec{s} & (\cos\alpha > 0) \\ W < 0 & \text{wenn } \vec{F} \text{ in Gegenrichtung zu } \vec{s} & (\cos\alpha < 0). \end{array}$$

Trifft auch die erste Voraussetzung nicht zu, ist also die Kraft längs des Weges nicht konstant, teilt man den Weg in kleine Abschnitte $\Delta\vec{s}$ ein, in denen $\vec{F}$ näherungsweise konstant ist und summiert über alle Abschnitte (Abb. 1.79). Im Grenzfall für immer kleiner werdende Wegstücke ($\Delta\vec{s} \to d\vec{s}$) geht die Summe in ein Integral über:

$$\begin{aligned} dW &= \vec{F}\, d\vec{s} = |\vec{F}| \cdot |d\vec{s}| \cdot \cos\alpha \\ &= F_x\, dx + F_y\, dy + F_z\, dz. \end{aligned}$$

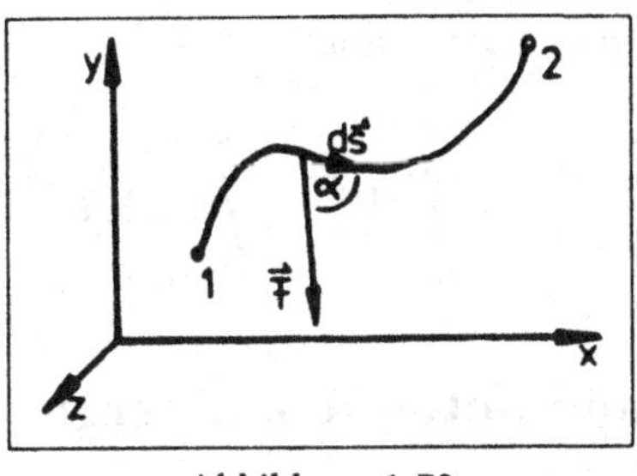

Abbildung 1.79

Für die Gesamtarbeit vom Punkt 1 zum Punkt 2 erhält man

$$W_{1\to 2} := W_{21} = \int_1^2 dW = \int_{x_1}^{x_2} F_x\,dx + \int_{y_1}^{y_2} F_y\,dy + \int_{z_1}^{z_2} F_z\,dz.$$

$$\boxed{W_{21} = \int_1^2 \vec{F}\,d\vec{s}.}$$

Man nennt diesen so definierten Ausdruck ein *Linienintegral.*
Die Arbeit hat die Dimension von Kraft mal Länge. Die Einheit im SI-System ist deshalb

$$[W] = 1\ \mathrm{N} \cdot \mathrm{m} = 1\ \mathrm{J}\ (\mathrm{Joule})$$

oder 1 J = 1 Ws (Wattsekunde).

Leistung
Unter der Leistung versteht man die in der Zeiteinheit verrichtete Arbeit:

$$P := \frac{W}{t}.$$

Ist W keine zeitliche Konstante, so tritt anstelle dieser Definition eine allgemeinere:

$$\boxed{P := \frac{dW}{dt}.}$$

SI-Einheit:

$$[P] = \frac{[W]}{[t]} = 1\,\frac{\mathrm{J}}{\mathrm{s}} = 1\ \mathrm{W}\ (\mathrm{Watt}).$$

Ist die Leistung $P(t)$ als Funktion der Zeit bekannt, so erhält man die in der Zeit von t_1 bis t_2 verrichtete Arbeit durch Integration:

$$W = \int_{t_1}^{t_2} dW = \int_{t_1}^{t_2} P(t)\,dt.$$

1.8.2 Kinetische und potentielle Energie

Greift an einem Körper der Masse m eine Kraft $\vec{F}$ an, wird er beschleunigt. Die von der Kraft $\vec{F}$ längs des Weges $d\vec{s}$ verrichtete Arbeit beträgt

$$\begin{aligned} dW &= \vec{F}\,d\vec{s} = m \cdot \vec{a}\,d\vec{s} = m\frac{d\vec{v}}{dt}\,d\vec{s} = m \cdot d\vec{v} \cdot \frac{d\vec{s}}{dt} \\ &= m\,d\vec{v} \cdot \vec{v} = d\left(\frac{1}{2}m \cdot v^2\right) = dE_{kin}. \end{aligned}$$

Der Körper führt diese an ihm verrichtete Arbeit in Form von Bewegungsenergie mit. Man nennt die Bewegungsenergie auch *kinetische Energie.* Definition:

$$\boxed{E_{kin} := \frac{1}{2}m \cdot v^2.}$$

Ein Körper mit der Masse m und der Geschwindigkeit v besitzt die kinetische Energie $mv^2/2$. Die von der Kraft längs des Weges vom Punkt 1 zum Punkt 2 verrichtete Arbeit beträgt dann

$$\begin{aligned} W_{21} &= \int_1^2 F\,ds = \int_{v_1}^{v_2} m \cdot v\,dv = \frac{m}{2}v^2\Big|_{v_1}^{v_2} = \frac{m}{2}v_2^2 - \frac{m}{2}v_1^2 \\ &= E_{kin}(2) - E_{kin}(1). \end{aligned}$$

W_{21} bewirkt eine Zunahme der kinetischen Energie von $E_{kin}(1)$ nach $E_{kin}(2)$.

Kraftfeld, konservative Kräfte

In jedem Punkt des uns umgebenden Raumes wirkt die Schwerkraft. (Aber auch andere Kräfte erfüllen den Raum, z. B. die Coulombkraft.) Der Raum ist dann von einem *Kraftfeld* erfüllt, wenn jedem Punkt des Raumes (Ortsvektor $\vec{r}$, Koordinaten x, y, z) ein Kraftvektor $\vec{F}(\vec{r})$ zugeordnet werden kann.

Ein Beispiel für ein dreidimensionales Kraftfeld ist das Schwerkraftfeld, ein Beispiel für ein eindimensionales Kraftfeld ist die Federkraft (vgl. Abb. 1.80). Es soll nun die

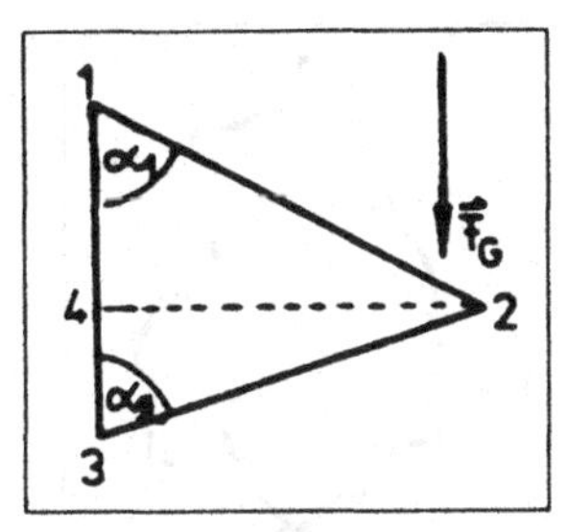

Abbildung 1.80

Arbeit im Schwerefeld für eine Verschiebung vom Punkt 1 zum Punkt 3 erstens über den Punkt 4, zum zweiten über den Punkt 2 berechnet werden. Energiebilanz:

$$\begin{aligned} W_{31} &= m \cdot g \cdot s_{31} = m \cdot g \cdot s_{41} + m \cdot g \cdot s_{34} \\ W_{21} + W_{32} &= m \cdot g \cdot s_{21} \cdot \cos\alpha_1 + m \cdot g \cdot s_{32} \cdot \cos\alpha_2 \\ &= m \cdot g \cdot s_{41} + m \cdot g \cdot s_{34} \end{aligned}$$

$$\boxed{W_{31} = W_{21} + W_{32}.}$$

Die verrichtete Arbeit ist für beide Wege gleich. Sie ist unabhängig vom gewählten Weg, und sie hängt nur von der Lage des Anfangs- und Endpunktes ab.

Die Tatsache, daß die Verschiebungsarbeit zwischen zwei Raumpunkten unabhängig vom gewählten Weg bleibt, ist charakteristisch für das gewählte Kraftfeld. Man nennt eine Kraft, die diese Eigenschaft besitzt, eine *konservative* Kraft. Für eine konservative Kraft gilt (vgl. Abb. 1.81):

$$W_{21}(\mathrm{I}) = W_{21}(\mathrm{II}) = -W_{12}(\mathrm{II})$$

$$\boxed{W_{21}(\mathrm{I}) + W_{12}(\mathrm{II}) = 0} \quad \text{oder} \quad \boxed{\oint \vec{F}\, d\vec{s} = 0.}$$

„$\oint$“ heißt Integration über einen geschlossenen Weg. *Bei einem konservativen Kraftfeld verschwindet die Arbeit bei der Verschiebung eines Körpers auf einem in sich geschlossenen Weg.*

Beispiele für konservative Kraftfelder sind das Schwerkraftfeld, das Gravitationsfeld, das Feld einer Feder (zum Spannen der Feder muß eine Arbeit aufgewandt werden, die beim Entspannen wieder freigesetzt wird).

Beispiele für nicht-konservative Kräfte: alle Reibungskräfte. Die Arbeit, die zur Bewegung aufgewendet wird, wandelt sich in Wärme um. Die Größe des Verlustes ist abhängig von der Länge des Weges. Also ist die Arbeit nicht mehr unabhängig vom Weg zwischen Anfangs- und Endpunkt.

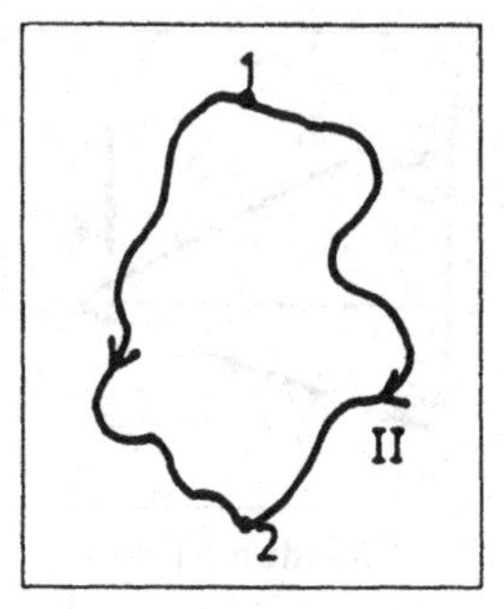

Abbildung 1.81

Potentielle Energie

Da in einem konservativen Kraftfeld die Arbeit unabhängig vom speziell gewählten Weg ist, also nur von der Lage des Anfangs- und Endpunktes abhängt, kann man sie als Differenz einer neuen Größe auffassen, deren Wert nur von der Lage des Raumpunktes abhängt. Diese Größe heißt *potentielle Energie* E_{pot}.

$$W_{2\to 1} = W_{12} = E_{pot}(2) - E_{pot}(1)$$

Dem Raum wird also nicht nur ein Kraftfeld, sondern dadurch auch ein Potentialfeld zugeordnet. *Potentielle Energie = Energie der Lage*: $E_{pot} = E_{pot}(x, y, z)$.

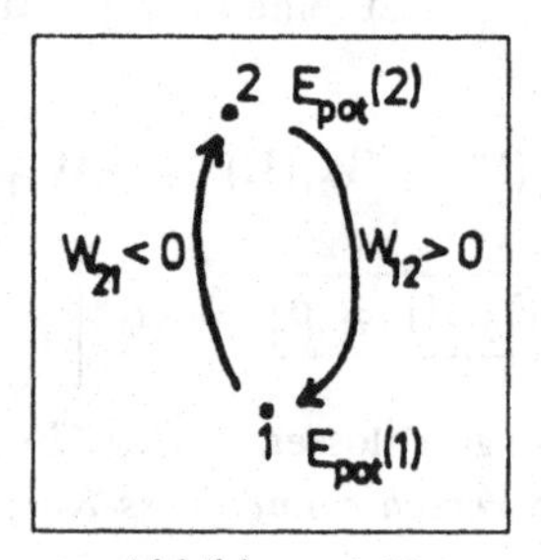

Abbildung 1.82

Aus $W_{12} = E_{pot}(2) - E_{pot}(1)$ mit $W_{12} > 0$ folgt $E_{pot}(1) < E_{pot}(2)$ (Abb. 1.82). Einer positiven Arbeit entspricht damit eine Abnahme der potentiellen Energie: Kraft $\vec{F}$ (eingeprägte Kraft!) und Weg haben parallele Komponenten.

Einer Zunahme der potentiellen Energie entspricht eine negative Arbeit: Kraft und Weg haben antiparallele Komponenten.

$$\boxed{\Delta E_{pot} = E_{pot}(2) - E_{pot}(1) = W_{12} = -W_{21} = -\int_1^2 \vec{F}\,d\vec{s}}$$

$$dE_{pot} = -\vec{F}\,d\vec{s} = -(F_x\,dx + F_y\,dy + F_z\,dz) = -dW$$

Physikalisch relevant ist nur die Differenz der potentiellen Energien, da diese Differenz die meßbare Größe Arbeit ergibt. Deshalb kann der Nullpunkt der potentiellen Energie willkürlich und damit zweckmäßig gewählt werden.

Bisher wurde stets mit der eingeprägten Kraft $\vec{F}$ des Kraftfeldes argumentiert, z. B. der Schwerkraft. Sind $\vec{F}$ und $\vec{s}$ parallel, wird $W > 0$. Das bedeutet: Die Arbeit, welche die Schwerkraft an einem Körper verrichtet, der sich in Richtung der Kraft — also abwärts — bewegt, wird positiv gerechnet. Eine andere Betrachtungsweise ergibt sich, wenn eine äußere Kraft $\vec{F}^\star$ eingeführt wird, mit deren Hilfe gegen die eingeprägte Kraft des Kraftfeldes Arbeit geleistet wird. Dies ist beispielsweise der Fall, wenn durch eine äußere Kraft $\vec{F}^\star$ ein Körper gegen die Schwerkraft angehoben wird. Dann gilt

$$dW^\star = \vec{F}^\star\,d\vec{s} = -\vec{F}\,d\vec{s} = -dW \quad \text{oder} \quad \Delta E_{pot} = \int_1^2 \vec{F}^\star\,d\vec{s}.$$

Beispiele:

1. *Schwerkraft.* Ein Körper befindet sich in der Höhe h über der Erde (Abb. 1.83). Als Bezugspunkt nimmt man die Erdoberfläche ($h = 0$, $E_{pot}(0) = 0$). Die potentielle Energie berechnet sich dann zu

$$E_{pot}(h) = -\int_0^h \vec{F}_G\,d\vec{s} = -\int_0^h -m \cdot g\,ds = m \cdot g \cdot h.$$

g als konstant vorausgesetzt, steigt E_{pot} linear mit h an.

2. *Federkraft.* Die Feder in Abb. 1.84 sei um x aus der Ruhelage ausgelenkt. Die eingeprägte Kraft $\vec{F}_F$ zeigt entgegengesetzt zur Auslenkung.

$$E_{pot} = -\int_0^x \vec{F}_F\,d\vec{x} = -\int_0^x -k \cdot x\,dx = \frac{1}{2}k \cdot x^2.$$

3. *Gravitation.* Man berechnet die potentielle Energie der Masse m. Wegen

$$\vec{F}_G = -G\frac{M \cdot m}{r^2}\hat{\vec{r}}$$

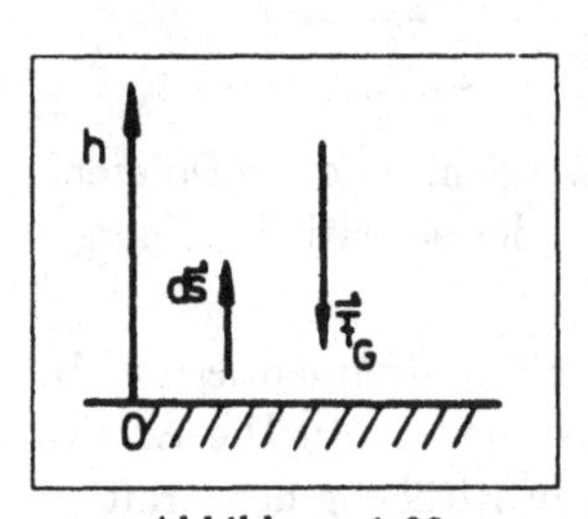

Abbildung 1.83

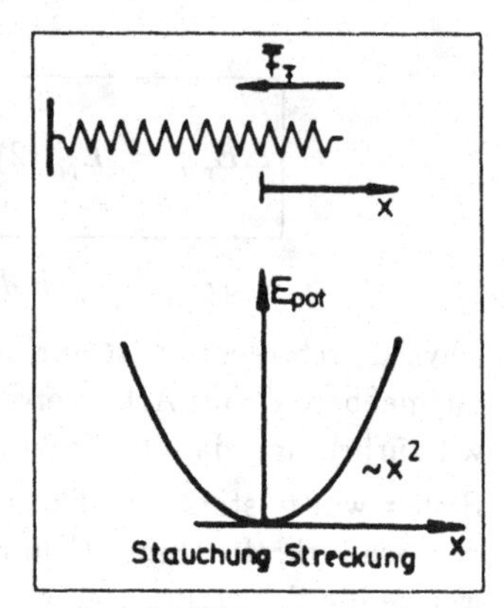

Abbildung 1.84

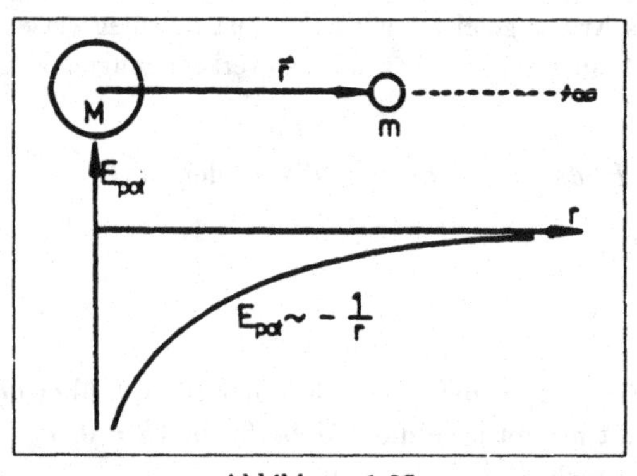

Abbildung 1.85

wird die Anziehungskraft zweier Körper bei $r \to \infty$ null. Zweckmäßig setzen wir deshalb die potentielle Energie zweier Körper im Unendlichen ebenfalls null (Abb. 1.85).

$$\begin{aligned}
E_{pot}(r) &= -\int_{\infty}^{r} \vec{F}_G \, d\vec{r} \\
&= \int_{r}^{\infty} -G\,\frac{M \cdot m}{r^2}\,\hat{\vec{r}}\,d\vec{r} \\
&= \int_{r}^{\infty} -G\,\frac{M \cdot m}{r^2}\,dr
\end{aligned}$$

$$= G\frac{M \cdot m}{r}\bigg|_r^\infty$$

$$\boxed{E_{pot}(r) = -G\frac{M \cdot m}{r}}$$

Gravitationspotential

Die potentielle Energie des Gravitationsfeldes läßt sich als Produkt zweier Größen darstellen: Eine Größe ist die Masse m des Körpers auf den die Kraft $\vec{F}$ wirkt, der Rest ist abhängig von der Masse M des anderen Körpers und dem Ort, an dem die Kraft angreift; man nennt diese restliche Größe das Potential $\varphi(\vec{r})$ am Ort $\vec{r}$.

$$E_{pot} = m \cdot \varphi(r) \quad \text{mit} \quad \boxed{\varphi(r) = -G\frac{M}{r} = \text{Gravitationspotential}}$$

Das Potential ist also unabhängig von der Probemasse m. Es hat das gleiche Vorzeichen wie die potentielle Energie. Legt man den Nullpunkt im Unendlichen fest, so ist im ganzen Raum $\varphi < 0$. Es gibt im Kraftfeld Flächen mit gleicher potentieller Energie, die sogenannten *Äquipotentialflächen*. Auf diesen Flächen kann man einen Körper verschieben, ohne Arbeit aufzuwenden. Im Gravitationsfeld der Erde sind die Äquipotentialflächen Kugelflächen um den Erdmittelpunkt.

Für alle konservativen Kräfte ist eine Potentialdarstellung möglich.

Kraft als Gradient der potentiellen Energie

Problem: Berechnung des Kraftfeldes bei vorgegebenem Potentialfeld. Ist in einem vorgegebenen Raum die potentielle Energie bekannt, dann läßt sich für jeden Ort die dazugehörige Kraft berechnen. Für die Energieänderung gilt:

$$dE_{pot} = -(F_x\,dx + F_y\,dy + F_z\,dz).$$

Andererseits lautet das vollständige Differential für E_{pot}:

$$dE_{pot} = \frac{\partial E_{pot}(x,y,z)}{\partial x}dx + \frac{\partial E_{pot}(x,y,z)}{\partial y}dy + \frac{\partial E_{pot}(x,y,z)}{\partial z}dz.$$

Durch Vergleich findet man, daß die Kraft F sich darstellen läßt durch die partiellen Ableitungen der potentiellen Energie nach den Koordinaten x, y, z:

$$F_x = -\frac{\partial E_{pot}(x,y,z)}{\partial x}; \quad F_y = -\frac{\partial E_{pot}(x,y,z)}{\partial y}; \quad F_z = -\frac{\partial E_{pot}(x,y,z)}{\partial z}.$$

Diese drei Komponentengleichungen faßt man zusammen zu einer *Vektorgleichung*:

$$\boxed{\vec{F} = -\text{grad}\; E_{pot}(x,y,z).}$$

Die Kraft ist der negative Gradient der potentiellen Energie; dabei gilt

$$\text{grad } E_{pot} = \left(\frac{\partial E_{pot}}{\partial x}, \frac{\partial E_{pot}}{\partial y}, \frac{\partial E_{pot}}{\partial z}\right).$$

Aus einer skalaren Größe wird durch die Gradientenbildung eine Vektorgröße. *Alle konservativen Kräfte sind durch Gradientenbildung aus der entsprechenden potentiellen Energie berechenbar.*

Zur Charakterisierung einer Wechselwirkung zwischen zwei Körpern ist die Angabe des (skalaren) Potentialfeldes gleichwertig der Angabe des Kraftfeldes. Vielfach spricht man deshalb von *Wechselwirkungsenergie* statt von Wechselwirkungskraft.

Potential und Kräftegleichgewicht

Im Kräftegleichgewicht gilt

$$\vec{F}_{ges} = \sum_i \vec{F}_i = 0.$$

Aus

$$F_x = -\frac{\partial E_{pot}(x)}{\partial x} = 0$$

folgt (im eindimensionalen Fall), daß E_{pot} ein *Extremum* hat. In Abb. 1.86 a) herrscht

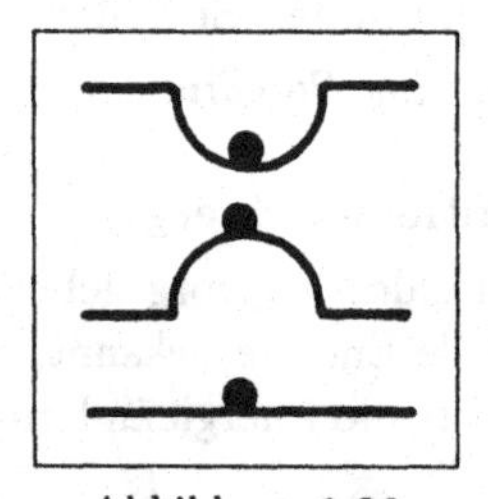

Abbildung 1.86

ein stabiles Gleichgewicht; E_{pot} besitzt ein Minimum. Im Fall b) besteht ein labiles Gleichgewicht, E_{pot} ist maximal. Fall c) zeigt ein indifferentes Gleichgewicht, die potentielle Energie ist konstant. *Stabiles Gleichgewicht bedeutet Minimum der potentiellen Energie.*

1.8.3 Der Energieerhaltungssatz

Ein Körper wird durch eine konservative Kraft von 2 nach 1 beschleunigt. Dabei nimmt die potentielle Energie um dE_{pot} ab, die kinetische dagegen um dE_{kin} zu. Es gilt:

$$W_{12} = E_{pot}(2) - E_{pot}(1) = -\Delta E_{pot} \quad \text{Abnahme der pot. Energie}$$
$$W_{12} = E_{kin}(1) - E_{kin}(2) = +\Delta E_{kin} \quad \text{Zunahme der kin. Energie}$$

$$\Delta E_{kin} + \Delta E_{pot} = W_{12} - W_{12} = 0 \quad \Rightarrow \quad \Delta(E_{kin} + E_{pot}) = 0.$$

Daraus folgt:

$$\frac{d}{dt}(E_{kin} + E_{pot}) = 0 \quad \Rightarrow \quad \boxed{E_{kin} + E_{pot} = \text{const.}}$$

In jedem abgeschlossenen System bleibt die Gesamtenergie, das ist die Summe aus potentieller und kinetischer Energie, zeitlich konstant. Dieses Gesetz bezeichnet man als den *Energieerhaltungssatz der Mechanik.*

Der Energieerhaltungssatz behält seine Gültigkeit auch für nichtkonservative Kräfte, wenn alle übrigen Energieformen miterfaßt werden. Bei Reibung und Deformation beispielsweise entsteht Wärme; sie muß mitberücksichtigt werden. Durch Hinzunahme von elektrischer, magnetischer Energie usw. entsteht ein *universelles Grundgesetz*:

$$\boxed{\sum_i E_i = \text{const.}} \quad \text{für abgeschlossene Systeme.}$$

Beispiele für den Energieerhaltungssatz der Mechanik:

1. *Freier Fall* einer Kugel. Sie werde im Punkt 1 losgelassen und soll im Punkt 2 ankommen. Es gilt

   im Punkt 1: $E_{pot} = m \cdot g \cdot h, \quad E_{kin} = 0$
   im Punkt 2: $E_{pot} = 0, \quad E_{kin} = \frac{1}{2} m \cdot v^2$

   Man erhält

   $$m \cdot g \cdot h + 0 = 0 + \frac{1}{2} m \cdot v^2.$$

   Durch Auflösen ergibt sich die Geschwindigkeit beim Aufprall im Punkt 2:

   $$\boxed{v = \sqrt{2 \cdot g \cdot h}.}$$

2. *Das Fangpendel* (Abb. 1.87). Im Punkt B sei die potentielle Energie des Pendels gleich Null. In den Umkehrpunkten A und C hat sie den Betrag $E_{pot} = m \cdot g \cdot \Delta h$. Dort ist die kinetische Energie gleich Null. Auf dem Weg von A nach B wird die potentielle Energie in kinetische umgewandelt. Im tiefsten Bahnpunkt B hat das Pendel die kinetische Energie $E_{kin} = mv_0^2/2$. Der Energieerhaltungssatz vermittelt eine Beziehung zwischen der Höhendifferenz Δh und der Geschwindigkeit v_0:

   $$\Delta E_{kin} = \Delta\left(\frac{1}{2} m \cdot v_0^2\right) = m \cdot g \cdot \Delta h = \Delta E_{pot}.$$

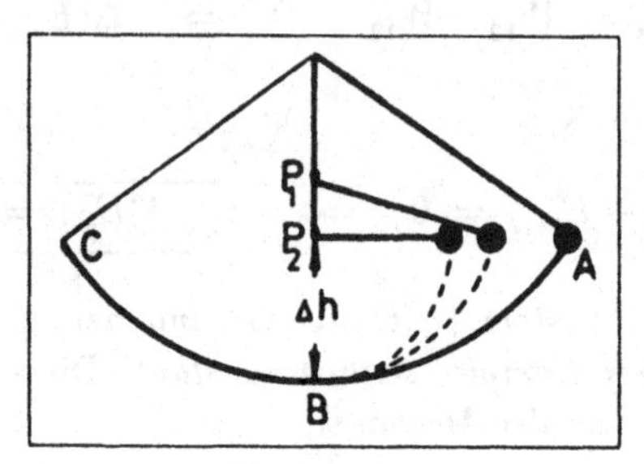

Abbildung 1.87

Zwingt man die Pendelmasse auf eine andere Kreisbahn, indem man in den Weg des Pendelfadens einen Stift P_1 oder P_2 bringt, so liegt der Umkehrpunkt wiederum um den Wert Δh über dem Punkt B. Nach dem Energieerhaltungssatz muß die gesamte kinetische Energie wieder in potentielle umgewandelt werden, weil durch die Stifte nur die Bahnkurve, nicht aber die kinetische Energie verändert wird.

3. Welche Anfangsgeschwindigkeit v_0 braucht eine Rakete, um das Erdfeld verlassen zu können? — Die voll beschleunigte Rakete besitze die kinetische Energie $mv_0^2/2$. Es werden alle Gravitationsfelder außer dem der Erde vernachlässigt. Das Erdfeld verzögert die Rakete. Die Anfangsgeschwindigkeit muß wenigstens so groß sein, daß für $r \to \infty$ die Geschwindigkeit $v \to 0$ ist, mit anderen Worten: Die kinetische Energie der voll beschleunigten Rakete muß die potentielle Energie kompensieren.

   Auf der Erdoberfläche ($r = R_E$) gilt

$$E_{pot}(R_E) = -G\frac{M_E \cdot m_{Rak}}{R_E}$$

$$E_{kin}(R_E) = \frac{1}{2} m_{Rak} \cdot v_0^2;$$

   im Unendlichen ($r \to \infty$) verschwinden kinetische und potentielle Energie ($E_{pot}(\infty) = E_{kin}(\infty) = 0$). Man erhält

$$-G\frac{M_E \cdot m_{Rak}}{R_E} + \frac{m_{Rak}}{2} v_0^2 = 0 + 0.$$

$$\boxed{v_0 = \sqrt{\frac{2G \cdot M_E}{R_E}}} \quad \Rightarrow \quad v_0 = 11,2 \cdot 10^3 \,\frac{\mathrm{m}}{\mathrm{s}}.$$

1.9 Impuls

Das Wegintegral der Kraft $\int F\,ds$ führt auf den Begriff der Energie. Von ähnlicher fundamentaler Bedeutung ist das Zeitintegral der Kraft $\int F\,dt$. Dieses Integral führt auf den Begriff des Impulses. Es läßt sich ein Impulserhaltungssatz formulieren, der zusammen mit dem Energieerhaltungssatz zu den Fundamentalgesetzen der Physik gehört.

1.9.1 Impuls und Kraftstoß

Als *Impuls* $\vec{p}$ bezeichnet man den Vektor

$$\boxed{\vec{p} = m \cdot \vec{v}.}$$

$\vec{p}$ hat die gleiche Richtung wie die Geschwindigkeit $\vec{v}$. Die Einführung des Impulses erlaubt es, das Newtonsche Kraftgesetz umzuformen:

$$\boxed{\vec{F} = m \cdot \vec{a} = m\frac{d\vec{v}}{dt} = \frac{d(m \cdot \vec{v})}{dt} = \frac{d\vec{p}}{dt}.}$$

Die Kraft ist gleich der zeitlichen Änderung des Impulses. Diese allgemeinere Formulierung des Kraftgesetzes schließt auch die Fälle, bei denen sich die Masse zeitlich verändert, ein. Aus

$$\vec{F} = \frac{d\vec{p}}{dt} = m\frac{d\vec{v}}{dt} + \frac{dm}{dt}\vec{v} \qquad \text{folgt} \qquad \vec{F} = m\frac{d\vec{v}}{dt} = m \cdot \vec{a}$$

nur in den Fällen, bei denen m zeitlich konstant ist. In der relativistischen Mechanik ist aber $m = m(v)$. Damit gilt das Newtonsche Kraftgesetz in der Form $\vec{F} = d\vec{p}/dt$ auch relativistisch.

Aus $\vec{F} = d\vec{p}/dt$ folgt für die Impulsänderung:

$$d\vec{p} = d(m \cdot \vec{v}) = \vec{F}(t)\,dt.$$

Die Integration über ein Zeitintervall $\Delta t = t_2 - t_1$ ergibt den *Kraftstoß*:

$$\boxed{\int_{t_1}^{t_2} \vec{F}(t)\,dt = \int_{t_1}^{t_2} d\vec{p} = \vec{p}(t_2) - \vec{p}(t_1) = m \cdot \vec{v}_2 - m \cdot \vec{v}_1.}$$

Ist die Kraft $\vec{F}(t)$ im Zeitintervall Δt konstant ($\vec{F}(t) = \vec{F}$), oder kann man sie durch eine mittlere Kraft ersetzen ($\vec{F}(t) = \overline{\vec{F}}$), dann vereinfacht sich der Ausdruck für den Kraftstoß:

$$\boxed{\overline{\vec{F}}(t_2 - t_1) = \vec{p}(t_2) - \vec{p}(t_1).}$$

Beispiel: Fährt ein Auto mit der Geschwindigkeit v auf eine Mauer, so wirkt auf das Fahrzeug in der Zeit Δt eine mittlere Kraft $\overline{F}$ ein. Diese mittlere Kraft läßt sich aus dem Kraftstoß berechnen:

$$\int_{t_1}^{t_2} F\,dt = F \cdot \Delta t = p(t_2) - p(t_1) = 0 - m_A \cdot v,$$

wobei m_A die Masse des Autos ist. Je kürzer die „Wechselwirkungszeit“ Δt ist, umso größer ist die Kraft, die auf das Auto wirkt:

$$\left|\vec{F}\right| = \frac{m_A \cdot v}{t_2 - t_1}.$$

1.9.2 Impulserhaltungssatz

Wir betrachten zwei Massen m_1 und m_2, zwischen denen die inneren Kräfte $\vec{F}_1$ und $\vec{F}_2$ wirken. Es seien keine äußeren Kräfte vorhanden: Die Massen bilden ein abgeschlossenes System. Aus dem dritten Newtonschen Axiom folgt dann

$$\begin{aligned}
\vec{F}_1 &= -\vec{F}_2 \\
\frac{d\vec{p}_1}{dt} &= \frac{-d\vec{p}_2}{dt} \\
\frac{d(m_1\vec{v}_1)}{dt} &= \frac{-d(m_2\vec{v}_2)}{dt} \\
\frac{d}{dt}(m_1\vec{v}_1 + m_2\vec{v}_2) &= 0.
\end{aligned}$$

Man erhält

$$\boxed{m_1\vec{v}_1 + m_2\vec{v}_2 = \vec{p}_1 + \vec{p}_2 = \text{const.}}$$

Wirken auf ein System von Massenpunkten keine äußeren Kräfte, so bleibt die Summe der Impulse zeitlich konstant.

1.9.3 Massenmittelpunkt, Schwerpunktsatz

Der Impulserhaltungssatz läßt sich auch anders formulieren. Dazu wird der Begriff des *Massenmittelpunktes* benötigt.

Die Massenmittelpunktskoordinaten für zwei punktförmige Massen (Abb. 1.88) sind wie folgt definiert:

$$x_{\mathrm{MMP}} = \frac{m_1x_1 + m_2x_2}{m_1 + m_2},$$

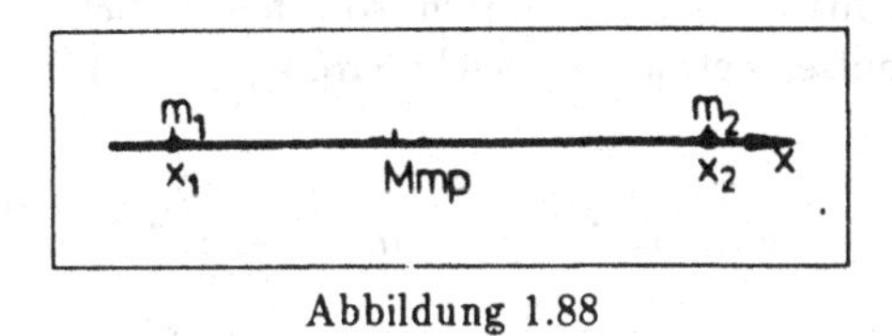

Abbildung 1.88

analog dazu y_{MMP} und z_{MMP}. Für viele Massenpunkte m_i gilt:

$$x_{\mathrm{MMP}} = \frac{\sum_i m_i x_i}{\sum_i m_i} = \frac{\sum_i m_i x_i}{M},$$

entsprechend dazu y_{MMP} und z_{MMP}. Die Ableitung nach der Zeit ergibt

$$\dot{x}_{\mathrm{MMP}} \cdot M = \sum_i m_i \dot{x}_i \quad \text{bzw. allgemein} \quad \boxed{\vec{P}_{\mathrm{MMP}} = \sum_i \vec{p}_i .}$$

Der Impuls der im Massenmittelpunkt vereinigt zu denkenden Gesamtmasse M ist gleich der Summe der Einzelimpulse. Ist der Gesamtimpuls des Systems konstant, greifen also keine äußeren Kräfte an, so besitzt der Massenmittelpunkt einen zeitlich konstanten Impuls, d. h. er bewegt sich für M = const. mit konstanter Geschwindigkeit (abgeschlossenes System!).

$$\boxed{\vec{P} = M \cdot \vec{v}_{\mathrm{MMP}} = \sum_i \vec{p}_i = \text{const.}}$$

Für den Massenmittelpunkt eines abgeschlossenen Systems gilt also das erste Newtonsche Axiom; damit folgt

$$\boxed{\vec{v}_{\mathrm{MMP}} = \frac{\vec{p}_1 + \vec{p}_2 + \ldots}{M} = \text{const.}}$$

Dann besitzt auch die im Massenmittelpunkt vereinigt zu denkende Gesamtmasse M eine konstante kinetische Energie:

$$\boxed{E_{kin} = \frac{M}{2} v_{\mathrm{MMP}}^2 = \text{const.}}$$

Versuch: Durch Zusammenschieben von zwei Luftkissenfahrzeugen wird eine dazwischen befindliche Feder gestaucht und mit Hilfe eines Fadens in dieser Stellung festgehalten. Es handelt sich um ein abgeschlossenes System, da keine Kräfte von außen angreifen. Die Körper befinden sich am Anfang in Ruhe, deshalb ist der Gesamtimpuls

$\vec{P}$ gleich Null. Brennt man den Faden durch, so erhalten beide Fahrzeuge Kraftstöße $\vec{F} \cdot \Delta t$ und damit Impulse, welche die gleiche Größe, aber entgegengesetzte Richtung haben (actio = reactio):

$$m_1 \dot{\vec{x}}_1 = -m_2 \dot{\vec{x}}_2 \quad \Rightarrow \quad m_1 \dot{\vec{x}}_1 + m_2 \dot{\vec{x}}_2 = 0.$$

Die Summe der Impulse ist in jedem Zeitpunkt gleich Null und der Massenmittelpunkt bleibt in Ruhe.

Versuch: Ein Pfeil wird aus einem Rohr geschossen, das an einem Faden beweglich aufgehängt ist. Das Rohr bewegt sich nach hinten, weil es den entgegengesetzt gleichen Impuls erhalten hat wie der wegfliegende Pfeil. Wird der Pfeil durch ein Brett wieder aufgefangen, das mit dem Rohr fest verbunden ist, dann bleibt das System in Ruhe, weil der Impuls des Pfeiles im Moment des Auftreffens den Rückstoß des Rohres wieder kompensiert.

Auf dem Satz von der Erhaltung des Impulses in Abwesenheit äußerer Kräfte beruht der Raketen- oder Strahlantrieb. Stößt ein Körper ein Teil seiner Masse ab, so bewegt er sich in entgegengesetzter Richtung.

Greifen an den Massenpunkten m_i äußere Kräfte $\vec{F}_i$ an mit $\vec{F}_i = d\vec{p}_i/dt$, so folgt aus $\vec{P} = M \cdot \vec{v}_{\mathrm{MMP}} = \sum_i \vec{p}_i$ durch Differentiation

$$\boxed{\frac{d\vec{P}}{dt} = M \cdot \frac{d\vec{v}_{\mathrm{MMP}}}{dt} = \sum_i \vec{F}_i = \vec{F}_{ges}.}$$

Diese Beziehung bezeichnet man als den *Schwerpunktsatz.* Die Bewegung des Massenmittelpunktes unter der Wirkung äußerer Kräfte läßt sich berechnen, indem man die auf die einzelnen Massen m_i einwirkenden Kräfte $\vec{F}_i$ zusammenfaßt zu einer Gesamtkraft $\vec{F}_{ges}$, die dann auf die im Massenmittelpunkt (später: MMP = Schwerpunkt) zusammengefaßt zu denkenden Gesamtmasse $M = \sum_i m_i$ einwirkt.

Beispiel: Zerplatzender Feuerwerkskörper am Himmel: Der Massenmittelpunkt der Bruchstücke fliegt auf einer Wurfparabel weiter.

1.9.4 Der elastische Stoß

Im folgenden sollen die Gesetzmäßigkeiten untersucht werden, die sich bei Stößen zwischen zwei Körpern ergeben. Es sollen keine äußeren Kräfte auftreten. Für dieses abgeschlossene System gilt dann der Energie- und der Impulserhaltungssatz.

Man unterscheidet *elastische* und *unelastische Stöße.* Beim unelastischen Stoß wird ein Teil der Energie in Deformations- und Wärmeenergie der Stoßpartner umgesetzt. Beim elastischen Stoß hingegen ist die Summe der kinetischen Energien der Stoßpartner vor und nach dem Stoß die gleiche.

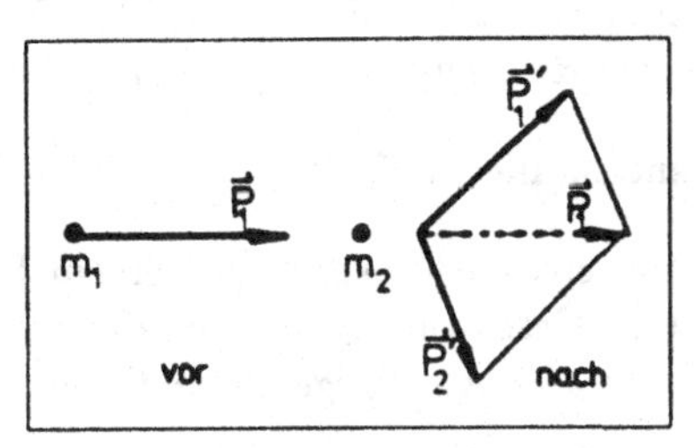

Abbildung 1.89

Der Impulserhaltungssatz gilt bei *allen* Stoßproblemen, denn wenn keine äußeren Kräfte wirken, muß der Gesamtimpuls $\vec{P}$ konstant bleiben.

Die Stöße werden in einem ortsfesten Koordinatensystem (Laborsystem) betrachtet. Stößt ein Körper der Masse m_1 und der Geschwindigkeit $\vec{v}_1$ auf einen ruhenden Körper der Masse m_2 ($\vec{v}_2 = 0$), dann gilt (vgl. Abb. 1.89):

1. Impulserhaltungssatz. Die Summe der Impulse vor dem Stoß ist gleich der Summe der Impulse danach.
$$m_1\vec{v}_1 = m_1\vec{v}_1' + m_2\vec{v}_2' \tag{1.1}$$
2. Energieerhaltungssatz. Die Summe der kinetischen Energien vor dem Stoß ist gleich der Summe der kinetischen Energien danach.
$$\frac{1}{2}m_1v_1^2 = \frac{1}{2}m_1v_1'^2 + \frac{1}{2}m_2v_2'^2 \tag{1.2}$$

Wir beschränken uns vorerst nur auf die Behandlung des *zentralen Stoßes*: Der Winkel zwischen $\vec{v}_1'$ und $\vec{v}_2'$ beträgt dabei entweder 0° oder 180°. Durch Quadrieren von Gleichung (1.1) erhalten wir

$$m_1^2v_1^2 = m_1^2v_1'^2 + m_2^2v_2'^2 + 2m_1m_2|\vec{v}_1'||\vec{v}_2'|\cos\angle(\vec{v}_1', \vec{v}_2'). \tag{1.3}$$

Die Lösung des Gleichungssystems von (1.2) und (1.3) ergibt dann

$$\boxed{\vec{v}_1' = \frac{m_1 - m_2}{m_1 + m_2}\vec{v}_1 \qquad \vec{v}_2' = \frac{2m_1}{m_1 + m_2}\vec{v}_1.}$$

Diese beiden Gleichungen gelten für den zentralen elastischen Stoß mit $\vec{v}_2 = 0$.

Sonderfälle des zentralen Stoßes mit $\vec{v}_2 = 0$:

1. Wenn $m_1 = m_2$, dann $\vec{v}_1' = 0$, $\vec{v}_2' = \vec{v}_1$. Nach dem Zusammenstoß bleibt der stoßende Körper in Ruhe und gibt seinen gesamten Impuls an m_2 ab.

2. Wenn $m_1 > m_2$, dann $\vec{v}_1'$ parallel zu $\vec{v}_1$, $|\vec{v}_2'| > |\vec{v}_1|$. Körper 1 und 2 bewegen sich nach dem Stoß in gleicher Richtung; Körper 2 besitzt die größere Geschwindigkeit.

3. Wenn $m_1 < m_2$: $\vec{v}_1'$ antiparallel zu $\vec{v}_1$, $|\vec{v}_2'| < |\vec{v}_1|$.

4. Wenn $m_1 \gg m_2$ (Stoß eines Atomkerns mit einem Elektron), dann $\vec{v}_1' \approx \vec{v}_1$, $\vec{v}_2' = 2\vec{v}_1$. Die maximale Geschwindigkeit, die dem gestoßenen Körper verliehen werden kann, ist die doppelte Anfangsgeschwindigkeit $2\vec{v}_1$.

5. Wenn $m_1 \ll m_2$ (Stoß eines Elektrons auf den Atomkern oder Ball auf Erde), dann $\vec{v}_1' \approx -\vec{v}_1$, $\vec{v}_2' \approx 0$. Wie erwartet bewegt sich die große Masse nicht, während die kleine Masse reflektiert wird.

Zum gleichen Ergebnis gelangt man natürlich durch Betrachtung der Energieverhältnisse: $\vec{v}_2 = 0$, es liegt ein zentraler elastischer Stoß vor. Es ergibt sich

$$E_1' = \frac{1}{2}m_1 v_1'^2 = \frac{1}{2}m_1\left(\frac{m_1 - m_2}{m_1 + m_2}\right)^2 v_1^2 = \left(\frac{m_1 - m_2}{m_1 + m_2}\right)^2 E_1$$

$$E_2' = \frac{1}{2}m_2 v_2'^2 = \frac{1}{2}m_2\left(\frac{2m_1}{m_1 + m_2}\right)^2 v_1^2 = \frac{4m_1 m_2}{(m_1 + m_2)^2}E_1.$$

Das Verhältnis E_2'/E_1 stellt die *relative Energieabgabe* der Masse m_1 an m_2 dar:

$$\boxed{\frac{E_2'}{E_1} = \frac{4m_1 m_2}{(m_1 + m_2)^2}.}$$

Es liegt maximale Energieabgabe vor, wenn $m_1 = m_2$ ist ($E_2' = E_1$; Abb. 1.90), d. h. beim zentralen elastischen Stoß mit gleichen Massen wird die Energie vollständig übertragen. Diese Tatsache macht man sich beispielsweise im Reaktor zum Bremsen

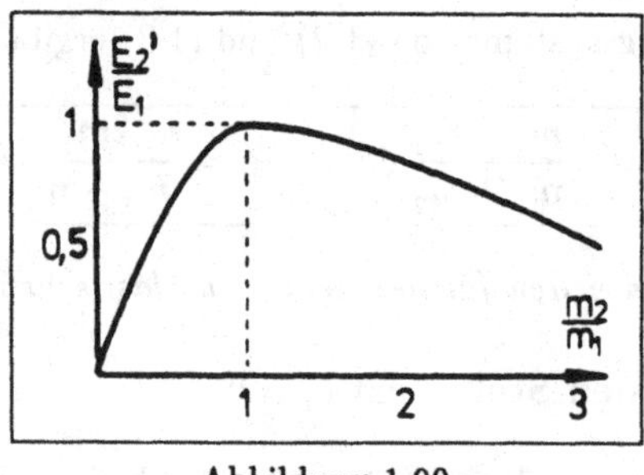

Abbildung 1.90

von schnellen Neutronen durch die Protonen im Wasser zu Nutze. Bei sehr kleinen und sehr großen Massenverhältnissen wird pro Stoß nur wenig Energie übertragen.

Energieübertragung beim nichtzentralen Stoß

Beim nichtzentralen elastischen Stoß fliegt m_2 in Richtung der Stoßachse (Verbindungslinie der Mittelpunkte beider Massen bei Berührung) weg, da nur in Stoßachsenrichtung Impulse übertragen werden. Die Geschwindigkeitskomponente senkrecht zur Stoßachse bleibt unbeeinflußt, weil keine Kräfte wirken. Die Geschwindigkeitskomponente in Stoßrichtung ist $v_1 \cos\varphi$ (Abb. 1.91). Dies läßt sich als zentraler Stoß in Richtung

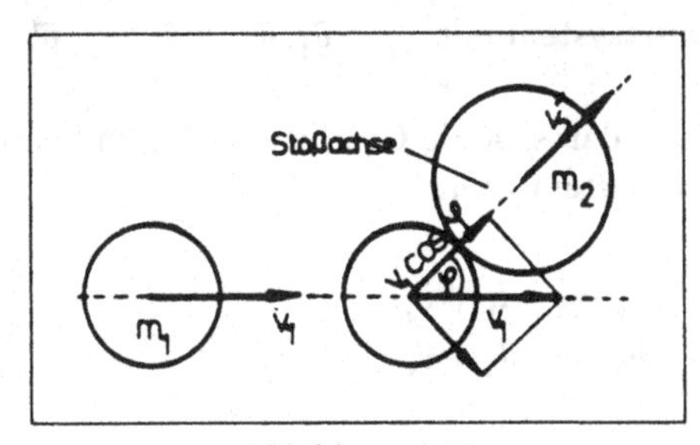

Abbildung 1.91

der Stoßachse mit der Einschußgeschwindigkeit $v_1 \cos\varphi$ interpretieren. Für die relative Energieübertragung gilt dann

$$\boxed{\frac{E_2'}{E_1} = \frac{4m_1 m_2 \cos^2\varphi}{(m_1 + m_2)^2}.}$$

Für die Geschwindigkeiten ergeben sich für den nichtzentralen elastischen Stoß als Lösungen der Gleichungen (1.2) und (1.3) komplizierte Ausdrücke, die hier nicht angegeben werden sollen. Im Falle gleicher Massen $m_1 = m_2$ vereinfacht sich die Ausgangsgleichung jedoch zu

$$\begin{aligned} \text{Impulserhaltung:} \quad & \vec{v}_1' + \vec{v}_2' = \vec{v}_1 \quad \Rightarrow \quad v_1^2 = v_1'^2 + v_2'^2 + 2|\vec{v}_1'||\vec{v}_2'| \cdot \cos\angle(\vec{v}_1', \vec{v}_2') \\ \text{Energieerhaltung:} \quad & v_1^2 = v_1'^2 + v_2'^2. \end{aligned}$$

Beide Beziehungen lassen sich nur dann erfüllen, wenn $\cos\angle(\vec{v}_1', \vec{v}_2') = 0$ bzw. $\angle(\vec{v}_1', \vec{v}_2') = 90°$ ist. Beispiele hierfür sind der Stoß zweier Billardkugeln und die Streuung von α-Teilchen an Heliumkernen.

1.9.5 Stoßvorgänge im Schwerpunktsystem

Die Behandlung von Stoßprozessen wird einfacher, wenn man die Vorgänge statt im Laborsystem im Schwerpunktsystem beschreibt. Das Schwerpunktsystem ist ein Koordinatensystem, dessen Ursprung im Massenmittelpunkt liegt. In einem abgeschlossenen System bewegt sich der Massenmittelpunkt (bzw. der Schwerpunkt) mit konstanter Geschwindigkeit:

$$\vec{v}_{\mathrm{MMP}} = \vec{v}_s = \frac{m_1\vec{v}_1 + m_2\vec{v}_2}{m_1 + m_2} = \text{const.}$$

Das Schwerpunktsystem bewegt sich gegenüber dem Laborsystem mit $\vec{v}_{\mathrm{MMP}}$. Bezeichnet man die Geschwindigkeiten der beiden Massen m_1 und m_2 im

	vor dem Stoß	nach dem Stoß
Laborsystem mit	$\vec{v}_1, \vec{v}_2$	$\vec{v}_1', \vec{v}_2'$
Schwerpunktsystem mit	$\vec{u}_1, \vec{u}_2$	$\vec{u}_1', \vec{u}_2'$,

so bedeutet diese Aussage, daß sich die Geschwindigkeiten beim Übergang vom einen zum anderen Koordinatensystem gemäß

$$\begin{aligned} \vec{v}_1 &= \vec{u}_1 + \vec{v}_s \\ \vec{v}_2 &= \vec{u}_2 + \vec{v}_s \end{aligned} \tag{1.4}$$

und

$$\begin{aligned} \vec{v}_1' &= \vec{u}_1' + \vec{v}_s \\ \vec{v}_2' &= \vec{u}_2' + \vec{v}_s \end{aligned} \tag{1.5}$$

transformieren. Aus den Transformationsgleichungen vor dem Stoß folgt

$$\begin{aligned} \vec{u}_1 &= \vec{v}_1 - \vec{v}_s = \frac{m_2}{m_1 + m_2}(\vec{v}_1 - \vec{v}_2) \\ \vec{u}_2 &= \vec{v}_2 - \vec{v}_s = -\frac{m_1}{m_1 + m_2}(\vec{v}_1 - \vec{v}_2) \end{aligned}$$

und damit

$$\boxed{m_1\vec{u}_1 + m_2\vec{u}_2 = \vec{p} = 0} \quad \text{vor dem Stoß.} \tag{1.6}$$

Ist das Laborsystem ein Inertialsystem, ist wegen $\vec{v}_s = \text{const.}$ auch das Schwerpunktsystem ein Inertialsystem. Also gilt auch hier der Impulserhaltungssatz. Damit folgt

$$\boxed{m_1\vec{u}_1' + m_2\vec{u}_2' = \vec{p} = 0} \quad \text{nach dem Stoß.} \tag{1.7}$$

Im Schwerpunktsystem sind die Impulse der Teilchen sowohl vor als auch nach dem Stoß entgegengesetzt gleich groß. Aus diesen Beziehungen für den Impuls folgt zusammen mit dem Energieerhaltungssatz im Schwerpunktsystem für den elastischen Stoß

$$\frac{1}{2}m_1u_1^2 + \frac{1}{2}m_2u_2^2 = \frac{1}{2}m_1u_1'^2 + \frac{1}{2}m_2u_2'^2$$

die Aussagen

$$\begin{aligned} |\vec{u}_1'| &= |\vec{u}_1| \\ |\vec{u}_2'| &= |\vec{u}_2| \end{aligned} \qquad (1.8)$$

und

$$\begin{aligned} |\vec{p}_1{}'| &= |\vec{p}_1| \\ |\vec{p}_2{}'| &= |\vec{p}_2|. \end{aligned} \qquad (1.9)$$

Im Schwerpunktsystem werden die Beträge der Geschwindigkeit durch den elastischen Stoß nicht verändert. Die kinetische Energie beider Teilchen bleibt im Schwerpunktsystem einzeln erhalten. Die Gesamtenergie des Systems im Laborsystem setzt sich zusammen aus

$$\begin{aligned} E_{kin}^{\text{Lab}} &= \frac{1}{2}m_1v_1^2 + \frac{1}{2}m_2v_2^2 \\ &= \frac{1}{2}m_1(\vec{u}_1 + \vec{v}_s)^2 + \frac{1}{2}m_2(\vec{u}_2 + \vec{v}_s)^2 \\ &= \underbrace{\frac{1}{2}m_1u_1^2 + \frac{1}{2}m_2u_2^2}_{E_{kin}^{\text{SP}}} + \underbrace{\frac{1}{2}(m_1 + m_2)v_s^2}_{E_{kin}^{\text{MMP}}} + \underbrace{(m_1\vec{u}_1 + m_2\vec{u}_2)v_s}_{0}, \end{aligned}$$

wobei der erste Summand die kinetische Energie der Teilchen im Schwerpunktsystem, der zweite die kinetische Energie der Schwerpunktsbewegung und der dritte den Gesamtimpuls angibt. Für eine Übertragung beim Stoß steht nur die Energie E_{kin}^{SP} zur Verfügung. Die Energie der Schwerpunktsbewegung bleibt wie gezeigt konstant.

Im Spezialfall $\vec{v}_2 = 0$, bei dem der zweite Körper vor dem Stoß ruht, vereinfachen sich die Ausdrücke: Mit

$$\vec{v}_s = \frac{m_1}{m_1 + m_2}\vec{v}_1 \qquad \vec{u}_1 = \frac{m_2}{m_1 + m_2}\vec{v}_1 \qquad \vec{u}_2 = -\frac{m_1}{m_1 + m_2}\vec{v}_1 = -\vec{v}_s$$

folgt

$$\begin{aligned} E_{kin}^{\text{Lab}} &= \frac{1}{2}m_1v_1^2 \\ E_{kin}^{\text{SP}} &= \frac{1}{2}\frac{m_1m_2}{m_1 + m_2}v_1^2 \end{aligned}$$

$$\boxed{E_{kin}^{\text{SP}} = \frac{m_2}{m_1 + m_2}E_{kin}^{\text{Lab}}.}$$

Die Summe der kinetischen Energien im Schwerpunktsystem ist stets kleiner als die Summe der kinetischen Energien im Laborsystem. Die Differenz ist die kinetische Energie der Schwerpunktsbewegung.

Aufgrund der Beziehung im Schwerpunktsystem zwischen den Impulsen und Geschwindigkeiten vor und nach dem Stoß (Gleichungen (1.6), (1.7), (1.8), (1.9)) und der Geschwindigkeitstransformation zwischen Schwerpunkt- und Laborsystem mit $\vec{v}_2 = 0$ (Gleichungen (1.4), (1.5)) lassen sich die Geschwindigkeiten nach dem Stoß $\vec{v}_1'$ und $\vec{v}_2'$ im Laborsystem geometrisch konstruieren (Abb. 1.92).

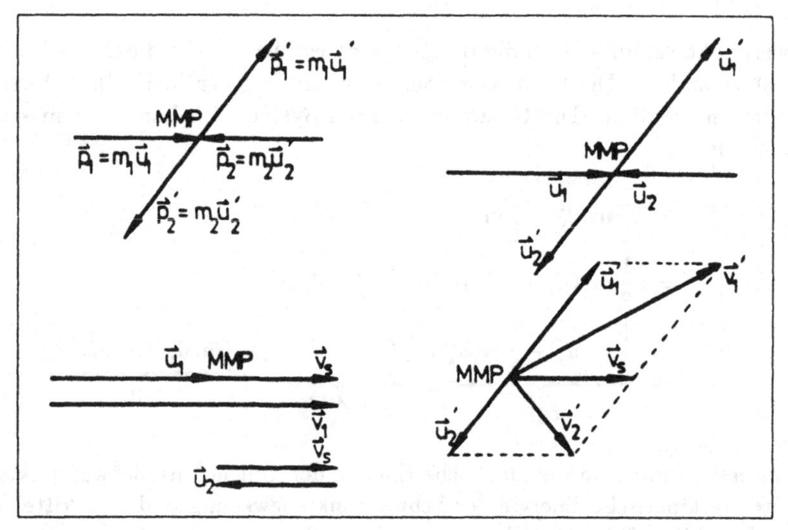

Abbildung 1.92

Die Endpunkte der Vektoren $\vec{u}_1'$ und $\vec{u}_2'$ liegen auf Kreisen um den Massenmittelpunkt mit den Radien $|\vec{u}_1|$ bzw. $|\vec{u}_2|$. $\vec{u}_1'$ und $\vec{u}_2'$ stehen antiparallel zueinander. Diesen Geschwindigkeiten im Schwerpunktsystem überlagert sich im Laborsystem die Schwerpunktsbewegung $\vec{v}_s$. Die Endpunkte von $\vec{v}_1'$ und $\vec{v}_2'$ liegen demnach auf den um $\vec{v}_s$ verschobenen Kreisen. Man unterscheidet drei Fälle:

1. Gleiche Massen $m_1 = m_2$ (Abb. 1.93):

$$\vec{v}_2 = 0; \quad \vec{v}_s = \frac{1}{2}\vec{v}_1; \quad |\vec{u}_1| = |\vec{u}_1'| = \frac{1}{2}|\vec{v}_1| = |\vec{u}_2| = |\vec{u}_2'| = |\vec{v}_s|.$$

   Der Winkel α zwischen den beiden Stoßpartnern ist nach Thales stets 90°. Grenzfälle:

   (a) Wenn $\vartheta_1 = 90°$, dann $\vartheta_2 = 0°$; $\vec{v}_1' \to 0$: m_1 in Ruhe (zentraler Stoß)

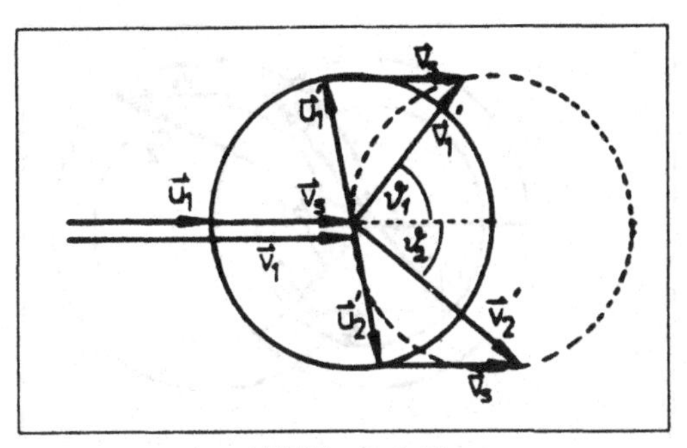

Abbildung 1.93

(b) Wenn $\vartheta_1 = 0°$, dann $\vartheta_2 = 90°$; $\vec{v}_2' \to 0$: m_2 in Ruhe (streifender Stoß)

2. $m_1 < m_2$ (Abb. 1.94):

$$|\vec{v}_s| < \frac{1}{2}|\vec{v}_1|; \quad |\vec{u}_1| = |\vec{u}_1'| > \frac{1}{2}|\vec{v}_1|; \quad |\vec{u}_2| = |\vec{u}_2'| = |\vec{v}_s|.$$

α ist in diesem Fall größer als 90°. Grenzfälle:

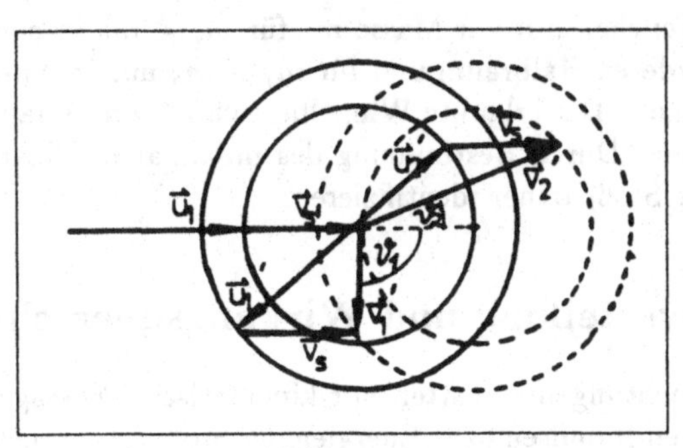

Abbildung 1.94

(a) Wenn $\vartheta_1 = 180°$, dann $\vartheta_2 = 0°$; m_1 nach hinten, m_2 nach vorn (zentraler Stoß)

(b) Wenn $\vartheta_1 = 0°$, dann $\vec{v}_2' \to 0$; m_2 in Ruhe (streifender Stoß)

3. $m_1 > m_2$ (Abb. 1.95):

$$|\vec{v}_s| > \frac{1}{2}|\vec{v}_1|; \quad |\vec{u}_1| = |\vec{u}_1'| < \frac{1}{2}|\vec{v}_1|; \quad |\vec{u}_2| = |\vec{u}_2'| = |\vec{v}_s|.$$

Man erkennt, daß in allen Fällen $\vartheta_2 \leq 90°$ ist. Grenzfälle:

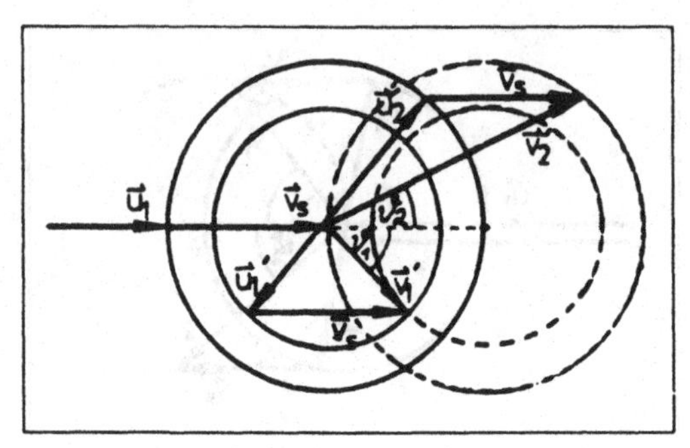

Abbildung 1.95

(a) Wenn $\vartheta_2 = 0°$, dann $\vartheta_1 = 0°$; m_1 und m_2 nach vorn (zentraler Stoß)

(b) Wenn $\vartheta_1 = 0°$, dann $\vec{v}_2' \to 0$; m_2 in Ruhe (streifender Stoß)

Allgemein gilt für den zentralen Stoß (vgl. Abschnitt 1.9.4 Fälle 1–3), daß m_2 stets nach vorn fliegt ($\vartheta_2 = 0°$) und m_1 für $m_1 < m_2$ nach hinten fliegt ($\vartheta_1 = 180°$), für $m_1 = m_2$ liegenbleibt und für $m_1 > m_2$ mit m_1 nach vorn fliegt ($\vartheta_1 = 0°$). Das bedeutet, daß das Teilchen mit der Masse m_1 für $m_1 < m_2$ in den ganzen Raum, für $m_1 = m_2$ in den vorderen Halbraum und für $m_1 > m_2$ nur in einen Teil des vorderen Halbraums fliegen kann. Der erlaubte Winkelbereich ist nur abhängig von den Massen der stoßenden Körper. Durch Bestimmung des maximalen Winkels α lassen sich die Massen unbekannter Stoßpartner identifizieren.

1.9.6 Winkelverteilung und Wirkungsquerschnitt

Die bisherigen Betrachtungen gestatten nur kinematische Aussagen über den Zusammenhang zwischen den Impulsen bzw. Energien der Stoßpartner nach dem Stoß und den Streuwinkeln. Es konnte bisher noch nichts ausgesagt werden über die Wahrscheinlichkeit, mit der die Stoßpartner unter einem bestimmten Winkel auseinanderfliegen. Dazu benötigt man die Kenntnis der Kräfte bei der Wechselwirkung der beiden Stoßpartner. Dies soll am Beispiel der Streuung zweier harter Kugeln gezeigt werden.

Versuch: Zwei Kugeln mit den Massen m_1 und m_2 und den Radien r_1 und r_2 fliegen gegeneinander und stoßen zusammen (Abb. 1.96). Die Geschwindigkeiten im Schwerpunktsystem seien $\vec{u}_1$ und $\vec{u}_2$ (sie stehen antiparallel). Den Abstand der beiden Geraden, längs deren die beiden Kugelmittelpunkte aufeinander zufliegen, nennt man den *Stoßparameter p*. Bei zentralem Stoß ist $p = 0$, und die Stoßachse (Verbindungsachse der beiden Massenmittelpunkte) liegt in der Einfallsrichtung. Bei nichtzentralem Stoß bildet die Stoßachse gegen die Einfallsrichtung den Winkel α. Aus Abbildung 1.96

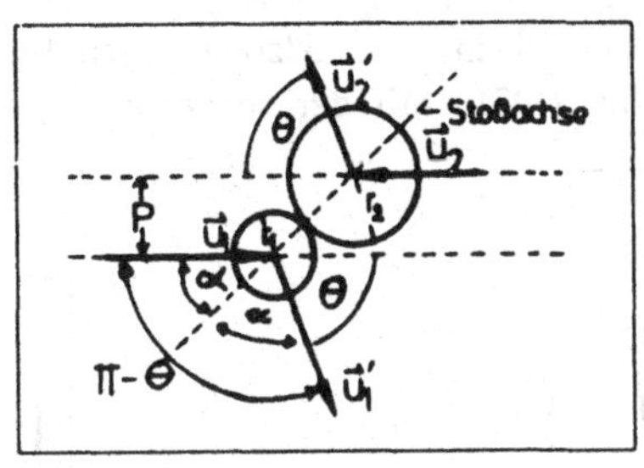

Abbildung 1.96

entnimmt man

$$\sin\alpha = \frac{p}{r_1 + r_2} \quad \text{mit} \quad \alpha = \frac{1}{2}(\pi - \theta),$$

wobei θ der Streuwinkel im Schwerpunktsystem ist. Für den Stoßparameter gilt

$$\begin{aligned} p &= (r_1 + r_2)\sin\alpha \\ \Rightarrow \quad \frac{dp}{d\alpha} &= (r_1 + r_2)\cos\alpha \\ \Rightarrow \quad p\,dp &= (r_1 + r_2)^2 \sin\alpha \cdot \cos\alpha\, d\alpha \;=\; \frac{1}{2}(r_1 + r_2)^2 \sin 2\alpha\, d\alpha. \end{aligned}$$

Daraus erhält man mit $\alpha = (\pi - \theta)/2$ und $d\alpha/d\theta = -1/2$:

$$\boxed{p\,dp = -\frac{1}{4}(r_1 + r_2)^2 \sin\theta\, d\theta.}$$

Zwischen Stoßparameter und Streuwinkel ϑ besteht also eine Beziehung. Einer Zunahme des Stoßparameters entspricht einer Abnahme des Streuwinkels (negatives Vorzeichen).

Für $\theta = 0$ ist $\alpha = \pi/2 \;\Rightarrow\; \sin\alpha = 1,\ p = r_1 + r_2$: Bei streifendem Einfall (und für $p > r_1 + r_2$) findet keine Richtungsänderung statt. Damit die Kugeln überhaupt stoßen können, muß $p < r_1 + r_2$ sein. Beim Zusammenstoß wirken in Richtung der Stoßachse Rückstellkräfte, hervorgerufen durch die elastische Deformation der Kugeln. Diese Kräfte führen zu einer Impulsänderung in der Stoßachsenrichtung. Die Komponente des Impulses bzw. der Geschwindigkeit senkrecht dazu bleibt unverändert, weil in dieser Richtung keine Kraftkomponente vorhanden ist. (Von einer möglichen Rotation der Massen soll abgesehen werden.)

Es soll nun der Fall untersucht werden, bei dem eine elastische Kugel auf eine feststehende elastische Kugel trifft und gestreut wird.

Die Wahrscheinlichkeit für eine Streuung der Kugel in den Winkelbereich zwischen θ und $\theta + d\theta$ ist proportional der Fläche der Stoßzone. Darunter wird die Ringfläche $d\sigma = 2\pi p\, dp$ verstanden (vgl. Abb. 1.97). Mit der vorher abgeleiteten Beziehung zwischen

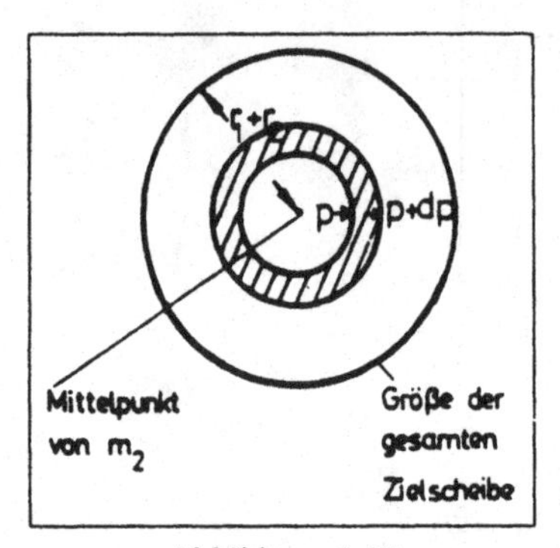

Abbildung 1.97

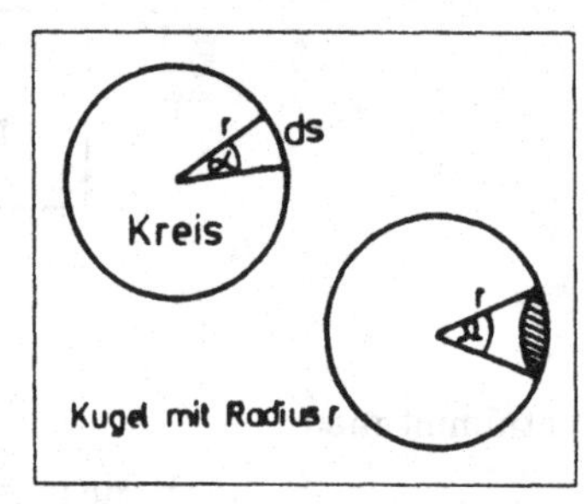

Abbildungen 1.98 und 1.99

$p\,dp$ und dem Streuwinkel ergibt sich:

$$d\sigma = 2\pi \cdot \frac{1}{4}(r_1 + r_2)^2 \cdot \sin\theta\, d\theta.$$

Dieser Ausdruck ist ein Maß dafür, mit welcher Wahrscheinlichkeit die Kugel in den *Raumwinkelbereich* zwischen θ und $\theta + d\theta$ gestreut wird.

Ein Raumwinkel ist analog zu einem ebenen Winkel definiert (Abb. 1.98 und 1.99):

ebener Winkel:	$\alpha = s/r$	$d\alpha = ds/dr$
Raumwinkel:	$\Omega = A/r^2$	$d\Omega = dA/r^2$
Raumwinkel d. Vollkugel:	$\Omega_{Ku} = 4\pi r^2/r^2 = 4\pi$	
Kreiswinkel:	$\alpha_{Kr} = 2\pi r/r = 2\pi$	

Im vorliegenden Fall entnimmt man die Größe des Raumwinkelelementes $d\Omega$ der Abbildung 1.100:

$$\boxed{d\Omega = \frac{dA}{r^2} = \frac{2\pi r \cdot \sin\theta \cdot r\, d\theta}{r^2} = 2\pi \cdot \sin\theta\, d\theta,}$$

mit $dA = a\, ds$, dem Kreisbogen $a = 2\pi r \cdot \sin\theta$ und der Bogenlänge $ds = r\, d\theta$. Damit erhält man für die Fläche der Stoßzone (Abb. 1.101):

$$d\sigma = 2\pi \cdot \frac{1}{4}(r_1 + r_2)^2 \sin\theta\, d\theta = \frac{1}{4}(r_1 + r_2)^2\, d\Omega.$$

Die Wahrscheinlichkeit für die Streuung in einen Bereich zwischen θ und $\theta + d\theta$ bezogen auf ein Raumwinkelelement heißt *differentieller Wirkungsquerschnitt* $d\sigma/d\Omega$:

$$\boxed{\frac{d\sigma}{d\Omega} = \frac{1}{4}(r_1 + r_2)^2.}$$

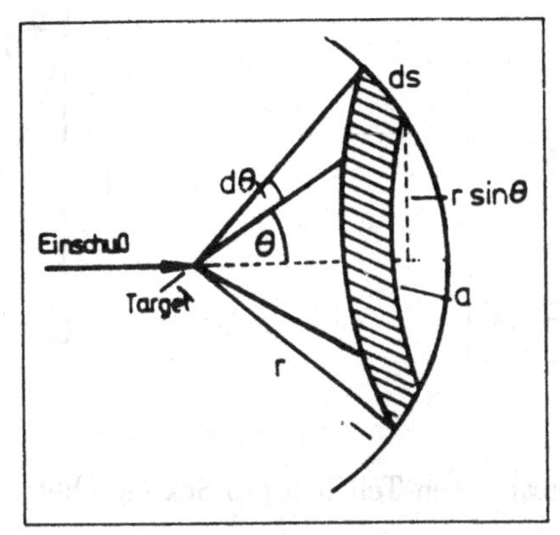

Abbildung 1.100

$d\sigma/d\Omega$ ist unabhängig vom Streuwinkel θ: Die Streuung der Kugel ist isotrop, d. h. die Wahrscheinlichkeit für eine Streuung bezogen auf das Raumwinkelelement $d\Omega$ bleibt unter allen Winkeln gleich. Einheit:

$$\left[\frac{d\sigma}{d\Omega}\right] = [r^2] = 1 \text{ m}^2.$$

Die Wahrscheinlichkeit, daß sich überhaupt ein Stoß ereignet, erhält man durch Integration über den gesamten Raumwinkel. Sie wird *totaler Wirkungsquerschnitt* genannt:

$$\begin{aligned} \sigma &= \int_{4\pi} \frac{d\sigma}{d\Omega}\, d\Omega \\ &= \frac{1}{4}\int_{4\pi} (r_1 + r_2)^2\, d\Omega \\ &= 4\pi \cdot \frac{1}{4}(r_1 + r_2)^2 \\ &= \pi(r_1 + r_2)^2. \end{aligned}$$

Dies entspricht genau der Fläche der „Zielscheibe".

Es sollen jetzt viele Kugeln auf die liegende Kugel geschossen werden. Da $d\sigma/d\Omega$ bzw. σ die Wahrscheinlichkeit für *einen* Stoßprozeß angibt, erhält man für eine einfallende Teilchendichte N (= Intensität = Anzahl der einfallenden Teilchen pro Fläche und Zeit; $[N] = \text{m}^{-2}\text{s}^{-1}$) die Zahl der unter dem Winkel θ pro Sekunde in das Raumwinkelelement $\Delta\Omega$ gestreuten Teilchen N:

$$\Delta N = N\,\frac{d\sigma}{d\Omega}\,\Delta\Omega.$$

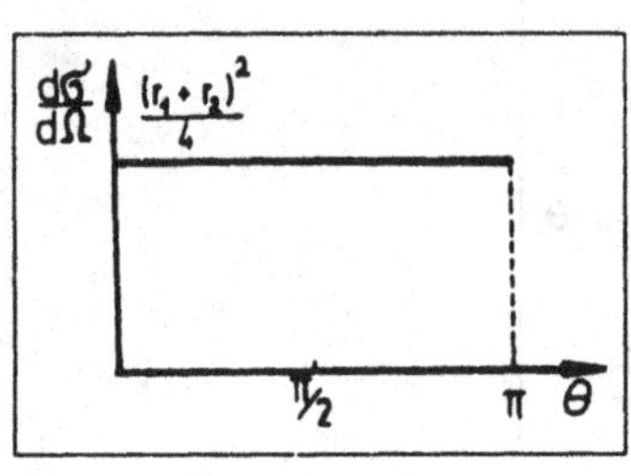

Abbildung 1.101

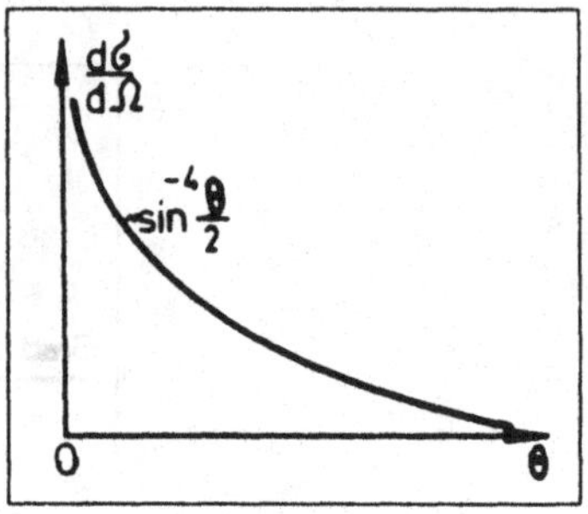

Abbildung 1.102

Die Gesamtzahl N' der gestreuten Teilchen pro Sekunde beträgt

$$N' = N \cdot \sigma .$$

Fallen die Teilchen nicht auf *eine* Kugel, sondern auf die Anzahl z (nebeneinanderliegend gedacht), so lauten die entsprechenden Ausdrücke:

$$\boxed{\Delta N = N \cdot z \cdot \frac{d\sigma}{d\Omega} \Delta\Omega \qquad N' = N \cdot z \cdot \sigma .}$$

Liegt ein *anderes Kraftgesetz* vor, ändert sich der Ausdruck für den Wirkungsquerschnitt. So erhält man für die Rutherford-Streuung (Coulomb-Kräfte zwischen den geladenen Teilchen) folgenden Ausdruck (vgl. Abb. 1.102):

$$\boxed{\frac{d\sigma}{d\Omega} \sim \frac{1}{\sin^4 \theta/2} .}$$

Beim Vergleich dieser Ergebnisse mit einem Experiment muß man berücksichtigen, daß die Rechnung im Schwerpunktsystem, das Experiment dagegen im Laborsystem durchgeführt wird. Die experimentellen Ergebnisse müssen deshalb immer erst in das Schwerpunktsystem umgerechnet werden.

1.9.7 Inelastischer Stoß, nichtkonservative Kräfte

Treten im Augenblick des Zusammenstoßes zweier Körper auch nichtkonservative Kräfte auf, die zu dauernden Veränderungen (Deformationen, „Anregung") führen, dann gilt der Energiesatz nur in der erweiterten Form. Vereinfachend nehmen wir an, daß der zweite Körper vor dem Stoß ruhe ($\vec{v}_2 = 0,\ E_{kin,2} = 0$). Dann gilt:

$$\underbrace{E_{kin,1}}_{\text{vor}} = \underbrace{E'_{kin,1} + E'_{kin,2} + Q,}_{\text{nach dem Stoß}}$$

wobei Q die *Deformationsenergie* bezeichnet. Der Impulserhaltungssatz für dieses abgeschlossene System gilt nach wie vor; der Schwerpunkt muß sich mit konstanter Geschwindigkeit v_{SP} weiterbewegen.

$$\vec{p}_1 = \vec{p}_1{}' + \vec{p}_2{}'$$

Aus diesem Grunde kann aber auch nicht die gesamte kinetische Energie in Deformationsenergie Q umgewandelt werden. Es verbleibt mindestens die Schwerpunktsenergie $Mv_s^2/2$ als kinetische Energie. Die Grenze der Inelastizität, der sogenannte „vollkommen inelastische Stoß", ist erreicht, wenn der stoßende Körper im gestoßenen Körper stecken bleibt (gebunden wird), und beide Körper zusammen weiterfliegen (Abb. 1.103).

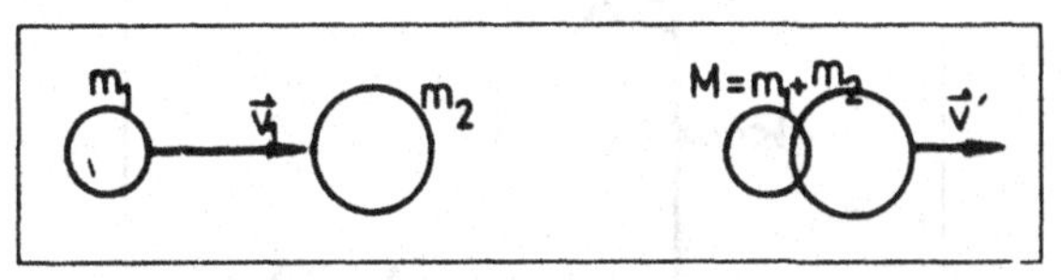

Abbildung 1.103

Es gilt:

$$\vec{v}_s = \frac{m_1}{m_1+m_2}\vec{v}_1 = \vec{v}' = \text{const.}$$

Energiebilanz:

$$\frac{m_1}{2}v_1^2 = \frac{m_1+m_2}{2}v'^2 + Q;$$

$$\begin{aligned} Q &= \frac{m_1}{2}v_1^2 - \frac{m_1+m_2}{2}v'^2 \\ &= \frac{m_1}{2}v_1^2 \cdot \left(1 - \frac{m_1}{m_1+m_2}\right) \\ &= E_{kin,1} \cdot \frac{m_2}{m_1+m_2}. \end{aligned}$$

Der Rest der kinetischen Energie

$$\frac{m_1}{m_1+m_2}E_{kin,1}$$

steckt in der Bewegung des Schwerpunktes. Mit

$$\vec{v}_s = \frac{m_1}{m_1+m_2}\vec{v}_1$$

folgt nämlich

$$E_{kin}^{\mathrm{MMP}} = \frac{M}{2} v_s^2 = \frac{m_1}{m_1 + m_2} E_{kin,1}.$$

Versuch (ballistisches Pendel): Eine Gewehrkugel der Masse m wird mit der Geschwindigkeit $\vec{v}$ auf ein Pendel in Ruhelage abgeschossen und bleibt im Pendelkörper (Masse M) stecken (Abb. 1.104). Der Impuls mv überträgt sich dabei auf das Pendel;

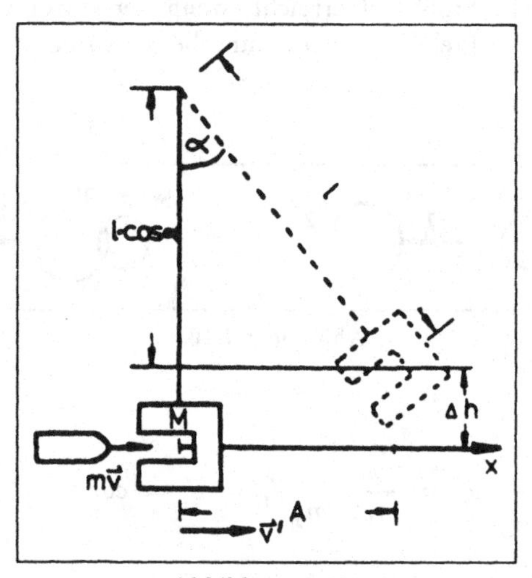

Abbildung 1.104

es wird zurückgestoßen und beginnt daraufhin harmonisch zu schwingen. Nach dem Impulserhaltungssatz gilt:

$$mv = (m + M) \cdot v'(0). \tag{1.10}$$

$v'(0)$ entspricht der maximalen Geschwindigkeit des Pendelkörpers plus Kugel, welche das System zu Beginn der gemeinsamen Bewegung ($t = 0$) und bei jedem Schwingungsdurchgang in der tiefsten Stellung ($x = 0$) besitzt.

Für die Schwingung gilt

$$x(t) = A \cdot \sin \omega t,$$

A ist dabei die maximale Auslenkung. Für die Geschwindigkeit gilt dann

$$\dot{x}(t) = v'(t) = A \cdot \omega \cdot \cos \omega t. \tag{1.11}$$

Zur Zeit $t = 0$ ergibt sich

$$v'(0) = v_s = A \cdot \omega,$$

damit

$$A \cdot \omega = v_s = \frac{mv}{m+M}$$

$$\Rightarrow \quad A = \frac{mv}{(m+M)\omega} = \frac{T}{2\pi(m+M)} mv = \frac{T}{2\pi(m+M)} p.$$

Die Amplitude des Pendels ist also direkt proportional dem Impuls p bzw. der Geschwindigkeit v der Gewehrkugel. Aus der Messung der Amplitude A, der Schwingungszeit T und bei Kenntnis der Massen läßt sich die Geschoßgeschwindigkeit berechnen.

1.10 Drehmoment, Drehimpuls

1.10.1 Definition und Verknüpfung von Drehmoment und Drehimpuls

An einer Scheibe greift im Punkt P mit dem Orsvektor $\vec{r}$ eine Kraft $\vec{F}$ an (Abb. 1.105). Man definiert das *Drehmoment* $\vec{T}$ der Kraft $\vec{F}$ in bezug auf den Bezugspunkt O (in einem rechtshändigem Koordinatensystem) als das Vektorprodukt

$$\boxed{\vec{T} := \vec{r} \times \vec{F}} \qquad [T] = 1\ \mathrm{Nm} = 1\ \mathrm{kg}\frac{\mathrm{m}^2}{\mathrm{s}^2}.$$

Das Drehmoment hat zwar die Dimension einer Energie, die Einheit Joule ist jedoch

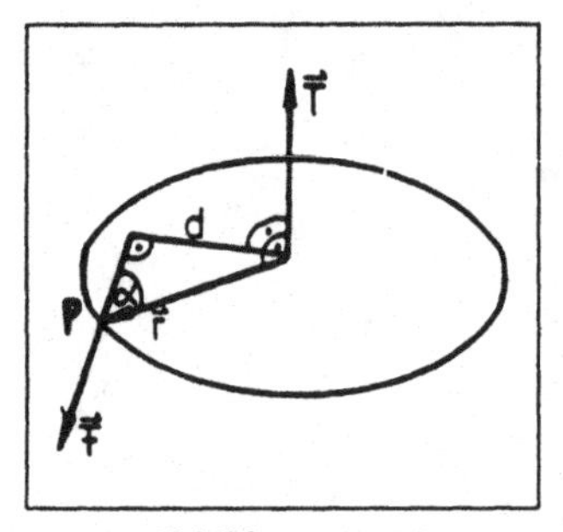

Abbildung 1.105

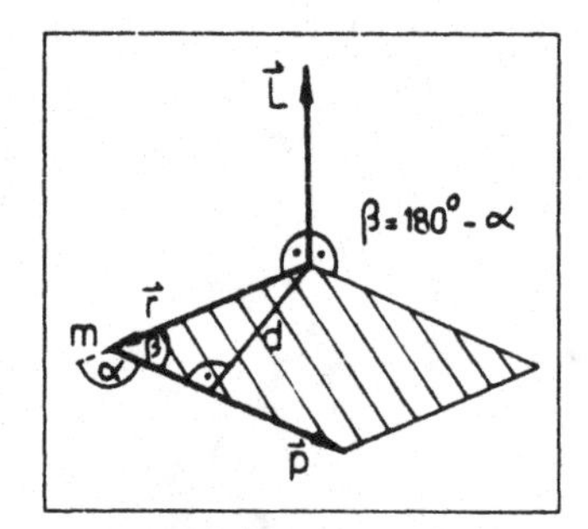

Abbildung 1.106

nicht üblich. Man bezeichnet das Drehmoment oft auch als Kraft- oder Torsionsmoment. Der Vektor $\vec{T}$ steht senkrecht auf der von $\vec{r}$ und $\vec{F}$ aufgespannten Ebene und zeigt in die Richtung, um die die Drehung im Uhrzeigersinn erfolgt (Abb. 1.106). Bezeichnet α den Winkel zwischen $\vec{r}$ und $\vec{F}$, d den senkrechten Abstand der Wirkungslinie der Kraft von O, so lautet der Betrag des Drehmomentes

$$|\vec{T}| = T = r \cdot F \cdot \sin\alpha = F \cdot d,$$

bzw.

$$\text{Drehmoment} = \text{Kraft} \cdot \text{Kraftarm}.$$

In Analogie zum Drehmoment $\vec{T}$ wird ein *Drehimpuls* $\vec{L}$ definiert. Der Drehimpuls wird auch als Drall oder Impulsmoment bezeichnet.

Hat die Masse m mit dem Ortsvektor $\vec{r}$ den Impuls $\vec{p} = m\vec{v} = m \cdot d\vec{r}/dt$, so ist der *Drehimpuls* definiert als

$$\boxed{\vec{L} := \vec{r} \times \vec{p} = m(\vec{r} \times \vec{v})} \qquad [L] = 1\ \mathrm{kg}\frac{\mathrm{m}^2}{\mathrm{s}} = 1\ \mathrm{Nms}.$$

Dies ist die Dimension von *Energie · Zeit = Wirkung*. Als Vektorprodukt steht $\vec{L}$ senkrecht auf der von $\vec{r}$ und $\vec{p}$ aufgespannten Ebene. Bewegt sich ein Massenpunkt auf einer Kreisbahn mit $|\vec{v}| = \text{const.}$, so ergibt sich mit $\vec{v} = \vec{\omega} \times \vec{r}$

$$\boxed{\vec{L} = m\vec{r} \times (\vec{\omega} \times \vec{r}) = mr^2\vec{\omega}} \quad \vec{r} \perp \vec{\omega},$$

da $\vec{L}$ und $\vec{\omega}$ parallel sind.

Der Betrag des Drehimpulses ist ebenfalls vom Winkel α zwischen $\vec{r}$ und $\vec{p}$ abhängig:

$$|\vec{L}| = L = r \cdot p \cdot \sin\alpha = r \cdot p \cdot \sin\beta = p \cdot d.$$

Man beachte: *Da der Anfangspunkt des Ortsvektors $\vec{r}$ der Koordinatenursprung ist, sind die Größen $\vec{T}$ und $\vec{L}$ von der Wahl des Bezugspunktes des verwendeten Koordinatensystems abhängig.*

In einem Inertialsystem steht uns die Newtonsche Bewegungsgleichung in Form von $\vec{F} = d\vec{p}/dt$ zur Verfügung. Ein ähnlicher Zusammenhang läßt sich zwischen Drehmoment und Drehimpuls durch Differentiation nach der Zeit unter Berücksichtigung der Produktregel finden:

$$\frac{d\vec{L}}{dt} = \frac{d\vec{r}}{dt} \times \vec{p} + \vec{r} \times \frac{d\vec{p}}{dt} = \vec{v} \times \vec{p} + \vec{r} \times \vec{F} = \vec{v} \times m\vec{v} + \vec{r} \times \vec{F} = \vec{r} \times \vec{F},$$

da $\vec{v} \times \vec{v} = 0$. Dieses Ergebnis entspricht genau der Definition des Drehmomentes, so daß sich

$$\boxed{\vec{T} = \frac{d\vec{L}}{dt}}$$

schreiben läßt. Die zeitliche Änderung des Drehimpulses wird also durch ein Drehmoment verursacht! Entsprechend dem ersten Newtonschen Axiom formuliert man für die Drehbewegung:

> „Ein Körper verharrt bezüglich der Rotation im Zustand der Ruhe oder der gleichförmigen Drehbewegung, wenn die Summe aller an ihm angreifenden Drehmomente gleich Null ist.“

$$\boxed{\sum \vec{T}_i = 0 \quad \Rightarrow \quad \vec{L} = \text{const.}}$$

1.10.2 Polare und axiale Vektoren

Wir haben bisher eine Reihe von physikalischen Größen kennengelernt, die sich durch Vektoren darstellen lassen. In der Mathematik wird gezeigt, daß Vektoren durch ihr Verhalten gegenüber räumlichen Transformationen (Translation, Drehung, Spiegelung) charakterisiert sind. Betrachtet man die bisher eingeführten Größen unter diesem Gesichtspunkt, so lassen sich die zu ihrer Beschreibung verwendeten Vektoren in zwei Klassen einteilen:

1. *Polare Vektoren* ($\vec{P}$), z. B. $\vec{r}, \vec{v}, \vec{F}, \vec{p}, \ldots$ Sie sind durch Betrag und Richtung charakterisiert und wechseln bei der Spiegelung am Ursprung (*Paritätstransformation*, Abb. 1.107) ihr Vorzeichen:

$$\vec{P} \longrightarrow -\vec{P}.$$

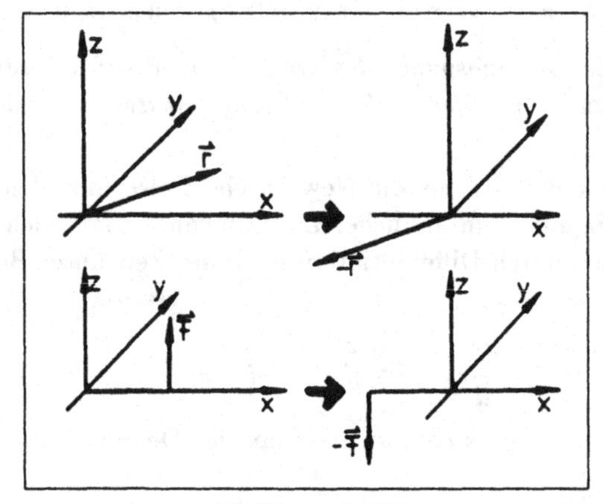

Abbildung 1.107

2. *Axiale Vektoren* ($\vec{A}$), z. B. $d\vec{\varphi}, \vec{\omega}, \vec{T}, \vec{L}, \ldots$ Sie sind durch Betrag, Richtung und Drehsinn charakterisiert. Sie wechseln bei Anwendung der Paritätstransformation ihr Vorzeichen *nicht* (Abb. 1.108).

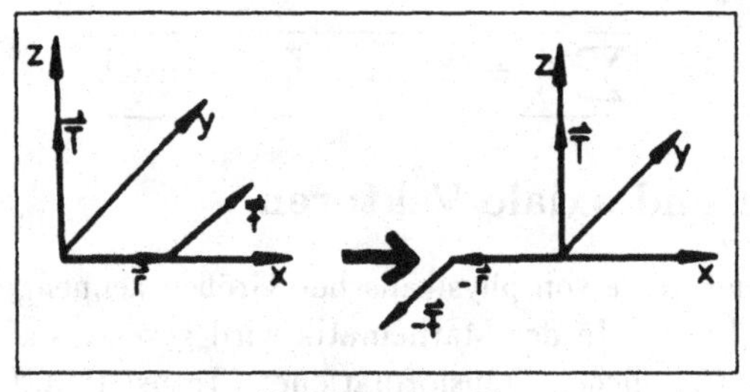

Abbildung 1.108

Für die verschiedenen bisher schon eingeführten Kombinationen zwischen polaren und axialen Vektoren ergeben sich damit folgende Vorzeichen nach der Spiegeltransformation:

$$\left.\begin{array}{l}\vec{T}=\vec{r}\times\vec{F}\\ \vec{L}=\vec{r}\times\vec{p}\end{array}\right\}\quad \vec{A}=\vec{P}_1\times\vec{P}_2 \longrightarrow \vec{A}=(-\vec{P}_1)\times(-\vec{P}_2)$$

$$\left.\begin{array}{l}d\vec{s}=d\vec{\varphi}\times\vec{r}\\ \vec{v}=\vec{\omega}\times\vec{r}\end{array}\right\}\quad \vec{P}_1=\vec{A}\times\vec{P}_2 \longrightarrow -\vec{P}_1=\vec{A}\times(-\vec{P}_2)$$

$$\left.\begin{array}{l}\vec{a}_{ZF}=\vec{v}\times\vec{\omega}\\ \vec{a}_c=2\vec{v}'\times\vec{\omega}\end{array}\right\}\quad \vec{P}_1=\vec{P}_2\times\vec{A} \longrightarrow -\vec{P}_1=(-\vec{P}_2)\times\vec{A}$$

$$\vec{T}=\vec{\omega}_p\times\vec{L}\quad \vec{A}_1=\vec{A}_2\times\vec{A}_3 \longrightarrow \vec{A}_1=\vec{A}_2\times\vec{A}_3.$$

Die Darstellung des letzten Vektors werden wir noch später kennenlernen. Verknüpft man zwei polare oder zwei axiale Vektoren durch ein Skalarprodukt miteinander, so erhält man einen *Skalar* (S), der bei der Paritätstransformation sein Vorzeichen nicht ändert.

$$\begin{array}{llcl} W=\vec{F}\,d\vec{s} & S=\vec{P}_1\cdot\vec{P}_2 & \longrightarrow & S=(-\vec{P}_1)(-\vec{P}_2)\\ dW=\vec{T}\,d\vec{\varphi} & S=\vec{A}_1\cdot\vec{A}_2 & \longrightarrow & S=\vec{A}_1\cdot\vec{A}_2\end{array}$$

Statt wie bisher Transformationen von Vektoren gegen ein festes Koordinatensystem zu betrachten, kann man auch die Vektoren fest lassen und das entsprechende Koordinatensystem transformieren. Dann zeigt sich: Alle Gesetze der (klassischen) Physik sind invariant gegenüber der Translation, der Drehung und der Spiegelung am Ursprung. Da insbesondere bei der Spiegelung ein rechtshändiges in ein linkshändiges Koordinatensystem übergeht, bedeutet die letzte Aussage, daß die Gesetze der (klassischen) Physik nicht von der Orientierung des Koordinatensystems abhängen. Das hat zur Folge, daß das skalare Produkt aus einem polaren und einem axialen Vektor keine physikalisch sinnvolle Größe ergeben kann, da dieses Produkt bei der Paritätstransformation sein Vorzeichen wechselt. Eine solche Größe, bei der das Vorzeichen von der Orientierung des Koordinatensystems abhängt, heißt *Pseudoskalar* (PS):

$$PS=\vec{P}\cdot\vec{A} \longrightarrow -PS=(-\vec{P})\cdot\vec{A}.$$

Die Beobachtung einer pseudoskalaren Größe $PS\neq 0$ würde also bedeuten, daß die Naturgesetze gegenüber der Spiegelungstransformation nicht invariant sind. In der klassischen Physik wird eine solche Größe nicht beobachtet. In der Kernphysik allerdings ist die Invarianz gegenüber der Paritätstransformation verletzt (z. B. beim β-Zerfall).

1.10.3 Der Drehimpulserhaltungssatz

Für den Drehimpuls gilt ebenfalls ein Erhaltungssatz. Aus $\vec{T}=d\vec{L}/dt$ folgt

$$\boxed{\text{Wenn } \frac{d\vec{L}}{dt}=0, \text{ dann } \vec{L}=\text{const.}}$$

Greifen keine äußeren Drehmomente ein, bleibt der gesamte Drehimpuls zeitlich nach Betrag und Richtung konstant. Wann ist die Bedingung $\vec{T} = 0$ erfüllt?

1. Das Drehmoment $\vec{T}$ wird null, wenn keine Kräfte angreifen.

$$\vec{F} = 0 \quad \Rightarrow \quad \vec{T} = \vec{r} \times \vec{F} = 0 \quad \Rightarrow \quad \frac{d\vec{L}}{dt} = \vec{T} = 0 \quad \Rightarrow \quad \boxed{\vec{L} = \text{const.}}$$

   Beispiel: gleichförmige, geradlinige Bewegung.

2. Das Drehmoment verschwindet bei *Zentralkräften*: Darunter versteht man Kräfte, die auf einen festen Punkt hin oder von einem festen Punkt weg wirken (zeigen), d. h. sie können geschrieben werden als

$$\vec{F} = f(r) \cdot \hat{\vec{r}}, \quad \text{wobei} \quad \hat{\vec{r}} = \frac{\vec{r}}{|\vec{r}|} \text{ ist.}$$

   Ein Beispiel für eine Zentralkraft ist die Gravitationskraft $\vec{F}_G$, wobei dann $f(r) = -G \cdot M \cdot m/r^2$ ist. Einsetzen in die Gleichung für das Drehmoment liefert

$$\vec{T} = \vec{r} \times \vec{F} = f(r) \cdot (\vec{r} \times \hat{\vec{r}}) = 0,$$

   da $\vec{r} \times \hat{\vec{r}} = 0$. Man erhält

$$\boxed{\vec{L} = \text{const.}}$$

   Aus dem Drehimpulssatz läßt sich das zweite Keplersche Gesetz, der Flächensatz, ableiten: Zwischen einem Planeten (Masse m) und der Sonne (Masse M) wirkt die Zentripetalkraft $\vec{F}$, also eine Zentralkraft. Deshalb ist der Drehimpuls nach Betrag und Richtung konstant. Er steht senkrecht auf der von der Flugbahn beschriebenen Ebene (Abb. 1.109). Die Ebene hält wegen der Konstanz des Dre-

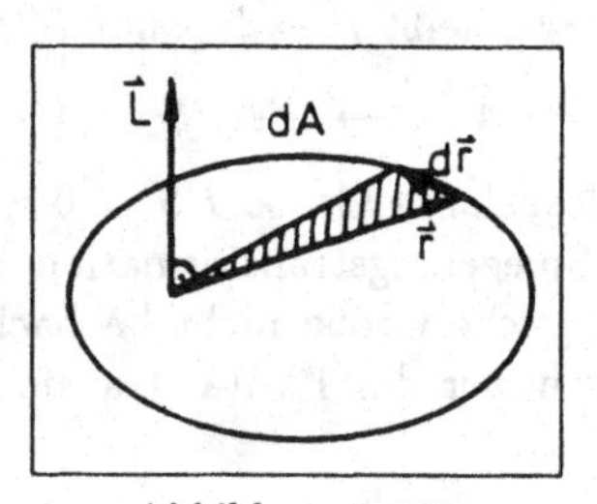

Abbildung 1.109

himpulses die Lage im Raum bei. In infinitesimal kleinen Zeiten dt überstreicht der Fahrstrahl die Flächen $d\vec{A}$ mit

$$d\vec{A} = \frac{1}{2} \vec{r} \times d\vec{r}.$$

Für die zeitliche Änderung der Fläche (Flächengeschwindigkeit) erhält man

$$\frac{dA}{dt} = \frac{1}{2}\left|\vec{r} \times \frac{d\vec{r}}{dt}\right| = \frac{1}{2}|\vec{r} \times \vec{v}| = \frac{1}{2m}|\vec{r} \times \vec{p}| = \frac{1}{2m}|\vec{L}|.$$

$$\boxed{\frac{dA}{dt} = \frac{L}{2m} = \text{const.}}$$

Diese Beziehung bezeichnet man als Flächensatz. Rechts stehen ausschließlich Erhaltungsgrößen; die Flächengeschwindigkeit muß deshalb eine Konstante darstellen. Der Flächensatz besitzt Gültigkeit bei Planeten- und Kometenbahnen, bei Streuvorgängen mit Zentralkraft usw.

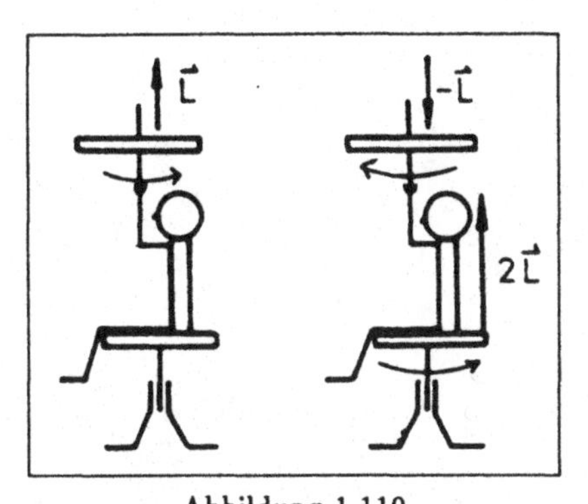

Abbildung 1.110

3. *Das Drehmoment verschwindet in einem abgeschlossenen System von Massenpunkten.* Der Gesamtdrehimpuls eines Systems von Massenpunkten setzt sich aus der Summe der Einzeldrehimpulse zusammen:

$$\vec{L}_{tot} = \sum_i \vec{L}_i = \sum_i \vec{r}_i \times \vec{p}_i, \quad \text{entsprechend} \quad \vec{T}_{tot} = \sum_i \vec{T}_i = \sum_i \vec{r}_i \times \vec{F}_i;$$

$$\vec{T}_{tot} = \frac{d\vec{L}_{tot}}{dt}.$$

In einem abgeschlossenen System von Massenpunkten wirken nur innere Kräfte, d. h. es gilt z. B. für zwei Massen m_1 und m_2:

$$\vec{F}_{12} = -\vec{F}_{21} \qquad \text{actio} = \text{reactio}$$

$$\vec{T}_1 = -\vec{T}_2 \quad \Rightarrow \quad \sum_i \vec{T}_i = 0 \quad \Rightarrow \quad \boxed{\vec{L}_{tot} = \text{const.}}$$

Versuch zum Drehimpulserhaltungssatz: Eine Versuchsperson sitzt auf einem ruhenden Drehschemel. Man gibt ihr ein sich schnell drehendes Rad so in die Hand, daß dessen Achse parallel ist zur Drehachse des Schemels (Abb. 1.110). Der Drehimpuls des Rades und damit der Gesamtdrehimpuls des Systems sei $\vec{L}$. Er muß erhalten bleiben. Dreht die Versuchsperson das Rad um, so ändert sich der Drehsinn und damit das Vorzeichen von $\vec{L}$. Der Drehimpuls des Rades ist demnach $-\vec{L}$. Da die Änderung durch ein inneres Drehmoment ausgelöst wurde, muß der Gesamtdrehimpuls des Systems konstant $+\vec{L}$ bleiben. Die Versuchsperson erhält daher den Drehimpuls $+2\vec{L}$, da $-\vec{L} + 2\vec{L} = +\vec{L} = \text{const.}$ gilt. Der Schemel mit der Person beginnt sich entgegen der Drehrichtung des Rades zu drehen. Durch Zurückstellen des Rades in die Ausgangslage kommt der Schemel wieder zur Ruhe.

Kapitel 2

Mechanik starrer Körper

2.1 Starre Körper

Ein starrer Körper ist ein System von Massenpunkten, bei dem die Relativabstände der einzelnen Massenpunkte auch unter Einwirkung von Kräften unverändert bleiben. Man kann sich einen starren Körper durch einen Festkörper realisiert denken, wenn man von allen Deformationen unter der Einwirkung äußerer Kräfte absieht.

2.1.1 Freiheitsgrade

Um die Lage eines frei beweglichen Massenpunktes im Raum festzulegen, benötigt man drei Zahlenangaben, z. B. seine drei kartesischen Koordinaten. Um ein System von N frei beweglichen Massenpunkten im Raum festzulegen, benötigt man $3N$ unabhängige Parameter. Unter der Zahl der *Freiheitsgrade* eines Körpers versteht man die Zahl der unabhängigen Parameter, die zur Festlegung der Lage und Orientierung des Körpers notwendig sind. Ein System von N frei beweglichen Massenpunkten besitzt also $3N$ Freiheitsgrade.

Um einen starren Körper nach Lage und Orientierung im Raum festzulegen, genügt es, drei nicht-kollineare Massenpunkte im Raum zu fixieren: Der erste Punkt hält den Körper im Raum fest, der zweite definiert zusammen mit dem ersten eine Richtung im Raum, um die sich der Körper noch drehen kann, der dritte festgelegte Punkt hebt auch diesen Freiheitsgrad noch auf.

Zur Fixierung von drei Punkten im Raum benötigt man neun Zahlenangaben, durch die vorgegebenen drei Relativabstände zwischen den drei Massenpunkten (drei Zwangsbedingungen) reduziert sich die Zahl der frei wählbaren Parameter auf sechs: Ein starrer Körper besitzt sechs Freiheitsgrade.

Im folgenden sollen nun zuerst die Gesetze der Statik, dann die der Bewegungen eines starren Körpers besprochen werden. Behandelt werden nur die Sonderfälle der

Bewegung mit fester Drehachse und einfache Kreiselbewegungen. Im ersten Fall besitzt das System einen Freiheitsgrad (zur Festlegung der festen Drehachse werden fünf Parameter benötigt); ein in einem Punkt unterstützter Kreisel hat drei Freiheitsgrade.

2.2 Statik des starren Körpers

2.2.1 Schwerpunkt, Gleichgewicht

Zwei Massen m_1 und m_2, die miteinander starr verbunden sind, besitzen einen gemeinsamen Drehpunkt O (Abb. 2.1). Der Massenmittelpunkt ergibt sich nach Abschnitt

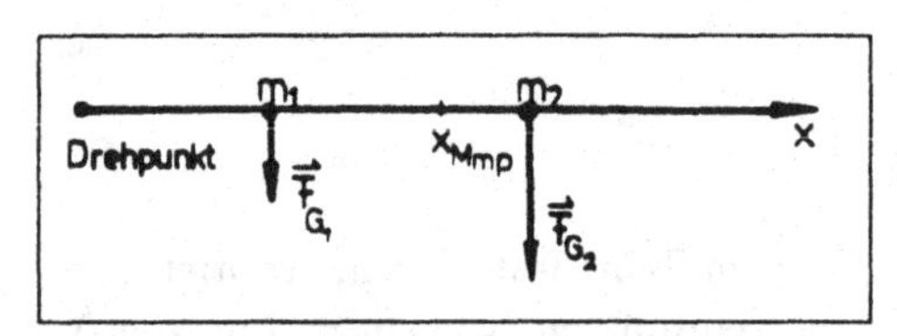

Abbildung 2.1

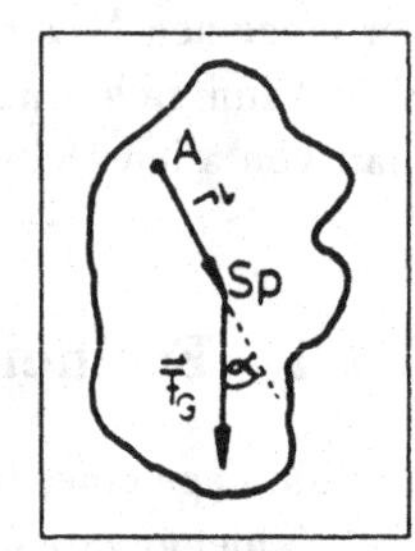

Abbildung 2.2

1.9.3 zu

$$\bar{x} = x_{\text{MMP}} = \frac{m_1 x_1 + m_2 x_2}{M}, \quad M = m_1 + m_2, \quad \bar{x}M = m_1 x_1 + m_2 x_2.$$

Auf die Massen wirken die Gewichtskräfte

$$\vec{F}_{G1} = m_1 \vec{g} \quad \text{und} \quad \vec{F}_{G2} = m_2 \vec{g}.$$

Es treten die Drehmomente $\vec{T}_1$ und $\vec{T}_2$ auf, für deren Beträge

$$\boxed{T = T_1 + T_2 = m_1 x_1 g + m_2 x_2 g = \bar{x} \cdot M \cdot g = T_{\text{MMP}}}$$

gilt. Das Gesamtdrehmoment T, das auf einen Körper im Schwerefeld wirkt, ist gleich dem Drehmoment T_{MMP}, welches auf die im Massenmittelpunkt vereinigt zu denkende Gesamtmasse M einwirkt. Man nennt deshalb den Massenmittelpunkt auch *Schwerpunkt.*

Gleichgewicht

Ein Körper befindet sich im statischen Gleichgewicht, wenn er in bezug auf ein Inertialsystem keine Bewegungen ausführt. Eine notwendige Bedingung dafür ist, daß die Summe aller äußeren Kräfte und die Summe aller äußeren Drehmomente verschwindet:

$$\boxed{\sum_i \vec{F}_i = 0 \qquad \sum_i \vec{T}_i = 0.}$$

Dies sind die *Gleichgewichtsbedingungen der Statik.* Betrachtet man einen starren Körper, dann werden alle äußeren Kräfte durch die Aufhängung kompensiert und die Gleichgewichtsbedingungen reduzieren sich auf

$$\boxed{\sum_i \vec{T}_i = 0,}$$

was $\vec{L} = \text{const.}$ beinhaltet. Ist $\vec{L} = 0$, dann bleibt im Gleichgewicht $\vec{L} = 0$!

Wird ein starrer Körper im Schwerefeld an einem Aufhängepunkt A festgehalten (Abb. 2.2), so folgt aus dieser Bedingung mit $\sum_i \vec{T}_i = \vec{T}_{\text{MMP}}$, daß im Gleichgewichtszustand das Drehmoment $\vec{T}_{\text{MMP}}$ verschwinden muß.
Dies ist der Fall, wenn $\vec{T}_{\text{MMP}} = \vec{r} \times \vec{F}_G = 0$, wenn also

1. Aufhängepunkt und Schwerpunkt zusammenfallen ($\vec{r} = 0$, *indifferentes Gleichgewicht*)

2. der Schwerpunkt senkrecht unter dem Aufhängepunkt A liegt ($\vec{r} \times \vec{F}_G = 0$ mit $\alpha = 0°$, *stabiles Gleichgewicht*). Eine geringe Auslenkung aus dieser Lage führt zu einem Drehmoment, das den Körper in die stabile Gleichgewichtslage zurückkehren läßt (E_{pot} hat ein Minimum, vgl. Abschnitt 1.8.2)

3. der Schwerpunkt senkrecht über dem Aufhängepunkt A liegt ($\vec{r} \times \vec{F}_G = 0$ mit $\alpha = 180°$, *labiles Gleichgewicht*). E_{pot} hat ein Maximum (vgl. Abschnitt 1.8.2)

Versuch: Aus der obigen Betrachtung folgt sofort ein Verfahren zur experimentellen Bestimmung des Schwerpunktes eines starren Körpers: Der Körper wird frei beweglich aufgehängt. Sein Schwerpunkt sucht die stabile Lage senkrecht unter dem Aufhängepunkt einzunehmen. Durch zweimaliges Aufhängen an verschiedenen Punkten findet man den Schwerpunkt als Schnittpunkt der beiden Lote, die durch die Aufhängepunkte gehen.
Versuch: Versucht man einen Schrank über eine Kante zu kippen, bedeutet das ein Anheben des Schwerpunktes (Abb. 2.3). Es wirkt ein Drehmoment $\vec{T}$, welches den Schrank so lange in seine alte Stellung zurückkippen will, wie das Lot des Schwerpunktes sich noch innerhalb der Unterstützungsfläche befindet. Ist das Lot außerhalb, wirkt ein Drehmoment, welches den Schrank umkippt.

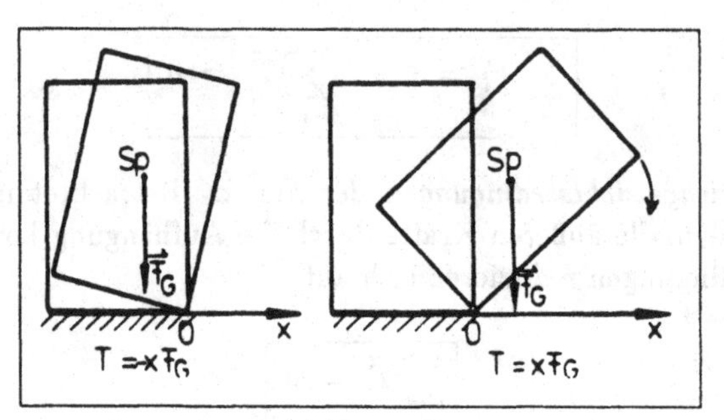

Abbildung 2.3

2.2.2 Hebel, Waage

Die Gleichgewichtsbedingungen finden Anwendungen in den Hebelgesetzen. Eine Stange sei im Aufhängepunkt A gelagert; an zwei Punkten der Stange greifen Kräfte an. Liegt der Aufhängepunkt zwischen den Angriffspunkten der Kräfte, so heißt der Hebel *zweiarmig*, liegt er außerhalb, so nennt man ihn *einarmig*.

Es greifen die Kräfte $\vec{F}_1$ und $\vec{F}_2$ an den Enden des zweiarmigen Hebels an (Abb. 2.4). Die Gleichgewichtsbedingung lautet

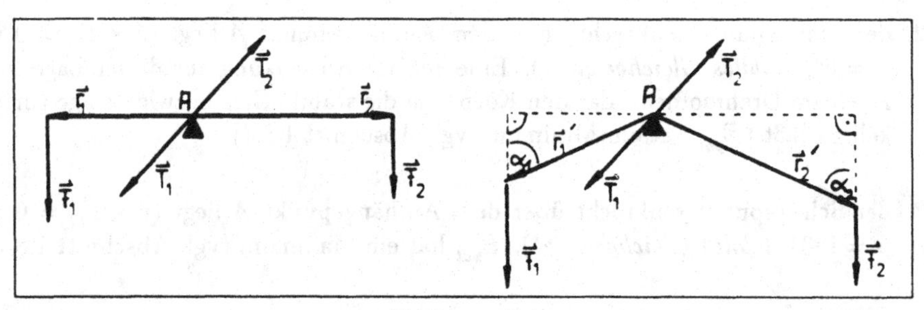

Abbildung 2.4

$$\boxed{\sum_i \vec{T}_i = 0 \quad \Rightarrow \quad \vec{T}_1 + \vec{T}_2 = \vec{r}_1 \times \vec{F}_1 + \vec{r}_2 \times \vec{F}_2 = 0.}$$

Stehen die Kräfte senkrecht auf dem Hebelarm, so reduziert sich diese Aussage auf

$$\boxed{r_1 \cdot F_1 = r_2 \cdot F_2.}$$

Diese Beziehung heißt *Hebelgesetz*. In Worten:

Kraft · Kraftarm = Last · Lastarm.

Bei nichtsenkrechter Anordnung von Hebelarm und Kraft muß der Sinus des Winkels α berücksichtigt werden. Dann gilt

$$|\vec{r}_1{}' \times \vec{F}_1| - |\vec{r}_2{}' \times \vec{F}_2| = |\vec{r}_1{}'| \cdot |\vec{F}_1| \cdot \sin\alpha_1 - |\vec{r}_2{}'| \cdot |\vec{F}_2| \cdot \sin\alpha_2 = 0$$

$$\boxed{r_1' F_1 \sin\alpha_1 = r_2' F_2 \sin\alpha_2.}$$

Versuch: Mit einem mehrarmigen Hebel läßt sich zeigen, daß es nur auf den senkrechten Abstand zwischen Kraftrichtung und Drehpunkt ankommt (Abb. 2.5).

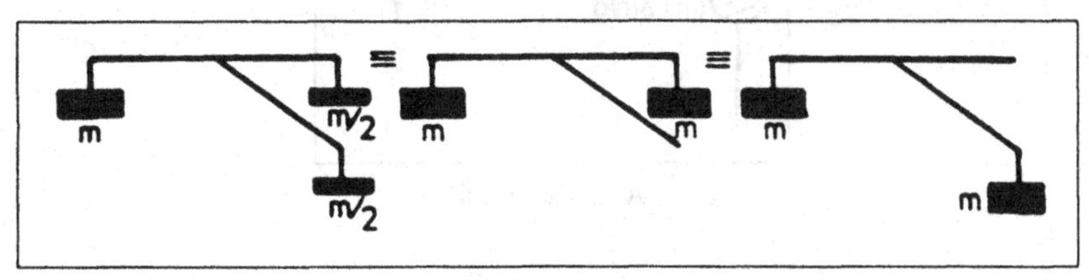

Abbildung 2.5

Die Balkenwaage

Sie wird zur vergleichenden Messung von Gewichtskräften und dadurch von Massen verwendet. Sie besteht aus einem dreiarmigen Hebel, dem Waagebalken und dem Zeiger (Abb. 2.6). Der Schwerpunkt SP von Balken und Zeiger (ohne Wägegut) liegt unterhalb des Drehpunktes. Dadurch kann sich ein stabiles Gleichgewicht einstellen. Liegt in der rechten Waagschale die Masse m, in der linken die Masse $m + \Delta m$, so wird der Waagebalken aus der Waagerechten verdreht, der Schwerpunkt der Waage seitlich ausgelenkt. Für das Gleichgewicht gilt:

$$\vec{T}_1 + \vec{T}_2 + \vec{T}_3 = 0 \quad \text{bzw.} \quad |\vec{T}_1| = |\vec{T}_2| + |\vec{T}_3|$$

$$\begin{aligned} T_1 &= (m + \Delta m) g \cdot l \cdot \sin\alpha = (m + \Delta m) g \cdot l \cdot \cos\varphi \\ &\quad (\text{da } \sin\alpha = \cos\varphi) \\ T_2 &= m \cdot g \cdot l \cdot \cos\varphi \\ T_3 &= M \cdot g \cdot s \cdot \sin\varphi, \end{aligned}$$

s ist dabei der Abstand Schwerpunkt–Drehpunkt und M die Masse des Gestänges. Damit:

$$\Delta m \cdot l \cdot \cos\varphi = M \cdot s \cdot \sin\varphi \quad \Rightarrow \quad \frac{\sin\varphi}{\cos\varphi} = \tan\varphi = \frac{\Delta m \cdot l}{M \cdot s}.$$

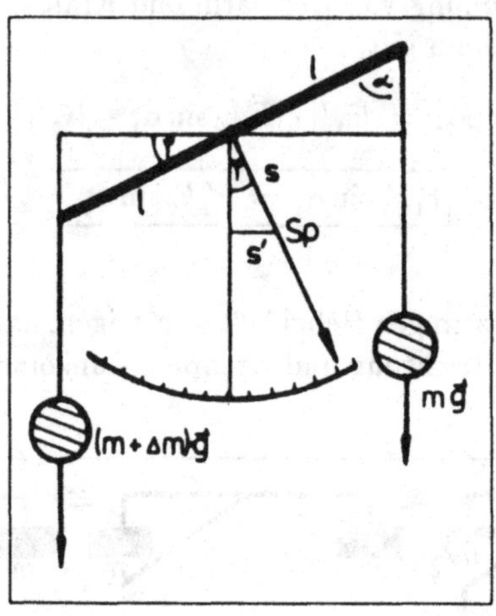

Abbildung 2.6

Für kleine Auslenkungen ist $\tan\varphi \approx \varphi$; man erhält für die *Empfindlichkeit der Waage*

$$\boxed{\frac{\varphi}{\Delta m} = \frac{l}{M \cdot s}.}$$

Die Waage ist umso empfindlicher (d. h. der Ausschlag ist für ein gegebenes Δm umso größer), je größer die Balkenlänge l und je kleiner die Masse M des Gestänges und der Abstand s seines Schwerpunktes vom Auflagepunkt sind.

2.3 Dynamik des starren Körpers bei fester Drehachse

2.3.1 Das Trägheitsmoment

Damit sich ein Massenpunkt mit konstanter Winkelgeschwindigkeit $\vec{\omega} = \text{const.}$ auf einer Kreisbahn bewegen kann, muß eine Zentripetalbeschleunigung $\vec{a}_{ZP}$ vorhanden sein (vgl. Abschnitt 1.2.2). Da aber die Zentripetalkraft $\vec{F}_{ZP}$ zu jedem Zeitpunkt senkrecht auf der Bewegungsrichtung steht, ist die Beschleunigungsarbeit bei dieser Bewegungsform Null:

$$\boxed{dW = \vec{F}_{ZP}\, d\vec{s} = 0.}$$

Die Planeten kreisen „ewig" um die Sonne. Ein aus vielen Massenpunkten bestehendes Schwungrad rotiert, einmal in Bewegung gesetzt, ständig mit konstanter Winkelgeschwindigkeit (bei Vernachlässigung der Reibung). Dieses Verhalten steht in Analogie zur Aussage des ersten Newtonschen Axioms. Dort wurde die Tatsache, daß ein kräftefreier Körper sich mit gleichförmiger Geschwindigkeit $\vec{v} = \text{const.}$ bewegt, auf eine Qualität des Körpers, die träge Masse, zurückgeführt. Welche Größe entspricht der trägen Masse, wenn man von Translationsbewegungen mit $\vec{v} = \text{const.}$ zu Rotationsbewegungen mit $\vec{\omega} = \text{const.}$ übergeht?

Der Zusammenhang soll am Beispiel der kinetischen Energie des mit $\vec{\omega} = \text{const.}$ rotierenden Massenpunktes gezeigt werden. Der Massenpunkt habe vom Drehzentrum den konstanten Abstand r:

$$E_{kin} = \frac{m}{2} v^2 = \frac{m}{2} r^2 \cdot \omega^2 = \frac{1}{2} (m \cdot r^2) \cdot \omega^2$$

$$\Rightarrow \quad \boxed{E_{kin} = E_{rot} = \frac{1}{2} J \cdot \omega^2} \quad \text{mit } J := m \cdot r^2.$$

Die gesamte kinetische Energie einer punktförmigen Masse m, die sich mit gleichförmiger Winkelgeschwindigkeit $\vec{\omega}$ im Abstand r um eine raumfeste Achse dreht, steckt in der Rotationsbewegung. Man bezeichnet sie deshalb auch als *Rotationsenergie.*

J ist das *Trägheitsmoment* einer punktförmigen Masse m mit dem Abstand r von der Drehachse ($[J] = 1\ \text{kg} \cdot \text{m}^2$).

Ist ein System aus endlich vielen Massenpunkten (starrer Körper) zusammengesetzt, so ist das Gesamtträgheitsmoment gleich der Summe der Trägheitsmomente der einzelnen Massen:

$$\boxed{J = m_1 r_1^2 + m_2 r_2^2 + \ldots = \sum_i m_i r_i^2.}$$

Einen beliebigen Körper (Massendichte $\rho = \text{const.}$) teilt man in kleine Volumenelemente dV ein. Mit dem Massenelement $dm = \rho \cdot dV$ ergibt sich für das Trägheitsmoment der Ausdruck

$$\boxed{J = \int r^2 \cdot \rho \, dV = \int r^2 \, dm.}$$

Bei der Integration ist zu beachten, daß für die einzelnen Massenelemente dm der Abstand r zur Drehachse einen anderen Betrag besitzt. Deshalb hängt das Trägheitsmoment nicht nur von der Massenverteilung, sondern auch von der Lage der Drehachse ab. Die Angabe eines Trägheitsmomentes bezieht sich immer auf eine bestimmte Drehachse!

Trägheitsmomente einiger einfacher Körper

1. Trägheitsmoment eines *homogenen Ringes.* Der Ring habe den Radius R. Die Drehachse stehe senkrecht zur Ringfläche und gehe durch den Mittelpunkt (Schwerpunkt; Abb. 2.7). Da jedes Massenelement dm den gleichen Abstand R von der Drehachse hat (die Breite des Ringes sei gegenüber R vernachlässigbar klein), ergibt sich das Trägheitsmoment:

$$J_{\text{Ring}} = M \cdot R^2.$$

Der gleiche Ausdruck gilt für einen Hohlzylinder, wenn die Figurenachse mit der Drehachse zusammenfällt.

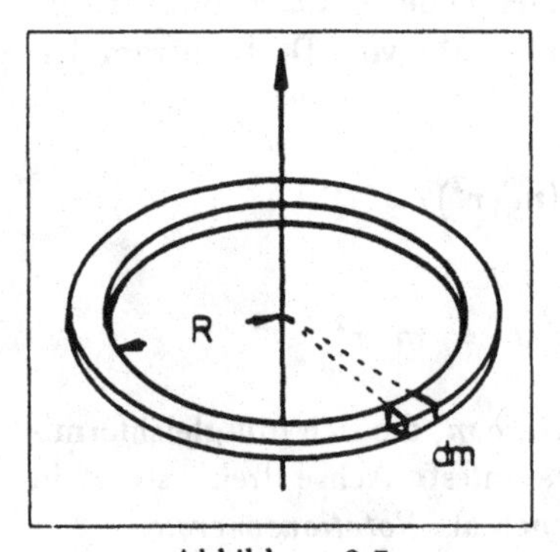

Abbildung 2.7

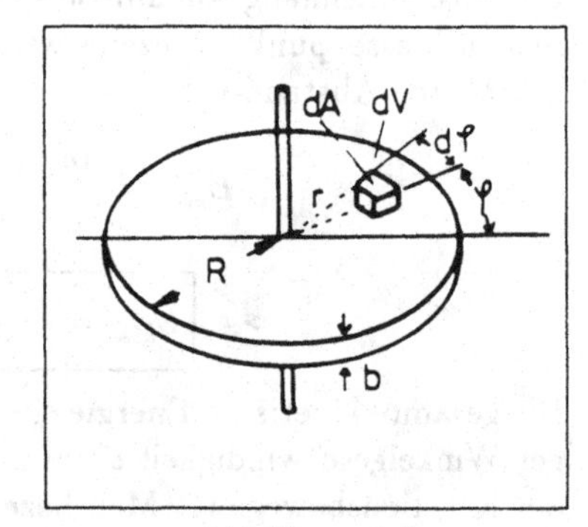

Abbildung 2.8

2. Trägheitsmoment einer *Kreisscheibe* mit dem Radius R und der Drehachse senkrecht zur Kreisfläche durch den Mittelpunkt (Abb. 2.8).

$$J = \int r^2 \, dm = \int r^2 \cdot \rho \, dV = \int r^2 \cdot \rho \cdot b \, dA$$

b ist hierbei die Dicke der Scheibe, ρ deren Dichte, dV das Volumen- und $dA = r \, d\varphi \, dr$ das Flächenelement. Es ist zu integrieren über alle Abstände von der

Drehachse sowie über einen vollen Kreisbogen:

$$J = \int_0^R \int_0^{2\pi} r^3 \cdot \rho \cdot b \, d\varphi \, dr = 2\pi \cdot \rho \cdot b \cdot \left. \frac{r^4}{4} \right|_0^R = 2\pi \cdot \rho \cdot b \cdot \frac{R^4}{4}.$$

Setzt man für die Scheibenmasse $M = \rho \cdot \pi \cdot R^2 \cdot b$, so erhält man das Trägheitsmoment:

$$J_{\text{Scheibe}} = \frac{1}{2} M \cdot R^2 = J_{\text{Vollzylinder}}.$$

(Eine Scheibe mit der Dicke b entspricht einem Vollzylinder mit der Länge b.)

Das Trägheitsmoment einer Scheibe (eines Vollzylinders) ist bei gleicher Masse M kleiner als das eines Ringes (Hohlzylinders), weil die Gesamtmasse nicht den größtmöglichen Abstand R von der Drehachse hat.

3. Trägheitsmoment einer *Kugel* mit dem Radius R und der Drehachse DA durch den Mittelpunkt (Abb. 2.9). Entscheidend ist hierbei der Abstand des Massenelementes dm von der Drehachse $r' = |\vec{r}| \cdot \sin\alpha$ und nicht der zum Mittelpunkt der Kugel! Es ergibt sich

$$\begin{aligned} J &= \int r'^2 \, dm \\ &= \rho \cdot \int r^2 \cdot \sin^2\alpha \, dV \\ &= \rho \int_0^{\pi} \int_0^{2\pi} \int_0^R r^4 \cdot \sin^3\alpha \, d\alpha \, d\varphi \, dr \\ &= \frac{8}{15} \rho \cdot \pi R^5 \end{aligned}$$

mit $dV = r' \, d\alpha \cdot r \, d\varphi \, dr = r^2 \sin\alpha \, d\alpha \, d\varphi \, dr$. Mit der Kugelmasse $M = 4\pi \cdot \rho \cdot R^3/3$ ergibt sich

$$J_{\text{Kugel}} = \frac{2}{5} M \cdot R^2.$$

4. Trägheitsmoment eines *Stabes*. Die Drehachse DA gehe durch den Schwerpunkt, welcher mit dem Koordinatenursprung zusammenfallen soll (Abb. 2.10).

$$J = \int r^2 \, dm = \int_{-\frac{a}{2}}^{\frac{a}{2}} x^2 \, dm = \rho \cdot A \cdot \int_{-\frac{a}{2}}^{\frac{a}{2}} x^2 \, dx = \frac{1}{3} \rho \cdot A \frac{a^3}{4}$$

Man erhält

$$J_{\text{Stab}} = \frac{1}{12} M \cdot a^2 \quad \text{mit} \quad M = \rho \cdot A \cdot a.$$

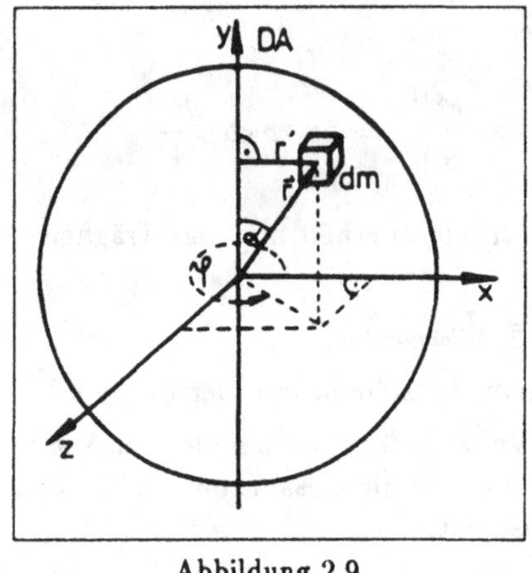

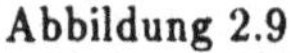
Abbildung 2.9

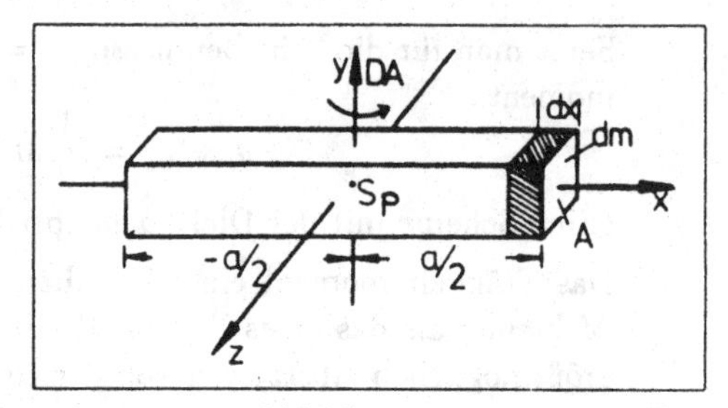

Abbildung 2.10

2.3.2 Der Satz von Steiner

Die im letzten Abschnitt abgeleiteten Ausdrücke für das Trägheitsmoment von starren Körpern gelten ausnahmslos für Anordnungen, bei denen die Drehachse durch den Schwerpunkt des Körpers geht. Der Satz von Steiner gibt die Möglichkeit, das Trägheitsmoment eines starren Körpers in bezug auf eine Achse parallel zu einer Schwerpunktsachse zu berechnen.

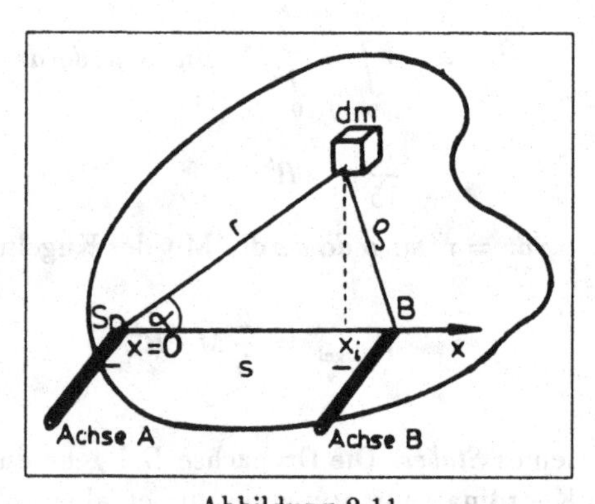

Abbildung 2.11

Zur Ableitung des Satzes legt man den Schwerpunkt des starren Körpers in den Ursprung eines Koordinatensystems (Abb. 2.11). Die Achse B sei parallel zu der durch den Schwerpunkt gehenden Achse A. Weiterhin sei s der Abstand der beiden Drehachsen und M die im Schwerpunkt vereinigt zu denkende Gesamtmasse des Körpers. Der Kosinussatz liefert uns wegen $x_i = r \cdot \cos\alpha$ die Beziehung $\rho^2 = r^2 + s^2 - 2s \cdot x_i$, wobei x_i die x-Koordinate des Massenelementes dm darstellt. Durch Integration über alle Massenelemente erhält man hieraus das Trägheitsmoment des starren Körpers bezüglich der Achse B:

$$\begin{aligned} J_B &= \int \rho^2\, dm \\ &= \int r^2\, dm + \int s^2\, dm - \int 2s \cdot x_i\, dm \\ &= J_{\mathrm{SP}} + s^2 \int dm - 2s \int x_i\, dm. \end{aligned}$$

J_{SP} ist das Trägheitsmoment bezüglich der Achse A durch den Schwerpunkt, $\int dm = M$ die Gesamtmasse des Körpers.

$$\overline{x} = \frac{\int x_i\, dm}{\int dm}$$

legt aber definitionsgemäß die x-Koordinate des Massenmittelpunktes bzw. des Schwerpunktes fest (vgl. Abschnitt 1.9.3). Da aber der Schwerpunkt in den Ursprung des Koordinatensystems gelegt wurde, folgt $\overline{x} = 0$ und damit auch

$$\int x_i\, dm = M \cdot \overline{x} = 0.$$

Daraus folgt der *Satz von Steiner*:

$$\boxed{J_B = J_{\mathrm{SP}} + Ms^2.}$$

Das Trägheitsmoment in bezug auf eine Achse B ist gleich der Summe aus dem Trägheitsmoment um eine zu B parallele Schwerpunktsachse und dem Trägheitsmoment der im Schwerpunkt vereinigt zu denkenden Gesamtmasse M in bezug auf die Achse B.

Da für alle nicht durch den Schwerpunkt gehenden Achsen die Größe Ms^2 immer größer null ist, sind bei vorgegebener Achsenrichtung die Trägheitsmomente bezüglich der Schwerpunktsachsen minimal ($s = 0$).

2.3.3 Bewegungsgesetze des starren Körpers bei fester Drehachse

Bei einem starren Körper mit fester Drehachse ist die einzige mögliche Bewegungsform die Rotation um diese Achse. Wir betrachten als einfachsten Fall die Rotation einer mit Masse belegten Kreisscheibe um eine vorgegebene feste Achse, die senkrecht auf der Fläche der Scheibe steht und sie im Bezugspunkt P schneidet (Abb. 2.12). Die Scheibe (und damit jeder einzelne Massenpunkt) habe die Winkelgeschwindigkeit $\vec{\omega}$; der Vektor

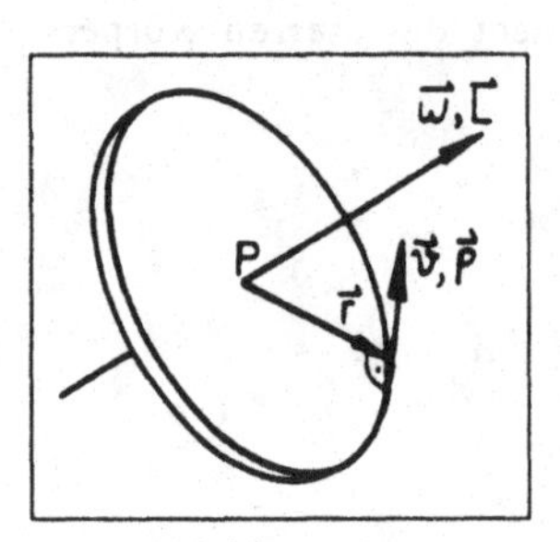

Abbildung 2.12

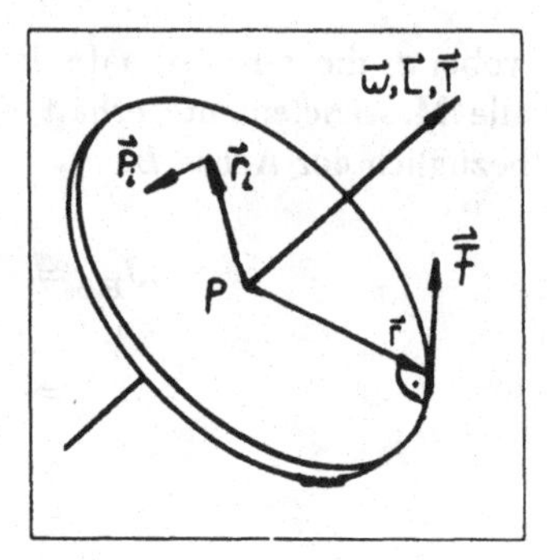

Abbildung 2.13

$\vec{\omega}$ zeigt in Richtung der Drehachse. In bezug auf P besitzt jeder Massenpunkt m_i den Drehimpuls

$$\vec{L}_i = \vec{r}_i \times \vec{p}_i = m_i \cdot (\vec{r}_i \times \vec{v}_i).$$

Dieser Vektor ist kollinear zu $\vec{\omega}$. Für den Betrag des Drehimpulses gilt

$$|\vec{L}_i| = m_i \cdot r_i \cdot v_i = m_i \cdot r_i^2 \cdot \omega \quad \Rightarrow \quad \vec{L}_i = m_i \cdot r_i^2 \cdot \vec{\omega}.$$

Den Gesamtdrehimpuls der Scheibe erhält man durch Summation über alle Massenpunkte:

$$\boxed{\vec{L} = \sum_i m_i r_i^2 \vec{\omega} = J \cdot \vec{\omega}.}$$

Bei einer Rotation um eine feste Drehachse sind Drehimpuls $\vec{L}$ und Winkelgeschwindigkeit $\vec{\omega}$ über das Trägheitsmoment J miteinander verknüpft, $\vec{L}$ und $\vec{\omega}$ zeigen in die gleiche Richtung.

Greift an der Scheibe tangential eine Kraft $\vec{F}$ an, so bewirkt sie ein Drehmoment $\vec{T}$, das wegen $\vec{T} = \vec{r} \times \vec{F}$ ebenfalls in Richtung der Drehachse zeigt (Abb. 2.13). Für einen einzelnen auf einer Kreisbahn umlaufenden Massenpunkt bewirkt ein solches Drehmoment eine Änderung des Drehimpulses: $\vec{T} = d\vec{L}/dt$, d. h. für den einzelnen Massenpunkt bewirkt das Drehmoment $\vec{T}$ eine Drehimpulsänderung $d\vec{L}$ in Richtung von $\vec{T}$. Da $\vec{T}$ und $\vec{L}$ kollinear sind, zeigt auch $d\vec{L}$ in dieselbe Richtung wie $\vec{L}$: Ein Drehmoment $\vec{T}$ in Richtung von $\vec{L}$ ändert nur den Betrag des Drehimpulses.

Es läßt sich zeigen, daß derselbe Ausdruck unter den gemachten Voraussetzungen auch für die gesamte Scheibe gilt. Schreibt man den Betrag des Gesamtdrehimpulses der Scheibe als

$$|\vec{L}| = \sum r_i \cdot p_i$$

und bildet die zeitliche Ableitung $|\dot{\vec{L}}|$, so erkennt man, daß diese Änderung gleich dem äußeren Drehmoment ist, das von den Kräften herrührt, die tangential an die Scheibe angreifen. Das war aber genau die Voraussetzung. Damit gilt:

$$\boxed{\vec{T} = \frac{d\vec{L}}{dt},}$$

wenn $\vec{T}$ parallel zur Achse ist ($\vec{T} = \vec{T}_{\|}$). Mit $\vec{L} = J \cdot \vec{\omega}$ folgt daraus

$$\boxed{\vec{T} = J\frac{d\vec{\omega}}{dt} = J \cdot \vec{\beta}.}$$

Man nennt $\vec{\beta}$ die *Winkelbeschleunigung.* Bei einer Rotation um eine feste Drehachse ist die zeitliche Änderung der Winkelgeschwindigkeit proportional dem äußeren Drehmoment. Zum „Anwerfen“ einer Schwungscheibe benötigt man eine tangential angreifende Kraft. Besitzt die Kraft $\vec{F}$ eine Komponente parallel zur Drehachse, so steht die dazugehörige Komponente senkrecht auf der Achse, sucht also die Achse zu verkippen. Wegen der Voraussetzung der festen Drehachse kann eine solche Komponente für die Bewegung der Scheibe nicht wirksam werden. Aus der Beziehung $\vec{T} = d\vec{L}/dt$ folgt für $\vec{T} = 0$ sofort

$$\vec{L} = \text{const.}$$

Versuch: Eine Versuchsperson sitzt auf einem Drehschemel. Man gibt ihr Gewichte in die Hände und versetzt den Stuhl in eine Drehbewegung (Abb. 2.14). Der Gesamt-

Abbildung 2.14

drehimpuls beträgt $\vec{L} = J \cdot \vec{\omega}$. Streckt die Versuchsperson die Gewichte nach außen, so ändert sich die Massenverteilung; J ist größer geworden. Da es sich um ein abgeschlossenes System handelt, muß der Gesamtdrehimpuls um die vorgegebene feste

Drehachse konstant bleiben: Die Rotationsgeschwindigkeit verlangsamt sich, $\vec{\omega}$ wird kleiner. Werden die Arme wieder angezogen, wächst die Winkelgeschwindigkeit wieder an. Diesen Effekt nutzen z. B. Sportler (Salto, Pirouetten).

Arbeit bei der Rotation

Die Arbeit dW, welche die äußere Kraft $\vec{F}$ an der um eine raumfeste Drehachse rotierenden Scheibe verrichtet, berechnet sich nach $dW = \vec{F}\,d\vec{s}$. Dabei ist $d\vec{s}$ das Wegelement, das sich durch den Drehwinkel $d\vec{\varphi}$ und dem Radiusvektor $\vec{r}$ ausdrücken läßt (vgl. Abb. 2.15):

$$dW = \vec{F}\,d\vec{s} = \vec{F}\cdot(d\vec{\varphi}\times\vec{r}).$$

Die Vektoren dürfen beim „gemischten Produkt“ ohne Änderung des Vorzeichens zyklisch vertauscht werden:

$$\begin{aligned} dW &= \vec{F}\cdot(d\vec{\varphi}\times\vec{r}) \\ &= d\vec{\varphi}\cdot(\vec{r}\times\vec{F}) \\ &= (\vec{r}\times\vec{F})\cdot d\vec{\varphi} \end{aligned}$$

$$\boxed{dW = \vec{T}\,d\vec{\varphi}.}$$

Greift die Kraft $\vec{F}$ tangential an der Scheibe an, besitzt $\vec{T}$ nur eine Komponente parallel zur Drehachse und damit zu $d\vec{\varphi}$: $\vec{T} = \vec{T}_{\|}$. Die Arbeit dW ist mit der Drehmomentkomponente parallel zur Drehachse $\vec{T}_{\|}$ verknüpft. Existiert eine Drehmomentkomponente $\vec{T}_{\perp}$, fällt sie wegen $\vec{T}_{\perp}\,d\vec{\varphi} = 0$ bei der Skalarproduktbildung heraus.

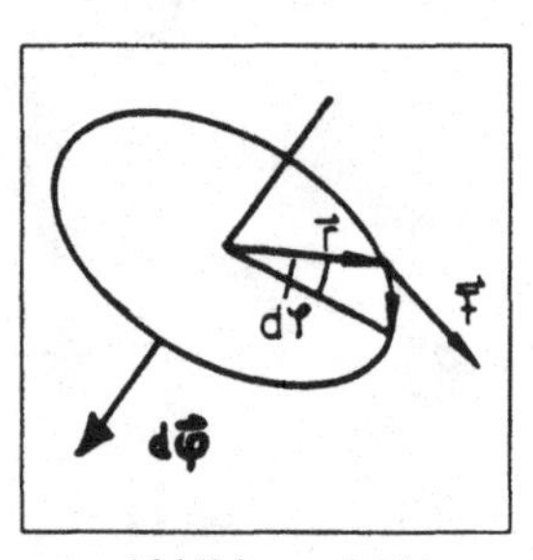

Abbildung 2.15

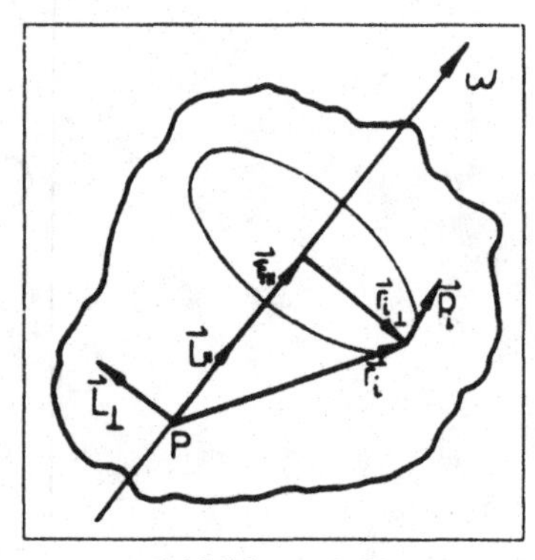

Abbildung 2.16

Bisher wurde als starrer Körper nur der Sonderfall einer Kreisscheibe behandelt. Nun soll ein beliebig geformter starrer Körper betrachtet werden (Abb. 2.16), der in bezug auf eine feste Drehachse eine Winkelgeschwindigkeit $\vec{\omega}$ besitzt (sie hat die Richtung der Drehachse). Soll der Drehimpuls $\vec{L}_i = \vec{r}_i \times \vec{p}_i$ eines einzelnen Massenpunktes berechnet werden, muß man zunächst einen Bezugspunkt wählen; es soll ein Punkt auf der Achse sein. Dann läßt sich der Ortsvektor $\vec{r}_i$ zerlegen in $\vec{r}_i = \vec{r}_{i\parallel} + \vec{r}_{i\perp}$. Der dazugehörige Drehimpuls $\vec{L}_i$ ergibt sich dann als Summe

$$\vec{L}_i = \vec{r}_i \times \vec{p}_i = (\vec{r}_{i\parallel} \times \vec{p}_i) + (\vec{r}_{i\perp} \times \vec{p}_i) = \vec{L}_{i\parallel} + \vec{L}_{i\perp}.$$

Der Drehimpuls $\vec{L}_i$ des einzelnen Massenpunktes besteht also aus einer Komponente parallel zur Achse $\vec{L}_{i\parallel}$ und einer Komponente senkrecht zur Achse $\vec{L}_{i\perp}$, die mit dem Massenpunkt umläuft und im zeitlichen Mittel verschwindet. Bei der Rotation eines starren Körpers *um eine feste Achse* interessiert nur die Komponente $\vec{L}_{i\parallel}$. Es läßt sich zeigen, daß die abgeleiteten Ausdrücke für die Rotation mit fester Drehachse auch für den *gesamten* starren Körper gelten, wenn man jeweils den Ortsvektor $\vec{r}_i$ ersetzt durch $\vec{r}_{i\perp}$ und damit unter dem Drehimpuls immer die Komponente $\vec{L}_{\parallel}$ versteht:

$$\vec{L} = J \cdot \vec{\omega}, \quad \vec{T} = \frac{d\vec{L}}{dt} = J\frac{d\vec{\omega}}{dt} = J \cdot \vec{\beta}, \quad dW = \vec{T}\, d\vec{\varphi}.$$

Vergleich von Rotations- und Translationsbewegung bei vorgegebener fester Drehachse:

Für die Beschreibung von Drehbewegungen eines starren Körpers um eine feste Drehachse ergeben sich formal ähnliche Ausdrücke wie für die Translationsbewegung eines Massenpunktes; es müssen nur die Begriffe der Translationsbewegung durch die entsprechenden der Rotationsbewegung ersetzt werden.

Translationsbewegung des Massenpunktes		Rotationsbewegung des starren Körpers bei fester Drehachse	
Weg	$d\vec{s}$	Winkel	$d\vec{\varphi}$
Geschwindigkeit	$\vec{v} = d\vec{s}/dt$	Winkelgeschwind.	$\vec{\omega} = d\vec{\varphi}/dt$
Beschleunigung	$\vec{a} = d\vec{v}/dt = d^2\vec{s}/dt^2$	Winkelbeschleun.	$\vec{\beta} = d\vec{\omega}/dt = d^2\vec{\varphi}/dt^2$
Träge Masse	m	Trägheitsmoment	J
Kraft	$\vec{F} = d\vec{p}/dt = m \cdot \vec{a}$	Drehmoment	$\vec{T} = d\vec{L}/dt = J \cdot \vec{\beta}$
Impuls	$\vec{p} = m \cdot \vec{v}$	Drehimpuls	$\vec{L} = J \cdot \vec{\omega}$
Kinet. Energie	$E_{kin} = m \cdot v^2/2$	Rotationsenergie	$E_{rot} = J \cdot \omega^2/2$
Arbeit	$dW = \vec{F}\, d\vec{s}$	Arbeit	$dW = \vec{T}\, d\vec{\varphi}$

Zwischen Translations- und Rotationsgrößen bestehen folgende wichtige Verknüpfungen:

$$d\vec{s} = d\vec{\varphi} \times \vec{r}$$
$$\vec{v} = \vec{\omega} \times \vec{r}$$

$$J = \int r^2\,dm$$
$$\vec{T} = \vec{r} \times \vec{F}$$
$$\vec{L} = \vec{r} \times \vec{p}.$$

2.3.4 Drehschwingungen

Aus dem Hookeschen Gesetz wurde in Abschnitt 1.5.2 die Schwingungsdauer des Federpendels in Abhängigkeit von der Masse abgeleitet: $T = 2\pi\sqrt{m/k}$. Für die Schwingungszeit T einer Drehschwingung läßt sich ein ähnlicher Zusammenhang finden.

An der vertikalen Achse einer drehbaren Masse m wird eine Torsionsfeder TF angebracht (Abb. 2.17). Das innere Ende wird an der Drehachse, das äußere Ende am Gestell befestigt. Das für eine Auslenkung aus der Ruhelage notwendige Drehmoment $|\vec{T}|$ ist dem Auslenkwinkel α proportional ($|\vec{T}| \sim \alpha$). Die Proportionalitätskonstante nennt man das *Direktionsmoment* k_α:

$$\boxed{|\vec{T}| = -k_\alpha \cdot \alpha.}$$

Mit Hilfe eines bekannten Drehmomentes wird aus dem beobachteten Auslenkwinkel α das Direktionsmoment k_α bestimmt. Läßt man das aus seiner Ruhelage ausgelenkte System los, so führt es bei kleinen Auslenkungen harmonische Schwingungen aus, deren Schwingungsdauer T vom Trägheitsmoment der Scheibe bezüglich dieser Drehachse und dem Direktionsmoment k_α abhängt:

$$\boxed{T = 2\pi\sqrt{\frac{J}{k_\alpha}}.}$$

Bei bekanntem Direktionsmoment läßt sich durch Messung der Schwingungsdauer das Trägheitsmoment eines beliebigen Körpers bezüglich der Drehachse bestimmen.

Das physikalische Pendel

Ein physikalisches Pendel ist ein beliebig geformter starrer Körper, der um eine raumfeste Achse A schwingen kann (Abb. 2.18). Wir betrachten Schwingungen im Schwerefeld (Achse $A \perp F_G$). Der Schwerpunkt SP sei bekannt und habe von A den Abstand $|\vec{r}| = r$. Mit der im Schwerpunkt vereinigt zu denkenden Gesamtmasse M erhält man die Bewegungsgleichung:

$$|\vec{T}| = J_A \cdot \ddot{\alpha} = -|\vec{F}_G \times \vec{r}| = -M \cdot g \cdot r \cdot \sin\alpha.$$

Das Drehmoment erhält ein negatives Vorzeichen, da es der Auslenkung entgegenwirkt. J_A stellt das Trägheitsmoment des Körpers bezüglich der Achse A dar. Diese Differentialgleichung ist elementar nur lösbar für kleine Auslenkungen aus der Ruhelage,

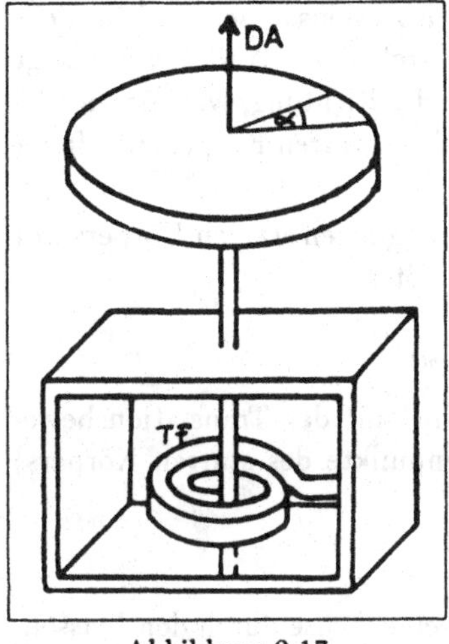

Abbildung 2.17

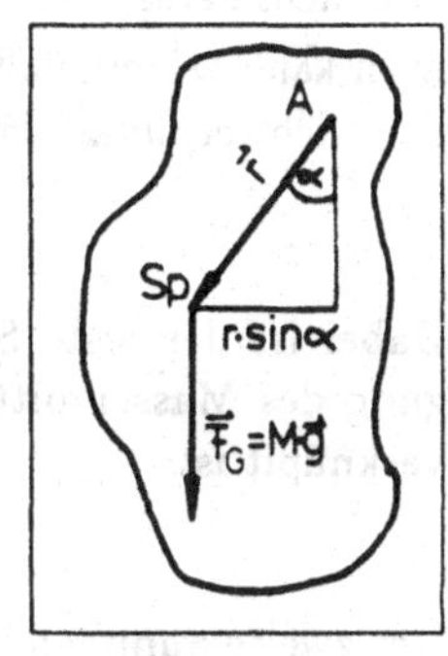

Abbildung 2.18

da dann $\sin\alpha \approx \alpha$ gilt. Damit erhält man eine lineare Differentialgleichung zweiter Ordnung:

$$J_A \cdot \ddot{\alpha} = -M \cdot g \cdot r \cdot \alpha.$$

Über den gleichen Lösungsweg wie in Abschnitt 1.5.3 beim mathematischen Pendel findet man für die Schwingungsdauer

$$\boxed{T = 2\pi\sqrt{\frac{J_A}{M \cdot g \cdot r}}.}$$

Durch Vergleich mit den zuvor behandelten Drehschwingungen erkennt man, daß das Direktionsmoment k_α beim physikalischen Pendel gegeben ist als $k_\alpha = M \cdot g \cdot r$.

An die Stelle der Länge l beim mathematischen Pendel tritt beim physikalischen der Ausdruck $l^* = J_A/(M \cdot r)$. Man bezeichnet diese Größe als die *reduzierte Pendellänge*. Für die Schwingungsdauer ergibt sich damit

$$\boxed{T = 2\pi\sqrt{\frac{l^*}{g}}.}$$

2.3.5 Abrollbewegungen

Eine Abrollbewegung, z. B. das Abrollen eines zylinderförmigen Körpers auf einer schiefen Ebene oder das Abspulen eines Maxwell-Rades entlang eines gespannten Fadens, stellt eine kompliziertere Bewegungsform dar als die Rotation eines starren Körpers um eine feste Achse. Bei einer Abrollbewegung ist die Rotationsachse nämlich nicht raumfest, es handelt sich um eine Bewegung mit freier Drehachse. Andererseits zeigt bei einer Abrollbewegung die Drehachse stets in die gleiche Richtung, was für die Berechnung gegenüber dem allgemeinen Fall der Rotation eines starren Körpers mit freier Drehachse eine starke Vereinfachung bedeutet.

Man kann zeigen, daß die kinetische Energie eines frei beweglichen starren Körpers mit dem Schwerpunkt als Bezugspunkt sich stets schreiben läßt als

$$E_{kin,ges} = E_{kin,trans} + E_{kin,rot}.$$

Dabei ist der erste Summand die kinetische Energie, die mit der Translationsbewegung des Massenmittelpunktes (und damit aller Massenpunkte des starren Körpers) verknüpft ist:

$$E_{kin,trans} = \frac{M}{2} v_{\mathrm{SP}}^2.$$

Der zweite Summand bedeutet die Rotationsenergie um eine Achse durch den Massenmittelpunkt. Im Falle der Abrollbewegung eines Zylinders ist diese Achse die Symmetrieachse des Zylinders. Dann gilt:

$$E_{kin,rot} = \frac{1}{2} J \cdot \omega^2,$$

wobei J das Trägheitsmoment in bezug auf diese Achse ist. Bei einer Abrollbewegung, bei der der Berührungspunkt des abrollenden Körpers nicht gleitet, besteht eine kinematische Beziehung zwischen $\vec{v}_{\mathrm{SP}}$ und $\vec{\omega}$:

$$\vec{v}_{\mathrm{SP}} = -\vec{v}_{rot} = -\vec{\omega} \times \vec{R}; \quad v_{\mathrm{SP}} = \omega \cdot R.$$

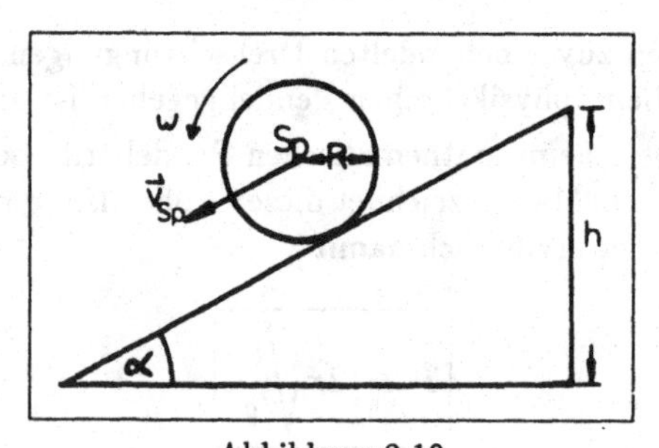

Abbildung 2.19

Für die Abrollbewegung eines Zylinders auf einer schiefen Ebene (Abb. 2.19) gilt damit der Energieerhaltungssatz in folgender Form:

$$E_{pot} = E_{kin,\mathrm{SP}} + E_{rot}$$

$$\begin{aligned} m \cdot g \cdot h &= \frac{m}{2} v_{\mathrm{SP}}^2 + \frac{J}{2} \omega^2 \\ \text{mit } \omega &= \frac{v_{\mathrm{SP}}}{R}. \end{aligned}$$

Daraus berechnet sich die Translationsgeschwindigkeit zu

$$\boxed{v_{\mathrm{SP}}^2 = \frac{2 \cdot g \cdot h}{1 + \frac{J}{mR^2}}.}$$

Setzt man jetzt das Trägheitsmoment J für verschiedene Körperformen ein, so erhält man

$$\begin{aligned} &\text{Vollzylinder:} \quad J_{\mathrm{V}} = mR^2/2 \quad \Rightarrow \quad v_{\mathrm{SP,V}}^2 = 4 \cdot g \cdot h/3 \\ &\text{Hohlzylinder:} \quad J_{\mathrm{H}} = mR^2 \quad \Rightarrow \quad v_{\mathrm{SP,H}}^2 = g \cdot h. \end{aligned}$$

Die Translationsgeschwindigkeit ist unabhängig von Masse und Radius. Ein Vollzylinder hat ein kleineres Trägheitsmoment als ein Hohlzylinder und damit eine höhere Translationsgeschwindigkeit.

2.4 Dynamik des starren Körpers bei freier Drehachse

Beim starren Körper mit freier Drehachse ist weder Betrag noch Richtung der Winkelgeschwindigkeit $\vec{\omega}$ der Rotationsbewegung festgelegt. Dies ist der Fall, wenn die Bewegung keinen Zwangsbedingungen unterliegt oder aber höchstens ein Körperpunkt im Raum festgehalten wird (Kreiselproblem).

2.4.1 Das Trägheitsellipsoid

Es wird ein beliebig geformter starrer Körper betrachtet und das Trägheitsmoment in bezug auf beliebige Drehachsen durch den Schwerpunkt untersucht.
Trägt man vom Schwerpunkt SP aus in Richtung der jeweiligen Drehachse, d. h. in Richtung von $\vec{\omega}$, die reziproke Wurzel des gemessenen Trägheitsmomentes J (also $\rho = 1/\sqrt{J}$) auf, so liegen die Endpunkte dieser Strecken auf einem Ellipsoid, dem *Trägheitsellipsoid* (Abb. 2.20).

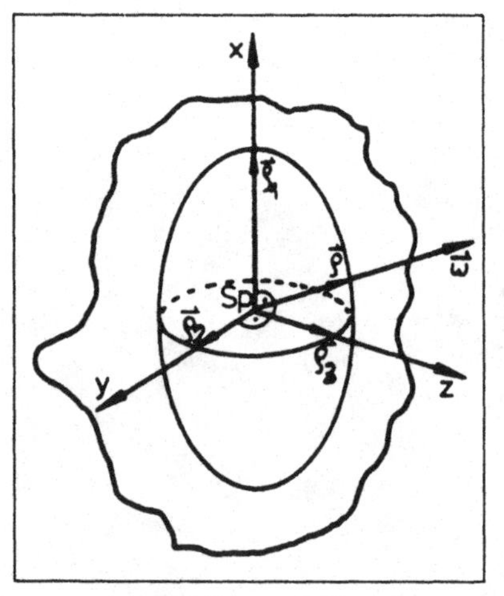

Abbildung 2.20

Führt man ein körpereigenes Koordinatensystem x, y, z (Ursprung = SP) ein mit der x-Achse in Richtung der Drehachse mit dem kleinsten Trägheitsmoment $J_1 = J_{min} = 1/\rho_1^2$, der z-Achse in Richtung der Drehachse mit dem größten Trägheitsmoment $J_3 = J_{max} = 1/\rho_3^2$ und der y-Achse senkrecht zu diesen beiden Achsen, dann gehorchen die

Komponenten des Vektors

$$\vec{\rho} = \frac{1}{\sqrt{J}}\hat{\vec{\omega}} \quad \text{mit} \quad |\vec{\rho}| = \rho = \frac{1}{\sqrt{J}}$$

der Gleichung eines Ellipsoids.
Mit $\vec{\rho} = (\rho_x, \rho_y, \rho_z)$ ergibt sich

$$\begin{aligned} \left(\frac{\rho_x}{\rho_1}\right)^2 + \left(\frac{\rho_y}{\rho_2}\right)^2 + \left(\frac{\rho_z}{\rho_3}\right)^2 &= 1 \\ J_1 \cdot \rho_x^2 + J_2 \cdot \rho_y^2 + J_3 \cdot \rho_z^2 &= 1. \end{aligned}$$

Die Achsen in Richtung von $\vec{\rho}_1, \vec{\rho}_2$ und $\vec{\rho}_3$ heißen *Hauptträgheitsachsen*, die dazugehörigen Trägheitsmomente die *Hauptträgheitsmomente* des starren Körpers. Da ein Ellipsoid geometrisch durch die Längen seiner Achsenabschnitte auf den Hauptträgheitsachsen ρ_1, ρ_2 und ρ_3 eindeutig definiert wird, ist auch ρ und damit J in bezug auf eine beliebige Richtung $\hat{\vec{\omega}}$ eindeutig festgelegt. Wenn also die drei Hauptträgheitsmomente J_1, J_2 und J_3 eines starren Körpers bekannt sind, lassen sich die Trägheitsmomente für alle Richtungen der Drehachse mit Hilfe des Trägheitsellipsoids eindeutig bestimmen.

Die Form des Trägheitsellipsoids schmiegt sich der äußeren Gestalt des starren Körpers weitgehend an: Zu einem in einer Raumrichtung gestreckten Körper gehört ein ebenfalls in diese Richtung gestrecktes Trägheitsellipsoid. Symmetrien des Körpers wirken sich in entsprechenden Symmetrien des Trägheitsellipsoids aus. Dies bedeutet, daß das Trägheitsellipsoid einer Kugel, aber auch das eines Würfels und eines Tetraeders, eine Trägheitskugel mit $J_1 = J_2 = J_3$ ist. Ein rotationssymmetrischer Körper besitzt ein rotationssymmetrisches Trägheitsellipsoid.

2.4.2 Freie Achsen

Will man einen Körper bei fester Drehachse so rotieren lassen, daß keine Kräfte auf das Lager der Drehachse auftreten, muß die Achse durch den Schwerpunkt gehen: Der Körper muß statisch gewuchtet sein. Im anderen Fall tritt durch die Rotation des Schwerpunktes um die Drehachse eine Zentrifugalkraft $\vec{F}_{ZF}$ auf, die vom Lager der Drehachse aufgefangen werden muß (Abb. 2.21).

Das statische Wuchten ist aber nicht hinreichend, wenn man Kräfte auf die Lager der Drehachse vermeiden will.

Versuch: Ein System von zwei starr miteinander verbundenen Massen wird um die Schwerpunktsachse in Drehung versetzt (Abb. 2.22). An beiden Massen greift bei der Rotation die Zentrifugalkraft $\vec{F}_{ZF}$ an. Steht die Drehachse nicht senkrecht zur Verbindungsstange der Massen, so bewirkt $\vec{F}_{ZF}$ im Drehpunkt ein Drehmoment $T = 2dF_{ZF}$, welches die Achse im Lager zu verkippen sucht.

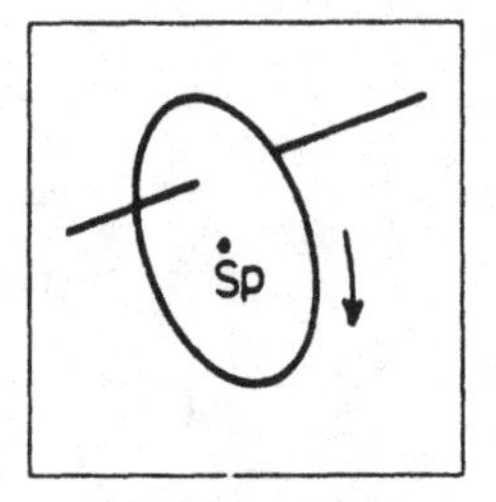

Abbildung 2.21

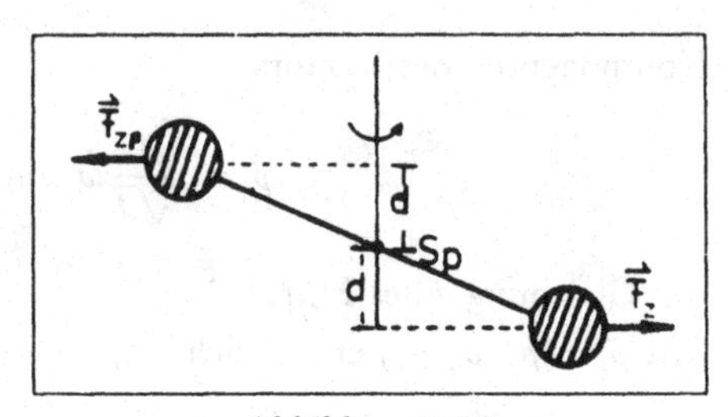

Abbildung 2.22

Dieses Drehmoment auf die Lager verschwindet, wenn die Drehachse mit einer der drei Hauptträgheitsachsen zusammenfällt. Deshalb wird beim dynamischen Wuchten (z. B. von Autoreifen auf der Felge) die Massenverteilung so lange geändert, bis die Rotationsachse zu einer Hauptträgheitsachse wird. Bei einem statisch und dynamisch gewuchteten Körper müssen die Lager der Drehachse keine Kraft und kein Drehmoment aufnehmen. Man kann die Lager entfernen, der Körper rotiert dann frei, ohne seinen Rotationszustand zu verändern. Die Hauptträgheitsachsen heißen deshalb auch *freie Achsen.*

Die Rotationen eines starren Körpers um seine freien Achsen unterscheiden sich in der Stabilität: Während die Rotationen um die Achsen mit dem größten um dem kleinsten Hauptträgheitsmoment stabil sind, ist die Rotation um die Achse mit dem mittleren Hauptträgheitsmoment J_2 labil. Eine beliebig kleine Störung läßt den starren Körper aus der Rotation um diese Achse herauskippen.

Versuch: Wirft man eine leere Zigarrenkiste (Abb. 2.23) so in die Höhe, daß sie eine Rotationsbewegung um eine der drei Hauptträgheitsachsen ausführt, dann rotiert sie nur um die x- und z-Achse (kleinstes und größtes Trägheitsmoment) stabil, während sie bei der Rotation um die y-Achse eine eigenartige Schlingerbewegung ausführt.

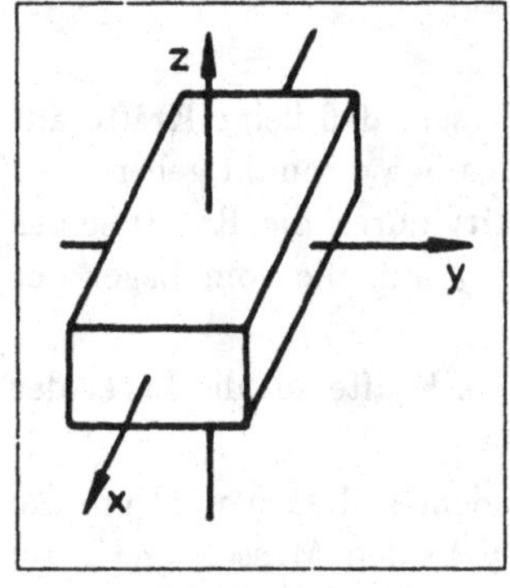

Abbildung 2.23

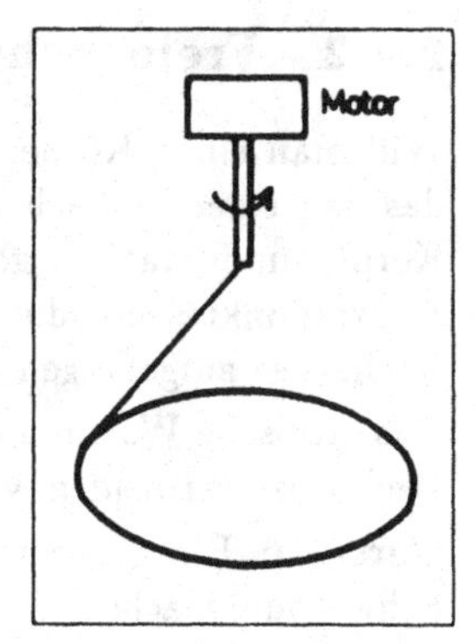

Abbildung 2.24

Versuch: Man bringt eine in sich geschlossene Kette, die an einem Faden aufgehängt ist, zur Rotation. Nach einiger Zeit spannt sich die Kette zu einem Kreis, dessen Fläche senkrecht auf der Rotationsachse steht, während der Faden auf einem Kegelmantel um die Drehachse umläuft (Abb. 2.24). Die stabile Rotation erfolgt um die Achse mit dem größten Trägheitsmoment.

Bei einem rotationssymmetrischen Körper, bei dem zwei Hauptträgheitsmomente gleich groß sind, ist nur die Rotation um die Symmetrieachse stabil, d. h. um die Achse, zu der das dritte (nur einmal vorkommende) Hauptträgheitsmoment gehört.

Versuch: Bringt man ein Stopfei oder ein abgekochtes Hühnerei um die Achse senkrecht zur Symmetrieachse zum Rotieren, so richtet es sich auf. Die stabile Rotation erfolgt nun um die Achse mit dem kleinsten Trägheitsmoment.

2.4.3 Trägheitstensor, Poinsot-Konstruktion

Für die Rotation eines starren Körpers mit fester Drehachse gilt

$$\vec{L} = J \cdot \vec{\omega}.$$

Der Drehimpuls zeigt in die gleiche Richtung wie die Winkelgeschwindigkeit (s. Abschnitt 2.3.2). Bei der freien Rotation um die Hauptträgheitsachsen weisen $\vec{L}$ und $\vec{\omega}$ ebenfalls in die gleiche Richtung, und damit gilt in bezug auf die Hauptträgheitsachsen auch ein skalarer Zusammenhang zwischen $\vec{L}$ und $\vec{\omega}$:

$$L_1 = J_1 \cdot \omega_1, \quad L_2 = J_2 \cdot \omega_2, \quad L_3 = J_3 \cdot \omega_3.$$

Man kann zeigen, daß ein solcher skalarer Zusammenhang auch für die Komponenten von $\vec{L}$ und $\vec{\omega}$ in bezug auf die Hauptträgheitsrichtungen gilt, wenn $\vec{\omega}$ in eine beliebige Raumrichtung zeigt:

$$L_x = J_1 \cdot \omega_x, \quad L_y = J_2 \cdot \omega_y, \quad L_z = J_3 \cdot \omega_z.$$

Anstelle dieser drei Gleichungen schreibt man abkürzend

$$\boxed{\vec{L} = \{J\} \cdot \vec{\omega} \qquad \{J\} = \text{Trägheitstensor.}}$$

Zeigt $\vec{\omega}$ nicht in die Richtung einer Hauptachse ($\omega_x, \omega_y, \omega_z \neq 0$), folgt mit $J_1 \neq J_2 \neq J_3$, daß $\vec{L}$ nicht mehr kollinear zu $\vec{\omega}$ ist. Mit Hilfe einer geometrischen Konstruktion läßt sich die Richtung des Drehimpulses $\vec{L}$ bestimmen, wenn das Trägheitsellipsoid bekannt und $\vec{\omega}$ vorgegeben ist: Aus

$$J_1 \cdot \rho_x^2 + J_2 \cdot \rho_y^2 + J_3 \cdot \rho_z^2 = 1$$

folgt durch Differentiation

$$2J_1 \rho_x \, d\rho_x + 2J_2 \rho_y \, d\rho_y + 2J_3 \rho_z \, d\rho_z = 0$$

mit $\vec{\rho} = J^{-1/2} \cdot \vec{\omega}/\omega$, J = Trägheitsmoment um $\vec{\omega}$

$$\begin{aligned}
2\frac{J_1}{\sqrt{J}} \cdot \frac{\omega_x}{\omega} d\rho_x + 2\frac{J_2}{\sqrt{J}} \cdot \frac{\omega_y}{\omega} d\rho_y + 2\frac{J_3}{\sqrt{J}} \cdot \frac{\omega_z}{\omega} d\rho_z &= 0 \\
\frac{2}{\sqrt{J}\cdot\omega}(J_1 \cdot \omega_x d\rho_x + J_2 \cdot \omega_y d\rho_y + J_3 \cdot \omega_z d\rho_z) &= 0 \\
\frac{2}{\sqrt{J}\cdot\omega}(L_x d\rho_x + L_y d\rho_y + L_z d\rho_z) &= 0 \\
\Rightarrow \quad \boxed{\vec{L} \perp d\vec{\rho}.}
\end{aligned}$$

$\vec{\rho}$ ist vom Schwerpunkt zur Oberfläche des Ellipsoids gerichtet, $d\vec{\rho}$ ist deshalb ein

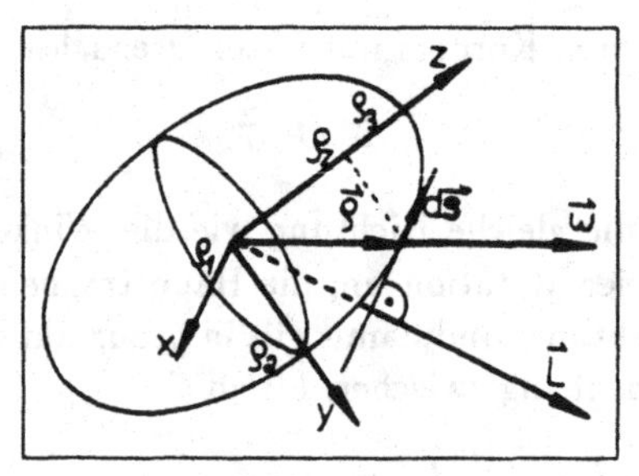

Abbildung 2.25

Tangentenvektor an der Oberfläche des Ellipsoids: $\vec{L}$ steht senkrecht auf der Tangentialebene, die das Trägheitsellipsoid am Durchstoßpunkt von $\vec{\omega}$ berührt (*Poinsot-Konstruktion*; Abb. 2.25). Man erkennt, daß bei einer Rotation um eine Hauptachse ($\vec{\omega}$ kollinear zu $\vec{\rho}_1$, $\vec{\rho}_2$ oder $\vec{\rho}_3$) $\vec{L}$ und $\vec{\omega}$ in die gleiche Richtung zeigen.

2.5 Kreisel, Nutations- und Präzessionsbewegung

2.5.1 Der kräftefreie symmetrische Kreisel

Unter einem kräftefreien symmetrischen Kreisel versteht man einen rotationssymmetrischen Körper ($J_1 = J_2$), der im Schwerpunkt unterstützt ist. Es sind also die Trägheitsmomente bezüglich zweier Hauptträgheitsachsen gleich groß. Die andere Hauptträgheitsachse fällt mit der Symmetrieachse (Figurenachse) zusammen. Wegen der Unterstützung im Schwerpunkt bewirken die Gewichtskräfte kein Drehmoment.

Es gibt verschiedene Anordnungen, um einen Kreisel im Schwerpunkt zu unterstützen, etwa durch entsprechende Formung des Kreiselkörpers (vgl. Abb. 2.26), durch Lagerung in einem Luftkissen oder durch kardanische Aufhängung. Darunter versteht man eine Anordnung, bei welcher der Kreisel in drei senkrecht zueinander stehende Achsen gelagert ist.

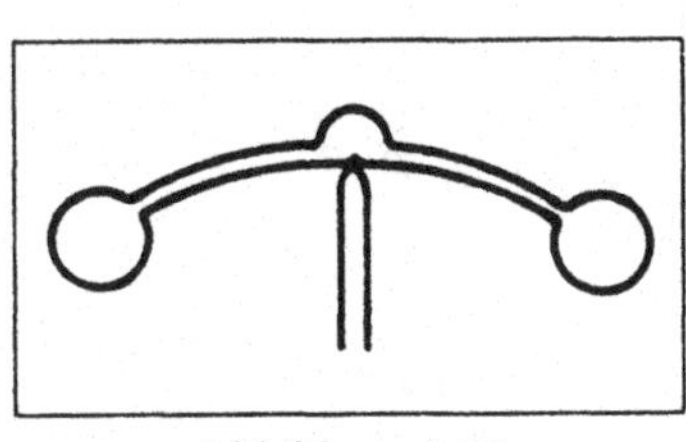

Abbildung 2.26

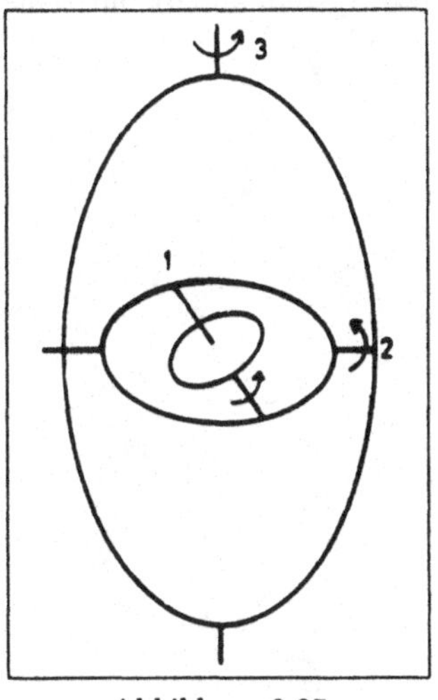

Abbildung 2.27

Versuch: Ein kardanisch aufgehängter Kreisel steht auf einem Drehtisch. Der Kreisel befindet sich in schneller Rotation (Abb. 2.27). Wird der Tisch in Drehung versetzt, kann das damit verbundene Zwangsdrehmoment $\vec{T}$ wegen der kardanischen Aufhängung nicht am Kreisel angreifen: $\vec{L}$ bleibt dem Betrag und der Richtung nach unverändert. Ein kardanisch aufgehängter Kreisel wird in Flugzeugen und Schiffen als künstlicher Horizont eingesetzt.

Versuch: Ein kräftefreier Kreisel wird um die Figurenachse in Rotation versetzt. Die Richtung des Drehimpulses $\vec{L}$ stimmt mit der Richtung der Winkelgeschwindigkeit $\vec{\omega}$

überein: $\vec{L} = J \cdot \vec{\omega}$. Da keine Drehmomente auftreten, ist der Drehimpuls zeitlich konstant ($\vec{L} = \text{const.}$)

Diese Versuche bestätigen, daß der Drehimpuls zeitlich konstant ist, wenn kein Drehmoment wirkt.
Soll der Drehimpuls $\vec{L}_0$ des System geändert werden, muß am System ein Drehmoment $\vec{T}$ angreifen: Die Drehimpulsänderung $d\vec{L}$ erfolgt in Richtung des angreifenden Drehmomentes $\vec{T}$: $\Delta\vec{L} = \vec{T} \cdot \Delta t$.
Der neue Drehimpuls $\vec{L}$ ergibt sich aus $\vec{L} = \vec{L}_0 + \Delta\vec{L}$. Es bleibt zu untersuchen, welche Konsequenz diese Drehimpulsänderung auf die Richtung der Figurenachse und auf die Richtung der Winkelgeschwindigkeit $\vec{\omega}$ hat.

Versuch: Auf die Figurenachse eines in einem Luftkissen kräftefrei gelagerten symmetrischen Kreisels wird ein leichter Druck ausgeübt. Das dadurch übertragene Drehmoment bewirkt eine Drehimpulsänderung $\Delta\vec{L}$. Die Figurenachse wird „mitgenommen“, das System ändert nur seine Orientierung im Raum (Abb. 2.28).

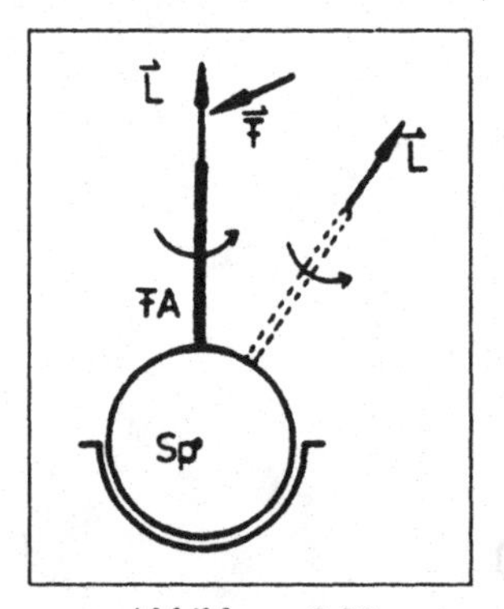

Abbildung 2.28

Erfolgt die Drehimpulsänderung hinreichend langsam, reagiert der schnell rotierende Kreisel auf das angreifende Drehmoment in der Weise, daß der Drehimpuls $\vec{L}$ weiterhin in die Figurenachse weist: *Beim schnellen Kreisel bleiben $\vec{L}$, $\vec{\omega}$ und die Figurenachse bei einer (langsamen) Drehimpulsänderung kollinear.*

Versuch (Kreiselkompaß, Abb. 2.29): Wird von den drei Achsen der kardanischen Aufhängung eine Achse in ihrer freien Drehung behindert (gefesselt), kann das bei einer Drehung des Drehtisches erzeugte Zwangsdrehmoment am Kreisel angreifen und den Drehimpuls ändern. Beim Kreiselkompaß ist eine Achse gefesselt, der Kreisel kann nur um seine Figurenachse (1) rotieren und sich um eine Achse senkrecht zur Erdoberfläche (3) drehen (Horizontalebene). Durch die Drehung der Erde um ihre Achse

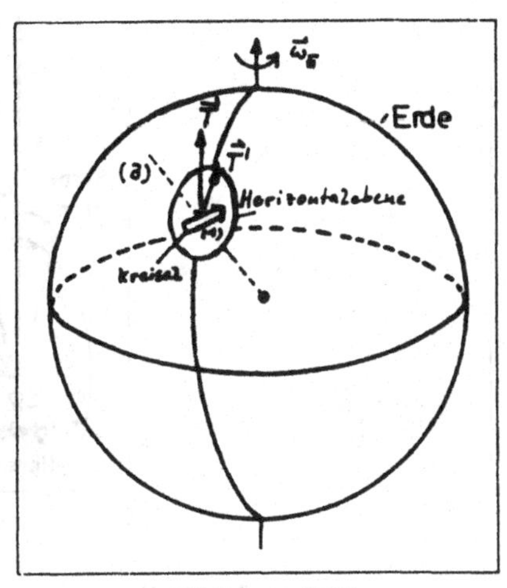

Abbildung 2.29

mit der Winkelgeschwindigkeit $\vec{\omega}_E$ wird dem Kreisel ein Drehmoment $\vec{T}$ vermittelt mit $\vec{T} \| \vec{\omega}_E$, auf dessen Komponente $\vec{T}'$ in der Horizontalebene ($\vec{T}'$ liegt in Meridianrichtung) der Kreisel gemäß $d\vec{L} = \vec{T}'\,dt$ reagieren kann. Der Drehimpuls $\vec{L}$ und damit (bei einem schnellen Kreisel) auch die Figurenachse stellen sich in Meridianrichtung ein: Der Kreiselkompaß zeigt nach Norden.

Der Figurenachse des in einem Luftkissen gelagerten Kreisel wird ein kurzer seitlicher Schlag versetzt. Die *Drehimpulsänderung erfolgt jetzt sehr rasch.* Man erhält ein völlig anderes Ergebnis als vorher bei der langsamen Änderung: *Die Kollinearität von Figurenachse und $\vec{L}$ wird aufgebrochen, die Figurenachse bewegt sich auf einem Kreiskegel um die Richtung des resultierenden, nach Betrag und Richtung zeitlich konstanten Drehimpulses $\vec{L}$* (Abb. 2.30). Man nennt diese Bewegung der Figurenachse um die Richtung des Drehimpulses *reguläre Präzession* oder *Nutation.* Die Nutationsfrequenz ω_N ergibt sich zu $\omega_N = L/J_1$.

Da die Kollinearität zwischen Figurenachse und $\vec{L}$ nicht mehr gegeben ist, folgt aus der Poinsotschen Konstruktion, daß auch $\vec{\omega}$ und $\vec{L}$ nicht mehr kollinear sind, wohl aber zusammen mit der Figurenachse in einer Ebene liegen. Neben der Figurenachse bewegt sich also auch die $\vec{\omega}$-Achse auf einem Kreiskegel um $\vec{L}$: Die Drehachse $\vec{\omega}$ wird zur *momentanen* Drehachse, auf der die Körperpunkte bei der Rotation des Kreisels zwar momentan ruhen, die sich aber selbst um $\vec{L}$ mit ω_N bewegt (Abb. 2.31).

Man kann den Bewegungsablauf bei der Nutation so interpretieren, daß der Körper- oder Polkegel (mit der Figurenachse als Achse) auf dem Raum- oder Spurkegel (mit $\vec{L}$ als Achse) abrollt, wobei die momentane Drehachse $\vec{\omega}$ die gemeinsame Tangente beider

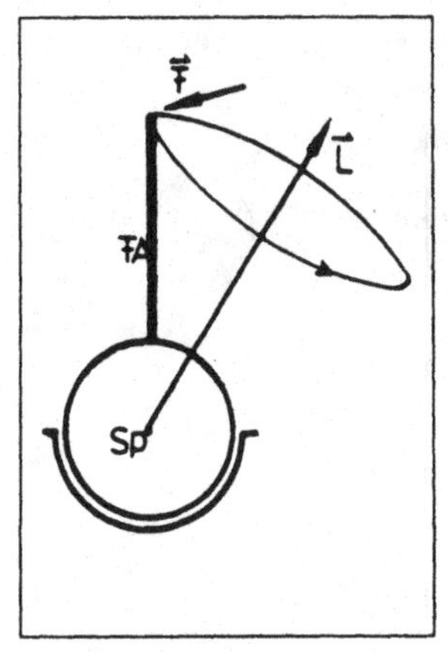

Abbildung 2.30

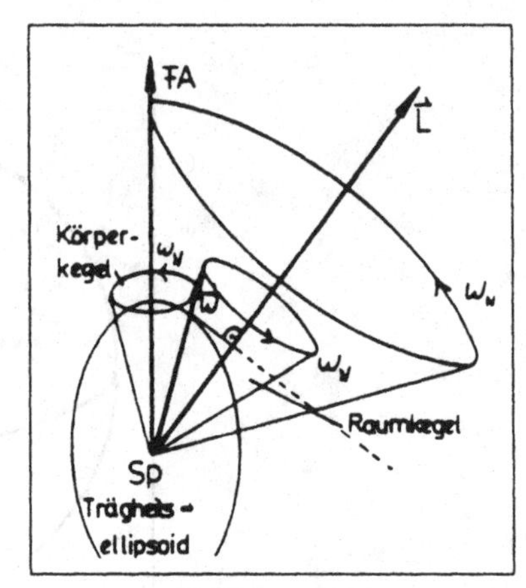

Abbildung 2.31

Kegel bleibt. Mittelt man den Bewegungsablauf über eine Nutationsperiode hinweg, so folgt, daß bei der Nutation eines kräftefreien symmetrischen Kreisels der zeitliche Mittelwert aller Richtungen der Figurenachse und der momentanen Drehachse mit der Richtung des zeitlich konstanten Drehimpulses zusammenfällt.

2.5.2 Der schwere symmetrische Kreisel

Unter einem schweren symmetrischen Kreisel versteht man einen rotationssymmetrischen Körper ($J_1 = J_2$), der in einem Punkt auf der Figurenachse außerhalb des Schwerpunktes unterstützt wird.
Wir betrachten die Vorgänge im Grenzfall des schnellen Kreisels. Dann bleiben bei Drehimpulsänderungen $\vec{L}$ und Figurenachse kollinear.

Versuch: Ein Kreisel wird um die Figurenachse in Rotation versetzt. Die am Schwerpunkt angreifende Schwerkraft $M\vec{g}$ bewirkt ein Drehmoment $\vec{T}$ und damit eine Drehimpulsänderung:

$$d\vec{L} = \vec{T}\,dt = (\vec{r} \times M\vec{g})\,dt \quad \Rightarrow \quad d\vec{L} \perp \vec{L} \parallel \vec{r} \quad \text{und} \quad d\vec{L} \perp \vec{g}.$$

Das Drehmoment bewirkt wegen $d\vec{L} \perp \vec{L}$ nur eine Änderung der Richtung von $\vec{L}$, wegen $d\vec{L} \perp \vec{g}$ liegt die Drehimpulsänderung in einer Ebene senkrecht zu $\vec{g}$. Daraus folgt:

1. Die z-Komponente von $\vec{L}$ wird nicht geändert.

2. $\vec{L}$ läuft auf dem Mantel eines Kegels um, dessen Achse durch die Kraftrichtung und dessen halber Öffnungswinkel α durch die Neigung der Figurenachse gegen die Senkrechte gegeben ist. Der schwere Kreisel kippt unter der Wirkung der Schwerkraft nicht ab, sondern weicht durch eine Bewegung in Richtung des Drehmomentes $\vec{T}$ aus.

Diese Bewegung der Figurenachse und damit von $\vec{L}$ um die Kraftrichtung heißt *Präzession*. Bei der Präzessionsbewegung bleibt der Betrag des Drehimpulses und seine z-Komponente zeitlich konstant:

$$\boxed{|\vec{L}| = \text{const.} \qquad \vec{L}_z = \text{const.}}$$

Die Frequenz der Präzession berechnet sich wie folgt: Die Grundfläche des Präzessionskegels ist ein Kreis mit dem Radius $a = |\vec{L}| \sin\alpha$, dessen Fläche senkrecht auf der z-Richtung steht (Abb. 2.32). Es gilt:

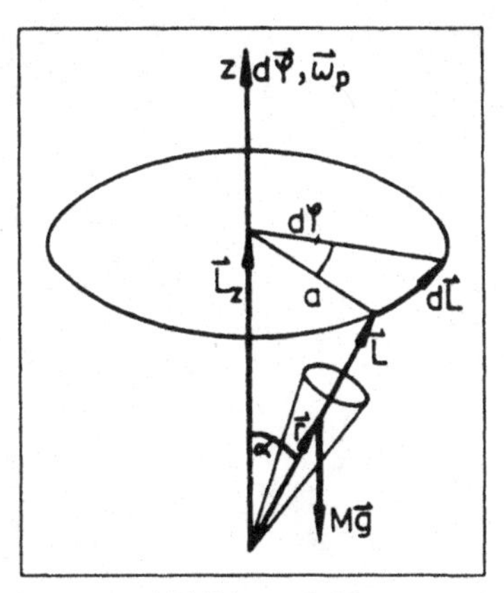

Abbildung 2.32

$$d\varphi = \frac{|d\vec{L}|}{a} \qquad |d\vec{L}| = a\,d\varphi = |\vec{L}| \cdot \sin\alpha\, d\varphi.$$

Wegen $d\vec{L} \perp \vec{L}$ und $d\vec{L} \perp d\vec{\varphi}$ gilt damit auch vektoriell

$$d\vec{L} = d\vec{\varphi} \times \vec{L}$$

$$\frac{d\vec{L}}{dt} = \frac{d\vec{\varphi}}{dt} \times \vec{L} = \vec{\omega}_p \times \vec{L}.$$

ω_p ist die gesuchte Präzessionsfrequenz. Wegen $d\vec{L}/dt = \vec{T} = \vec{r} \times M\vec{g}$ folgt:

$$\vec{r} \times M\vec{g} = \vec{\omega}_p \times \vec{L}$$

$$r \cdot Mg \cdot \sin\alpha = \omega_p \cdot L \cdot \sin\alpha$$

$$\boxed{\omega_p = \frac{r \cdot Mg}{L}.}$$

Die Präzessionsfrequenz ω_p ist unabhängig vom Neigungswinkel α! Für $\alpha = 90°$ läßt sich dieser Ausdruck mit $T = r \cdot Mg$ umschreiben in

$$\boxed{\omega_p = \frac{T}{L}} \quad \text{für } \alpha = 90°.$$

Überlagert sich der Präzession von $\vec{L}$ eine Nutation der Figurenachse und $\vec{\omega}$ um $\vec{L}$, so erhält man eine *Nickschwingung* oder *pseudoreguläre Präzession.*

Kapitel 3

Mechanik deformierbarer Medien

3.1 Grundvorstellungen zum Aufbau der Materie

In der Mechanik des Massenpunktes bleibt die räumliche Ausdehnung eines Körpers unberücksichtigt. Ein starrer Körper stellt ein System von Massenpunkten mit definiertem Volumen und definierter Gestalt dar. Der Relativabstand der einzelnen Massenpunkte bleibt auch unter Krafteinwirkung konstant. Die Mechanik des starren Körpers befaßt sich mit den Bewegungsvorgängen unter Einwirkung äußerer Kräfte. Auf äußere Kräfte zurückzuführende Volumen- und Formänderungen von Körpern werden in der Mechanik der deformierbaren Medien behandelt. *Kräfte können demnach sowohl Bewegungsänderungen als auch Deformationen verursachen.*

Zum Verständnis der Deformationen sind Grundvorstellungen über den Aufbau der Materie notwendig. Sämtliche Materie ist aus Molekülen bzw. Atomen aufgebaut (*Atomdurchmesser ca.* 10^{-10} m). Die Kräfte zwischen Molekülen sind elektrischer Natur und kurzreichweitig.

Feste Körper: Die meisten festen Körper besitzen eine kristalline Struktur, nur wenige sind amorph. Ein *Kristall* ist ausgezeichnet durch eine regelmäßige Anordnung seiner Gitterbausteine. Je nachdem, ob diese Gitterbausteine Ionen, Atome oder Moleküle sind, spricht man von Ionen-, Atom- oder Molekülkristallen. Die spezielle Kristallstruktur ist von Substanz zu Substanz verschieden. Die Untersuchung der Kristallstruktur ist Aufgabe der Kristallographie.

Einkristalle sind Körper, die nur aus einem einzigen Kristall bestehen und die Gestalt regelmäßiger Vielecke besitzen. Festkörper mit *polykristalliner Struktur* setzen sich aus einzelnen Kristalliten zusammen, die im makroskopischen Festkörper regellos durcheinander liegen. Im Gegensatz zu den Kristallen haben *amorphe Körper* keine regelmäßige Anordung ihrer Elementarbausteine. Zu den amorphen Körpern gehören z. B. die Gläser, Wachs, Gummi u. ä. Im Unterschied zu den kristallinen Körpern besitzen sie keinen definierten Schmelzpunkt, sondern erweichen langsam bei Erwärmung.

Im folgenden sollen sie nicht weiter betrachtet werden.

Bei den Festkörpern sitzen die einzelnen Gitterbausteine auf Plätzen, die Minima der potentiellen Energie entsprechen (bzw. sie führen aufgrund der endlichen Temperatur des Kristalls Schwingungen um diese Gleichgewichtslage aus). Wegen der Anbindung der Bausteine an diese Gleichgewichtslagen als Folge der inneren Kräfte besitzen Festkörper eine feste Gestalt und damit auch ein festes Volumen.

Wirken auf einen Festkörper äußere Kräfte ein, so treten Formänderungen (Dehnung, Biegung, Scherung, Torsion) und Volumenänderungen (Kompressionen) auf. Dabei stehen die äußeren Kräfte mit den inneren Kräften zwischen den Gitterbausteinen, die jetzt aus ihrer Ruhelage ausgelenkt sind, im Gleichgewicht. Man veranschaulicht sich die Kräfte innerhalb eines Kristalls durch ein würfelförmiges Modell mit Federn entlang der Kanten; Kugeln an den Ecken sollen Atome darstellen. Durch äußere Kräfte können verschiedene Deformationen herbeigeführt werden.

Sind die Feder- bzw. Bindungskräfte zwischen den Bausteinen in allen Raumrichtungen gleich, spricht man von einer *isotropen* Anordnung, im anderen Fall von einer *anisotropen*. Fehler im regelmäßigen Gitteraufbau bezeichnet man als Gitterfehlstellen. Sie beeinflussen wesentlich die physikalischen Eigenschaften des Festkörpers.

Zum Verbiegen eines Kupferdrahtes beispielsweise, in dem durch Erhitzen Fehlstellen erzeugt worden sind, ist wesentlich weniger Kraft erforderlich, als wenn er durch vorhergehende Reckung verfestigt worden ist. Recken bewirkt eine Beseitigung von Fehlstellen.

Flüssigkeiten: Da in Flüssigkeiten die Moleküle nicht an Gleichgewichtslagen gebunden sondern frei beweglich sind, weisen Flüssigkeiten zwar ein festes Volumen, jedoch keine feste Gestalt auf. Deshalb sind keine Formdeformationen sondern nur Volumendeformationen möglich. Die Gestalt der Flüssigkeit paßt sich dem jeweiligen Aufbewahrungsgefäß an. Je nach Art der Flüssigkeit dauert die Anpassung unterschiedlich lange. So nimmt z. B. Wasser fast augenblicklich die vorgegebene Gestalt an, während Honig dafür viel mehr Zeit benötigt.

Die Molekülabstände in Flüssigkeiten wie auch deren Dichten sind in der gleichen Größenordnung wie bei Festkörpern ($\rho_{Fk} \approx \rho_{Fl} \approx 1 - 10$ g/cm^3).

Gase: Bei den Gasen sind die Kräfte zwischen den Molekülen so schwach (oder sogar vernachlässigbar klein), daß zwischen den Teilchen kein Zusammenhalt besteht. Die Moleküle bewegen sich frei im Raum, das Gas kann jedes beliebige Volumen einnehmen. Bei ihrer Bewegung im Raum stoßen die Moleküle mit anderen Gasmolekülen und mit den Wänden des Gefäßes zusammen: Das Gas übt auf die Wand einen Druck aus. Bei Zimmertemperatur und normalem Luftdruck macht ein einzelnes Molekül in der Sekunde ca. 10^{10} Stöße.

Zur Beschreibung vieler Eigenschaften eines Gases kann man die zwischenmolekularen Kräfte zwischen den Teilchen (Van-der-Waals-Kräfte) vernachlässigen. Das ist bei stark verdünnten Gasen (d. h. bei Gasen unter geringem Druck) der Fall. In dieser Näherung nennt man das Gas ein *ideales Gas.* Berücksichtigt man die zwischenmolekularen Kräfte (und viele Verhaltensweisen eines Gases sind eine Folge dieser Kräfte), so spricht man von einem *realen Gas.*

Bei Normaldruck und Normaltemperatur sind die Gasdichten etwa drei Größenordnungen kleiner als die von Flüssigkeiten und Festkörpern: $\rho_{\mathrm{Gas}} \approx 10^{-3}$ g/cm^3 = 1 g/Liter.

Im folgenden werden Gesetzmäßigkeiten der Deformation von Festkörpern, die Hydro- und Aerostatik und die Hydro- und Aerodynamik behandelt. Später, in der Wärmelehre, erfolgt die Vermittlung genauerer Vorstellungen bezüglich der inneren Bewegungsvorgänge.

3.2 Elastomechanik fester Körper

3.2.1 Dehnungselastizität

Versuch: Die Kraft F verursacht an einem dünnen Draht der ursprünglichen Länge l und des Querschnittes A eine Längenänderung um Δl (Abb. 3.1). Definitionsgemäß bezeichnet man den Quotienten aus Kraft und Fläche als *Spannung* σ:

$$\boxed{\sigma := \frac{F}{A}.}$$

Es gilt: $[\sigma] = [F/A] = 1\ \mathrm{N/m^2}$. Nimmt der Draht nach Wegnahme der Spannkraft seine ursprüngliche Gestalt wieder an, so spricht man von *elastischem Verhalten.* Bei nicht zu großen Auslenkungen ist die relative Längenänderung $\varepsilon = \Delta l/l$ proportional der Spannung σ. Es gilt das Hookesche Gesetz.

$$\boxed{\sigma = E \cdot \varepsilon}$$

E ist eine Materialkonstante und heißt *Elastizitätsmodul.* Für die Einheit von E erhält man $[E] = 1\ \mathrm{N/m^2}$. Bei kleinen Deformationen kann das Volumen als konstant angesehen werden. Deshalb ist eine Dehnung stets mit einer Querkontraktion verbunden.

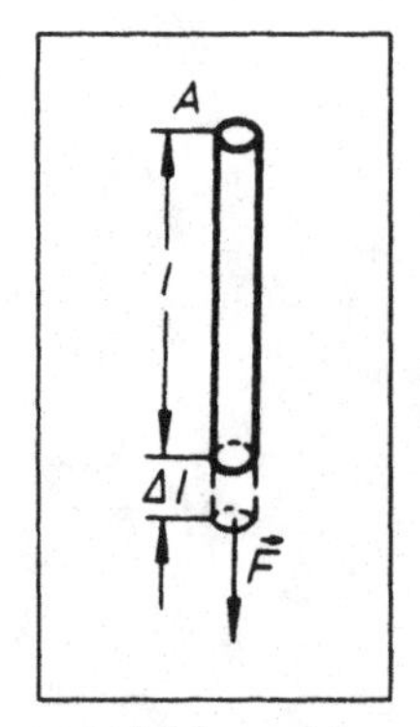

Abbildung 3.1

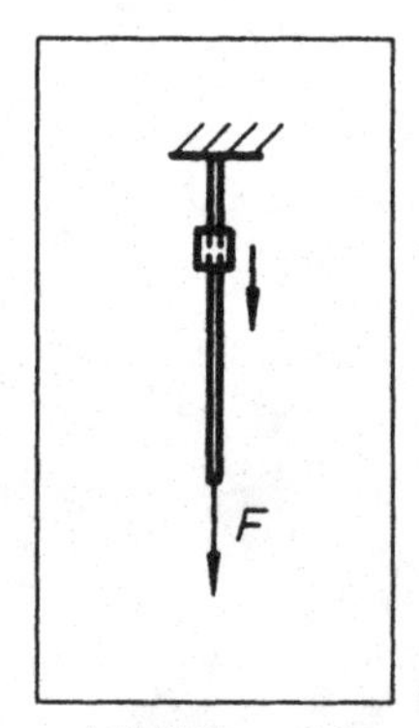

Abbildung 3.2

Versuch: Mit einem Gummischlauch, über den ein zunächst festsitzender Metallring gezogen ist, läßt sich die Querkontraktion einfach demonstrieren. Dehnt man den Schlauch, so verkleinert sich der Durchmesser d um Δd. Wird die Reibungskraft zwischen Schlauch und Metallring kleiner als dessen Gewichtskraft F_{Ring}, so rutscht der Metallring nach unten (Abb. 3.2).

Innerhalb des Proportionalitätsbereiches gilt für die relative Änderung des Durchmessers

$$\frac{\Delta d}{d} = -\mu \cdot \frac{\Delta l}{l}.$$

Der Querkontraktionsfaktor μ ist eine reine Zahl und ebenfalls eine Materialkonstante. Das Gegenstück zur Dehnung (unter Wirkung einer Zugspannung) ist die Stauchung (unter Wirkung einer Druckspannung). An die Stelle einer Querkontraktion tritt dann eine Querschnittsvergrößerung.

Biegung: Bei der Biegung beobachtet man an einem Materialstück Dehnung und Stauchung gleichzeitig.

Versuch: Betrachtet man die Biegung eines Balkens, der auf einer Seite fest eingespannt ist, so wird sein freies Ende durch ein angehängtes Gewicht nach unten gezogen (Abb. 3.3). Denkt man sich den Balken in dünne horizontale Schichten zerlegt, so

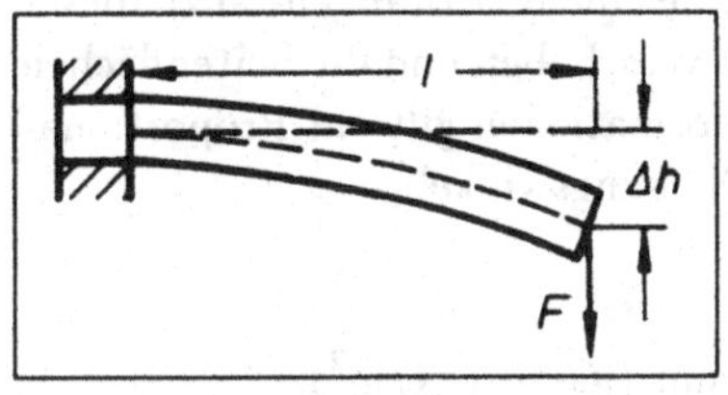

Abbildung 3.3

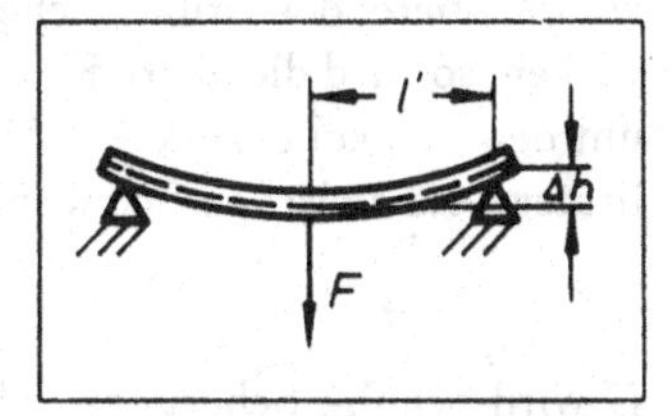

Abbildung 3.4

werden die oberen Schichten gedehnt und die unteren gestaucht. In der Mitte befindet sich eine Schicht, die ihre Länge beibehält und deshalb als „neutrale Faser“ bezeichnet wird. Für die Auslenkung erhält man bei rechtwinkligem Querschnitt mit der Höhe a, der Breite b und der Länge l

$$\Delta h = \frac{4 \cdot F \cdot l^3}{E \cdot b \cdot a^3}.$$

Die Durchbiegung eines Balkens, der an beiden Enden unterstützt ist (Abb. 3.4), ergibt sich zu

$$\Delta h = \frac{F \cdot l^3}{4 \cdot E \cdot b \cdot a^3}.$$

Offensichtlich trägt die Höhe a wesentlich mehr zur Biegefestigkeit bei als die Breite b. Deshalb benutzt man in der Technik T- und Doppel-T-Träger, da sie weit stabiler sind als etwa eine zylinderförmige Stange gleicher Länge und Masse.

Die aufgrund der elastischen Deformation erzeugten Spannungen in einem durchgebogenen Glasstab lassen sich sichtbar machen. Anisotrope Körper zeigen die Erscheinung der Doppelbrechung des Lichtes (s. Band II, Kapitel 8). Glas ist normalerweise isotrop, wird aber unter dem Einfluß äußerer Kräfte, welche zu inneren Spannungen führen, anisotrop.

Versuch: Bringt man zwischen zwei gekreuzte Polarisatoren (Nicolsche Prismen) einen zunächst ungespannten Glasstab, so gelangt kein Licht durch diese Anordnung. Biegt man den Glasstab, dann wird aufgrund der inneren Spannungen das Glas anisotrop. Durch die damit verbundene Doppelbrechung wird durch das zweite Prisma wieder Licht durchgelassen. Die einzelnen Spannungsschichten werden unterschiedlich hell sichtbar. Nur die neutrale Faser bleibt dunkel.
Dieses Verfahren wird häufig zur Materialprüfung von durchsichtigen Körpern verwendet.

3.2.2 Schub- und Torsionselastizität

Greift an einem Körper die Kraft nicht normal sondern tangential an, so beobachtet man eine *Scherung* oder *Schubdeformation*.
Versuch: Hält man bei einem quaderförmigen Körper die Grundfläche fest und läßt auf die obere, der Grundfläche gegenüberliegende Fläche eine Kraft tangential zu dieser wirken, so wird die obere Fläche parallel zu sich selbst verschoben und die Seitenflächen um den Winkel α geneigt (Abb. 3.5). Für kleine Deformationen gilt ein Proportionalitätsgesetz zwischen Schubspannung $\tau = F/A$ und Neigungswinkel:

$$\boxed{\tau = G \cdot \alpha.}$$

G wird Schub-, Scherungs- oder Torsionsmodul genannt ($[G] = 1\ \mathrm{N/m^2}$).

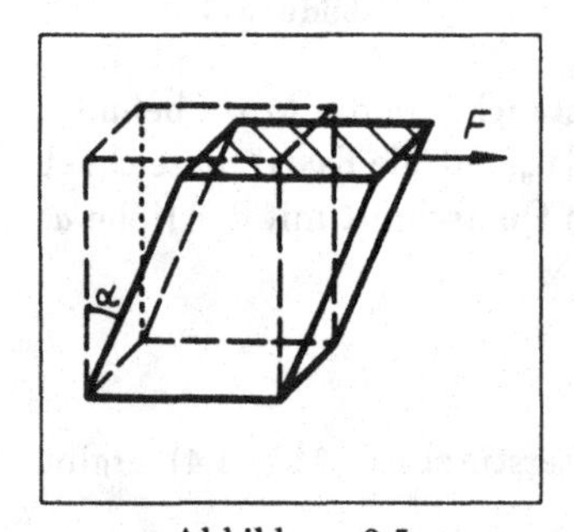

Abbildung 3.5

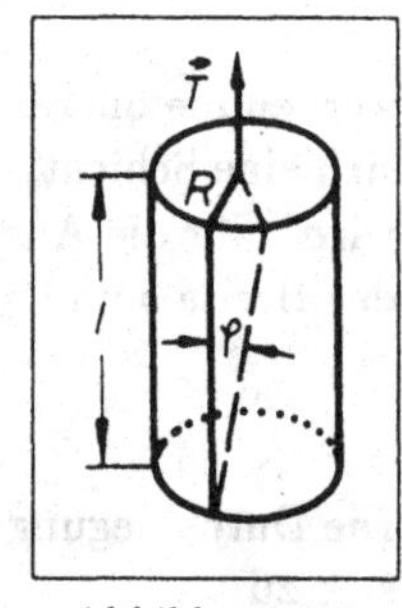

Abbildung 3.6

Ein Sonderfall der Scherung ist die *Torsion* oder *Drillung*. Sie tritt auf, wenn ein Stab an einem Ende festgehalten und am anderen Ende gedreht wird (Abb. 3.6). Die Ursache für eine Torsion ist ein äußeres Drehmoment T. Den Zusammenhang zwischen Scherung und Torsion kann man sich verdeutlichen, wenn man sich den Stab in viele dünne Stäbe zerlegt denkt, die einzeln eine Scherung erleiden. Auch bei der Torsion bleibt die neutrale Faser unverändert. Der Torsionswinkel φ ergibt sich bei kleinen Deformationen zu

$$\boxed{\varphi = \frac{2}{\pi} \cdot \frac{l \cdot T}{G \cdot R^4}.}$$

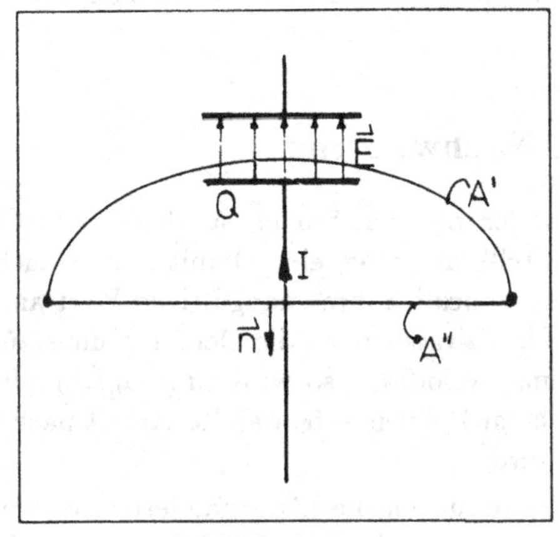

Abbildung 6.144

verläuft außerhalb des Kondensators)

$$\oint \vec{B}\, d\vec{s} = \mu_0 I = \mu_0 \int_{A'} \vec{j} d\vec{A}' = \mu_0 \int_{A} \vec{j} d\vec{A} \neq 0$$

und im Fall II (Glocke verläuft durch den Kondensator)

$$\oint \vec{B}\, d\vec{s} = \mu_0 \int_{A} \vec{j} d\vec{A}' = 0.$$

Das Amperesche Durchflutungsgesetz ist im betrachteten Fall also immer dann von der Wahl der Fläche A' unabhängig (bei gleicher Berandungskurve), wenn die Fläche nicht durch den Kondensator verläuft. Um nun die Aussage des Durchflutungsgesetzes unabhängig von der Wahl der Fläche zu machen, ergänzt man I durch den in (6.203) gegebenen Ausdruck. Es ergibt sich

$$\boxed{\oint \vec{B}\, d\vec{s} = \mu_0 I + \frac{1}{c^2}\frac{d}{dt}\int \vec{E}\, d\vec{A}.} \tag{6.204}$$

Der zweite Summand ist der Maxwellsche Verschiebungsstrom (6.200). Sein Vorzeichen ergibt sich daraus, daß in (6.203) die Flächennormale von A'' antiparallel zur Stromdichte j, im vorliegenden Fall jedoch parallel dazu gerichtet ist ($d\vec{A}' = -d\vec{A}''$). Außerdem wurde von der Beziehung (6.110) Gebrauch gemacht: $\varepsilon_0\mu_0 = 1/c^2$.

Dieses Verhalten zeigt im Prinzip jeder Körper, wenn auch der Kurvenverlauf oft recht unterschiedlich ist.

3.2.4 Elastische Nachwirkung

Bei den Metallen und vielen anderen Stoffen stellt sich das Gleichgewicht zwischen äußerer Kraft und Rückstellkraft sofort ein. Damit nimmt auch die Längenänderung bei der Dehnung fast augenblicklich ihren endgültigen Wert an. Hört die Einwirkung der Kraft auf, geht im Elastizitätsbereich die Dehnung unverzüglich auf Null zurück. Ändert man die Spannung periodisch, so wird zum Durchlaufen einer Periode keine Arbeit benötigt, da die beim Dehnen aufgewandte Arbeit nach Beendigung der Krafteinwirkung wieder frei wird.

Es gibt aber auch Stoffe, bei denen die Längenänderung erst nach einiger Zeit ihren Endwert annimmt. Dies ist bei einigen Kunststoffen und auch bei Gummi der Fall. Entsprechend lange dauert auch das Zurückstellen auf die ursprüngliche Länge, wenn keine Kraft mehr wirkt. Diesen Effekt nennt man *elastische Nachwirkung* oder *elastische Hysterese.*

Greift an einem solchen System eine periodische Kraft an, so wird jetzt zum Durchlaufen einer vollen Periode Arbeit verbraucht, da Spannung und Dehnung nicht mehr in Phase sind. Deshalb erwärmt sich ein Autoreifen bei der periodischen Belastung, der er beim Fahren ausgesetzt ist (*Walkarbeit*).

3.2.5 Volumenelastizität, Kompression

Neben der bisher besprochenen Formelastizität gibt es auch eine Volumenelastizität. Um sie zu beobachten, wird auf einen Körper mit dem Volumen V allseitig eine Kraft F ausgeübt. Besitzt der Körper die Oberfläche A, so erhält man mit dem Druck — definiert als Kraft pro Flächeneinheit $p = F/A$ (siehe folgenden Abschnitt) — die relative Volumenänderung

$$\boxed{\frac{\Delta V}{V} = -\frac{p}{K}.}$$

K ist der Kompressionsmodul. Er hat dieselbe Einheit wie der Druck ($[K] = 1\ \mathrm{N/m^2}$). Da große Kräfte notwendig sind, um die Moleküle zusammenzuschieben, besitzt K große Zahlenwerte.

Für isotrope Körper ergibt sich auch hier ein einfacher Zusammenhang zwischen dem Kompressionsmodul K, dem Elastizitätsmodul E und dem Querkontraktionsfaktor μ:

$$\boxed{K = \frac{E}{3(1-2\mu)}.}$$

Bei nichtisotropen Körpern sind im allgemeinen K, E und μ richtungsabhängige Größen und müssen durch Tensoren beschrieben werden. Näheres behandelt die Festkörperphysik.

3.3 Hydro- und Aerostatik

3.3.1 Kompression von Flüssigkeiten

Im Gegensatz zum festen Körper nimmt eine Flüssigkeit jede beliebige Form an, die man ihr durch die äußere Berandung vorschreibt. Da Flüssigkeitsmoleküle zueinander keine feste Lage haben, setzen Flüssigkeiten weder einer Zug- noch einer Schubspannung einen Widerstand entgegen: Flüssigkeiten zeigen keine Formelastizität, man kann sie weder dehnen noch verscheren. Deshalb bleibt als einzig mögliche Deformation die *Volumendeformation.*

Auf eine Flüssigkeit kann man mit einem Stempel einen Druck ausüben. Die Flüssigkeit verringert dabei ihr Volumen um ΔV. Unter *Druck* versteht man den Quotienten aus der Kraft F, die man senkrecht auf den Stempel wirken läßt, und der Stempelfläche A:

$$\boxed{p := \frac{F}{A}}$$

Es gilt: $[p] = 1\ \mathrm{N/m^2} = 1\ \mathrm{Pa}$ (Pascal). Weitere Einheiten sind das Bar ($1\ \mathrm{bar} = 10^3\ \mathrm{mbar} = 10^5\ \mathrm{Pa}$) und die — im SI-System nicht mehr gebräuchliche — Atmosphäre. Sie entspricht dem Druck, den die Gewichtskraft einer Masse von 1 kg auf eine Fläche von $1\ \mathrm{cm^2}$ ausübt:

$$1\ \mathrm{at} = \frac{1\ \mathrm{kg} \cdot 9{,}81\ \mathrm{m/s^2}}{1\ \mathrm{cm^2}} \approx 10^5\ \frac{\mathrm{N}}{\mathrm{m^2}} = 10^5\ \mathrm{Pa}.$$

Einer Volumenänderung setzt auch eine Flüssigkeit einen Widerstand entgegen. Die Größe dieses Widerstandes wird wie bei den Festkörpern als Kompressionsmodul K bezeichnet.

$$\boxed{\frac{\Delta V}{V} = -\frac{p}{K}}$$

Je größer K, desto größer ist der Druck, der notwendig ist, um das Volumen auf einen bestimmten Teil zusammenzudrücken. Flüssigkeiten sind zwar bedeutend leichter komprimierbar als feste Körper, jedoch sind auch bei ihnen noch sehr große Drucke nötig, um merkliche Kompressionen zu erreichen. Beispiele:

Stoff	Kompressionsmodul K
Wasser	$2 \cdot 10^9$ Pa
Benzol	$1 \cdot 10^9$ Pa
Kupfer	$1{,}4 \cdot 10^{11}$ Pa

Versuch: Schießt man eine Gewehrkugel durch eine leere Zigarrenkiste, so dringt das Geschoß durch beide Wände, ohne die Kiste sonst zu beschädigen. Ist die Kiste jedoch mit Wasser gefüllt, so wird sie völlig zerrissen. Die kleine Volumenänderung, hervorgerufen durch das eindringende Geschoß, bewirkt im Wasser eine so starke Kompression, daß die Wände der Kiste unter der Wirkung des damit verbundenen hohen Druckes auseinanderfliegen. Für $V_{\text{Kugel}} = 0,1\ \text{cm}^3$, $V_{\text{Kiste}} = 1000\ \text{cm}^3$ erhält man

$$p = K \cdot \frac{\Delta V}{V} = 2 \cdot 10^9\ \text{Pa} \cdot \frac{0,1\ \text{cm}^3}{1000\ \text{cm}^3} = 2 \cdot 10^5\ \text{Pa} = 2\ \text{bar}.$$

Das entspricht einer Kraft von $F \approx 4000$ N, die von innen auf die Fläche der Zigarrenkiste einwirkt.

3.3.2 Stempeldruck

Übt man durch einen Stempel mit der Fläche A eine Kraft F auf eine Flüssigkeit in einem abgeschlossenen Behälter aus, so beobachtet man — unter Vernachlässigung der Schwerkraft — im gesamten Behälter, d. h. an jeder Stelle der Oberfläche und im Innern der Flüssigkeit den gleichen Druck, den *Stempeldruck* $p = F/A$.

Am einfachsten läßt sich dieser Sachverhalt zeigen, wenn man einen speziellen Körper betrachtet: Ein Keil sei ringsum von Flüssigkeit umgeben (Abb. 3.8). Da es sich um

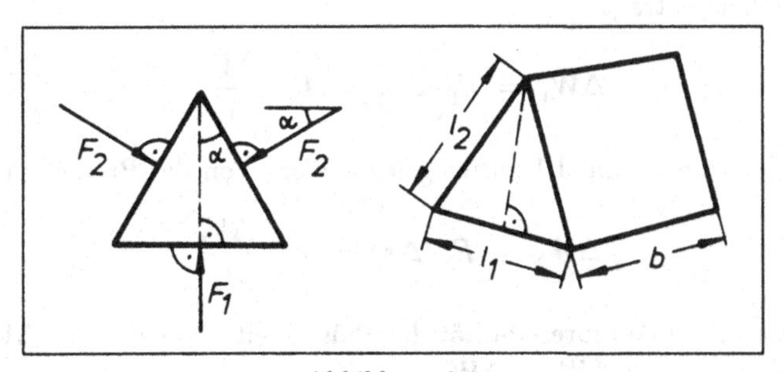

Abbildung 3.8

ein statisches Problem handelt, muß die Summe aller auf den Körper einwirkenden Kräfte Null sein. Alle horizontale Kräfte heben sich gegenseitig auf. Es gilt

$$F_1 = 2F_2 \cdot \sin\alpha; \qquad \sin\alpha = \frac{l_1}{2l_2} = \frac{A_1}{2A_2} \quad \text{nach Erweitern mit } b.$$

Daraus folgt

$$\boxed{\frac{F_1}{A_1} = \frac{F_2}{A_2}.}$$

Eine Anwendung findet diese Gesetzmäßigkeit des allseitig gleichen Druckes bei der hydraulischen Presse:

Versuch: Zwei Zylinder mit verschiedenen Querschnitten A_1 und A_2, die durch ein Rohr miteinander verbunden und mit einer Flüssigkeit (Wasser, Öl) gefüllt sind, werden durch verschiebbare Kolben abgeschlossen (Abb. 3.9). Am Kolben des engen Zylinders greift die Kraft F_1 an. Dann gilt

$$p = \frac{F_1}{A_1}; \quad F_2 = p \cdot A_2 = \frac{F_1 \cdot A_2}{A_1}.$$

Durch Vergrößerung des Flächenverhältnisses A_2/A_1 lassen sich außerordentlich große Kräfte am Kolben 2 erzielen.

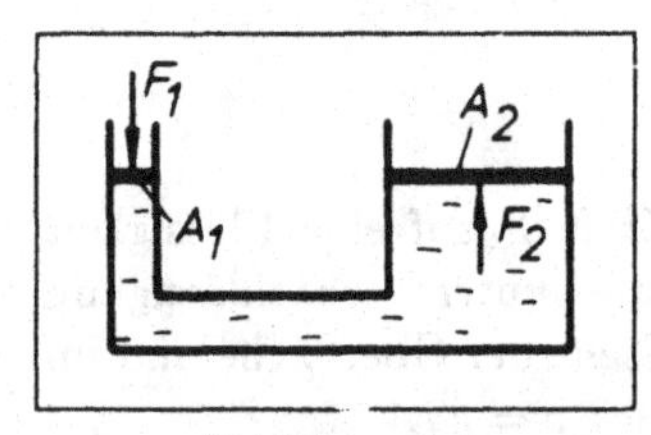

Abbildung 3.9

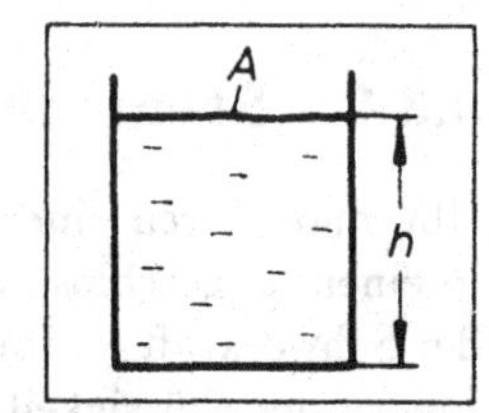

Abbildung 3.10

Der Energieerhaltungssatz wird hierbei natürlich nicht verletzt. Die in das System eingebrachte Arbeit beträgt

$$\Delta W_1 = F_1 \cdot \Delta s_1 = F_1 \cdot \frac{\Delta V_1}{A_1},$$

Δs_1 ist dabei der vom Stempel 1 zurückgelegte Weg. Von der Presse wird die Arbeit

$$\Delta W_2 = F_2 \cdot \Delta s_2 = F_2 \cdot \frac{\Delta V_2}{A_2}$$

verrichtet. Setzt man Inkompressibilität der Flüssigkeit voraus, so ist $\Delta V_1 = \Delta V_2$ und damit wegen $p_1 = p_2$ auch $\Delta W_1 = \Delta W_2$.

3.3.3 Schweredruck, hydrostatischer Druck

Durch ihr Gewicht übt eine Flüssigkeit einen Schweredruck auf die tieferen Schichten und den Gefäßboden aus (Abb. 3.10). Sei A die Querschnittsfläche des Gefäßes, ρ die Dichte der Flüssigkeit und g die Erdbeschleunigung, dann ist das Gewicht der Flüssigkeitssäule über der Tiefe h

$$F = m \cdot g = A \cdot h \cdot \rho \cdot g.$$

Mit $p = F/A$ ergibt sich der *Schweredruck* oder *hydrostatische Druck* zu

$$\boxed{p = h \cdot \rho \cdot g,}$$

wenn man annimmt, daß der Druck über der Oberfläche der Flüssigkeit Null ist.

Der durch die Schwere hervorgerufene hydrostatische Druck in einer Flüssigkeit hängt nur von der Höhe und der Dichte der Flüssigkeit ab, nicht aber von der Gestalt des Gefäßes (***hydrostatisches Paradoxon***).

In den in Abb. 3.11 skizzierten Gefäßen herrscht bei gleicher Höhe des Flüssigkeitsspiegels in derselben Tiefe jeweils der gleiche Druck.

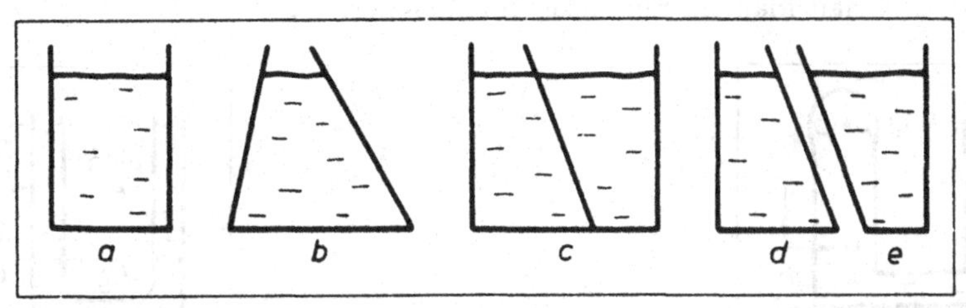

Abbildung 3.11

Bringt man in c) eine schrägstehende Zwischenwand ein, so ändert sich am Druck nichts. Da sich das Wasser nun aber in zwei völlig getrennten Räumen befindet, kann man die Teilräume auch einzelnen betrachten.

Eine Flüssigkeit verhält sich in ***kommunizierenden Gefäßen*** (Abb. 3.12) so, daß alle Flüssigkeitsspiegel gleich hoch liegen. Auch hier muß vorausgesetzt werden, daß über allen Flüssigkeitssäulen derselbe Druck herrscht.

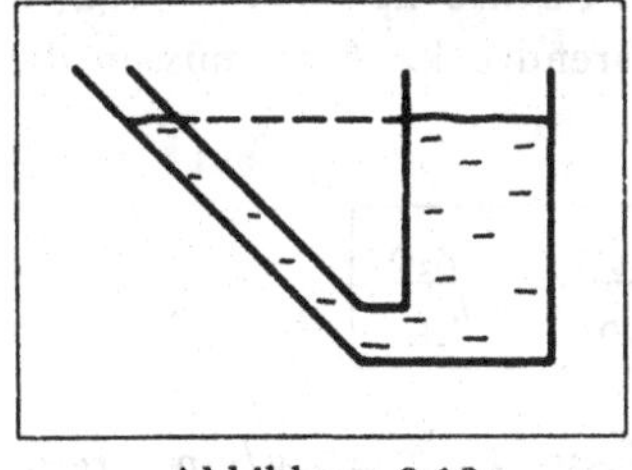

Abbildung 3.12

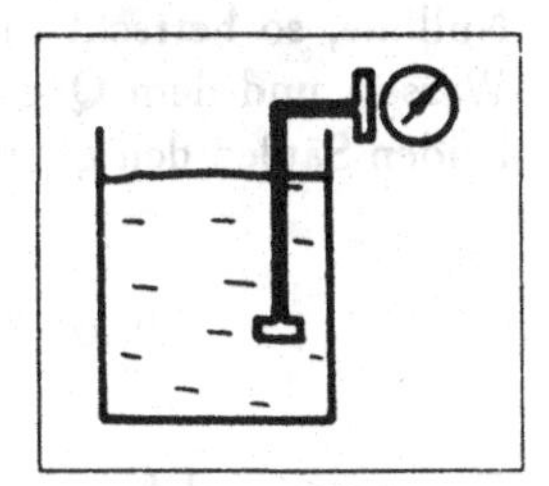

Abbildung 3.13

Die Formel für den hydrostatischen Druck wird im Versuch bestätigt. Man benutzt dabei ein Druckmeßgerät, das *Manometer*. Oft verwendet wird das Dosenmanometer. Es handelt sich dabei um eine Dose, deren eine Fläche elastische Eigenschaften besitzt und deshalb auf Druck mit Durchbiegung reagiert. Diese Durchbiegung wird dann beispielsweise mit einem Zeiger sichtbar gemacht. Man kann auch die Dose über einen Schlauch mit einer zweiten Dose verbinden, die dann als Anzeigegerät dient (Abb. 3.13). Mit einer solchen Anordnung läßt sich die lineare Zunahme des Druckes mit der Tiefe nachweisen.

Herrschen in einem U-Rohr über den Flüssigkeitsspiegeln verschiedene Drucke p und $p + \Delta p$ (Abb. 3.14), so kann man aus der Höhendifferenz der Menisken den Druckunterschied berechnen:

$$h_1 \cdot g \cdot \rho = h_2 \cdot g \cdot \rho + \Delta p$$

$$\boxed{\Delta p = (h_1 - h_2) g \cdot \rho = \Delta h \cdot g \cdot \rho.}$$

Bringt man am freien Schenkel des U-Rohres eine Skala an, die in Druckeinheiten geeicht ist, so erhält man ein Flüssigkeitsmanometer.

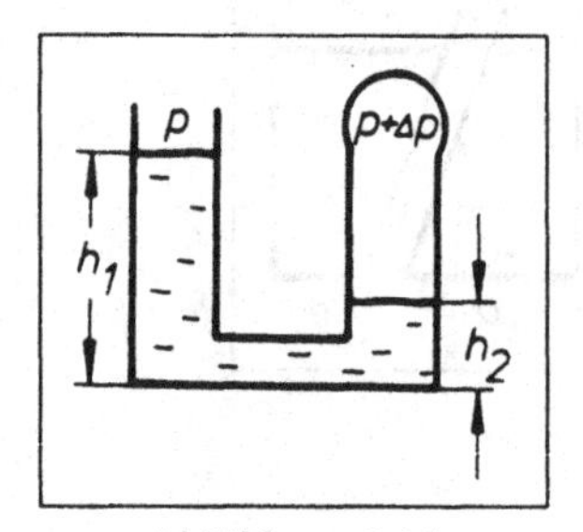

Abbildung 3.14

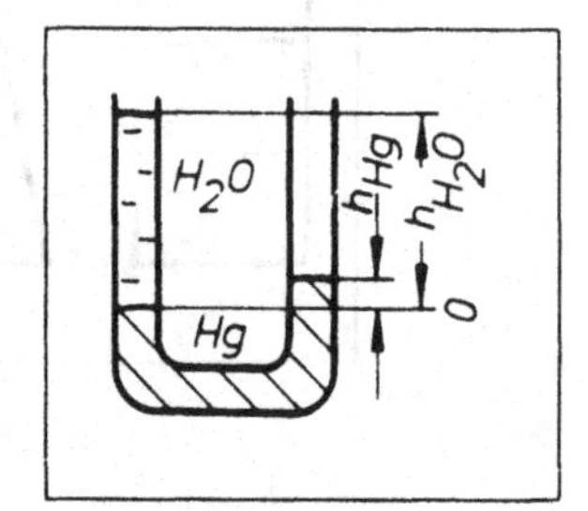

Abbildung 3.15

Bestimmung von Dichten unbekannter Flüssigkeiten

In einem U-Rohr, in dem auf der einen Seite Quecksilber (Hg), auf der anderen Seite Wasser (H_2O) eingefüllt ist (Abb. 3.15), steht das Wasser höher als das Quecksilber. Legt man durch die Berührungsfläche zwischen Quecksilber und Wasser eine horizontale Nullinie, so herrscht in dieser Ebene der gleiche Druck. Ebenso herrscht über dem Wasser- und dem Quecksilber-Spiegel derselbe Atmosphärendruck. Also müssen die beiden Säulen den gleichen Schweredruck verursachen:

$$h_{H_2O} \cdot \rho_{H_2O} \cdot g = h_{Hg} \cdot \rho_{Hg} \cdot g \quad \Rightarrow \quad \boxed{\frac{\rho_{Hg}}{\rho_{H_2O}} = \frac{h_{H_2O}}{h_{Hg}}.}$$

Gemessen wird $h_{H_2O}/h_{Hg} = 13,6$. Mit der Dichte von Wasser $\rho_{H_2O} = 1\ \mathrm{g/cm^3}$ ergibt sich die Dichte von Quecksilber zu $\rho_{Hg} = 13,6\ \mathrm{g/cm^3}$.

Auftrieb

Hängt man nacheinander ein Blei- und ein Eisenstück von je 500 g Masse an eine Federwaage, so erwartet man die gleiche Auslenkung. Daß dies nicht grundsätzlich richtig ist, zeigt sich, wenn die beiden Körper an der Federwaage hängend in Wasser eingetaucht werden. Die Federauslenkung geht zurück, wobei beim Eisenstück eine geringere Auslenkung (also eine geringere Kraft) als beim Bleistück beobachtet wird. Verantwortlich für die Abnahme der Auslenkung ist in beiden Fällen der *Auftrieb*.

Am Beispiel eines quaderförmigen Körpers (Abb. 3.16) soll der Auftrieb berechnet werden: Auf alle sechs Flächen des Quaders wirken Kräfte, die vom hydrostatischen Druck verursacht werden.

1. Die Kräfte auf die Seitenflächen heben sich gegenseitig auf.
2. Kraft auf Oberseite: $F_1 = \rho_{Fl} \cdot g \cdot h_1 \cdot A = p_1 \cdot A$
3. Kraft auf Unterseite: $F_2 = \rho_{Fl} \cdot g \cdot h_2 \cdot A = p_2 \cdot A$

ρ_{Fl} ist hierbei die Dichte der Flüssigkeit, A die Deckfläche bzw. Bodenfläche des Quaders. Die Differenz der beiden Kräfte ergibt den Auftrieb:

$$F_A = F_2 - F_1 = \rho_{Fl} \cdot g(h_2 - h_1)A = \rho_{Fl} \cdot g \cdot V$$

$$\boxed{F_A = m_{Fl} \cdot g.}$$

„Der Auftrieb eines Körpers ist gleich dem Gewicht der von ihm verdrängten Flüssigkeit.“ (Archimedisches Prinzip, 220 v. Chr.)

Diese Formulierung ist auch für einen Körper beliebiger Form gültig. Nun kennen wir die Ursache für die unterschiedliche Auslenkung der Federn im obigen Versuch: Blei besitzt eine höhere Dichte, benötigt also bei gleicher Masse ein geringeres Volumen als Eisen. Deshalb erfährt Blei einen geringeren Auftrieb.

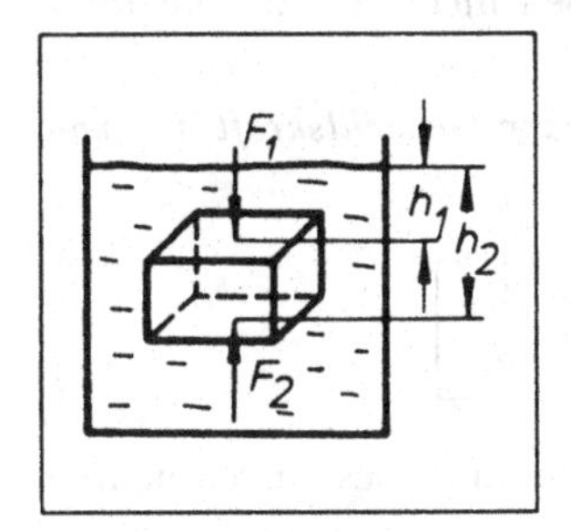

Abbildung 3.16

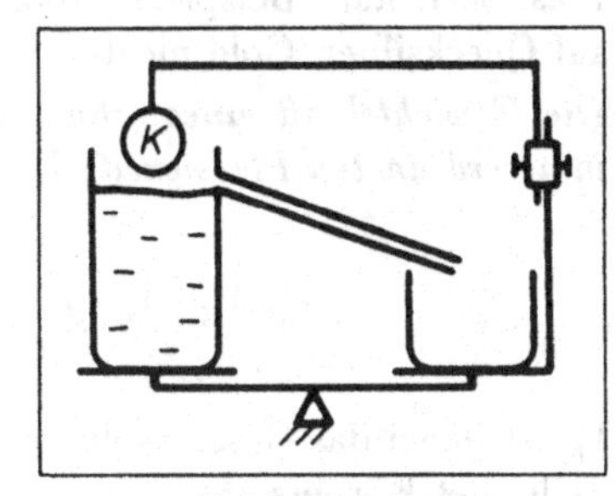

Abbildung 3.17

Versuch: Auf der einen Seite einer Waage steht ein mit Wasser gefülltes Überlaufgefäß, auf der anderen befindet sich ein Becherglas. Hiermit wird das aus dem Überlaufgefäß fließende Wasser aufgefangen. Wie aus Abb. 3.17 ersichtlich, ist mit der rechten Waagschale ein Körper K verbunden, dessen Höhe verstellt werden kann, ohne das Gleichgewicht der Waage zu beeinflussen. Senkt man den Körper K, bis er völlig ins Wasser taucht, so wird zunächst die Gesamtkraft auf der rechten Seite geringer, weil hier nur noch die Differenz zwischen Gewicht und Auftrieb wirkt. Durch das verdrängte und überlaufende Wasser wird wieder Gleichgewicht hergestellt, da die Menge des vom

Körper K verdrängten Wassers nach dem Archimedischen Prinzip gerade gleich dem Auftrieb des Körpers ist.

Indem man einen Körper erst in der Luft und dann in einer Flüssigkeit mit bekannter Dichte wiegt, kann man seine Dichte bestimmen. Es gilt:

$$F_K = M \cdot g, \quad F_A = V_K \cdot \rho_{Fl} \cdot g \quad \text{und damit} \quad \frac{F_K}{F_A} = \frac{M \cdot g}{V_K \cdot \rho_{Fl} \cdot g}.$$

Mit $M = \rho_K \cdot V_K$ folgt

$$\boxed{\rho_K = \frac{F_K}{F_A} \cdot \rho_{Fl}.}$$

Da man Wägungen sehr genau durchführen kann, ist dies eine Präzisionsmethode zur Bestimmung der Dichte eines Körpers.

Ist der Auftrieb eines Körpers in einer Flüssigkeit kleiner als sein Gewicht, so ist die Resultierende aus Gewichtskraft und Auftrieb nach unten gerichtet. Der Körper geht unter. Hebt der Auftrieb die Gewichtskraft gerade auf, dann schwebt der Körper in der Flüssigkeit. Ist der Auftrieb größer als die Gewichtskraft, taucht der Körper nur teilweise in die Flüssigkeit ein, d. h. er schwimmt:

$$F_K - F_A = (\rho_K - \rho_{Fl}) \cdot V_K \cdot g < 0.$$

Mit anderen Worten: *Ein Körper schwimmt, wenn er eine kleinere Dichte als die Flüssigkeit hat.* Beispiele: Holz schwimmt auf Wasser, Eisen nicht; Eisen schwimmt auf Quecksilber, Gold nicht.

Die Gewichtskraft eines schwimmenden Körpers ist gleich der Gewichtskraft der von ihm verdrängten Flüssigkeit. Daraus folgt:

$$V_K \cdot \rho_K \cdot g = V'_K \cdot \rho_{Fl} \cdot g, \quad \text{also} \quad \boxed{\frac{V_K}{V'_K} = \frac{\rho_{Fl}}{\rho_K}.}$$

V_K ist dabei das Gesamtvolumen des Körpers und V'_K das Volumen des eingetauchten Teiles des Körpers.

Hat die Flüssigkeit eine doppelt so große Dichte wie der in ihr schwimmende Körper, so taucht dieser nur zur Hälfte ein. Diese Beziehung macht man sich beim *Aräometer* (Abb. 3.18) zunutze. Mit ihm bestimmt man die Dichten von Flüssigkeiten, indem man die Eintauchtiefe an einer Skala abliest. Je tiefer es einsinkt, desto geringer ist die Dichte der Flüssigkeit.

Versuch: Glas schwimmt auf Quecksilber. Drückt man aber ein Glasprisma bis auf den Boden des Gefäßes, dann bleibt es unten (vgl. Abb. 3.19). Grund: Der Auftrieb kommt durch die Differenz der hydrostatischen Drucke zustande, die von oben bzw. von unten auf den in die Flüssigkeit getauchten Körper wirken. Befindet sich der Glaskörper

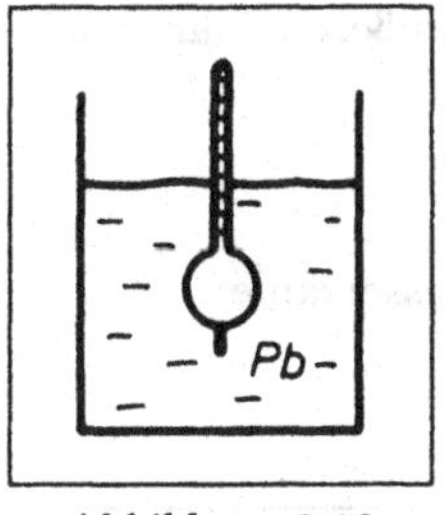

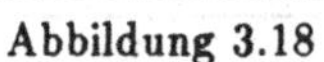
Abbildung 3.18

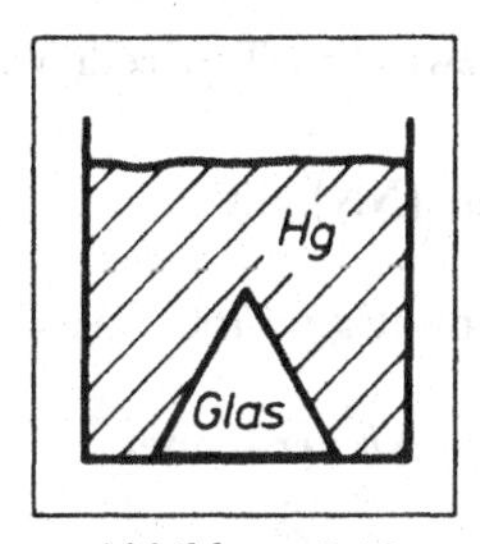

Abbildung 3.19

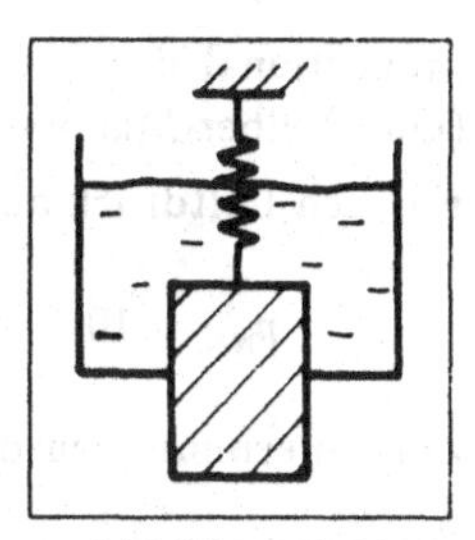

Abbildung 3.20

am Boden, kann von unten keine Kraft wirken, und es kommt kein Auftrieb zustande. Dies wird auch im folgenden Versuch deutlich.

Versuch: Eine Öffnung im Boden einer Wanne wird durch einen an einer Feder hängenden, frei beweglichen Zylinder abgedichtet (Abb. 3.20). Zunächst ist die Wanne leer; die Feder hat nur den Zylinder zu tragen. Gießt man langsam Wasser ein, ändert der Zylinder seine Lage nicht. Er erfährt keinen Auftrieb, da seine Grundfläche nicht unter Wasser liegt. Steigt das Wasser über den Zylinder, so wird dieser vom hydrostatischen Druck, der auf die obere Fläche des Zylinders wirkt, nach unten gedrückt.

3.3.4 Aerostatik

Versuch: Ein Glaskolben ($V = 1000$ cm^3) wird evakuiert und anschließend mit einer Balkenwaage gewogen. Läßt man nun Luft in den Kolben einströmen, neigt sich die Waage zur Seite des Glaskolbens hin. Man kann ablesen, daß der Kolben mit Luft eine um 1 g größere Masse besitzt. Ein Liter Luft hat demnach eine Masse von ca. 1 g. Entsprechendes gilt auch für andere Gase. Beispiele:

Gas	Dichte
Luft	0,001293 g/cm^3
CO_2	0,001977 g/cm^3
H_2	0,000090 g/cm^3

Genau wie die Flüssigkeiten üben auch Gase einen *statischen Druck* aus. Zur Messung dieser Drucke eignet sich das Flüssigkeitsmanometer.

Versuch: Die an einem Ende verschlossene, U-förmige Glasröhre wird so mit Quecksilber gefüllt, daß mindestens der verschlossene Schenkel voll ist. Stellt man das Rohr wie in Abb. 3.21 auf, sinkt der Quecksilber-Spiegel nach unten, und es entsteht darüber ein Vakuum, das *Torricelli-Vakuum*. Es ist nur noch der zur entsprechenden Temperatur gehörende Quecksilber-Dampfdruck vorhanden. Die Höhendifferenz zwischen den Quecksilber-Spiegeln beträgt ca. 760 mm. Da $\Delta p = \Delta h \cdot \rho \cdot g$ gilt, ist Δh direkt

proportional der Druckdifferenz zwischen Torricelli-Vakuum und äußerem Luftdruck (Quecksilber-Manometer).
Für den Luftdruck auf Meereshöhe (NN) gilt

$$p_{NN} = 1013 \text{ mbar} \mathrel{\hat=} 760 \text{ mmHg} := 760 \text{ Torr} \mathrel{\hat=} \text{ca. } 10 \text{ m Wassersäule.}$$

Zur Berechnung wurde $\Delta p = \rho \cdot g \cdot \Delta h$ verwendet.

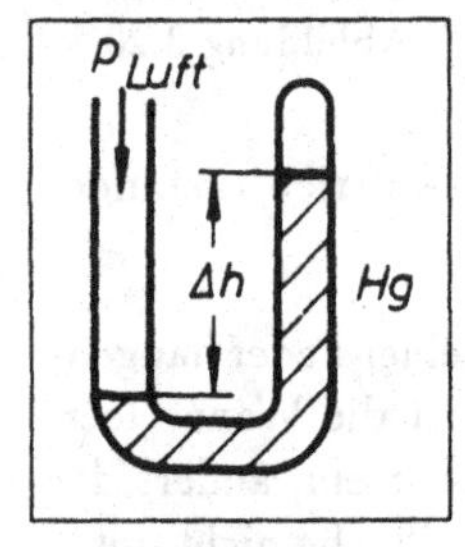

Abbildung 3.21

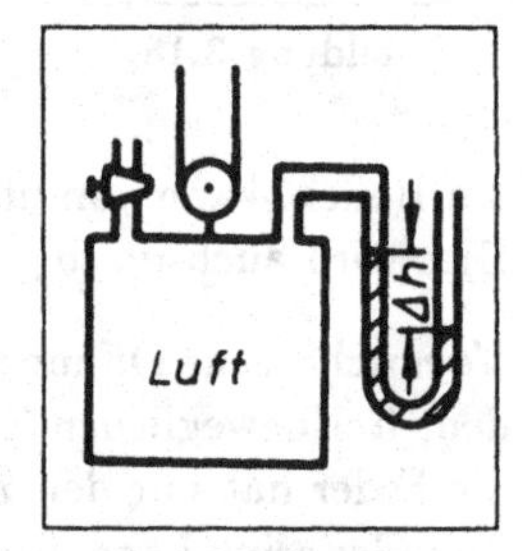

Abbildung 3.22

Die Magdeburger Halbkugeln

Ein historisch wichtiger Versuch war der Nachweis des Luftdruckes durch Otto v. Guericke (1654). Er zeigte, daß zwei dicht aufeinandergesetzte und luftleer gepumpte Halbkugeln (Durchmesser ca. 40 cm) durch den Druck der äußeren Luft so stark zusammengepreßt werden, daß 16 Pferde notwendig waren, um die Halbkugeln auseinander zu ziehen.

Versuch: Zwei zusammengefügte, evakuierte Halbkugeln werden an der Decke befestigt und mit einem 50 kg-Massenstück belastet. Bei welchem Innendruck p_i reißen die Halbkugeln auseinander? Dazu läßt man langsam Luft ins Innere einströmen und mißt mit einem Manometer den Innendruck; der Außendruck sei p_a. Beim Grenzdruck p_i fallen die Kugelhälften auseinander. In diesem Moment ist die Kraft infolge des Druckunterschiedes $\Delta p = p_a - p_i$ gleich der Kraft, welche durch das äußere Gewicht auf die Halbkugeln einwirkt. Mit der Querschnittsfläche $A = \pi r^2$ gilt

$$F = A \cdot \Delta p = A(p_a - p_i) \quad \text{und damit} \quad p_i = p_a - F/A.$$

Beträgt der Kugelradius $r = 7$ cm, dann ergibt sich $A = 150 \text{ cm}^2$ und damit

$$p_i = 1 \text{ bar} - \frac{50 \text{ kg} \cdot 10 \text{ m/s}^2}{0,015 \text{ m}^2} = (1 - 0,33) \text{ bar} = \frac{2}{3} \text{ bar}.$$

Hat der Innendruck 2/3 des Außendruckes erreicht hat, fallen die Halbkugeln auseinander.

Wie die Flüssigkeiten besitzen auch die Gase einen Schweredruck. Für die Druckabnahme Δp mit zunehmender Höhe Δh gilt

$$-\Delta p = \rho \cdot g \cdot \Delta h,$$

ρ ist dabei die Dichte des Gases.

Versuch: Ein Gefäß wie in Abb. 3.22 wird in die Höhe $h = 5$ m gezogen. Solange der Hahn offen ist, herrscht überall der gleiche Druck. Das Wassermanometer zeigt in beiden Schenkeln die gleiche Höhe an. Schließt man aber den Hahn bei $h = 5$ m und läßt das Gefäß auf $h = 0$ m herab, dann steht die linke Flüssigkeitssäule im Manometer um 0,6 cm höher als die rechte. Demnach ist unten der Außendruck um 0,6 cm Wassersäule größer als der Innendruck, der gleich dem Druck in der Höhe $h = 5$ m ist.

Für den mittleren Luftdruck in Tübingen folgt aus der Höhe $\Delta h \approx 300$ m eine Druckdifferenz gegenüber p_{NN} von $\Delta p \approx 36$ mbar. Daraus folgt:

$$p_{Tü} \approx (1013 - 36) \text{ mbar} = 977 \text{ mbar} \mathrel{\hat{\approx}} 733 \text{ Torr}.$$

Auftrieb in Luft

Da die Luft ein Gewicht hat und damit einen von der Höhe abhängigen Schweredruck besitzt, erfährt jeder Körper in ihr — genau wie in Flüssigkeiten — einen Auftrieb. Der Gewichtsverlust des Körpers ist gleich dem Gewicht der von ihm verdrängten Luft. Ein Körper ist daher in Luft immer leichter als im Vakuum!

Versuch: Unter einer Glasglocke befinden sich zwei verschieden große Körper an einer Balkenwaage im Gleichgewicht. Beim Evakuieren neigt sich die Waage auf die Seite des größeren Körpers, da dieser in Luft den größeren Auftrieb erfährt.

Barometrische Höhenformel

Will man mit dem Ausdruck $-\Delta p = \rho \cdot g \cdot \Delta h$ die Dicke der Atmosphäre berechnen, so erhält man ein falsches Ergebnis. Mit $-\Delta p = p_0$ ergibt sich ein Wert von $\Delta h \approx 8$ km. Dieses Ergebnis ist eine Folge der falschen Voraussetzung $\rho = \text{const.}$

Betrachtet man die Luft als ideales Gas (s. Kapitel 5), dann gilt das *Gesetz von Boyle-Mariotte*

$$\boxed{p \cdot V = \text{const.}}$$

Damit gilt für ein Luftvolumen V unter dem Druck p, gemessen in einer beliebigen Höhe über dem Meeresniveau, daß das Produkt $p \cdot V$ für die gleiche eingeschlossene Masse m gleich sein muß dem Produkt der entsprechenden Größen p_0 und V_0 auf Meereshöhe:

$$p \cdot V = p_0 \cdot V_0 \quad \Rightarrow \quad \frac{p \cdot V}{m} = \frac{p_0 \cdot V_0}{m}.$$

Man erhält für die Dichte

$$\boxed{\rho = \frac{\rho_0}{p_0} p.}$$

Demnach ist die Dichte der Luft proportional dem Luftdruck. Für kleine Druckabnahmen dp gilt

$$dp = -\rho \cdot g\, dh = -\frac{\rho_0}{p_0} p \cdot g\, dh.$$

Variablentrennung:

$$\frac{dp}{p} = -\frac{\rho_0}{p_0} \cdot g\, dh$$

Integration der Differentialgleichung:

$$\ln p = -\frac{\rho_0}{p_0} \cdot g \cdot h + c$$

Mit der Randbedingung, der Druck auf Meereshöhe ($h = 0$ m) sei p_0, gilt für die Integrationskonstante c: $\ln p_0 = c$. Man erhält:

$$\ln p - \ln p_0 = \ln \frac{p}{p_0} = -\frac{\rho_0}{p_0} \cdot g \cdot h \quad \text{bzw.} \quad \frac{p}{p_0} = \exp\left(-\frac{\rho_0}{p_0} \cdot g \cdot h\right)$$

$$\boxed{p(h) = p_0 \cdot \exp\left(-\frac{\rho_0}{p_0} \cdot g \cdot h\right).}$$

Man bezeichnet diesen Ausdruck als *barometrische Höhenformel*. Sie beschreibt die Abhängigkeit des Luftdruckes von der Höhe h über dem Meeresniveau. Nennt man die Höhe h, bei welcher der Luftdruck auf den halben Wert abgenommen hat, Halbwertshöhe $h_{1/2}$, so gilt:

$$p(h_{1/2}) = \frac{1}{2} p_0 = p_0 \cdot \exp\left(-\frac{\rho_0}{p_0} \cdot g \cdot h_{1/2}\right)$$

$$\text{bzw.} \quad \ln \frac{1}{2} = -\frac{\rho_0}{p_0} \cdot g \cdot h_{1/2}$$

$$\boxed{h_{1/2} = \frac{p_0 \cdot \ln 2}{\rho_0 \cdot g} \approx 5,5 \text{ km}.}$$

Mit zunehmender Höhe halbiert sich der Luftdruck alle 5,5 km!

Durch Ableitung der barometrischen Höhenformel erhält man die Steigung der Tangente bei $h = 0$ (vgl. Abb. 3.23):

$$\left.\frac{dp(h)}{dh}\right|_{h=0} = -\frac{\rho_0}{p_0} \cdot g \cdot p_0 \cdot \exp\left(-\frac{\rho_0}{p_0} \cdot g \cdot h\right)\Bigg|_{h=0} = -\rho_0 \cdot g.$$

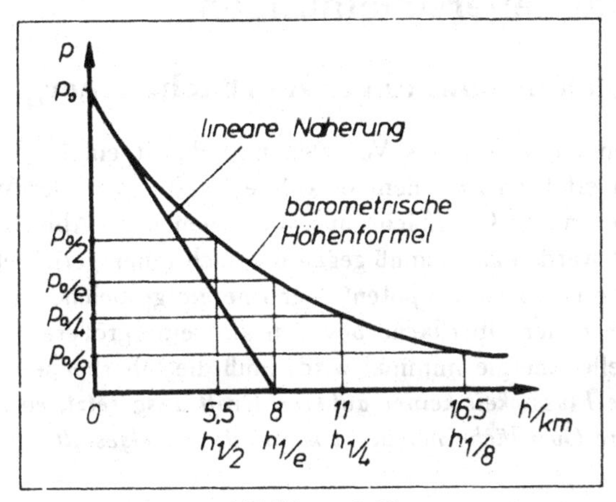

Abbildung 3.23

Damit lautet die Gleichung der Tangente $p = -\rho_0 \cdot g \cdot h + p_0$. Man sieht, daß der vorher verwendete lineare Ausdruck $-\Delta p = \rho_0 \cdot g \cdot \Delta h$ gerade dieser Tangente entspricht. Die Tangente schneidet die h-Achse ($p = 0$) bei $h = p_0/\rho_0 \cdot g \approx 8$ km in Übereinstimmung mit dem früheren Ergebnis. Durch Einsetzen dieses Wertes in die barometrische Höhenformel findet man das korrekte Ergebnis: Bei $h \approx 8$ km ist der Wert des Luftdruckes auf p_0/e abgesunken. Aus der Darstellung ersieht man, daß die lineare Näherung und die Exponentialkurve nur für kleine h-Werte zusammenfallen. Die lineare Näherung gibt deshalb den Luftdruck nur für nicht zu große Höhenunterschiede gegenüber dem Meeresniveau richtig wieder.

3.4 Oberflächenerscheinungen

3.4.1 Oberflächenspannung, Oberflächenenergie

Flüssigkeiten haben ein definiertes Volumen und damit eine definierte Oberfläche. Molküle im Innern erfahren zwischenmolekulare Kräfte (Van der Waals-Kräfte) von allen Seiten, solche an der Oberfläche nur von innen (vgl. Abb. 3.24). Damit eine Oberfläche gebildet werden kann, muß gegen die nach innen gerichteten Kräfte Arbeit geleistet werden, die in Form von potentieller Energie gespeichert wird: *Oberflächenenergie.* Moleküle an der Oberfläche besitzen also eine größere potentielle Energie. Damit die potentielle Energie minimal wird, muß die Oberfläche einen Minimalwert annehmen. *Ist eine Flüssigkeit keiner äußeren Kraft ausgesetzt, so nimmt sie die Gestalt an, bei der ihre Oberfläche möglichst klein ist: Kugelgestalt!*

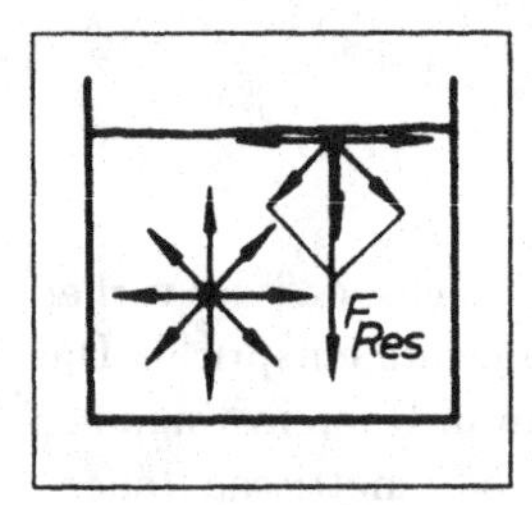

Abbildung 3.24

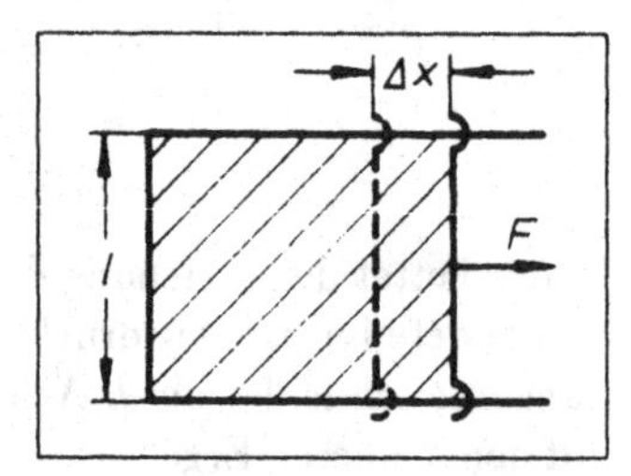

Abbildung 3.25

Versuch: Davon überzeugt man sich, indem man Öltröpfchen in eine wäßrige Flüssigkeit fallen läßt, deren Dichte gleich der des Öls ist. In ihr hebt der Auftrieb die Schwerkraft auf das Öltröpfchen auf, und es schwebt als Kugel kräftefrei. Berühren sich zwei Flüssigkeitströpfchen, so verschmelzen sie zu einer einzigen Kugel, denn das Verhältnis von vorgegebenem Volumen zur Oberfläche wird somit günstiger. Diese Beobachtung macht man auch, wenn Quecksilberperlen in eine mit Wasser gefüllte flache Schale geblasen werden. Wie folgender Versuch zeigt, muß zur Vergrößerung der Oberfläche Arbeit verrichtet, also eine Kraft aufgewendet werden.

Versuch: Auf einem U-förmigen Draht ist ein Bügel verschiebbar angebracht. Die Anordnung wird in Seifenlösung eingetaucht und zwischen Draht und Bügel eine Seifenlamelle aufgespannt (Abb. 3.25). Um durch Verschieben des Bügels eine Vergrößerung der Oberfläche der Seifenwasserlamelle zu erreichen, ist eine äußere Kraft F nötig. Nimmt man diese Kraft weg, so zieht sich die Lamelle aufgrund innerer Kräfte wieder zusammen. Die aufgewendete Arbeit ist proportional zur neugebildeten Oberfläche:

$$\Delta W = \sigma_0 \cdot \Delta A = \sigma_0 \cdot 2l \cdot \Delta x .$$

Mit $\Delta W = F \cdot \Delta x$ erhält man die aufzuwendende Kraft

$$\boxed{F = 2l \cdot \sigma_0}$$

σ_0 heißt *Oberflächenspannung* oder *spezifische Oberflächenenergie*. Sie entspricht der Arbeit, die notwendig ist, um 1 cm² neue Oberfläche zu bilden. Für die Einheit von σ_0 erhält man

$$[\sigma_0] = \left[\frac{W}{A}\right] = \left[\frac{F}{l}\right] = 1\ \mathrm{J/m^2} = 1\ \mathrm{N/m}.$$

Die Materialkonstante σ_0 kann man über die Kraft bestimmen, welche auf den Bügel wirkt.

Versuch: Ein U-förmiger Draht befindet sich in einem Wasserbehälter. An ihm ist ein am Waagebalken hängender Bügel der Länge l frei beweglich (Abb. 3.26). Durch Austarieren stellt man zunächst den Nullpunkt ein. Dann taucht man den Bügel ins Wasser und zieht ihn wieder heraus. Die Waage neigt sich auf die Seite der entstehenden Lamelle. Auf der Gegenseite werden so lange Massenstücke aufgelegt, bis deren Gewichtskraft F den Ausschlag kompensiert. Da das Gewicht der Lamelle vernachlässigt werden kann, läßt sich die Oberflächenspannung von Wasser leicht ausrechnen:

$$\sigma_{H_2O} = \frac{F}{2l} = 71 \cdot 10^{-3}\ \mathrm{N/m}.$$

Der Versuch bestätigt, daß die Kraft F nicht von der Fläche der Lamelle abhängt. Im Unterschied zur Federkraft $F = -k \cdot x$ (Hookesches Gesetz) ist hier die rücktreibende Kraft unabhängig von der Auslenkung. Mit anderen Worten: Die Arbeit, die nötig ist, um 1 cm² neue Oberfläche zu erzeugen, ist unabhängig von der Größe der schon vorhandenen Oberfläche.

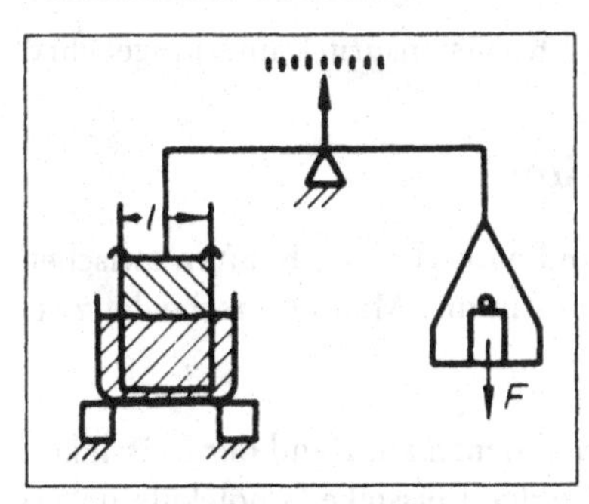

Abbildung 3.26

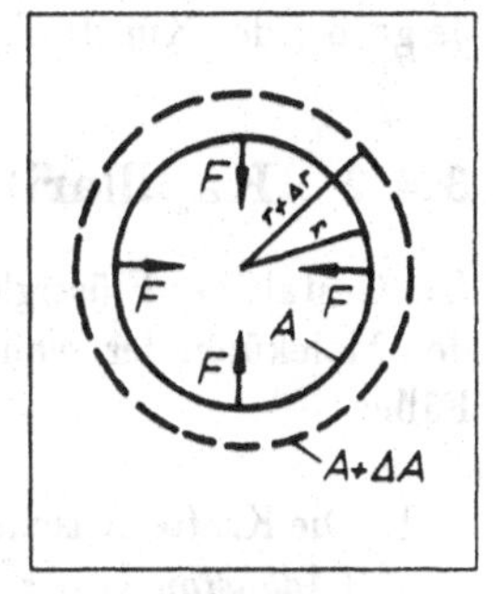

Abbildung 3.27

Geringe Verunreinigungen vermindern die Oberflächenspannung oft sehr stark. Gibt man in den Wasserbehälter beispielsweise einen Tropfen Öl oder Geschirrspülmittel, so reißt die Lamelle sofort ab. Auch durch erneutes Eintauchen und Herausziehen des Bügels läßt sich keine neue Lamelle erzeugen.

Öl hat eine geringere Oberflächenspannung als Wasser, d. h. Wasser hat eine größere Tendenz, seine Oberfläche zu verkleinern. Deshalb breitet sich das Öl als dünner Film möglichst weit auf der Wasseroberfläche aus.

Bei einem kugelförmigen Flüssigkeitsvolumen ist die resultierende Kraft F der zwischenmolekularen Kräfte an jedem Oberflächenelement auf den Mittelpunkt gerichtet. Die Kraft pro Flächeneinheit gibt den *Kohäsionsdruck* $p = F/A = F/4\pi r^2$ an.

Um den Zusammenhang zwischen Kohäsionsdruck und Oberflächenspannung zu finden, nimmt man eine Vergrößerung des Kugelradius r um Δr und damit eine Vergrößerung der Kugeloberfläche A um ΔA an (Abb. 3.27):

$$\Delta A = 4\pi(r + \Delta r)^2 - 4\pi r^2.$$

Handelt es sich um relativ kleine Vergrößerungen, so kann man in erster Näherung $4\pi\Delta r^2$ vernachlässigen und schreiben: $\Delta A = 8\pi r \cdot \Delta r$. Aus der Definition der Oberflächenspannung folgt:

$$\Delta W = \sigma_0 \cdot \Delta A = 8\pi\sigma_0 r \cdot \Delta r.$$

Die Arbeit läßt sich aber auch über die Kraft und den Kohäsionsdruck ausdrücken:

$$\Delta W = F \cdot \Delta r = p \cdot A \cdot \Delta r = 4\pi \cdot p \cdot r^2 \cdot \Delta r.$$

Damit lautet der gesuchte Zusammenhang für den Kohäsionsdruck

$$\boxed{p = 2 \cdot \frac{\sigma_0}{r}.}$$

Je größer der Kugelradius wird, desto geringer ist der Kohäsionsdruck und umgekehrt.

3.4.2 Kapillarität, Kohäsion, Adhäsion

Die Gestalt der Flüssigkeitsoberfläche nahe einer Wand wird von den Kräften zwischen den Molekülen der Wand und denen der Flüssigkeit bestimmt. Man unterscheidet zwei Fälle:

1. Die Kräfte zwischen den Molekülen der Wand und denen am Rand der Flüssigkeit (*Adhäsionskräfte* F_A) sind größer als die Kräfte der Flüssigkeitsmoleküle untereinander (*Kohäsionskräfte* F_K). Es erfolgt eine Benetzung der Gefäßwand (z. B. Wasser–Glas; vgl. Abb. 3.28).

2. Im umgekehrten Fall sind die Kohäsionskräfte stärker als die Adhäsionskräfte. Nun erfolgt keine Benetzung der Gefäßwand (z. B. Quecksilber–Glas; vgl. Abb. 3.29).

Die Flüssigkeitsoberfläche steht immer senkrecht auf der Resultierenden ($\vec{F}_R = \vec{F}_A + \vec{F}_K$).

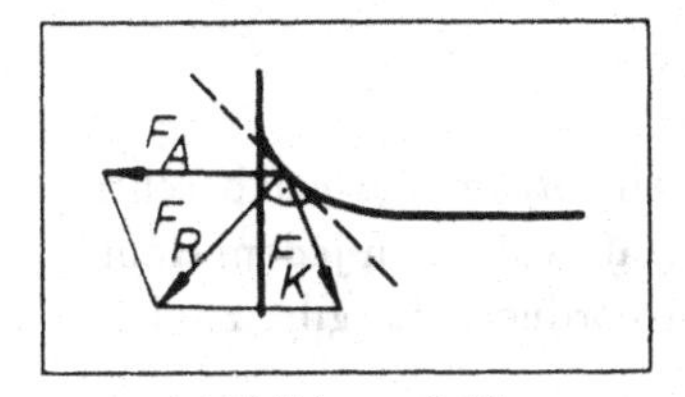

Abbildung 3.28

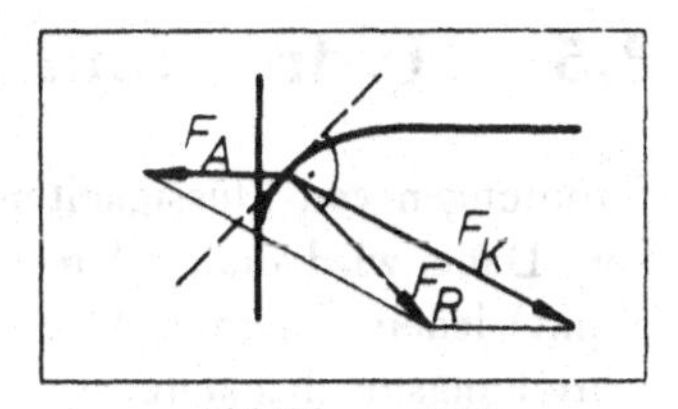

Abbildung 3.29

Kapillarkompression heißt die Erscheinung, daß benetzende Flüssigkeiten in dünnen Kapillaren höher stehen als in dickeren. Umgekehrt stehen nichtbenetzende Flüssigkeiten in dünneren Kapillaren nicht so hoch wie in dickeren (*Kapillardepression*).
Die Kapillarität bedeutet natürlich eine Einschränkung des Gesetzes der kommunizierenden Röhren. Dieses Gesetz gilt also bei kleinen Querschnitten nur, wenn alle den gleichen Radius haben! Aus der Oberflächenspannung σ_0 kann man die Steighöhe h einer benetzenden Flüssigkeit in einem engen Rohr mit dem Radius r berechnen. Die Flüssigkeitssäule steigt so lange, bis sich der Kohäsionsdruck und der Schweredruck kompensieren.

$$p_{\text{Koh}} = 2 \cdot \frac{\rho_0}{r} = \rho \cdot g \cdot h = p_{\text{Schwere}}$$

Für die *Steighöhe* gilt

$$\boxed{h = 2 \cdot \frac{\sigma_0}{\rho \cdot g \cdot r}.}$$

3.5 Hydro- und Aerodynamik

Strömungen von Flüssigkeiten und Gasen werden durch ein *Strömungsfeld* beschrieben. Dabei wird analog dem Kraftfeld (Zuordnung eines Kraftvektors zu jedem Raumpunkt) jedem Raumpunkt ein Geschwindigkeitsvektor zugeordnet. Es gibt zwei Beschreibungsmöglichkeiten:

1. Verfolgung der Bahn eines Massenpunktes mit fortschreitender Zeit (*Stromfaden*)

2. Beobachtung der momentanen Geschwindigkeit aller Massenpunkte und Darstellung in einem Geschwindigkeitsfeld. Die Hintereinanderreihung aller momentanen Geschwindigkeitsvektoren ergibt die sogenannten *Stromlinien.* Tangenten an diese Stromlinien geben die augenblickliche Strömungsrichtung an.

Ist die Geschwindigkeit der Strömung an einem gegebenen Ort zeitlich konstant, so spricht man von einer *stationären Strömung.* Bei dieser Strömungsart sind Stromfäden und -linien identisch. Zeichnet man durch die senkrecht zur Stromlinienrichtung gestellte Einheitsfläche so viele Stromlinien wie die Maßzahl der Geschwindigkeit angibt, dann liefert diese Stromliniendichte ein anschauliches Bild von der Geschwindigkeitsverteilung in der Flüssigkeit: Je enger die Stromlinien sich an einem Ort zusammendrängen, desto größer ist dort die Strömungsgeschwindigkeit (vgl. Abb. 3.30).

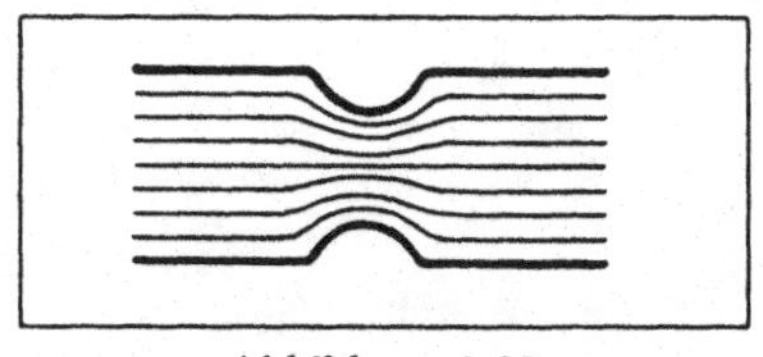

Abbildung 3.30

Zunächst betrachten wir idealisierte Strömungsvorgänge von Flüssigkeiten und Gasen unter Vernachlässigung aller Reibungskräfte: Strömungsverhalten idealer Flüssigkeiten. Diese Bezeichnung schließt das Strömungsverhalten von Gasen unter Vernachlässigung der inneren Reibung mit ein, da eine Verwechslung mit dem Begriff „ideales Gas“ vermieden werden soll. Dieser Begriff stammt aus der Wärmelehre und hat nichts mit Strömungen zu tun.

3.5.1 Strömungen idealer Flüssigkeiten

Es wird ein Rohr mit konstantem Querschnitt A betrachtet, durch das eine inkompressible, ideale Flüssigkeit strömt (Abb. 3.31). Das Flüssigkeitsvolumen, welches in der

Zeiteinheit durch die Querschnittsfläche strömt, wird als *Volumenstromstärke*

$$\boxed{I = \frac{dV}{dt}}$$

bezeichnet ($[I] = 1\ \mathrm{m}^3/\mathrm{s}$). Aus dieser Definition folgt:

$$I = \frac{dV}{dt} = A \cdot \frac{dx}{dt} = A \cdot v.$$

Die Flüssigkeitsmenge, die an einem Ende in eine Röhre eintritt, muß sie am anderen

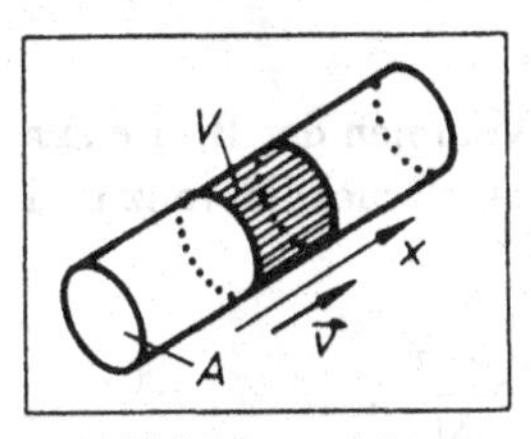

Abbildung 3.31

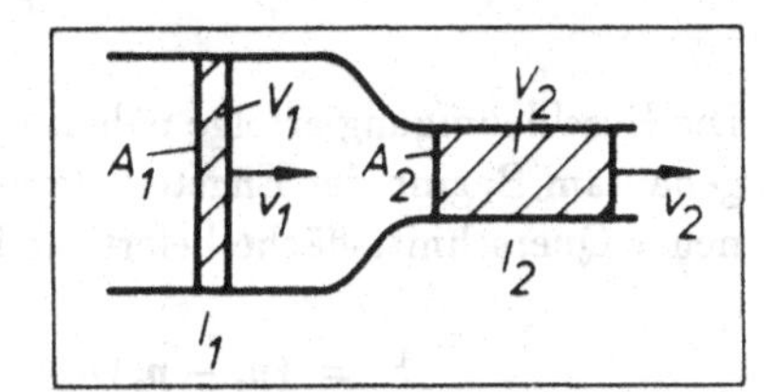

Abbildung 3.32

Ende auch wieder verlassen. Verengt sich eine Stromröhre, muß durch jeden Querschnitt in der Zeiteinheit das gleiche Flüssigkeitsvolumen bewegt werden, da Flüssigkeiten so gut wie inkompressibel sind (Abb. 3.32). Dann gilt:

$$V_1 = V_2 \quad \Rightarrow \quad \frac{V_1}{t} = \frac{V_2}{t} \quad \Rightarrow \quad I_1 = I_2.$$

Dies ist nur möglich, wenn die Flüssigkeit im engen Rohrteil schneller strömt als im weiten, da wegen $I_1 = I_2$ das in der Zeiteinheit durchlaufene Volumen an jeder Stelle den gleichen Wert hat. Hieraus folgt die *Kontinuitätsgleichung*

$$\boxed{A_1 \cdot v_1 = A_2 \cdot v_2.}$$

Solange die Strömungsgeschwindigkeit klein gegen die Schallgeschwindigkeit ist, kann man auch Gasströmungen oft näherungsweise als inkompressibel betrachten. Dann gilt für sie ebenfalls die Kontinuitätsgleichung.

Die Gleichung von Daniel Bernoulli (1700–1782):
Verengt sich das Rohr, so wird die Geschwindigkeit der durchströmenden Flüssigkeit größer. Es muß also an der Engstelle eine Beschleunigung erfolgen. Da Reibungskräfte zu vernachlässigen sind, kann bei horizontalem Rohr für diese Beschleunigung nur eine Druckdifferenz verantwortlich sein. Daraus folgt qualitativ sofort: Dort, wo die Flüssigkeit schneller fließt, muß der Druck kleiner sein als dort, wo sie langsamer fließt. Den quantitativen Zusammenhang liefert die folgende Überlegung.

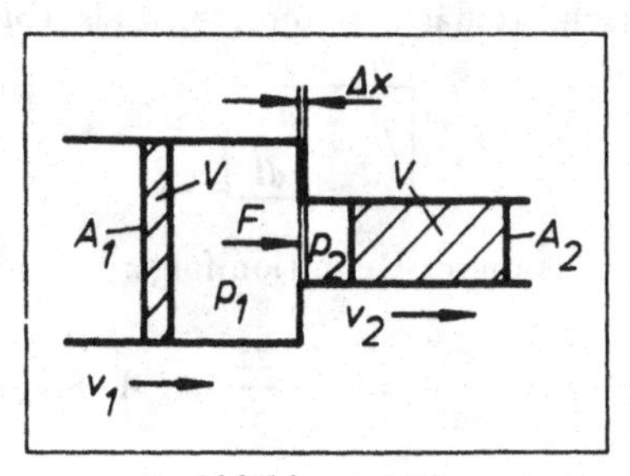

Abbildung 3.33

Die Beschleunigung erfolge näherungsweise in einem schmalen Volumen der Breite Δx genau am Beginn der Engstelle (vgl. Abb. 3.33). Das Produkt aus Druckdifferenz und neuer Querschnittsfläche liefert die beschleunigende Kraft:

$$F = (p_1 - p_2)A_2 = m \cdot a = m \cdot \frac{\Delta v}{\Delta t} = m \cdot \frac{v_2 - v_1}{\Delta t}.$$

m ist die Masse der im Teilvolumen $A_2 \cdot \Delta x$ enthaltenen Flüssigkeit.

$$F = (p_1 - p_2) \cdot A_2 = \rho \cdot A_2 \cdot \Delta x \cdot \frac{v_2 - v_1}{\Delta t} = \rho \cdot A_2(v_2 - v_1) \cdot \frac{\Delta x}{\Delta t}$$

Der Quotient $\Delta x/\Delta t$ stellt die mittlere Geschwindigkeit $(v_1 + v_2)/2$ im Beschleunigungsgebiet dar. Nach Einsetzen erhält man:

$$p_1 - p_2 = \frac{\rho}{2}(v_2^2 - v_1^2) \quad \text{bzw.} \quad p_1 + \frac{\rho}{2}v_1^2 = p_2 + \frac{\rho}{2}v_2^2.$$

Überall innerhalb einer strömenden, idealen, inkompressiblen Flüssigkeit gilt:

$$\boxed{p + \frac{\rho}{2}v^2 = \text{const.} = p_{\text{tot}}.}$$

Dies ist die *Bernoulli-Gleichung.* Die Summe aus dem „statischen Druck“ p und dem „Staudruck“ $\rho v^2/2$ ist an jedem Ort der Strömung konstant und gleich dem Gesamtdruck p_{tot}. An Stellen, an denen der statische Druck groß ist, muß die Geschwindigkeit und damit der Staudruck klein sein und umgekehrt.

Wird die Bernoulli-Gleichung mit dem Volumen V durchmultipliziert, so erhält man

$$p \cdot V + \frac{m}{2}v^2 = E_{\text{tot}} = \text{const.}$$

Dies ist nichts anderes als der Energieerhaltungssatz! Bei idealen Flüssigkeiten wird Volumenarbeit $p \cdot V$ in Beschleunigungsarbeit überführt; dies bewirkt eine Zunahme der kinetischen Energie.

In der Hydrostatik (Abschnitt 3.3.3) haben wir festgestellt, daß in kommunizierenden Röhren alle Flüssigkeitsspiegel gleich hoch stehen (hydrostatisches Paradoxon, Abb. 3.34). Führt man einen analogen Versuch in der Hydrodynamik idealer Flüssigkeiten durch, so läßt sich der statische Druck mit Hilfe von aufgesetzten Flüssigkeitsmanometern an jeder beliebigen Stelle direkt anzeigen. Hat das Rohr konstanten Querschnitt, so ist die Strömungsgeschwindigkeit und damit der Druck überall derselbe. Die Flüssigkeitsspiegel in den Manometern stehen gleich hoch, da die Höhe der Flüssigkeitssäule dem statischen Druck proportional ist. Ist die Röhre jedoch an einer

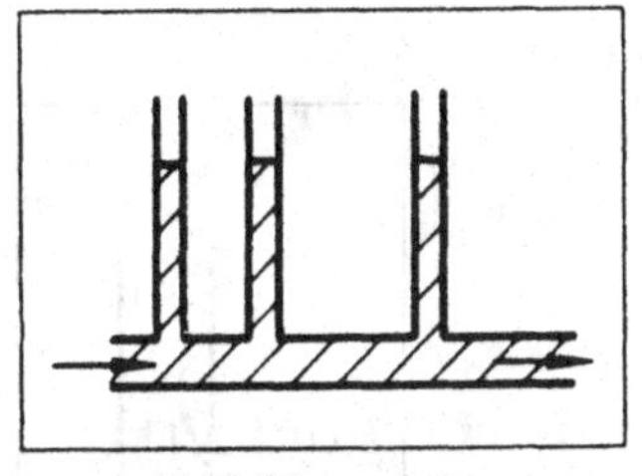

Abbildung 3.34

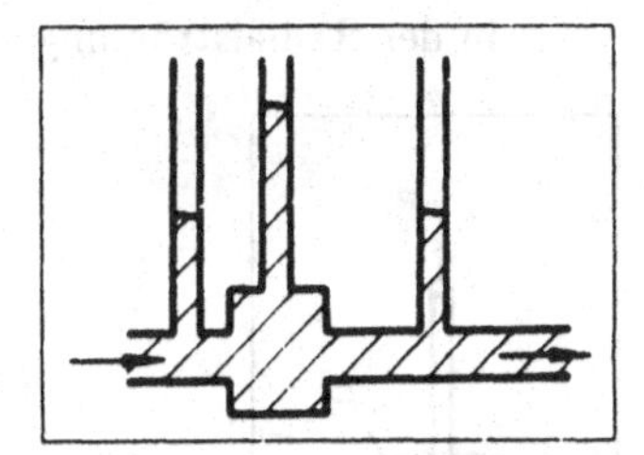

Abbildung 3.35

Stelle ausgebaucht, dann muß hier die Strömungsgeschwindigkeit kleiner, der statische Druck also größer sein. Diese im Experiment bestätigte Tatsache (vgl. Abb. 3.35) wird als das *hydrodynamische Paradoxon* idealer Flüssigkeiten bezeichnet. Bei strömenden Gasen macht man die gleiche Beobachtung.

Da eine Querschnittsverkleinerung zu einer Vergrößerung der Strömungsgeschwindigkeit und damit zu einem Anstieg des Staudruckes führt, wird durch einen Querschnittsverkleinerung ein statischer Unterdruck erzeugt. Hierzu folgende Versuche:

1. Strömt ein Gas durch ein Gefäß mit sich änderndem Querschnitt, so lassen sich die Druckverhältnisse durch U-Rohr-Manometer anzeigen (Abb. 3.36). Bei al-

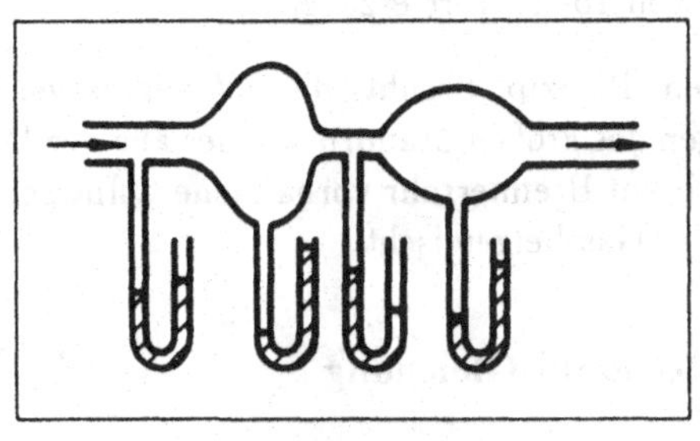

Abbildung 3.36

len U-Rohren wirkt auf den rechten Flüssigkeitsspiegel der äußere Luftdruck.

Aufgrund der hohen Strömungsgeschwindigkeit an der Engstelle wird ein Unterdruck erzeugt. Deshalb steht der Flüssigkeitsschenkel auf der linken Seite dieses U-Rohres höher als auf der rechten. Die anderen Manometer zeigen je nach Querschnitt des Gefäßes einen Überdruck gegenüber dem äußeren Luftdruck an.

2. Aus einem Rohr, das an einem Ende einen kreisförmigen Flansch P_1 trägt, strömt eine Flüssigkeit oder ein Gas aus. Durch eine davorgehaltene Platte wird das strömende Medium seitlich abgelenkt. Überraschenderweise wird P_2 i. a. nicht abgestoßen, sondern angezogen (Abb. 3.37). Verantwortlich ist der Unterdruck in der Radialströmung.

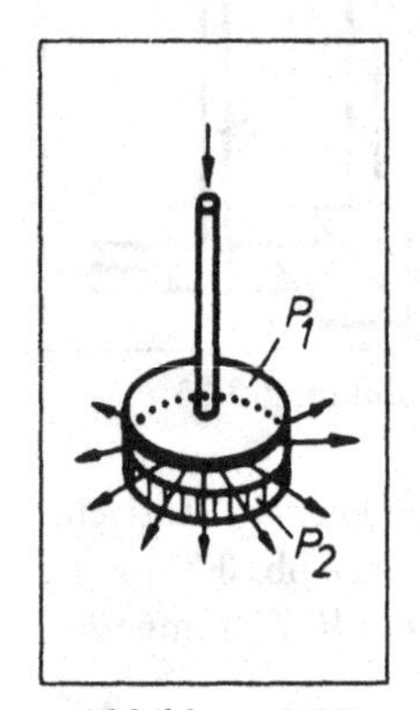

Abbildung 3.37

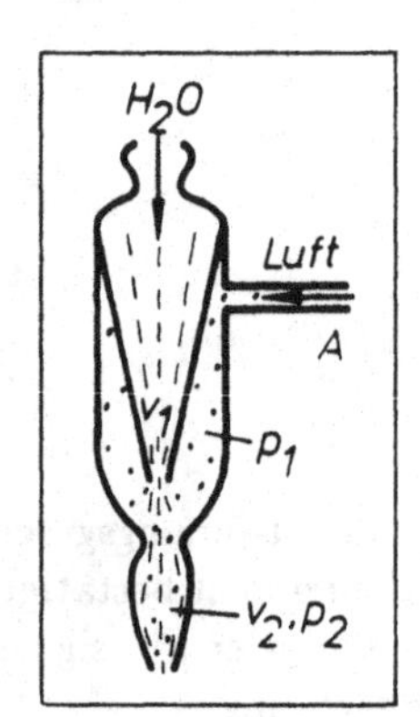

Abbildung 3.38

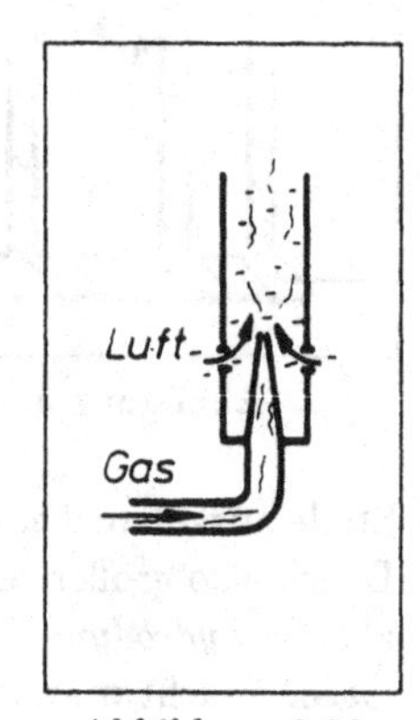

Abbildung 3.39

3. In der Wasserstrahlpumpe (Abb. 3.38) strömt das Wasser mit der Geschwindigkeit v_1 durch eine Düse. Der im Innern entstehende statische Druck p_1 ist kleiner als der Außendruck p_2, welcher der geringeren Strömungsgeschwindigkeit v_2 entspricht. Infolgedessen wird aus einem seitlich (A) angeschlossenen Gefäß die Luft abgesaugt und vom Wasserstrahl mitgerissen. Mit der Wasserstrahlpumpe kann man ein Vakuum von 15–20 Torr erzeugen.

4. Auf dem gleichen Prinzip beruht die Wirkungsweise des Bunsenbrenners (Abb. 3.39): Wegen des großen Staudruckes des aus der Düse austretenden Gases wird durch seitlich am Brennerrohr vorhandene Öffnungen die Verbrennungsluft angesaugt und dem Gas beigemischt.

Anwendungen der Bernoulli-Gleichung

1. Das *Prandtlsche Staurohr* (Abb. 3.40) dient zur direkten Messung der Differenz zwischen Gesamtdruck und statischem Druck, also dem Staudruck. In der Symmetrieachse eines Stromlinienkörpers, in welcher sich die Strömung gerade teilt, ist die Strömungsgeschwindigkeit Null. Der dann an der Stelle 1 herrschende,

auf den rechten Manometerschenkel übertragene Druck p_1 ist gleich dem Gesamtdruck p_{tot}. Der an der seitlichen Öffnung (2) gemessene statische Druck $p_2 = p_{tot} - \rho v^2/2$ wirkt auf den linken Manometerschenkel.

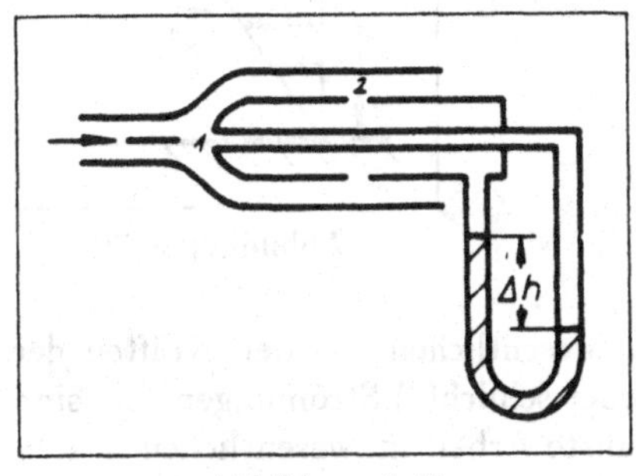

Abbildung 3.40

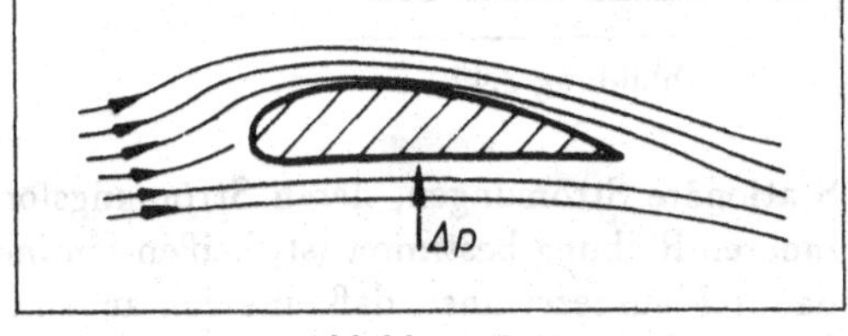

Abbildung 3.41

Die Druckdifferenz $\Delta p = p_1 - p_2 = \rho v^2/2$ wird durch den hydrostatischen Druck der Manometerflüssigkeit kompensiert. Aus diesem Grund ist die Höhendifferenz Δh ein direktes Maß für das Quadrat der Strömungsgeschwindigkeit. Dabei ist es gleichgültig, ob das Staurohr ruht und das Gas sich mit v bewegt oder umgekehrt.

Das Staurohr wurde deshalb in Flugzeugen zur Bestimmung der Fluggeschwindigkeit relativ zur umgebenden Luft verwendet.

2. *Dynamischer Auftrieb* bei Flugzeugtragflächen: Ein Tragflächenprofil hat näherungsweise die Form eines langgezogenen Tropfens (Abb. 3.41). Wird eine horizontal liegende Tragfläche horizontal angeströmt, so ist die Strömung an der Oberseite der Tragfläche etwas größer als an der Unterseite, d. h. die Strömungsgeschwindigkeit ist oben etwas größer als unten. Es entsteht an der Oberseite ein statischer Unterdruck gegenüber der Unterseite. Dies führt zu einem dynamischen Auftrieb der Tragfläche.

3.5.2 Laminare Strömungen

Versuch: Läßt man eine Flüssigkeit (v = const.) durch ein horizontales Rohr mit konstantem Querschnitt strömen, so müßte nach Bernoulli der statische Druck überall derselbe sein. Das bedeutet, daß zum Durchströmen eines derartigen Rohres keine Druckdifferenz zwischen den Enden notwendig ist. Diese Aussage widerspricht jeglicher Erfahrung.

In der Tat stellt man durch Anbringen einfacher Flüssigkeitsmanometer an verschiedenen Stellen des Rohres fest, daß der statische Druck längs des Rohres linear abnimmt (vgl. Abb. 3.42). Zur Aufrechterhaltung der Strömung ist ein Druckgefälle zwischen den Rohrenden erforderlich; es dient zur Überwindung von Reibungskräften.

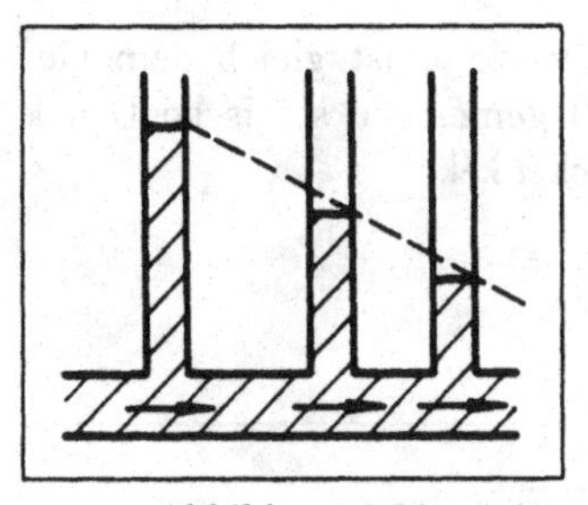

Abbildung 3.42

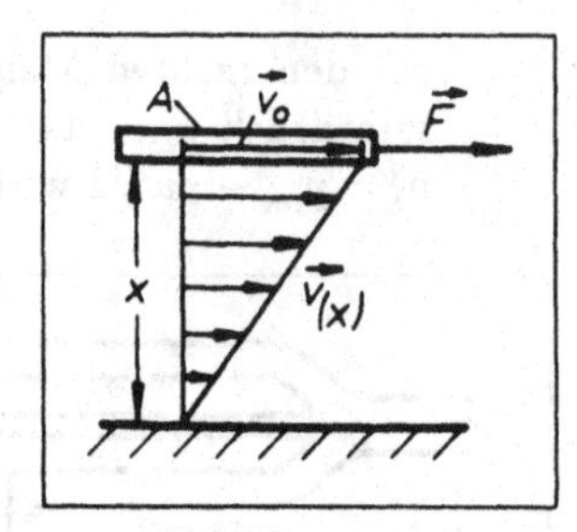

Abbildung 3.43

Stationäre Strömungen, deren Strömungsform im wesentlichen von den Kräften der inneren Reibung bestimmt ist, heißen *laminare* (oder schlichte) Strömungen Sie sind dadurch ausgezeichnet, daß eine von außen zugeführte Arbeit im wesentlichen in Reibungsarbeit (und damit in Wärme) umgesetzt wird. In bezug auf die Berücksichtigung der Reibung stellen laminare Strömungen gegenüber den Strömungen idealer Flüssigkeiten den anderen Extremfall dar. Beide Strömungsformen gehören zu den stationären Strömungen.

Versuch: Zwischen einem festen Boden und einer beweglichen Platte (Fläche A) befinde sich eine Flüssigkeitsschicht der Dicke x (Abb. 3.43). Da die am Boden und an der Platte angrenzenden Flüssigkeitsschichten an diesen haften, bildet sich beim Bewegen des Brettes ein Geschwindigkeitsgefälle dv/dx aus: Die Flüssigkeit ist in übereinanderliegende Schichten unterschiedlicher Geschwindigkeit aufgeteilt, wobei jeweils die obere Schicht eine höhere Geschwindigkeit besitzt als die darunterliegende. Diese Strömungsform ist auf die „innere Reibung" zwischen den einzelnen Flüssigkeitsschichten zurückzuführen. *Es handelt sich also nicht um die Reibung zwischen festen und flüssigen Körpern!*

Um zwei Flüssigkeitsschichten mit unterschiedlicher Geschwindigkeit aufeinander gleiten zu lassen, ist zur Überwindung der inneren Reibung eine Kraft nötig, die proportional der Berührungsfläche der beiden Schichten und proportional der Geschwindigkeitsänderung in x-Richtung ist:

$$F = \eta \cdot A \cdot \frac{\Delta v}{\Delta x} \quad \Rightarrow \quad F = \eta \cdot A \cdot \frac{dv}{dx}.$$

Der Proportionalitätsfaktor η heißt *Zähigkeit* oder *Viskosität* der Flüssigkeit.

$$[\eta] = \left[\frac{F \cdot \Delta x}{A \cdot \Delta v}\right] = 1\,\frac{\mathrm{N \cdot s}}{\mathrm{m^2}} = 10\ \mathrm{P\ (Poise)}$$

Die Kraft, die man aufwenden muß, um die Platte mit der Fläche A an der Oberfläche entlangzuziehen, ist demnach ebenfalls

$$\boxed{F = \eta \cdot A \cdot \frac{dv}{dx},}$$

wobei dv/dx das Geschwindigkeitsgefälle in der Flüssigkeit unterhalb der Platte darstellt. Im Sonderfall eines linearen Geschwindigkeitsgefälles $\Delta v/\Delta x = v_0/x$ (Abb. 3.43) lautet die Kraftgleichung

$$\boxed{F = \eta \cdot A \cdot \frac{v_0}{x},}$$

wobei x den Abstand zwischen Boden und Flüssigkeitsoberfläche beschreibt. Man bezeichnet diese Beziehung auch als *Newtonsche Gleichung*.
Die Zahlenwerte von η sind tabelliert. η nimmt bei Flüssigkeiten mit steigender Temperatur sehr stark ab. Auch Gase besitzen eine allerdings viel geringere Zähigkeit, welche jedoch mit steigender Temperatur zunimmt!

Das Hagen-Poiseuillesche Gesetz

Man betrachtet eine Röhre, durch die eine Flüssigkeit laminar strömt. Die Flüssigkeit kann man sich aus dünnen „Stromröhren" aufgebaut denken. Die äußerste Stromröhre soll fest an der Wand haften. Der Flüssigkeitsfaden in der Mitte hat die größte Geschwindigkeit. Es stellt sich im Längsschnitt ein parabelförmiges Geschwindigkeitsprofil ein (Abb. 3.44). Man beobachtet in diesem Fall nicht nur ein Geschwindigkeitsgefälle

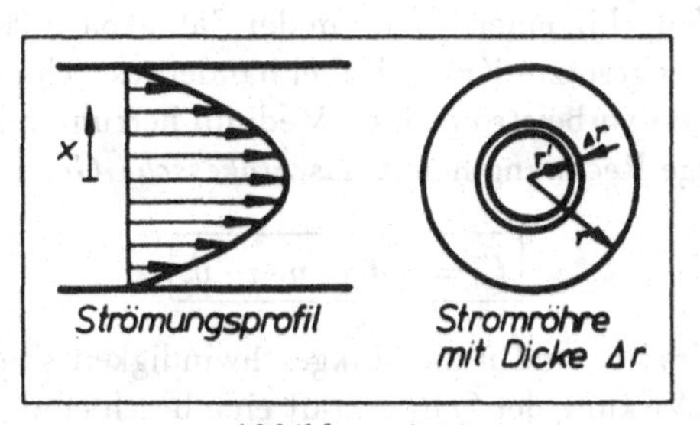

Abbildung 3.44

längs einer einzelnen Richtung $\vec{x}$, sondern längs jedes Radiusvektors $\vec{r}$. Die Volumenstromstärke $I = dV/dt$ ist proportional dem Druckgefälle Δp zwischen den Enden des Rohres: $I \sim \Delta p$.
Mit dem *Strömungswiderstand*

$$\boxed{R = \frac{8\pi \cdot \Delta l}{A^2} \cdot \eta} \qquad [R] = 1\,\frac{\mathrm{N \cdot s}}{\mathrm{m^5}}$$

ergibt sich das *Hagen-Poiseuillesche Gesetz*

$$\boxed{I = \frac{\Delta p}{R} = \frac{A^2}{8\pi\eta} \cdot \frac{\Delta p}{\Delta l}} \qquad [I] = \left[\frac{\Delta p}{R}\right] = \left[\frac{V}{t}\right] = 1\,\frac{\mathrm{m^3}}{\mathrm{s}}$$

mit dem Rohrquerschnitt A und dem Druckabfall pro Längeneinheit $\Delta p/\Delta l$. Es ergeben sich folgende Analogien zum elektrischen Gleichstrom (vgl. Band II):

1. Die ganze gegen den Strömungswiderstand R geleistete Arbeit wird in Wärme umgewandelt.

2. Bei einer Hintereinanderschaltung von Strömungswiderständen erhält man für den Gesamtwiderstand
$$R_{ges} = R_1 + R_2 + \ldots$$

3. Bei einer Parallelschaltung erhält man für den Kehrwert des Gesamtwiderstandes
$$\frac{1}{R_{ges}} = \frac{1}{R_1} + \frac{1}{R_2} + \ldots$$

Man beachte jedoch den Unterschied:

$$R_{elektr.} \sim \frac{1}{A} \sim \frac{1}{r^2} \qquad R_{Strömung} \sim \frac{1}{A^2} \sim \frac{1}{r^4}.$$

Das Gesetz von Stokes

Läßt man eine kleine Kugel in einem Medium der Zähigkeit η fallen, so erfährt sie eine der Schwerkraft entgegengesetzte Kraft. Dabei handelt es sich um die vom Strömungswiderstand der Kugel im vorbeiströmenden Medium herrührende Reibungskraft. Eine genaue, sehr aufwendige Rechnung liefert das *Stokessche Gesetz*

$$\boxed{\vec{F} = -6\pi \cdot \eta \cdot r \cdot \vec{v},}$$

wobei der r der Kugelradius und $\vec{v}$ die Sinkgeschwindigkeit sind. Während die Kugel am Anfang unter der Wirkung der Schwerkraft eine beschleunigte Bewegung ausführt, stellt sich nach dem Erreichen der Sinkgeschwindigkeit $\vec{v}$ ein Gleichgewichtszustand zwischen Reibungskraft und Schwerkraft ein: $m \cdot \vec{g} = 6\pi \cdot \eta \cdot r \cdot \vec{v}$. Die Kugel sinkt dann mit konstanter Geschwindigkeit $\vec{v}$, weil die Summe aller auf sie einwirkenden Kräfte und damit auch die Beschleunigung verschwindet. Ein Beispiel dafür sind Schwebeteilchen in Wasser oder Luft. Die gleiche Reibungskraft erfährt selbstverständlich eine ruhende Kugel, die von einer Flüssigkeit umströmt wird.

Sowohl das Hagen-Poiseuillesche als auch das Stokessche Gesetz können zur Messung der Zähigkeit η dienen (Kapillarviskosimeter, Kugelfallmethode).

3.5.3 Strömungen realer Flüssigkeiten

Bei *idealen Flüssigkeiten* wird die gesamte von außen zugeführte Arbeit in Beschleunigungsarbeit überführt. Eine Druckdifferenz im Rohr führt also ausschließlich zu einer Veränderung der kinetischen Energie der Flüssigkeit. Der Einfluß der Zähigkeit η wird in der rechnerischen Behandlung vernachlässigt. *Laminare Strömungen* zeichnen sich dadurch aus, daß die Druckdifferenz im Rohr (äußere Arbeit) lediglich zur Überwindung der inneren Reibung (⇒ Reibungswärme) notwendig ist.

Experimentell beobachtet man laminare Strömungen bei kleinen Werten des Quotienten v/η. Mit zunehmender Strömungsgeschwindigkeit v geht die laminare Strömung in eine nichtstationäre, turbulente Strömung über, bei der Wirbel entstehen und wieder vergehen können. Man nennt diese Strömungsformen *Strömungen realer Flüssigkeiten.* Eine rechnerische Behandlung der beobachteten Vorgänge ist außerordentlich schwierig. Die folgenden Betrachtungen ermöglichen deshalb lediglich eine Klassifikation der auftretenden Strömungsformen. Sie führen auf den Begriff der endlichen Grenzschichtdicke D und machen plausibel, wie es zu einer Wirbelbildung in strömenden Flüssigkeiten kommen kann.

Dazu folgendes Gedankenexperiment: Mit Hilfe einer Kraft F, die zur Überwindung der inneren Reibung notwendig ist, wird ein dünnes Brett so in eine reale Flüssigkeit eingetaucht, daß sich eine konstante Sinkgeschwindigkeit v_0 und ein — im Idealfall lineares — Geschwindigkeitsgefälle dv/dx zu beiden Seiten des Brettes (⇒ Faktor 2) ergibt (Abb. 3.45). Mit der Reibungskraft

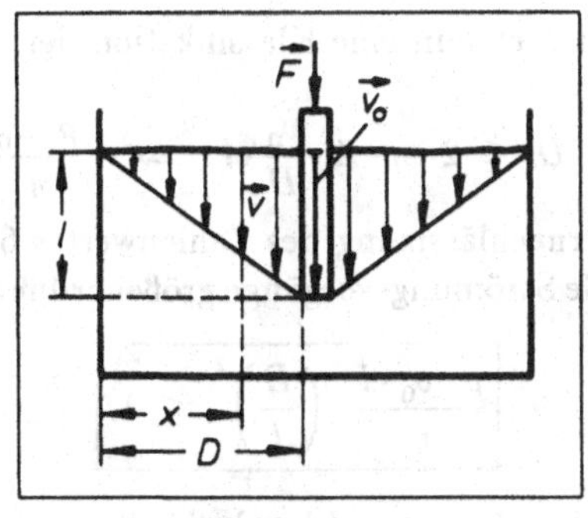

Abbildung 3.45

$$F_R = 2 \cdot \eta \cdot A \cdot \frac{v_0}{D}$$

erhält man die *Reibungsarbeit*

$$\boxed{W_R = F_R \cdot l = 2 \cdot \eta \cdot A \cdot \frac{v_0}{D} \cdot l.}$$

A ist dabei die eingetauchte Seitenfläche des Brettes und l die Eintauchtiefe. Andererseits wird Flüssigkeit in Bewegung gesetzt, wofür die *Beschleunigungsarbeit*

$$W_B = 2 \int_V \frac{\rho}{2} \cdot v^2 \, dV$$

aufgewandt werden muß (ρ ist die Dichte der Flüssigkeit). Mit $v/v_0 = x/D$ und $dV = A\,dx$ ergibt sich

$$W_B = 2\int_0^D \frac{\rho}{2}\cdot\frac{v_0^2}{D^2}\cdot A\cdot x^2\,dx$$

bzw.

$$\boxed{W_B = \frac{1}{3}\cdot\rho\cdot v_0^2\cdot A\cdot D.}$$

Für den Grenzfall $D \to \infty$ ergibt sich eine Schwierigkeit: Während die Reibungsarbeit W_R verschwindet — was sich verstehen läßt, da benachbarte Flüssigkeitsschichten für $D \to \infty$ nur beliebig geringe Geschwindigkeitsunterschiede aufweisen, also wegen $F \sim dv/dx$ auch die Kraft F_R beliebig klein wird —, steigt die Bewegungsenergie W_B auf beliebig große Werte an: $W_B \to \infty$.

Der Grenzfall $D \to \infty$ tritt also in Wirklichkeit nicht ein. Es wird sich stets eine *endliche Grenzschichtdicke* D so einstellen, daß

$$\boxed{W_B \leq W_R}$$

gilt. Diese Bedingung gestattet nun eine Klassifikation der verschiedenen Strömungsformen:

$$\frac{1}{3}\cdot\rho\cdot v_0^2\cdot A\cdot D \leq 2\cdot\eta\cdot A\cdot\frac{v_0}{D}\cdot l \quad\Rightarrow\quad \frac{\rho\cdot v_0}{\eta}\cdot\frac{D^2}{l} \leq 6.$$

Erweiterung mit l und Vernachlässigung des Zahlenwertes 6 ergibt eine Verknüpfung von Konstanten, die für alle Strömungsvorgänge größenordnungsmäßig erfüllt sein muß:

$$\boxed{\frac{\rho\cdot v_0\cdot l}{\eta}\cdot\left(\frac{D}{l}\right)^2 \leq 1.}$$

$(D/l)^2$ ist eine dimensionslose Größe und hat lediglich geometrische Bedeutung.

$$\boxed{Re = \frac{\rho\cdot v_0\cdot l}{\eta}}$$

ist die *Reynolds-Zahl* (Osborne Reynolds, 1842–1912). Sie ist ebenfalls dimensionslos und verbindet vier Konstanten miteinander, die die Eigenschaften der Flüssigkeit (ρ, η), der Strömung (v_0) und des eintauchenden Körpers (l) beschreiben.

Die einzelnen Strömungsformen lassen sich nun einteilen nach der Größe der Reynolds-Zahl Re:

1. $Re \ll 1 \Rightarrow D/l \gg 1$: Die Grenzschichtdicke ist groß gegenüber der Linearausdehnung des eintauchenden Körpers; damit herrscht ein geringes Geschwindigkeitsgefälle in der Grenzschicht. Das ist die Voraussetzung für die Ableitung der Newtonschen Gleichung: laminare Strömungen.

2. *Re* steigt an, d. h. ρ, l, v_0 steigen und η sinkt. Folge: D/l nimmt ab. Man erhält Grenzschichtdicken von der Größenordnung der Linearausdehnung des eintauchenden Körpers ($D/l \approx 1$).

3. $Re \gg 1$ ($Re \approx Re_{krit} = 1200$) $\Rightarrow$ $D/l \ll 1$. Es ergibt sich ein großes Geschwindigkeitsgefälle, das zur Entstehung von Wirbeln und damit zu einer turbulenten Strömung führt.

4. $Re \to \infty$, d. h. $\eta \to 0$ bzw. $D/l \to 0$ und damit auch $D \to 0$. Die Grenzschicht verschwindet, es gibt keinen Bereich mit innerer Reibung. Demnach gelten die Strömungsgesetze einer idealen Flüssigkeit.

Es bleibt noch zu klären, wie es im Fall 3. zur Wirbelbildung kommt. Dazu wird die Umströmung eines kugelförmigen Körpers betrachtet.
Vor und weit hinter dem umströmten Körper ist die Strömungsgeschwindigkeit und deshalb nach Bernoulli auch der statische Druck ungefähr gleich. Seitlich sind Strömungsgeschwindigkeit und Staudruck größer, was zu einer Erniedrigung des statischen Druckes führt (vgl. Abb. 3.46). Ein Flüssigkeitsteilchen muß deshalb auf seinem Weg

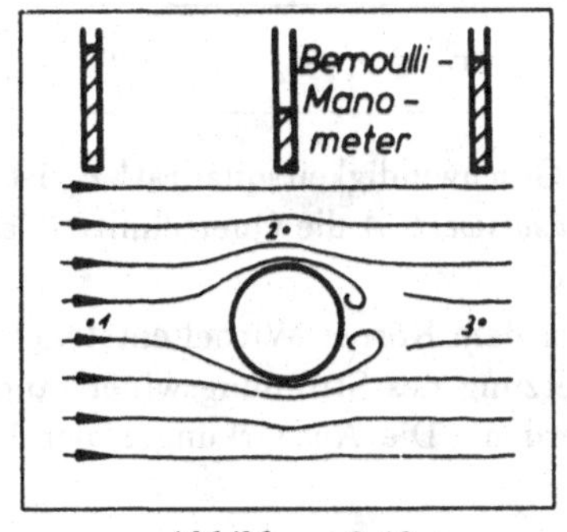

Abbildung 3.46

von 2 nach 3 den Druckanstieg und die Grenzschichtreibung überwinden. Dabei kann es, da wegen $Re \gg 1$ bzw. $D/l \ll 1$ das Geschwindigkeitsgefälle in der Grenzschicht sehr groß ist und der Druckanstieg sehr rasch erfolgt, nach innen in den Bereich der kleineren Geschwindigkeit abgedrängt werden, zur Ruhe kommen und schließlich umkehren, d. h. in den Bereich 2 des kleineren Druckes zurückströmen. Dadurch wird eine Drehung eingeleitet, und es bildet sich hinter dem Körper ein *Wirbelpaar* mit entgegengesetztem Drehsinn. Die an den Wirbeln vorbeiströmende Flüssigkeit nimmt abwechselnd einen dieser Wirbel mit. Nach der Ablösung bilden sich neue Wirbel, die ebenfalls abgelöst werden, und es entsteht hinter dem Körper eine *Wirbelstraße*.
In der Wirbelstraße steckt eine höhere Energie als in der laminaren Strömung. Dies läßt sich durch einen sehr eindrucksvollen Versuch zeigen.

Versuch: Vor einer Pauke mit kreisrunder Öffnung wird in mehreren Metern Entfernung eine brennende Kerze aufgestellt (Abb. 3.47). Schlägt man mit einem Filzhammer

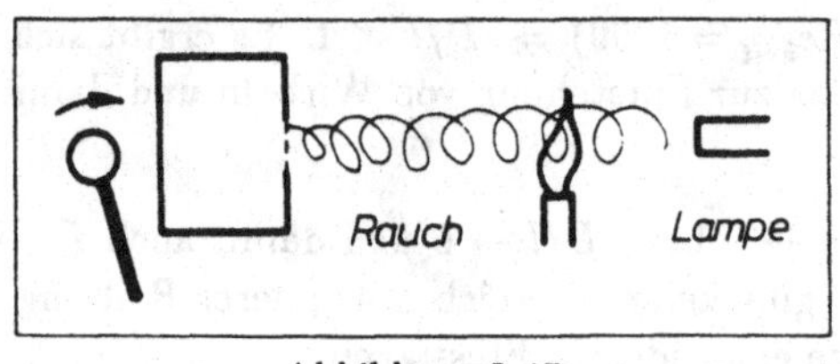

Abbildung 3.47

auf die Rückwand der Pauke, so wird die Kerze durch vorne austretende Wirbel ausgelöscht. Mit Hilfe von Rauch und einer Lampe lassen sich die Wirbel sichtbar machen. Gleitet eine Flüssigkeit laminar um einen Körper, muß nach Stokes die der Relativgeschwindigkeit proportionale Reibungskraft $F = 6\pi \cdot \eta \cdot r \cdot v$ überwunden werden. In einer turbulenten Strömung ist der ***Strömungswiderstand*** (Kraft in Anströmrichtung)

$$\boxed{F = \frac{1}{2} \cdot c_w \cdot A \cdot \rho \cdot v^2}$$

dagegen proportional zum Geschwindigkeitsquadrat! c_w ist dabei der von der Körperform abhängige *Widerstandsbeiwert*, A die Querschnittsfläche senkrecht zur Strömung und ρ die Flüssigkeitsdichte.

Da nicht vor, sondern hinter dem Körper Wirbel entstehen, muß zu ihrer Vermeidung — und damit zur Herabsetzung des Strömungswiderstandes — die Körperform auf der Rückseite geändert werden. Die Auswirkungen der Profilgebung lassen sich im Windkanal zeigen.

Versuch: An einer waagerecht liegenden Feder werden nacheinander verschiedene Körper mit gleichem Querschnitt angebracht, die in dem vom Ventilator erzeugten Luftstrom liegen (Abb. 3.48). Die Auslenkung der Feder ist ein relatives Maß für den Strömungswiderstand und bei gleichem Querschnitt auch für den Widerstandsbeiwert. Ergebnisse:

Scheibe	6 Skt	Halbkugel $\rightarrow \subset$	3,5 Skt
Gitter	5 Skt	Halbkugel $\rightarrow \supset$	11 Skt
Kugel	2 Skt	Stromlinienprofil $\rightarrow$ ●	1 Skt

Das Stromlinienprofil ist dadurch ausgezeichnet, daß der Bereich des Druckanstiegs verlängert ist. Dadurch wird die Wahrscheinlichkeit verringert, daß ein Teilchen aufgrund des schnellen Druckanstiegs nach innen in den Bereich kleinerer Geschwindigkeit

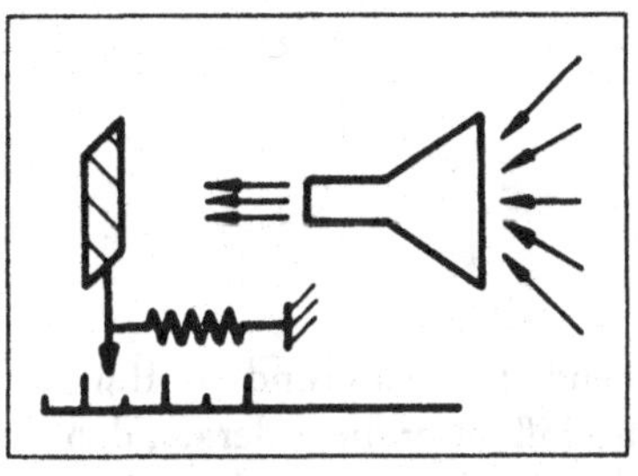
Abbildung 3.48

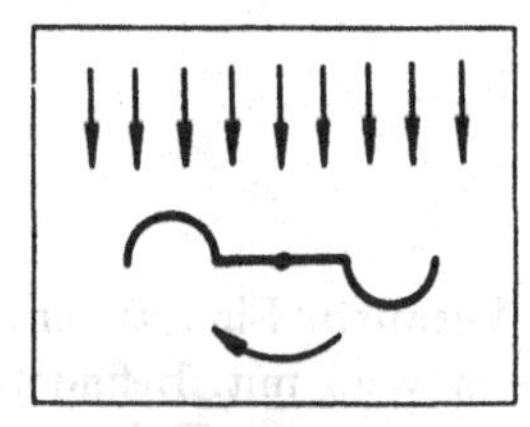
Abbildung 3.49

gedrängt wird, dann umkehrt und einen Wirbel erzeugt. Besonders in der Fahrzeug-, Flugzeug- und Schiffskonstruktion ist es wichtig, eine Körperform zu finden, die ein möglichst kleines Hindernis für die Strömung bedeutet.

Versuch: Aufgrund des verschiedenen Strömungswiderstandes rotiert ein System aus zwei entgegengerichteten Halbkugeln im Luftstrom eines Föns (Abb. 3.49). Diesen Effekt nutzt man beim Bau von Windmessern. Die Rotationsgeschwindigkeit ist hierbei ein Maß für die Windstärke.

Dynamischer Auftrieb mit Reibung

Versuch: Ein Ball schwebt auf einem Luftstrahl, der senkrecht nach oben gerichtet ist (Abb. 3.50). Reibungskraft und Schwerkraft heben sich gegenseitig auf:

$$\vec{F}_R - \vec{F}_G = 0 = 6\pi \cdot \eta \cdot r \cdot \vec{v} - m \cdot \vec{g}.$$

Neigt man den Strahl, fällt der Ball trotzdem nicht herunter. Die Schwerkraft rückt

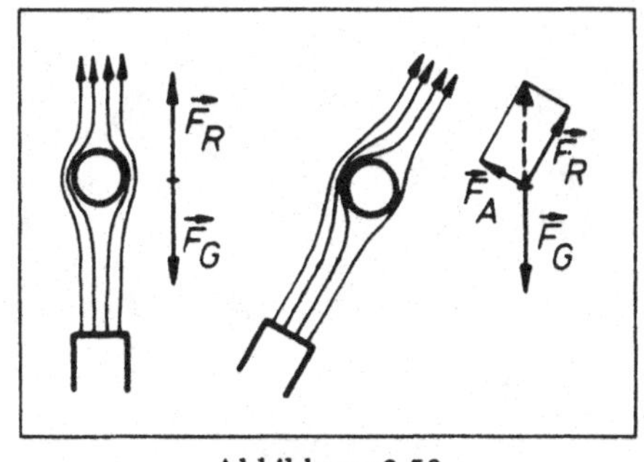

Abbildung 3.50

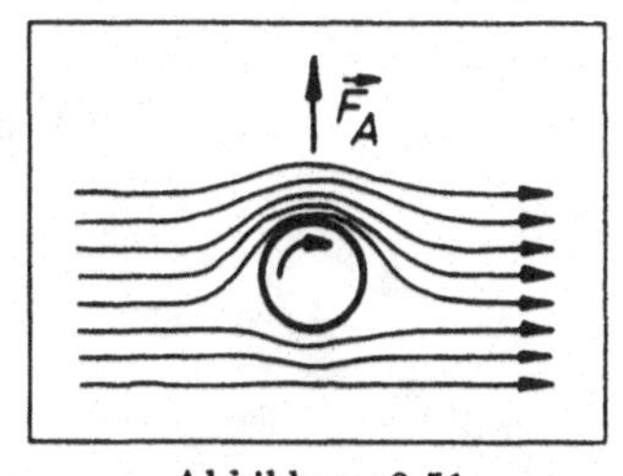

Abbildung 3.51

ihn nur etwas aus der Mittellage aus. Dadurch laufen mehr Stromlinien oben an ihm vorbei. Hohe Stromliniendichte bedeutet höhere Strömungsgeschwindigkeit und damit geringeren statischen Druck. Die Resultierende aus statischem Auftrieb und Reibungskraft gleicht die Gewichtskraft aus, daraus folgt

$$\sum_{i=1}^{3} \vec{F}_i = 0.$$

Versuch: Ein rotierender Zylinder reißt die ihn umgebende Luft aufgrund der Haftung ein wenig mit. Befindet er sich in einer Strömung, so beeinflußt er diese derart, daß sie zu ungleichen Teilen an ihm vorbeifließt (Abb. 3.51). Auf der Seite mit höherer Stromliniendichte ist die Strömungsgeschwindigkeit größer, also der statische Druck kleiner. Der Zylinder erfährt deshalb eine Kraft in diese Richtung. Das ist der sogenannte *Magnus-Effekt*, dem z. B. die „geschnittenen" Bälle beim Tennis unterliegen.

Kapitel 4

Schwingungen und Wellen

4.1 Schwingungen

4.1.1 Harmonische und nichtharmonische Schwingungen

Ein Massenpunkt P bewege sich mit konstanter Winkelgeschwindigkeit ω auf einem Kreis mit dem Radius A um den Ursprung O des Koordinatensystems (Abb. 4.1). Für den Winkel $\alpha(t)$ zwischen $\overline{OP}$ und Koordinatenachse x_1 gilt, wenn P zum Zeitpunkt $t = 0$ die x_1-Achse kreuzt, $\alpha(t) = \omega t$. Hat dieser Winkel zum Zeitpunkt $t = 0$ den Wert $\alpha(0) = \varphi_0$, so gilt allgemein

$$\alpha(t) = \omega t + \varphi_0.$$

Man nennt $\alpha(t)$ die *Phase* der Kreisbewegung und φ_0 die *Anfangsphase*. Die Projektionen des Punktes P auf die Koordinatenachsen lauten:

$$\begin{aligned} x_1(t) &= A \cdot \cos\alpha = A \cdot \cos(\omega t + \varphi_0) \\ x_2(t) &= A \cdot \sin\alpha = A \cdot \sin(\omega t + \varphi_0). \end{aligned}$$

Der zeitliche Verlauf von $x_2(t)$ ist in Abb. 4.2 dargestellt. Eine Schwingung, wie sie durch $x_1(t)$ und $x_2(t)$ beschrieben wird, nennt man eine ***harmonische Schwingung.*** A ist dabei die maximal mögliche Auslenkung, die *Amplitude.* $\omega = 2\pi \cdot \nu$ heißt *Kreisfrequenz* und $\nu = 1/T$ heißt *Frequenz.* Die Schwingungsdauer T — das ist die Zeit zwischen zwei gleichsinnigen Nulldurchgängen — ist unabhängig von der Amplitude der Schwingung. Harmonische Schwingungen treten immer dann auf, wenn an einem Körper quasielastische Kräfte (z. B. Federkräfte) angreifen, also die Rückstellkraft proportional zur Auslenkung ist ($F = -k \cdot x$). Dann gilt die *Differentialgleichung für harmonische Schwingungen* (vgl. mathematisches und physikalisches Pendel):

$$\boxed{m \cdot \vec{a} = m \cdot \ddot{\vec{x}} = -k \cdot \vec{x}.}$$

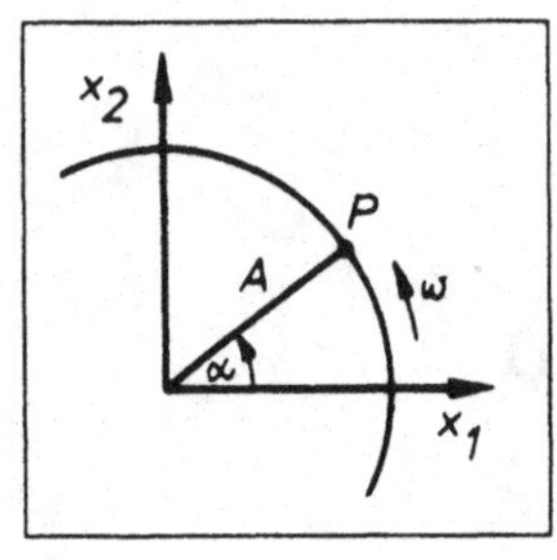

Abbildung 4.1

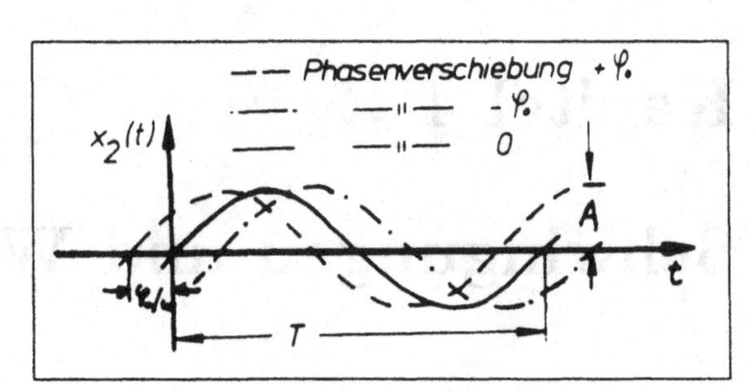

Abbildung 4.2

Sie läßt sich mit dem Ansatz

$$x(t) = A \cdot \sin(\omega t \pm \varphi_0)$$

lösen. Zweimalige Differentiation nach der Zeit ergibt

$$\ddot{x}(t) = \frac{\partial^2 x(t)}{\partial t^2} = -A \cdot \omega^2 \cdot \sin(\omega t \pm \varphi_0).$$

Einsetzen in obige Differentialgleichung und Auflösen nach ω^2 liefert

$$\omega^2 = \frac{4\pi^2}{T^2} = \frac{k}{m} \Rightarrow \boxed{T = 2\pi \cdot \sqrt{\frac{m}{k}}.}$$

Die Schwingungsdauer T ist also abhängig von m und k, aber unabhängig von der Amplitude A.

Nichtharmonische periodische Schwingungen lassen sich nicht durch eine einfache Sinusfunktion beschreiben, sondern nur durch eine Summe von harmonischen Schwingungen verschiedener Frequenz (Fourieranalyse). Beispiele für nichtharmonische, periodische Schwingungen sind Sägezahn- und Rechteckspannung eines Frequenzgenerators (Abb. 4.3).

4.1.2 Überlagerung und Zerlegung von Schwingungen

Für Schwingungen gilt das *Superpositionsprinzip*, das besagt, daß zwei überlagerte Schwingungsbewegungen sich nicht gegenseitig beeinflussen. Die resultierende Auslenkung entspricht zu jedem Zeitpunkt der geometrischen Summe der Einzelauslenkungen unter Berücksichtigung des Vorzeichens.
Man unterscheidet zwei wichtige Sonderfälle:

A. Die Schwingungsrichtungen stehen senkrecht aufeinander.

B. Die Schwingungsrichtungen stimmen überein.

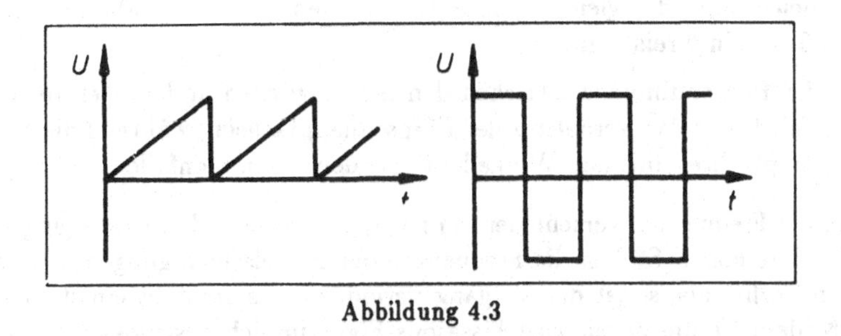

Abbildung 4.3

Zu Fall A: Die Kreisbewegung des Massenpunktes im letzten Abschnitt setzt sich aus zwei senkrecht zueinander stehenden, harmonischen Schwingungen mit der Phasendifferenz $\pi/2$ zusammen. Eine derartige Überlagerung zweier Schwingungen läßt sich mit einem Oszilloskop durchführen.

Versuch: Auf die x- und y-Platten eines Oszilloskops (Abb. 4.4) gibt man je eine harmonische Wechselspannung. Der Elektronenstrahl zeichnet dann auf dem Leuchtschirm

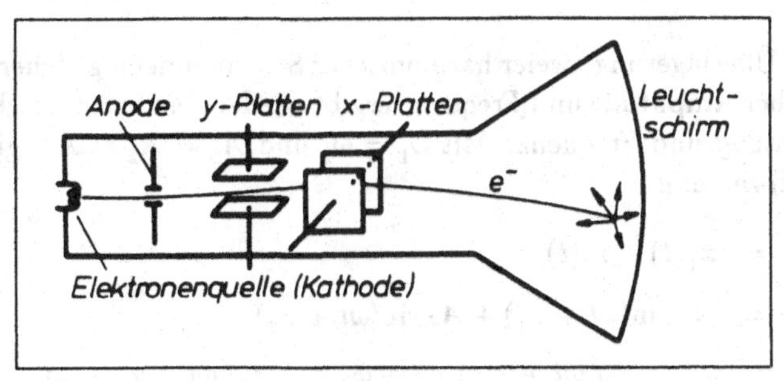

Abbildung 4.4

je nach Verhältnis der Amplituden, Phasendifferenzen und Frequenzen der Wechselspannungen verschiedene Bilder, die sogenannten *Lissajous-Figuren.*

1. Beide Spannungen haben die gleiche Frequenz und eine feste Phasendifferenz $\Delta\varphi$, aber verschiedene Amplituden: Im allgemeinen erhält man das Bild einer Ellipse. Ist $\Delta\varphi$ gleich null oder gleich π, so ergibt sich eine Gerade. Mit der Phasendifferenz ändert sich sowohl die Richtung der Ellipsenachsen als auch das Verhältnis von kleiner zu großer Hauptachse.

2. Beide Spannungen haben die gleiche Frequenz, gleiche Amplitude und eine feste Phasendifferenz: Es ergibt sich ein elliptisches Schwingungsbild. Ausnahmen: Ist

$\Delta\varphi$ gleich null oder gleich π, so ergibt sich eine Gerade, während sich bei $\pi/2$ bzw. $3\pi/2$ ein Kreis ergibt.

Mit der Phasendifferenz zwischen den Schwingungen ändert sich im Gegensatz zum Fall 1. nur das Verhältnis der Ellipsenhauptachsen, während die Richtungen der Hauptachsen mit den Winkelhalbierenden zusammenfallen.

3. Sind die Frequenzen verschieden, so hat die resultierende Schwingung eine kompliziertere Form. Stehen die Frequenzen der Einzelschwingungen in einem rationalen Verhältnis, so ist der Vorgang periodisch. Es entsteht ein stehendes Bild. Außerdem ist die zugehörige Lissajous-Figur in sich geschlossen (Abbildungen 4.5–4.7).

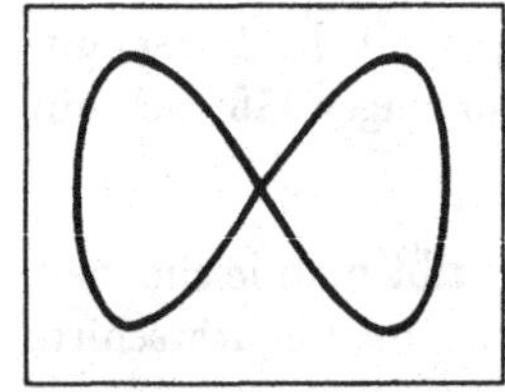

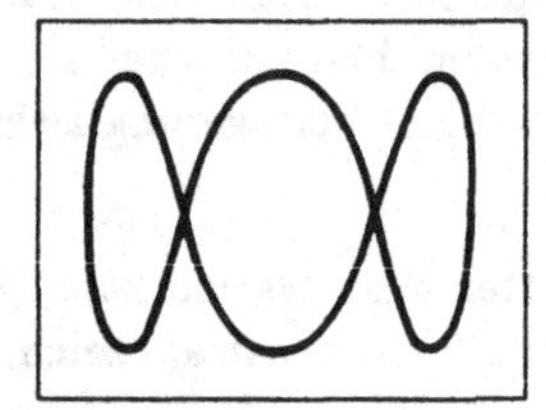

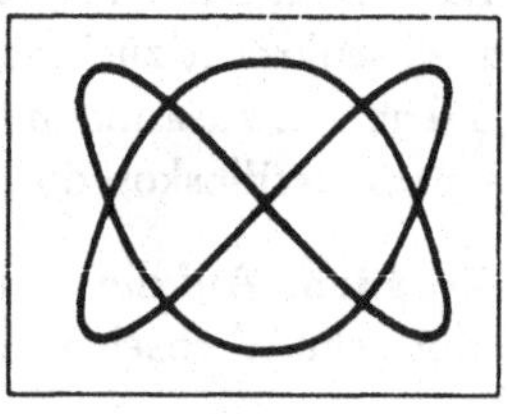

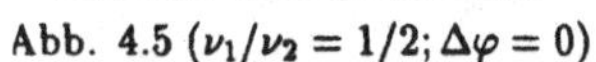

Abb. 4.5 ($\nu_1/\nu_2 = 1/2; \Delta\varphi = 0$) Abb. 4.6 ($\nu_1/\nu_2 = 1/3; \Delta\varphi = \pi/2$) Abb. 4.7 ($\nu_1/\nu_2 = 2/3; \Delta\varphi = \pi$)

Zu Fall B: Die Überlagerung zweier harmonischer Schwingungen gleicher Schwingungsrichtung, gleicher Amplitude und Frequenz ergibt wieder eine harmonische Schwingung derselben Richtung und Frequenz. Mit $\omega_1 = \omega_2$ und $A_1 = A_2 = A$ ergibt sich als resultierende Schwingung

$$\begin{aligned}
x(t) &= x_1(t) + x_2(t) \\
&= A \cdot \sin(\omega t + \varphi_1) + A \cdot \sin(\omega t + \varphi_2) \\
&= 2A \cdot \sin\left(\frac{\omega t + \varphi_1 + \omega t + \varphi_2}{2}\right) \cdot \cos\left(\frac{\omega t + \varphi_1 - \omega t - \varphi_2}{2}\right) \\
&= 2A \cdot \sin\left(\omega t + \frac{\varphi_1 + \varphi_2}{2}\right) \cdot \cos\frac{\varphi_1 - \varphi_2}{2}.
\end{aligned}$$

Die resultierende Schwingung ist wieder eine harmonische Schwingung, bei der die Amplitude $2A \cdot \cos(\varphi_1 - \varphi_2)/2$ abhängig von der Phasendifferenz $\Delta\varphi$ ist: Wählt man die Phasen $\varphi_1 = \varphi_2 + n \cdot 2\pi$ mit $n \in \mathbb{N}_0$, d. h. $\Delta\varphi = 0$ oder ein ganzzahliges Vielfaches von 2π, wird $x(t) = 2A \cdot \sin(\omega t + \varphi_2 + n \cdot \pi) \cdot \cos n \cdot \pi$. Für gerades n ist $\cos n \cdot \pi = 1$, für ungerades n ist $\cos n \cdot \pi = -1$. In diesem Fall gilt aber $\sin(\alpha + n \cdot \pi) = -\sin\alpha$. Also gilt

$$\boxed{x(t) = 2A \cdot \sin(\omega t + \varphi_2)}$$

für alle n.

Die Einzelschwingungen addieren sich zur größtmöglichen Gesamtschwingung (vgl. Abb. 4.8), denn sie gehen zur gleichen Zeit durch die Nullage und erreichen auch gleichzeitig ihren Maximalausschlag A.

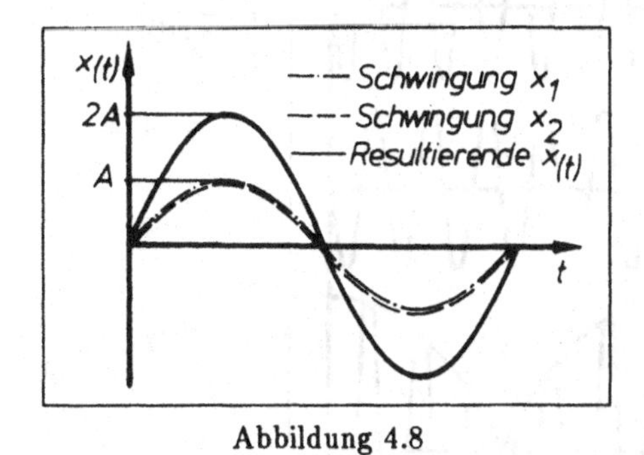

Abbildung 4.8

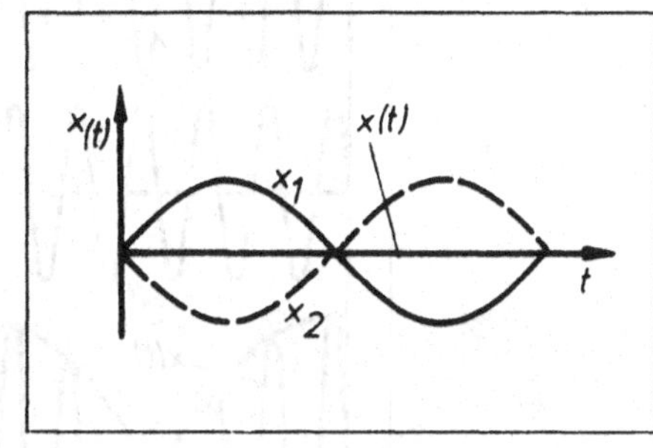

Abbildung 4.9

Für die Phasen $\varphi_1 = \varphi_2 + (1 + 2n) \cdot \pi$ folgt

$$\cos \frac{\varphi_1 - \varphi_2}{2} = \cos\left(\frac{2n+1}{2} \cdot \pi\right) = 0.$$

Nulldurchgänge und Maximalausschläge der Einzelschwingungen stimmen zwar zeitlich überein, jedoch gehen die Schwingungen in entgegengesetzte Richtungen. Deshalb heben sie sich gegenseitig auf (vgl. Abb. 4.9). Zwischen diesen beiden Grenzfällen erhält man je nach Phasenlage andere Überlagerungen mit Amplituden zwischen null und $2A$.

Schwebung

Überlagert man zwei harmonische Schwingungen gleicher Richtung, deren Kreisfrequenzen sich nur wenig voneinander unterscheiden, entsteht eine sogenannte Schwebung (Abb. 4.10). Der Einfachheit halber sollen beide Einzelschwingungen die gleiche Amplitude und keine Phasenverschiebung besitzen ($A_1 = A_2$, $\varphi_1 = \varphi_2 = 0$).

$$x(t) = A \cdot \sin \omega_1 t + A \cdot \sin \omega_2 t = 2A \cdot \sin\left(\frac{\omega_1 + \omega_2}{2} \cdot t\right) \cdot \cos\left(\frac{\omega_1 - \omega_2}{2} \cdot t\right)$$

Mit $(\omega_1 + \omega_2)/2 \approx \omega$ und $\Delta\omega = \omega_1 - \omega_2$ erhält man

$$\boxed{x(t) = 2A \cdot \cos\left(\frac{\Delta\omega}{2} \cdot t\right) \cdot \sin \omega t.}$$

$\Delta\omega$ ist laut Voraussetzung sehr klein. Damit ändert sich $\cos(\Delta\omega \cdot t/2)$ zeitlich auch nur langsam im Vergleich zu $\sin \omega t$. Die Lösung $x(t)$ läßt sich deshalb als eine Sinusschwingung mit der Frequenz ω auffassen, deren Amplitude $2A \cdot \cos(\Delta\omega \cdot t/2)$ sich langsam

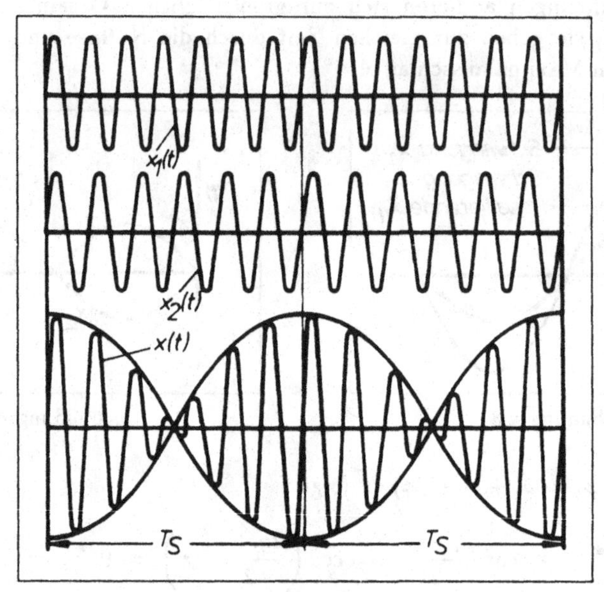

Abbildung 4.10

mit der Kreisfrequenz $\Delta\omega/2$ ändert. Mit anderen Worten: Die Hauptschwingung mit der Frequenz ω wird von einer Hüllkurve eingeschlossen, die ihrerseits auch periodisch verläuft. Diese Schwankung der Amplitude wird als Schwebung bezeichnet.

Unter der *Schwebungsdauer* T_S versteht man das Zeitintervall zwischen zwei Schwebungsmaxima bzw. Schwebungsminima. Nach der Zeit T_S muß $|\cos \Delta\omega \cdot t/2|$ also wieder den Ausgangswert annehmen. Damit gilt:

$$\frac{\Delta\omega}{2} \cdot T_S = \pi \quad \Rightarrow \quad \boxed{T_S = \frac{2\pi}{\Delta\omega} = \frac{1}{\Delta\nu}.}$$

In Abb. 4.10 wird der Schwingung $x_1(t)$ mit sieben Schwingungen in der Zeit T_S eine Schwingung $x_2(t)$ mit sechs Schwingungen in der gleichen Zeit überlagert. Es entsteht das typische Bild einer Schwebung.

4.1.3 Gedämpfte Schwingungen

Der Idealfall einer harmonischen Schwingung, bei der keine zeitliche Dämpfung der Amplitude auftritt, ist nur zu verwirklichen, wenn keine Reibung vorhanden ist. Dann schwingt das einmal ausgelenkte System mit einer bestimmten Kreisfrequenz ω_0 und konstanter Amplitude beliebig lange. Für eine freie ungedämpfte Schwingung (z. B.

ideale Feder) gilt die Differentialgleichung aus Abschnitt 4.1.1:

$$m \cdot \ddot{x} = -k \cdot x \quad \Rightarrow \quad x(t) = A \cdot \cos(\omega_0 t \pm \varphi).$$

In Wirklichkeit tritt aber meistens eine *Dämpfung* der Schwingung auf. Sie habe die Form einer zur Geschwindigkeit proportionalen Reibungskraft F_R und wirke entgegengesetzt zur Bewegungsrichtung:

$$\vec{F}_R = -R \cdot \dot{\vec{x}},$$

R ist die Reibungskonstante. Man erhält folgende Differentialgleichung:

$$m \cdot \ddot{x} = -k \cdot x - R \cdot \dot{x}.$$

Sei x_0 die Anfangsamplitude zur Zeit $t = 0$, dann wird die Gleichung gelöst durch den Ansatz

$$x(t) = A(t) \cdot \cos \omega t = x_0 \cdot \exp(-\beta t) \cdot \cos \omega t$$

mit $\beta = R/2m$, $\omega = \sqrt{\omega_0^2 - \beta^2}$ und $\omega_0^2 = k/m$. Die Amplitude $A(t)$ der Kosinusschwingung nimmt exponentiell ab. Das Quadrat der Kreisfrequenz ω^2 der gedämpften Schwingung ist gegenüber der ungedämpften Schwingung um $\beta^2 = (R/2m)^2$ verstimmt. Man unterscheidet drei Fälle:

1. $\beta^2 < \omega_0^2 \Rightarrow \omega < \omega_0$ und $R^2 < 4mk$: Die Kreisfrequenz ω ist reell. Es ergibt sich eine langsam abklingende Schwingung (*Schwingfall*; Abb. 4.11).

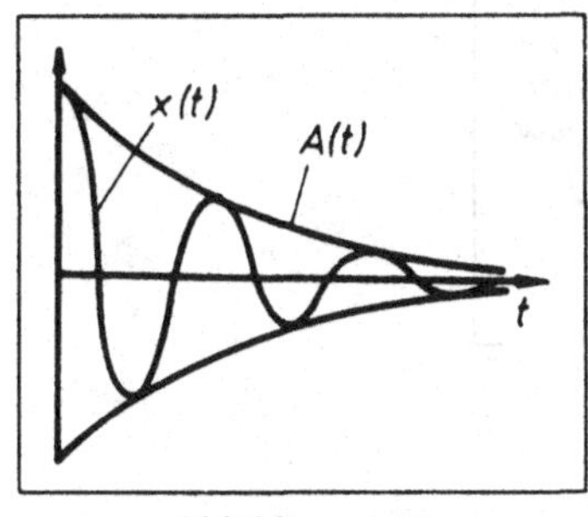

Abbildung 4.11

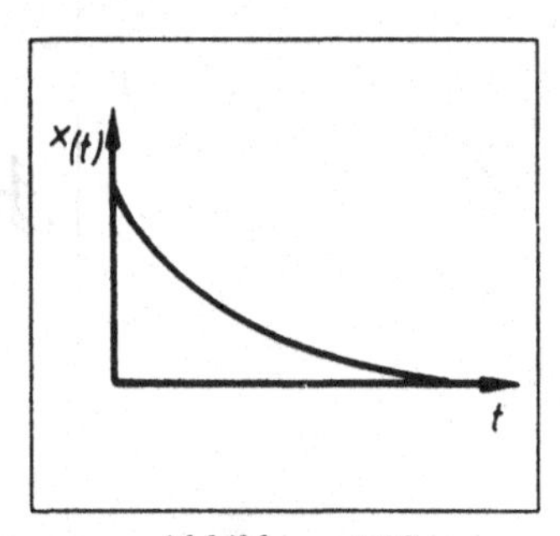

Abbildung 4.12

2. $\beta^2 = \omega_0^2 \Rightarrow \omega = 0$ und $R^2 = 4mk$: Die Reibung ist so groß, daß das System keine Schwingung mehr ausführen kann. Es erfolgt lediglich eine Rückkehr in die Ruhelage. Dieser Vorgang heißt deshalb *aperiodischer Grenzfall*.

3. $\beta^2 > \omega_0^2 \Rightarrow \omega$ ist imaginär und $R^2 > 4mk$: Auch hier fällt das periodische Glied weg. Man spricht vom *Kriechfall* (Abb. 4.12). Wir haben es hier ebenfalls mit einer langsamen Rückkehr in die Ruhelage zu tun.

Um ungedämpfte Schwingungen in der Realität zu erhalten, muß man — wie etwa bei einer Pendeluhr — periodisch Energie zuführen, die den Energieverlust aufgrund der Reibung ausgleicht. Die Reibung wandelt ständig Schwingungsenergie in Wärme um. Für den Fall, daß die Reibungskraft proportional zur Geschwindigkeit ist ($F_R \sim \dot{x}$), nimmt die Energie des Systems bei schwacher Dämpfung mit einer Exponentialfunktion ab. Die Gesamtenergie des schwingenden Systems berechnet sich als potentielle Energie in den Umkehrpunkten $E_{pot,max}$, da dann keine kinetische Energie vorhanden ist. Also gilt

$$E_{ges}(t) = E_{pot,max}(t) = \frac{1}{2} k \cdot x_{max}^2(t) = \frac{1}{2} k \cdot x_0^2 \cdot \exp(-2\beta t) \qquad (\beta \ll \omega_0).$$

Die zeitliche Abnahme der Gesamtenergie ist damit proportional zu E_{ges}:

$$\boxed{\frac{dE}{dt} \sim -E.}$$

4.1.4 Erzwungene Schwingungen

Versuch: Ein Pendel ist zwischen zwei Federn eingespannt (Abb. 4.13). Durch einen in der Frequenz regulierbaren Motor (Erreger) wird eine der Federn in Schwingung versetzt. Diese überträgt sich auf das Pendel (erregtes System). Zu Beginn macht

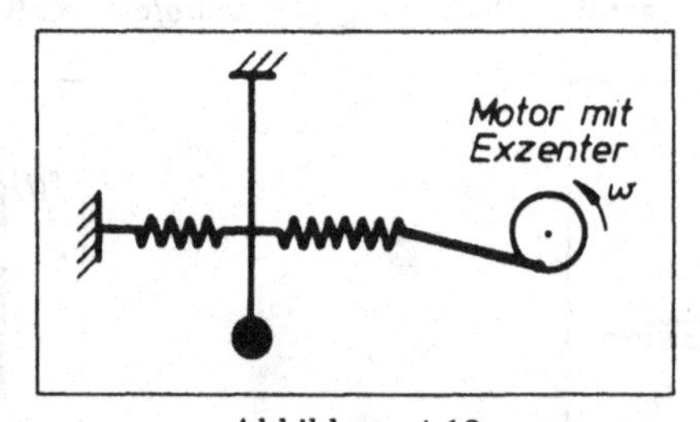

Abbildung 4.13

das Pendel anharmonische Bewegungen, bis nach einiger Zeit (Einschwingzeit) eine harmonische Schwingung zu beobachten ist (stationärer Zustand).

Zunächst sei die Erregerfrequenz ω wesentlich kleiner als die Eigenfrequenz ω_0 des Pendels bei freier Schwingung. Das erregte System folgt ohne Phasenverschiebung, aber mit kleiner Amplitude, der anregenden Schwingung. Erhöht man die Frequenz des Motors, wächst die Amplitude an und erreicht ihr Maximum bei $\omega = \omega_0$, wobei das Pendel mit einer Phasenverschiebung von 90° der Erregerschwingung hinterhereilt. Mit weiter wachsender Frequenz ω nimmt die Amplitude der Pendelschwingung rasch ab. Die Phasenverschiebung erhöht sich auf 180°.

Nun soll genauer untersucht werden, wie die Amplitude des angeregten Systems von der Erregerfrequenz abhängt. Bei abgeschalteter Erregung schwingt das Pendel mit der Eigenfrequenz ω_0. In allen praktisch vorkommenden Fällen ist diese freie Schwingung gedämpft, d. h. die Amplitude der Schwingung nimmt mit der Zeit ab (s. vorigen Abschnitt). Zur Vereinfachung soll vorerst die Dämpfung vernachlässigt werden.

1. *Ohne Dämpfung.* Für eine freie Schwingung gilt die Differentialgleichung $m \cdot \ddot{x} = -k \cdot x$. Mit dem Lösungsansatz $x(t) = x_0 \cdot \cos(\omega_0 t + \varphi)$ erhielt man die Eigenfrequenz $\omega_0 = 2\pi\nu_0 = \sqrt{k/m}$.

   In Schwingungsrichtung greife nun zusätzlich eine periodische Kraft $F(t) = F_0 \cdot \cos\omega t$ an. Man erhält somit die Bewegungsgleichung

   $$m \cdot \ddot{x} = -k \cdot x + F_0 \cdot \cos\omega t.$$

   Der Lösungsansatz lautet

   $$x(t) = x_0 \cdot \cos(\omega_0 t + \varphi) + A \cdot \cos\omega t.$$

   Die Anfangsamplitude x_0 und die Phase φ werden durch die Anfangsbedingungen festgelegt. $x_0 \cdot \cos(\omega_0 t + \varphi)$ ist der Anteil der freien Schwingung, $A \cdot \cos\omega t$ der Anteil der erzwungenen Schwingung.

   Zunächst betrachten wir nur den erzwungenen Anteil, d. h. wir setzen $x_0 = 0$:

   $$x(t) = A \cdot \cos\omega t \quad \Rightarrow \quad \ddot{x} = -A \cdot \omega^2 \cdot \cos\omega t.$$

   Nach Einsetzen in die Differentialgleichung erhält man

   $$-m \cdot A \cdot \omega^2 + k \cdot A = F_0 \quad \Rightarrow \quad \boxed{A = \frac{F_0}{k - m \cdot \omega^2} = \frac{F_0}{m(\omega_0^2 - \omega^2)}}$$

   mit $\omega_0^2 = k/m$. Bei $\omega_0 = \omega$ wird die Amplitude unendlich: Es liegt *Amplitudenresonanz* vor (Abb. 4.14).

   Für $x_0 \neq 0$ kommt es zu einer Überlagerung der ungedämpften freien Schwingung (ω_0) mit der erzwungenen Schwingung (ω). Die resultierende Schwingung hat Schwebungscharakter.

2. *Mit Dämpfung.* Außer der periodischen Störkraft $F_0 \cdot \cos\omega t$ und der elastischen Rückstellkraft der Feder $-k \cdot x$ tritt noch eine Dämpfungskraft auf, z. B. Reibung in Luft oder Flüssigkeiten. Diese Reibungskraft soll der momentanen Geschwindigkeit proportional sein: $F_R = -R \cdot \dot{x}$. Nun lautet die Bewegungsgleichung

   $$m \cdot \ddot{x} = -k \cdot x - R \cdot \dot{x} + F_0 \cdot \cos\omega t.$$

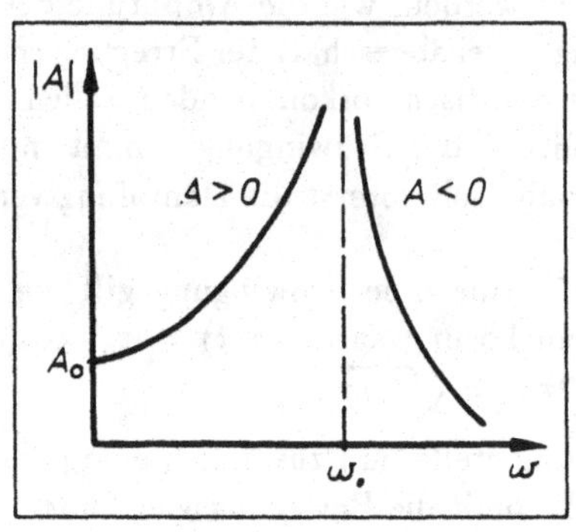

Abbildung 4.14

Die allgemeine Lösung wird die Überlagerung einer freien gedämpften und einer erzwungenen Schwingung sein. Aufgrund der Dämpfung klingt die freie Schwingung ab. Nach Abschluß des Einschwingvorganges ist nur noch der erzwungene Anteil vorhanden. Das System hat einen stationären Zustand erreicht. Der Lösungsansatz für diesen Zustand lautet

$$\begin{aligned} x(t) &= A \cdot \cos(\omega t - \varphi) \\ \frac{dx}{dt} = \dot{x}(t) &= -\omega \cdot A \cdot \sin(\omega t - \varphi) \\ \frac{d^2x}{dt^2} = \ddot{x}(t) &= -\omega^2 \cdot A \cdot \cos(\omega t - \varphi) \end{aligned}$$

Einsetzen in die obige Differentialgleichung liefert

$$-m \cdot \omega^2 \cdot A \cdot \cos(\omega t - \varphi) = -k \cdot A \cdot \cos(\omega t - \varphi) + R \cdot \omega \cdot A \cdot \sin(\omega t - \varphi) + F_0 \cdot \cos \omega t.$$

Die Winkelfunktionen lassen sich umformen:

$$\begin{aligned} \cos(\omega t - \varphi) &= \cos \omega t \cdot \cos \varphi + \sin \omega t \cdot \sin \varphi \\ \sin(\omega t - \varphi) &= \sin \omega t \cdot \cos \varphi - \cos \omega t \cdot \sin \varphi. \end{aligned}$$

Durch Einsetzen erhält man eine Gleichung der Form

$$C_1 \cdot \cos \omega t + C_2 \cdot \sin \omega t = 0$$

mit

$$\begin{aligned} C_1 &= m \cdot \omega^2 \cdot A \cdot \cos \varphi - k \cdot A \cdot \cos \varphi - \omega \cdot R \cdot A \cdot \sin \varphi + F_0 \\ C_2 &= m \cdot \omega^2 \cdot A \cdot \sin \varphi - k \cdot A \cdot \sin \varphi + \omega \cdot R \cdot A \cdot \cos \varphi. \end{aligned}$$

Damit eine solche Gleichung für jede beliebige Zeit gilt, müssen beide Koeffizienten C_1 und C_2 gleich null sein. Diese Forderung führt auf zwei Bestimmungsgleichungen. Die erste ($C_1 = 0$) lautet

$$A \cdot \left((\omega_0^2 - \omega^2) + \frac{R \cdot \omega}{m} \cdot \tan\varphi \right) = \frac{F_0}{m \cdot \cos\varphi}.$$

Für $C_2 = 0$ erhält man die zweite Gleichung:

$$-m \cdot \omega^2 \cdot A \cdot \sin\varphi + k \cdot A \cdot \sin\varphi = R \cdot \omega \cdot A \cdot \cos\varphi \quad \Rightarrow \quad \boxed{\tan\varphi = \frac{R \cdot \omega}{m \cdot (\omega_0^2 - \omega^2)}},$$

mit $\omega_0^2 = k/m$ und φ = Phasenverschiebung zwischen Zwangskraft und erzwungener Schwingung. Durch Einsetzen der zweiten in die erste Gleichung folgt mit der Beziehung $1/\cos\varphi = \sqrt{1 + \tan^2\varphi}$ die *Amplitude der Schwingung*:

$$\boxed{A(\omega) = \frac{F_0/m}{\sqrt{(\omega_0^2 - \omega^2)^2 + (R \cdot \omega/m)^2}} = \frac{F_0/m}{\sqrt{(\omega_0^2 - \omega^2)^2 + 4\beta^2 \cdot \omega^2}}}.$$

$\beta = R/2m$ bezeichnet man als *Dämpfungsfaktor.*

Amplitudenverhalten

Aus der Beziehung für die Amplitude ergeben sich die Extremwerte durch Differentiation:

$$\frac{dA(\omega)}{d\omega} = -\frac{2(\omega_0^2 - \omega^2)(-2\omega) + 8\beta^2\omega}{2\left(\sqrt{(\omega_0^2 - \omega^2)^2 + 4\beta^2\omega^2}\right)^3} = 0$$

- Lösung 1: $\omega = 0 \Rightarrow$ Die Funktion $A(\omega)$ beginnt mit einer waagerechten Tangente.
- Lösung 2: $-(\omega_0^2 - \omega^2) + 2\beta^2 = 0 \Rightarrow \omega_{max} = \sqrt{\omega_0^2 - 2\beta^2}$

(a) $2\beta^2 < \omega_0^2$: Trägt man in einem Diagramm die Amplitude $A(\omega)$ in Abhängigkeit von der Erregerfrequenz ω auf, so erhält man für verschiedene Dämpfungsfaktoren die in Abb. 4.15 dargestellten Kurven. *Bei schwacher Dämpfung liegt das Resonanzmaximum bei der Eigenfrequenz ω_0. Die Resonanzamplitude bleibt endlich. Je stärker die Dämpfung, desto flacher wird die Resonanzkurve und umso weiter verschiebt sich das Maximum gegen kleinere Frequenzen.*

(b) *Grenzfall*: $2\beta^2 = \omega_0^2 \Rightarrow \omega_{max} = 0$. Bei der Erregerfrequenz $\omega = 0$ ist die Amplitude $A(0)$ am größten. An der Stelle $\omega = \omega_0$ ergibt sich die Amplitude

$$A(\omega_0) = \frac{F_0}{m \cdot \sqrt{2} \cdot \omega_0^2} = \frac{A(0)}{\sqrt{2}}.$$

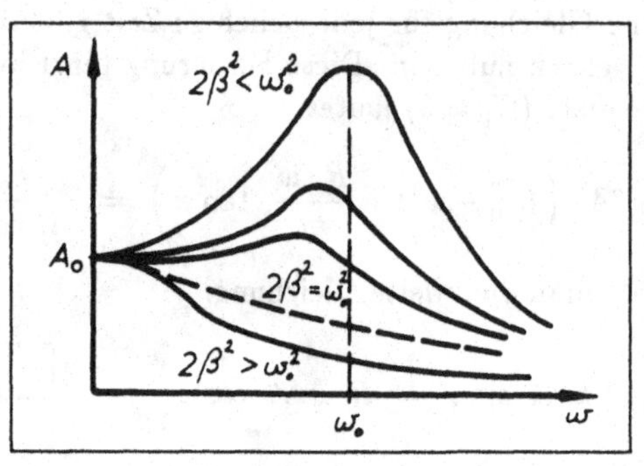

Abbildung 4.15

(c) *Für $2\beta^2 > \omega_0^2$ liegt kein Resonanzverhalten mehr vor.* Die maximale Amplitude liegt bei der Erregerfrequenz $\omega = 0$ und nimmt mit wachsendem ω stark ab.

(d) *Schwache Dämpfung*: $\beta \ll \omega_0 \;\Rightarrow\; \omega \approx \omega_0$. Es soll nun die Umgebung der Resonanzstelle ($\omega \approx \omega_0$) untersucht werden. Dann gilt für die Amplitude

$$A(\omega) = \frac{F_0/m}{\sqrt{((\omega_0 - \omega)(\omega_0 + \omega))^2 + 4\beta^2\omega^2}} \approx \frac{F_0/2m\omega_0}{\sqrt{(\omega_0 - \omega)^2 + \beta^2}}$$

wegen $\omega_0 + \omega \approx 2\omega_0$. Für das Quadrat der Amplitude erhält man

$$\boxed{A^2(\omega) = A_{max}^2 \cdot \frac{\beta^2}{(\omega_0 - \omega)^2 + \beta^2}} \qquad A_{max}^2 = \frac{F_0^2}{4m^2 \cdot \omega_0^2 \cdot \beta^2}.$$

In Abhängigkeit von der Erregerfrequenz ω wird das Amplitudenquadrat durch eine sogenannte *Lorentzkurve* dargestellt. Sie beschreibt den Energieinhalt des Systems, der proportional dem Amplitudenquadrat ist.
Unter der *Halbwertsbreite* $\Delta\omega_H$ der Lorentzkurve versteht man den Frequenzabstand zwischen den beiden Punkten, für die $A_H^2 = A_{max}^2/2$ ist (vgl. Abb. 4.16). Das ist für $(\omega_0 - \omega)^2 = \beta^2$ der Fall.

$$\Rightarrow \quad \left(\omega_0 - \left(\omega_0 \pm \frac{\Delta\omega_H}{2}\right)\right)^2 = \beta^2 \quad \Rightarrow \quad \boxed{\Delta\omega_H = 2\beta}$$

Je geringer die Dämpfung, desto schärfer wird die Resonanzkurve. Für die Lorentzkurve ergibt sich dann der Ausdruck

$$A^2(\omega) = A_{max}^2 \cdot \frac{(\Delta\omega_H/2)^2}{(\omega_0 - \omega)^2 + (\Delta\omega_H/2)^2}.$$

Bei vielen Resonanzvorgängen in der Atom- und Kernphysik wird uns dieser Ausdruck wieder begegnen (*Breit-Wigner-Formel*).

Die *Resonanzüberhöhung* entspricht dem Quotienten aus der maximalen Amplitude bei schwacher Dämpfung A_{max} und der Amplitude A_0 bei der Erregerfrequenz $\omega = 0$. Für die Amplitude A_0 darf natürlich nicht die Näherungsformel für $\omega \approx \omega_0$ verwendet werden!

$$\boxed{\frac{A_{max}}{A_0} = \frac{\omega_0}{2\beta} = \frac{\omega_0}{\Delta\omega_H}}$$

Je schmaler die Halbwertsbreite $\Delta\omega_H$, d. h. je kleiner die Dämpfung ist, umso größer wird die Resonanzüberhöhung.

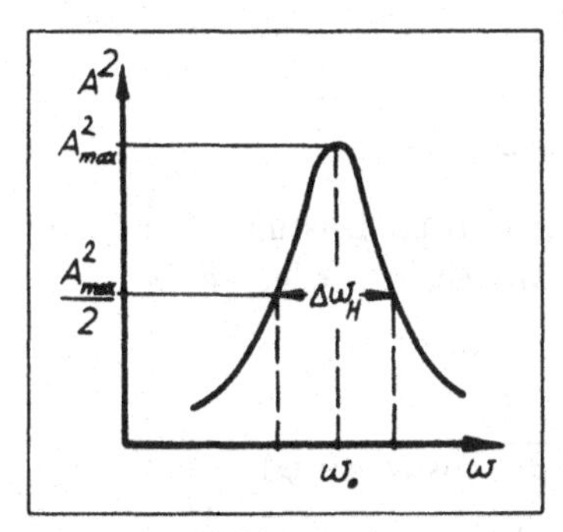

Abbildung 4.16

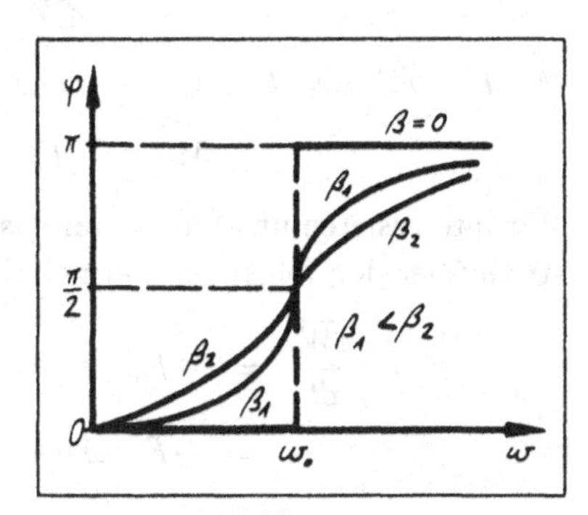

Abbildung 4.17

Phasenverhalten zwischen Schwingung und erregender Kraft

Aus der Gleichung

$$\tan\varphi = \frac{\omega \cdot R}{m(\omega_0^2 - \omega^2)} = \frac{\omega \cdot 2\beta}{\omega_0^2 - \omega^2}$$

folgt:

$$\begin{array}{llll}
\omega < \omega_0: & \tan\varphi > 0 & \rightarrow & 0° \leq \varphi < 90° \\
\omega > \omega_0: & \tan\varphi < 0 & \rightarrow & 90° < \varphi \leq 180° \\
\omega = \omega_0: & \tan\varphi = \infty & \rightarrow & \varphi = 90° \\
\omega \rightarrow 0: & \tan\varphi \rightarrow +0 & \rightarrow & \varphi \rightarrow 0° \\
\omega \rightarrow \infty: & \tan\varphi \rightarrow -0 & \rightarrow & \varphi \rightarrow 180°
\end{array}$$

Für den Fall $\omega = \omega_0$ ist die Phasenverschiebung $\varphi = 90°$ unabhängig von der Dämpfung. Ist jedoch ω größer oder kleiner als ω_0, besteht eine Abhängigkeit von β: Trägt man die Phasenverschiebung φ in Abhängigkeit von der Erregerfrequenz ω bei verschiedenen Dämpfungsfaktoren β in einem Diagramm auf, stellt man fest, daß alle Kurven durch den Punkt $(\omega_0|\pi/2)$ verlaufen (vgl. Abb. 4.17).

Welche Phasenverschiebung zwischen Schwingung und Erregung liegt an den Halbwertstellen der Resonanzkurve $A^2(\omega)$ bei geringer Dämpfung vor? Für $\beta \ll \omega_0$, $\omega \approx \omega_0$ gilt

$$\tan\varphi \approx \frac{\beta}{\omega_0 - \omega}.$$

An den Halbwertstellen ist zudem $(\omega_0 - \omega)^2 = \beta^2 \Rightarrow \tan\varphi = \pm 1$. Das entspricht einer Phase von $\varphi = 45°$ bzw. $135°$ ($45°$-Verstimmung).

Energieübertragung durch die Zwangskraft

Die auf das schwingungsfähige System übertragene Energie errechnet sich aus dem Produkt von Zwangskraft und zurückgelegtem Weg:

$$dW = F\,dx = F \cdot \dot{x}\,dt.$$

Mit $F = F_0 \cdot \cos\omega t$ und $\dot{x} = -\omega \cdot A \cdot \sin(\omega t - \varphi)$ gilt:

$$dW = -F_0 \cdot \cos\omega t \cdot \omega \cdot A \cdot \sin(\omega t - \varphi)\,dt.$$

Wir interessieren uns für die auf das System übertragene mittlere Leistung. Der Querstrich über den folgenden Formelzeichen soll „zeitliche Mittelung" bedeuten:

$$\begin{aligned}
\overline{P} = \frac{d\overline{W}}{dt} &= -F_0 \cdot \omega \cdot A \cdot \overline{\cos\omega t \cdot \sin(\omega t - \varphi)} \\
&= -F_0 \cdot \omega \cdot A \cdot \overline{\cos\omega t \cdot (\sin\omega t \cdot \cos\varphi - \cos\omega t \cdot \sin\varphi)} \\
&= -F_0 \cdot \omega \cdot A \cdot \overline{\left(\frac{1}{2}\sin 2\omega t \cdot \cos\varphi - \frac{1}{2}(1 + \cos 2\omega t) \cdot \sin\varphi\right)} \\
&= -F_0 \cdot \omega \cdot A \cdot \left(0 - \frac{1}{2}\sin\varphi\right)
\end{aligned}$$

$\sin 2\omega t$ und $\cos 2\omega t$ werden im zeitlichen Mittel Null, für die mittlere Leistung gilt also

$$\boxed{\overline{P} = \frac{1}{2} F_0 \cdot \omega \cdot A \cdot \sin\varphi.}$$

Bei welcher Kreisfrequenz wird die übertragene mittlere Leistung am größten? — Um dies festzustellen, ersetzt man A durch die Funktion

$$A(\omega) = \frac{F_0/m}{\sqrt{(\omega_0^2 - \omega^2)^2 + 4\beta^2\omega^2}}$$

und $\sin\varphi$ durch $\tan\varphi/\sqrt{1 + \tan^2\varphi}$. Durch Extremwertbestimmung ($d\overline{P}/d\omega = 0$) ergibt sich

$$\boxed{\omega = \omega_0.}$$

An der Stelle ω_0 wird unabhängig von der Dämpfung die meiste Energie übertragen (*Energieresonanz*).

4.1.5 Eigenschwingungen (gekoppelte Systeme)

Bisher betrachteten wir nur Systeme mit *einem Schwingungsfreiheitsgrad* (*eine* Eigenfrequenz ω_0, *eine* Resonanzstelle). Jetzt sollen Systeme mit mehreren Schwingungsfreiheitsgraden untersucht werden.

Versuch: Zwei gleiche Pendel sind durch eine schwache Feder miteinander verbunden (Abb. 4.18). Setzt man Pendel 1 in Bewegung, so wird durch die Kopplung auch Pendel 2 beeinflußt, da die Kopplungsfeder bei ihrer wechselnden Dehnung eine periodische Kraft ausübt, wodurch die Schwingungsenergie von Pendel 1 allmählich auf Pendel 2 übertragen wird und Pendel 1 zur Ruhe kommt. Dann kehrt sich der Vorgang um. Betrachtet man die Bewegung jedes Pendels für sich, erhält man eine Schwebung. Das bedeutet aber, daß das ganze System wenigstens zwei verschiedene Eigenfrequenzen haben muß, die durch Überlagerung zu der beobachteten Schwebung führen.

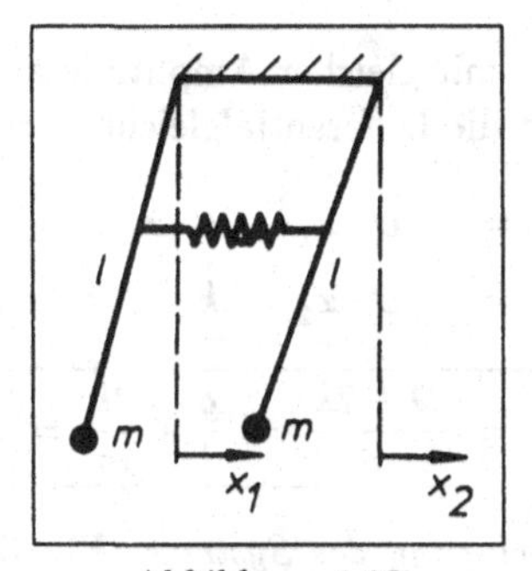

Abbildung 4.18

Versuch: Es gibt Schwingungsformen, bei denen keine Schwebung auftritt: Beide Massen schwingen im Gleichtakt mit der Frequenz ω_{I} oder im Gegentakt mit der (etwas höheren) Frequenz ω_{II}. Man nennt diese Schwingungsformen, bei denen beide Massen mit übereinstimmender Frequenz, mit zeitlich konstanter Amplitude und mit einer Phasenverschiebung von entweder 0 oder π schwingen, die *Eigenschwingungen* des Systems, die zugehörigen Frequenzen ω_{I} und ω_{II} die *Eigenfrequenzen*. Zur Berechnung betrachten wir (kleine Ausschläge x_1 und x_2 vorausgesetzt) die Kräfte auf die Massen:

1. Es wirken die Schwerkraftkomponenten $-D \cdot x_1$ und $-D \cdot x_2$ (s. mathemat. Pendel).

2. Zwischen den Massen wirkt die Kraft aufgrund der um $x_2 - x_1$ ausgelenkten Kopplungsfeder. Mit $D = m \cdot g/l$ lauten die Schwingungsdifferentialgleichungen

$$\begin{aligned} m \cdot \ddot{x}_1 &= -D \cdot x_1 - k \cdot (x_1 - x_2) \\ m \cdot \ddot{x}_2 &= -D \cdot x_2 + k \cdot (x_1 - x_2). \end{aligned}$$

Dies ist ein System zweier gekoppelter Differentialgleichungen.

Für die beiden Eigenfrequenzen ergibt sich daraus:

1. Schwingen beide Pendel in Phase und mit gleicher Amplitude, so ist die Kopplungsfeder ständig entspannt ($x_1 = x_2$):

   $$m \cdot \ddot{x}_1 = -D \cdot x_1 = -D \cdot x_2 = m \cdot \ddot{x}_2.$$

   Über den gleichen Lösungsweg wie bei der harmonischen Schwingung erhält man:

   $$\boxed{\omega_{\mathrm{I}}^2 = \frac{g}{l}.}$$

   Das ist die erste Eigenfrequenz des gekoppelten Systems. Sie ist (bei diesem System) identisch mit der Frequenz der Einzelschwingung.

2. Beide Pendel schwingen mit gleicher Amplitude aber mit der Phasendifferenz π ($x_1 = -x_2$). Man erhält die Differentialgleichungen

   $$\begin{aligned} m \cdot \ddot{x}_1 &= -D \cdot x_1 - 2k \cdot x_1 = -(D + 2k) \cdot x_1 \\ m \cdot \ddot{x}_2 &= -D \cdot x_2 - 2k \cdot x_2 = -(D + 2k) \cdot x_2 \end{aligned}$$

   $$\boxed{\omega_{\mathrm{II}}^2 = \frac{D + 2k}{m} = \frac{g}{l} + \frac{2k}{m} = \omega_{\mathrm{I}}^2 + \frac{2k}{m}.}$$

Dies ist die zweite Eigenschwingung des Systems. Ein Doppelpendel besitzt zwei Eigenfrequenzen (Freiheitsgrade); man erhält n Eigenfrequenzen, wenn n Pendel gekoppelt sind. Eine schwingende Saite kann man als eine Anordnung von vielen gekoppelten Massen (Atomen) ansehen. Sie hat deshalb viele Eigenschwingungen. Schwingungsfähige Systeme lassen sich durch ein einfaches allgemeingültiges Modell darstellen: Sie bestehen aus trägen Körpern zur Aufnahme der kinetischen Energie und elastischen Federn zur Aufnahme der potentiellen. Außerdem unterscheidet man zwei Schwingungsformen je nach Auslenkungsrichtung der gekoppelten Massenelemente: In Richtung der Kopplungskraft: *Longitudinalschwingungen*, senkrecht dazu: *Transversalschwingungen*. Als weitere Erscheinungsform kann durch Verdrillung eine *Torsionsschwingung* auftreten.

Versuch: Eine Saite wird zwischen einer Wand und einem Erregerzentrum mit variabler Frequenz eingespannt. Fährt man nun den Frequenzbereich des Erregers langsam durch, wird die Saite immer dann mit Translationsschwingungen beginnen, wenn eine Resonanzstelle erreicht ist. Als einfachste Schwingungsform bildet sich die *Grundschwingung* mit der Frequenz ν_0 aus (Abb. 4.19). Die Grundschwingung (1) hat an den Enden der Saite je einen Schwingungsknoten und in der Mitte einen Schwingungsbauch, d. h. eine Stelle maximaler Auslenkung. Verdoppelt man die Erregerfrequenz auf

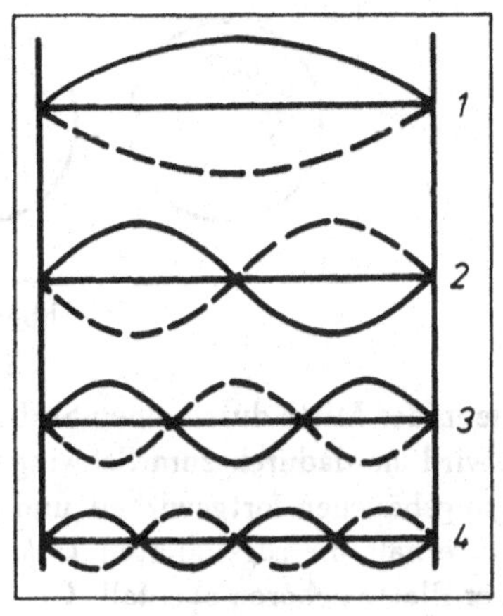

Abbildung 4.19

$2\nu_0$, beobachtet man wieder eine Eigenschwingung (2). Diese zweite Eigenschwingung nennt man auch *erste Oberschwingung*. Bei $3\nu_0$ erhält man die zweite Oberschwingung usw. Allgemein gilt

$$\boxed{\nu_n = n \cdot \nu_0}$$

mit $n = 2, 3, 4, \ldots$. ν_n bezeichnet die Frequenz der $(n-1)$ten Oberschwingung.

Unter *harmonischen Oberschwingungen* eines Systems versteht man alle Schwingungsformen, deren Frequenzen ein ganzzahliges Vielfaches der Grundfrequenz sind.

Bei Musikinstrumenten wird nicht nur *eine* Schwingung mit einer bestimmten Frequenz angeregt, sondern es sind neben der Grundfrequenz verschiedene Oberschwingungen vorhanden. Diese bestimmen das Klangbild, die *Klangfarbe*.

Versuch: Anstelle der Saite im vorhergehenden Versuch wird eine Feder zu Schwingungen angeregt. Im Gegensatz zur Saite führt sie Longitudinalschwingungen aus. Schwingungsknoten bzw. -bäuche befinden sich bei gleicher Länge der Feder an den entsprechenden Stellen wie bei der Saite.

Versuch: An einer Feder ist ein U-förmiges Eisenstück angebracht (Abb. 4.20). Lenkt man die Feder in ihrer Längsrichtung aus, vollführt sie zuerst eine Longitudinalschwingung. Allmählich bildet sich eine Torsionsschwingung um die Längsachse der Feder aus, während die Longitudinalschwingung zur Ruhe kommt. Nachdem sich die gesamte Schwingungsenergie in Energie der Torsionsschwingung umgewandelt hat, kehrt sich der Vorgang wieder um. Es handelt sich also wie beim gekoppelten Pendel um zwei überlagerte Eigenschwingungszustände. Auch Platten und Membrane können zu Eigenschwingungen angeregt werden, die stark von der Form des Körpers abhängen.

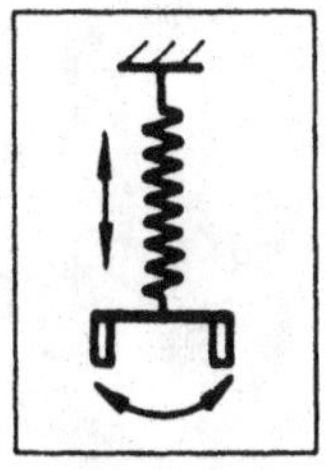

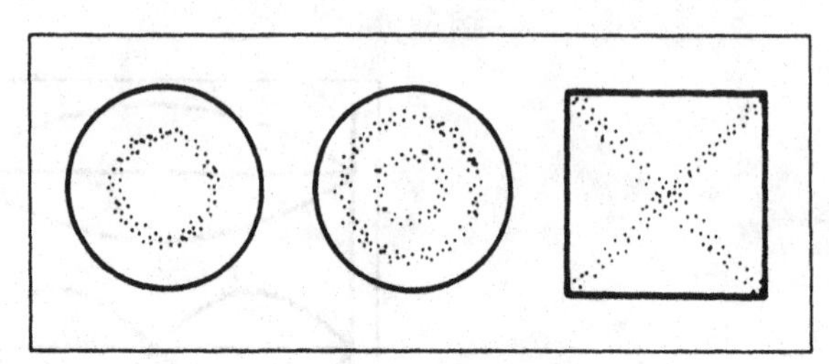

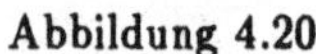

Abbildung 4.20

Abbildung 4.21

Versuch: Streicht man eine in der Mitte durch einen Stab befestigte Metallplatte mit einem Geigenbogen an, so wird sie dadurch zum Schwingen angeregt. Aufgestreuter Sand wird an den Schwingungsbäuchen fortgewirbelt und sammelt sich an den Knotenlinien (Abb. 4.21). Man erhält die sogenannten *Chladnischen Klangfiguren.* Zu den Eigenschwingungen einer Platte gehören ebenfalls Grund- und Oberschwingungen. Das Spektrum ist jedoch nicht harmonisch.

4.2 Wellen

Erfolgt im Innern eines deformierbaren Mediums eine Verschiebung aus der Ruhelage (Deformation), so bleibt sie nicht auf das Erregerzentrum beschränkt, sondern teilt sich den Nachbargebieten mit, indem diese zeitlich verzögert ebenfalls deformiert werden. Man unterscheidet zwischen Transversal- und Longitudinalwellen. Bei Transversalwellen ist die Schwingungsrichtung (Deformation) senkrecht zur Ausbreitungsrichtung, während bei Longitudinalwellen Schwingungs- und Ausbreitungsrichtung parallel zueinander sind.

4.2.1 Transversalwellen

Als deformierbares Medium denken wir uns eine Reihe von Massenpunkten, die miteinander elastisch gekoppelt sind (z. B. durch Federn). Lenkt man den ersten Massenpunkt transversal aus seiner Ruhelage aus, wird auch die zweite Masse aufgrund der Kopplung mitgezogen. Nacheinander spüren alle Massenpunkte diese Störung und werden entsprechend ausgelenkt. Bei periodischer Wiederholung der Auslenkung pflanzt sich auf diese Weise die dem ersten Massenpunkt aufgezwungene Schwingung durch die ganze Massenkette fort. Jeder einzelne Massenpunkt führt, wenn auch zeitlich verschoben, eine harmonische Schwingung aus.

Verhalten an konstantem Ort: Es wird das Bewegungsverhalten eines Massenpunktes an einem konstanten Ort in Abhängigkeit von der Zeit betrachtet. Die Auslenkung erreicht Masse 2 erst um Δt später als Masse 1 (vgl. Abb. 4.22). Deshalb ist die

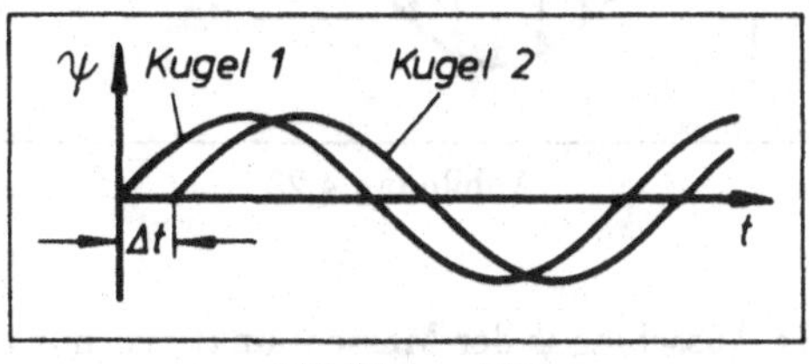

Abbildung 4.22

Ortskurve von Masse 2 auch um Δt verschoben (Phasendifferenz: $2\pi \cdot \Delta t/T$). Ändert sich die Phase um $n \cdot 2\pi$ ($n \in \mathbf{N}$), liegt wieder der gleiche Schwingungszustand vor. Es ist dabei ein ganzzahliges Vielfaches der Schwingungszeit $T = 2\pi/\omega$ verstrichen. Die momentane Amplitude $\psi(t)$ ist nur noch eine Funktion der Zeit. ψ_0 ist dabei die maximale Elongation (Amplitude).

$$\psi(t) = \psi_0 \cdot \sin \omega t = \psi_0 \cdot \sin\left(2\pi \cdot \frac{t}{T}\right)$$

Verhalten bei fester Zeit: Bei konstantgehaltener Zeit ergibt sich das Bild eines räumlich periodischen Vorganges. In Abb. 4.23 sind fünf aufeinanderfolgende Zeitaufnahmen dargestellt. Nach der Zeit t_5 ist die erste Masse wieder im gleichen Schwingungszustand

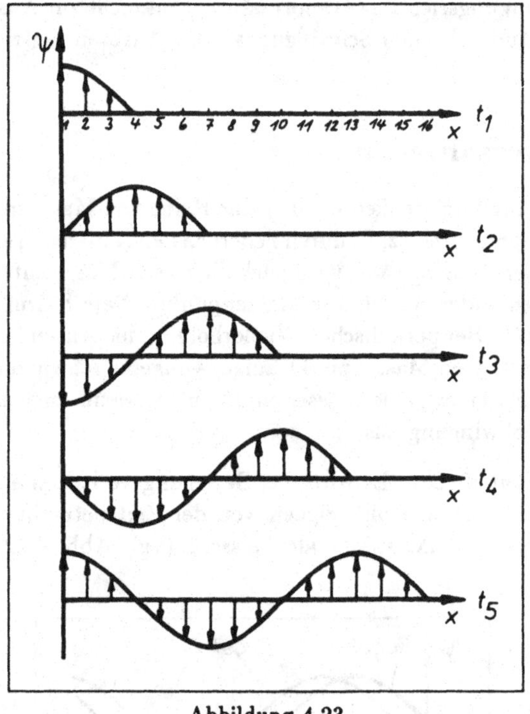

Abbildung 4.23

wie zu Beginn (t_1). Der Ausschlag ψ der Massenpunkte ist nur noch eine Funktion des Abstandes von Masse 1:

$$\psi(x) = \psi_0 \cdot \sin\left(2\pi \cdot \frac{x}{\lambda}\right).$$

λ ist dabei die Wellenlänge in Metern. Die Massenpunkte im Abstand $n \cdot \lambda$ ($n \in \mathbf{N}$) befinden sich im gleichen Schwingungszustand wie Masse 1.

Bei der Wellenausbreitung handelt es also sich um einen *räumlich und zeitlich periodischen Vorgang*. Die zusammenfassende Gleichung für die Auslenkung lautet daher

$$\psi(x,t) = \psi_0 \cdot \sin\left(2\pi \cdot \frac{x}{\lambda} \mp 2\pi \cdot \frac{t}{T}\right) = \psi_0 \cdot \sin(k \cdot x \mp \omega t).$$

Die Wellenzahl $k = 2\pi/\lambda$ gibt die Zahl der Wellenlängen pro Meter an, multipliziert mit 2π.

Bei der obigen Gleichung handelt es sich um eine *harmonische Wellenfunktion*. Ein negatives Vorzeichen bedeutet, daß die Welle nach rechts, also zu größeren x-Werten läuft, während ein positives Vorzeichen das Gegenteil besagt.

Obwohl man von der „Ausbreitung der Welle" spricht, findet kein Materietransport statt. Jede Kugel schwingt nur um ihre Ruhelage. Lediglich die Erregung bzw. die Phase breitet sich aus!

Ausbreitungsgeschwindigkeit von Wellen

Um die Ausbreitungsgeschwindigkeit der Welle zu berechnen, sucht man sich einen Zustand gleicher Phase, z. B. ein Maximum der Elongation heraus. Dieses liege bei t_1 an der Stelle x_1. Das Maximum der obigen Wellenfunktion wird erreicht, wenn

$$2\pi \cdot \frac{x_1}{\lambda} - 2\pi \cdot \frac{t_1}{T} = \frac{\pi}{2}$$

gilt. Nach der Zeit Δt hat sich dieser Wellenberg um die Strecke Δx verschoben:

$$2\pi \cdot \frac{x_1 + \Delta x}{\lambda} - 2\pi \cdot \frac{t_1 + \Delta t}{T} = \frac{\pi}{2}.$$

Aus der Differenz dieser beiden Gleichungen

$$\frac{2\pi}{\lambda}\Delta x - \frac{2\pi}{T}\Delta t = 0$$

erhält man die *Ausbreitungsgeschwindigkeit der Welle*:

$$\boxed{v = \frac{\Delta x}{\Delta t} = \frac{\lambda}{T} = \nu \cdot \lambda = \frac{2\pi\nu}{k} = \frac{\omega}{k}.}$$

Diese Beziehung gilt für alle Wellen, gleichgültig, auf welchem Mechanismus deren Entstehung und Ausbreitung beruht.

Es gibt nicht nur eindimensionale Wellen (in bezug auf die Ausbreitungsrichtung) wie im vorangegangenen Beispiel, sondern auch flächenhafte oder räumliche Wellen. Wirft man z. B. einen Stein ins Wasser, gehen von dieser Stelle ringförmige Wellen aus. Bei Schallwellen handelt es sich um eine dreidimensionale Welle.

4.2.2 Die Wellengleichung

Man betrachtet eine Kette aus Massenelementen, die über Federn miteinander verbunden sind. Die Massenelemente sollen nur Longitudinalschwingungen in x-Richtung ausführen können (Abb. 4.24; D: Federkonstante, a: Abstand der Massenpunkte).

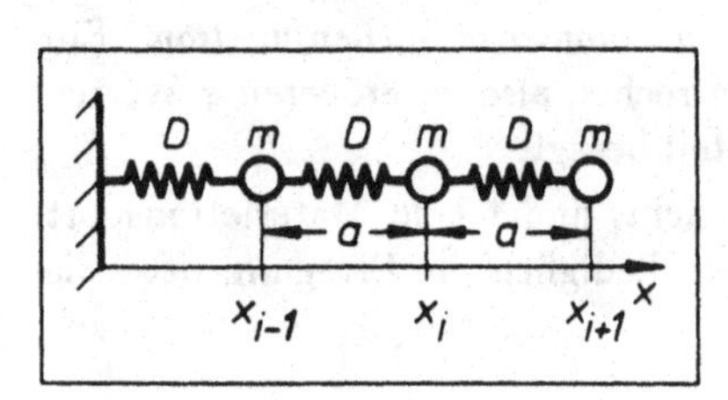

Abbildung 4.24

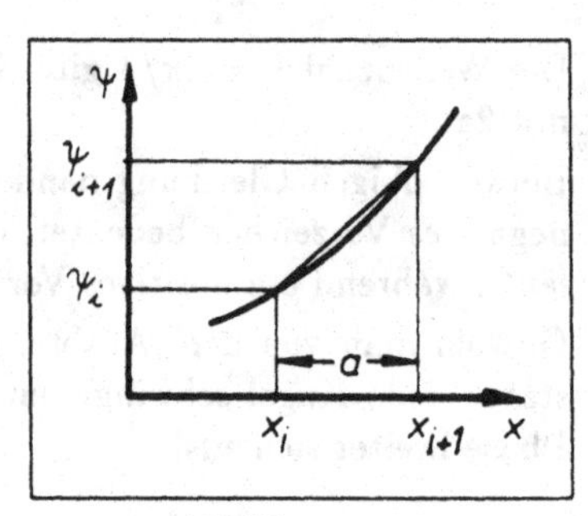

Abbildung 4.25

Wird das Massenelement an der Stelle x_i um ψ_i in Längsrichtung aus der Ruhelage ausgelenkt, gilt für die auftretenden Kräfte:

$$m \cdot \ddot{\psi}_i = D \cdot (\psi_{i+1} - \psi_i) - D \cdot (\psi_i - \psi_{i-1}).$$

Nach dem Mittelwertsatz der Differentialrechnung darf man für kleine Werte von a schreiben (vgl. Abb. 4.25):

$$\frac{\psi_{i+1} - \psi_i}{a} = \left.\frac{d\psi}{dx}\right|_{x \approx x_i + \frac{a}{2}} \qquad \frac{\psi_i - \psi_{i-1}}{a} = \left.\frac{d\psi}{dx}\right|_{x \approx x_i - \frac{a}{2}}$$

$$(\psi_{i+1} - \psi_i) - (\psi_i - \psi_{i-1}) = a \cdot \left(\left.\frac{d\psi}{dx}\right|_{x \approx x_i + \frac{a}{2}} - \left.\frac{d\psi}{dx}\right|_{x \approx x_i - \frac{a}{2}} \right)$$

Nochmalige Anwendung des Mittelwertsatzes auf den Klammerausdruck liefert

$$(\psi_{i+1} - \psi_i) - (\psi_i - \psi_{i-1}) = a^2 \cdot \left.\frac{d^2\psi}{dx^2}\right|_{x_i}.$$

Damit:

$$m \cdot \ddot{\psi}_i = D \cdot a^2 \cdot \left.\frac{d^2\psi}{dx^2}\right|_{x_i}.$$

Dies ist die Bewegungsgleichung für das Massenelement an der Stelle x_i, die auch für jede andere Stelle der Federkette Gültigkeit hat. Durch Umstellen erhält man die allgemeingültige *Wellengleichung*:

$$\boxed{\frac{\partial^2\psi}{\partial t^2} = \frac{D \cdot a^2}{m} \cdot \frac{\partial^2\psi}{\partial x^2}.} \tag{4.1}$$

Die Massenelemente der Federkette führen harmonische Schwingungen aus. Deshalb muß $\psi = \psi_0 \cdot \sin(kx - \omega t)$ ein Lösungsansatz der Wellengleichung sein. Zweimalige Differentiation von ψ nach der Zeit und nach dem Ort ergibt

$$\frac{\partial^2\psi}{\partial t^2} = -\omega^2 \cdot \psi \qquad \frac{\partial^2\psi}{\partial x^2} = -k^2 \cdot \psi.$$

Auflösen nach ψ und Gleichsetzen ergibt

$$\boxed{\frac{\partial^2\psi}{\partial t^2} = \frac{\omega^2}{k^2}\cdot\frac{\partial^2\psi}{\partial x^2} = \nu^2\cdot\lambda^2\cdot\frac{\partial^2\psi}{\partial x^2} = v^2\cdot\frac{\partial^2\psi}{\partial x^2}.} \tag{4.2}$$

Durch Vergleichen der beiden Differentialgleichungen (4.1) und (4.2) erhält man

$$\boxed{v = \sqrt{\frac{D\cdot a^2}{m}}.} \tag{4.3}$$

Die Differentialgleichung (4.2) ist für alle Wellen gültig. Es ergeben sich jedoch verschiedene ***Ausbreitungsgeschwindigkeiten.*** Gleichung (4.3) beschreibt die Ausbreitungsgeschwindigkeit v der Welle auf der Federkette. Für Festkörper, Flüssigkeiten und Gase gilt (ρ = Dichte):

Longitudinalwellen im Festkörper E = Elastizitätsmodul	$v^2 = E/\rho$
Transversalwellen im Festkörper G = Scherungsmodul	$v^2 = G/\rho$
Transversale Seilwellen σ = Zugspannung	$v^2 = \sigma/\rho$
Longitudinalwellen in Flüssigkeiten K = Kompressionsmodul	$v^2 = K/\rho$
Longitudinalwellen in Gasen p = Druck, $\kappa = C_p/C_V$	$v^2 = \kappa\cdot p/\rho$

4.2.3 Reflexion, Brechung und Interferenz von Wellen

Treffen Wellen auf die Grenze zweier Medien verschiedener Dichte, so wirkt diese Dichteänderung wie ein Hindernis für die ankommenden Wellen. Sie werden zum Teil durchgelassen (Brechung) und zum Teil zurückgeworfen (Reflexion).

Reflexion

Versuch: Ein Ende eines Gummischlauches wird an der Wand befestigt. Lenkt man den gespannten Schlauch an seinem losen Ende einmal nach unten aus, entsteht eine Ausbuchtung, die über den ganzen Schlauch läuft. An der Wand erfährt die Ausbuchtung eine Störung, wobei die Ausbuchtung nach oben „klappt": Es findet ein *Phasensprung* von $\Delta\varphi = \pi$ statt (vgl. Abb. 4.26). Das entspricht einem Gangunterschied von einer halben Wellenlänge $\lambda/2$.

Die Reflexion an der Wand ist ein Sonderfall einer Reflexion an einem dichteren Medium. Befindet sich bei nochmaliger Versuchsdurchführung zwischen Gummischlauch und Wand ein dünner Faden — entsprechend einem dünneren Medium — findet *kein*

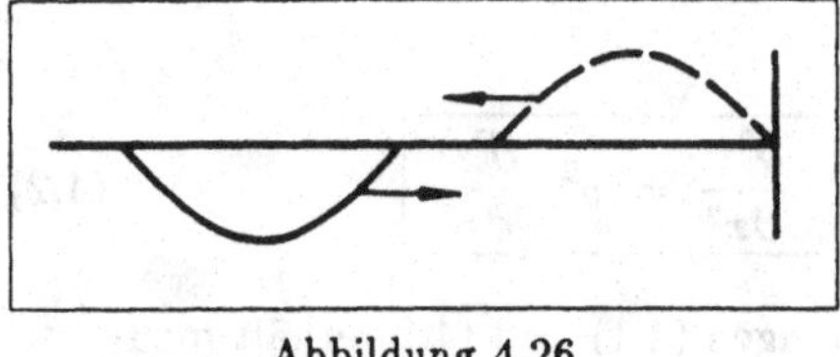
Abbildung 4.26

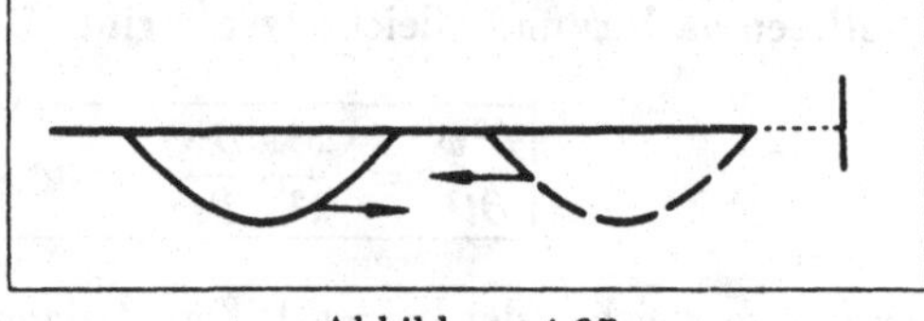
Abbildung 4.27

Phasensprung statt (Abb. 4.27). Die Ausbuchtung ändert ihr „Vorzeichen“ bei der Reflexion nicht.

Versuch: Über einer flachen Wanne, die mit Wasser gefüllt ist, wird eine Metallplatte so angebracht, daß ihre schmale Seite eben noch die Wasseroberfläche berührt. Mit einem Vibrator wird die Platte in Schwingungen versetzt. Es bilden sich ebene Wasserwellen. Bringt man an der gegenüberliegenden Seite einen Parabolspiegel an

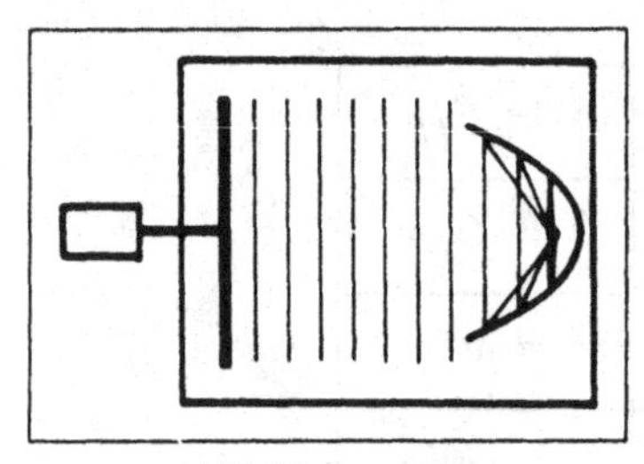
Abbildung 4.28

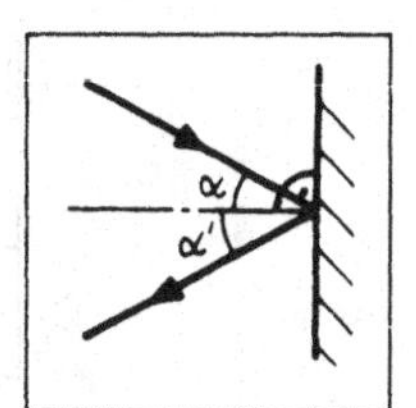

Abbildung 4.29

(Abb. 4.28), werden die eintreffenden Wasserwellen alle an einem gemeinsamen Punkt, dem Brennpunkt des Parabolspiegels, reflektiert: Der Reflexionswinkel α' ist gleich dem Einfallswinkel α (Abb. 4.29). Darunter versteht man den Winkel zwischen dem Lot auf die Wand und der Ausbreitungsrichtung der Welle vor bzw. nach der Reflexion. *Bei der Reflexion von Wellen ist Einfallswinkel gleich Ausfallswinkel!*

Brechung

Legt man anstelle des Parabolspiegels eine flache Plexiglasplatte schräg in die Wasserwellenwanne (Abb. 4.30), so beobachtet man eine Änderung der Ausbreitungsrichtung der Welle. Die Wellen werden zum Lot auf die Grenzfläche hin gebrochen ($\beta < \alpha$). Ursache dafür ist die geringere Wassertiefe über der Plexiglasscheibe. Dort besitzen die Wasserwellen eine geringere Ausbreitungsgeschwindigkeit als im tiefen Wasser.

An der Grenze zweier Medien werden Wellen gebrochen. *Beim Übergang vom dünneren zum dichteren Medium (größere → kleinere Ausbreitungsgeschwindigkeit) beobachtet man immer eine Brechung zum Lot hin!* (vgl. Bd. II, Kapitel 8).

Interferenz

Versuch: Erzeugt man in einer Wellenwanne zwei Kreiswellen mit gleicher Frequenz

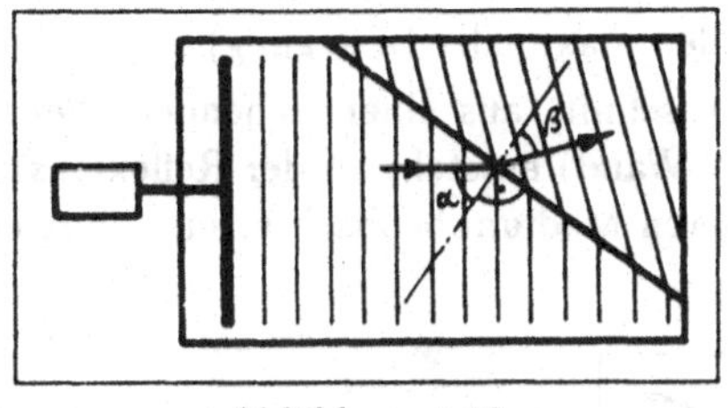

Abbildung 4.30

und Phase, sind vom Entstehungsort ausgehende hyperbelförmige Zonen von Wellenbergen und Wellentälern zu beobachten. Dazwischen gibt es Gebiete, die frei von Wellen sind (vgl. Abb. 4.31).

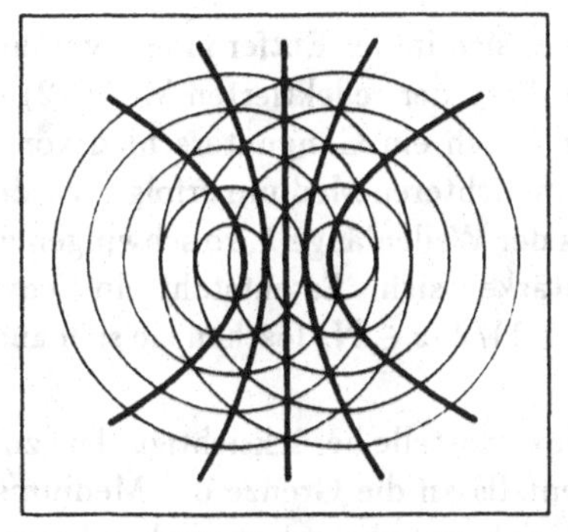
Abbildung 4.31

Auslöschung erfolgt, wenn Wellental und Wellenberg zusammentreffen, d. h. die Wasseroberfläche bleibt in Ruhe. Trifft Berg auf Berg bzw. Tal auf Tal, so verstärkt sich die Wellenbewegung. Man bezeichnet diese Erscheinung als *Interferenz.* (In Abb. 4.31 sollen die Kreise abwechselnd Wellentäler bzw. -berge darstellen).

Zwei Wellen gleicher Frequenz und Phase verstärken sich, wenn ihr Gangunterschied Δ ein ganzzahliges Vielfaches der Wellenlänge ist: $\Delta = z \cdot \lambda$; $z \in \mathbf{N}_0$. *Das Interferenzbild bleibt zeitlich unverändert (stationär), wenn die beiden Wellenerreger (Sender) mit zeitlich konstanter Phasenbeziehung (d. h. kohärent) schwingen.*

4.2.4 Stehende Wellen

Wird eine Welle an einem Medium reflektiert, interferiert sie mit sich selbst. Einlaufende und rücklaufende Wellen überlagern sich, und man sieht an jeder Stelle nur die

Resultierende. Es entsteht eine *stehende Welle* mit stationären Knoten (Stellen der Ruhe) und Bäuchen (Stellen maximaler Bewegung).

Abb. 4.32 zeigt einen Ausschnitt aus einer stehenden Welle. Bei der Reflexion an einem dichteren Medium (Wand) entsteht an der Reflexionsstelle ein Knoten, bei der Reflexion an einem dünneren Medium beobachtet man dort einen Schwingungsbauch.

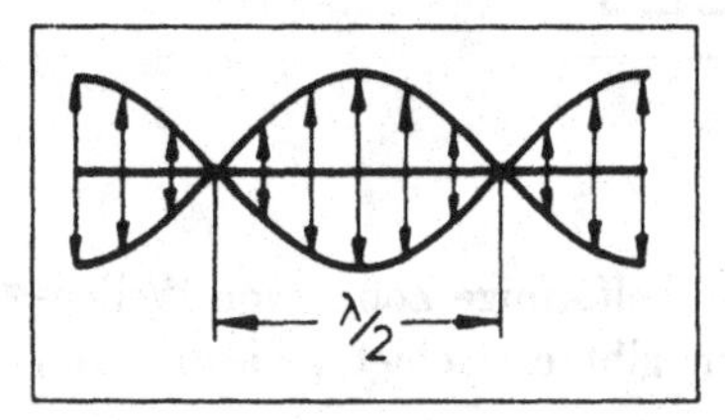

Abbildung 4.32

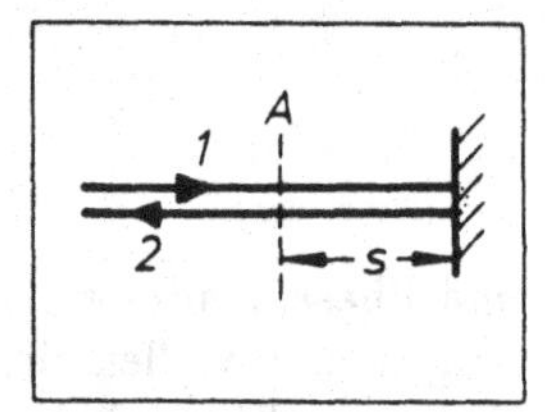

Abbildung 4.33

Im Punkt A (Abb. 4.33), der sich in der Entfernung s vor einer Wand befindet, hat die einlaufende Welle (1) gegenüber der reflektierten Welle (2) einen um $2s$ kürzeren Weg zurückgelegt. Dazu kommt noch ein Gangunterschied von einer halben Wellenlänge, wenn die Reflexion an einem dichteren Medium erfolgt. Ist der gesamte Wegunterschied ein ganzzahliges Vielfaches der Wellenlänge λ, so schwingen die beiden Wellen im Punkt A im Gleichtakt und verstärken sich. Es entsteht ein Schwingungsbauch. Bei einem Wegunterschied von $\lambda \cdot (2z+1)/2$, $z \in \mathbf{N}_0$ löschen sie sich aus. An dieser Stelle entsteht ein Schwingungsknoten.

Bisher wurde nur eine Reflexionsstelle berücksichtigt. Die zurücklaufende Welle kommt aber nach einiger Zeit ebenfalls an die Grenze des Mediums und wird dann nochmals reflektiert. Sie überlagert sich mit der schon vorhandenen stehenden Welle. Soll es nicht zur Auslöschung kommen, müssen bestimmte Bedingungen eingehalten werden. Man unterscheidet drei Fälle (vgl. Abb. 4.34).

1. Dichteres Medium an beiden Enden (feste Enden): An den Reflexionsstellen befinden sich Schwingungsknoten. Der Abstand L zwischen den Enden muß $L = n \cdot \lambda/2$, $n \in \mathbf{N}$ sein, damit sich eine stehende Welle ausbildet.

2. Dünneres Medium an beiden Enden (offene Enden): An den Reflexionsstellen befinden sich Schwingungsbäuche. Eine stehende Welle bildet sich allenfalls bei $L = n \cdot \lambda/2$ aus.

3. Dichteres Medium an einem, dünneres Medium am anderen Ende: $L = (2n+1) \cdot \lambda/4$. Eine stehende Welle bildet sich nur aus, wenn Wellenlänge λ und geometrische Länge des Mediums in einem bestimmten, festen Verhältnis zueinander stehen. Das bedeutet aber umgekehrt, daß sich bei fest vorgegebenen Abstandsbedingungen nur für bestimmte Frequenzen eine stehende Welle ergibt.

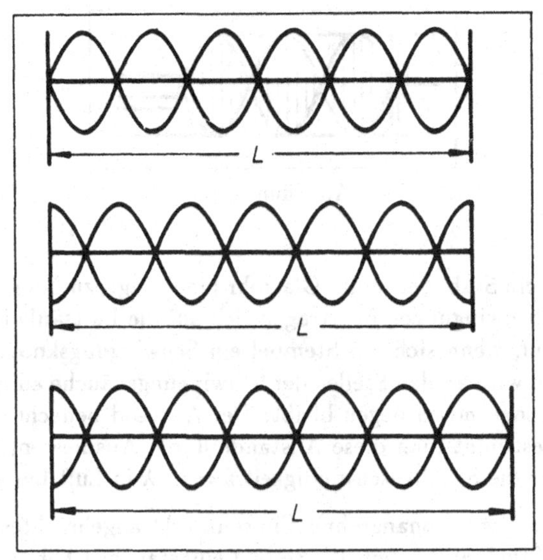

Abbildung 4.34

4.2.5 Schallwellen

Mechanische Wellen sind an deformierbare Körper als Ausbreitungsmedium gebunden. Der Mensch kann mechanische Wellen im Frequenzbereich zwischen 20 Hz und 20 kHz akustisch wahrnehmen; man bezeichnet diese Wellen als Schallwellen. In gasförmigen Medien sind Schallwellen Longitudinalwellen, die Moleküle werden in Fortpflanzungsrichtung der Welle periodisch aus ihrer Ruhelage ausgelenkt. Den Maxima und Minima einer Transversalwelle entsprechen hier Verdünnungen und Verdichtungen des Mediums. Es resultiert eine sich fortpflanzende Druckschwankung.

Bei Frequenzen unter 20 Hz (*Infraschall*) spürt man diese Druckschwankungen (z. B. beim Autofahren mit offenem Fenster). Schallwellen mit Frequenzen über 20 kHz bezeichnet man als *Ultraschall*.

Versuch: Zwei parallel ausgerichtete Lautsprecher werden im Abstand a voneinander aufgestellt. Sie werden synchron von einem gemeinsamen Frequenzgenerator angeregt. Mit einem Mikrofon wird das Gebiet vor den Lautsprechern abgetastet und die örtliche Intensität auf einem Meßgerät angezeigt. Wie bei den Wasserwellen beobachtet man Zonen der Auslöschung und der Verstärkung. Auch Schallwellen können interferieren!

Versuch (Kundtsches Rohr): In einem Glasrohr, das auf der einen Seite mit einem verschiebbaren Stempel verschlossen ist (Abb. 4.35), liegt etwas Korkmehl. Auf der

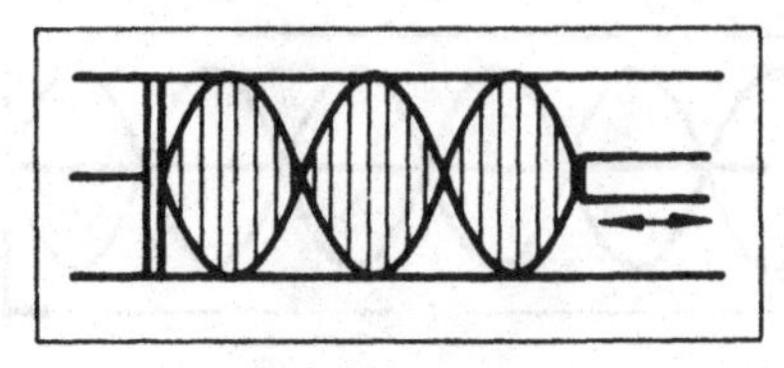

Abbildung 4.35

anderen Seite wird ein Stab, der in das Glasrohr hineinragt, zu Longitudinalschwingungen angeregt. Die Schwingungen übertragen sich auf die Luftsäule im Rohr. Es treten stehende Wellen auf, wenn sich am Stempel ein Schwingungsknoten ausbilden kann. Das feine Korkmehl wird an den Stellen der Schwingungsbäuche aufgewirbelt, während es an den Schwingungsknoten liegen bleibt. Der Abstand benachbarter Schwingungsknoten ist $\lambda/2$. Bestimmt man diese Abstände durch Ausmessen, dann läßt sich bei bekannter Frequenz die Schallgeschwindigkeit $v = \nu \cdot \lambda$ in Luft berechnen.

Versuch (Quinckesches Resonanzrohr): Ein senkrecht angebrachtes, beidseitig offenes Glasrohr wird ein Stück weit in ein Wasserbad eingetaucht (Abb. 4.36). Durch Heben und Senken des Vorratsgefäßes kann man den Wasserspiegel im Glasrohr verändern. Oben am Rohr befindet sich ein Lautsprecher, der einen Ton konstanter Frequenz erzeugt. Läßt man den Wasserspiegel ansteigen, kommt es bei bestimmten Höhen der Wassersäule zu Resonanzerscheinungen (der Ton wird lauter). Dies ist der Fall, wenn sich eine stehende Welle mit einem Knoten an der Wasseroberfläche und einem Schwingungsbauch am offenen Rohrende ausbildet. Die Luftsäule im Rohr muß also eine Länge von

$$L = \frac{\lambda}{4}; \frac{3}{4}\lambda; \frac{5}{4}\lambda \ldots$$

haben.

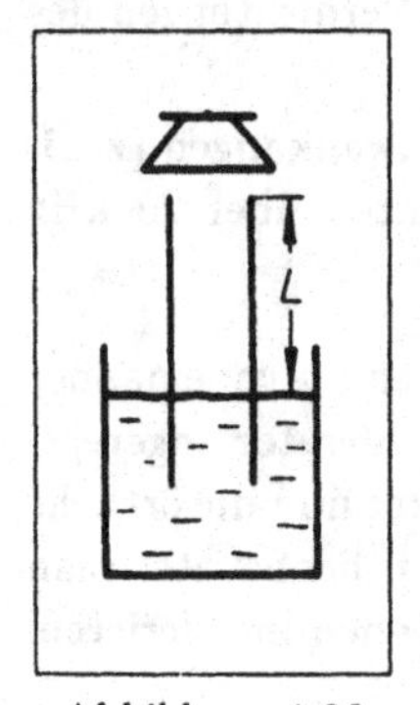

Abbildung 4.36

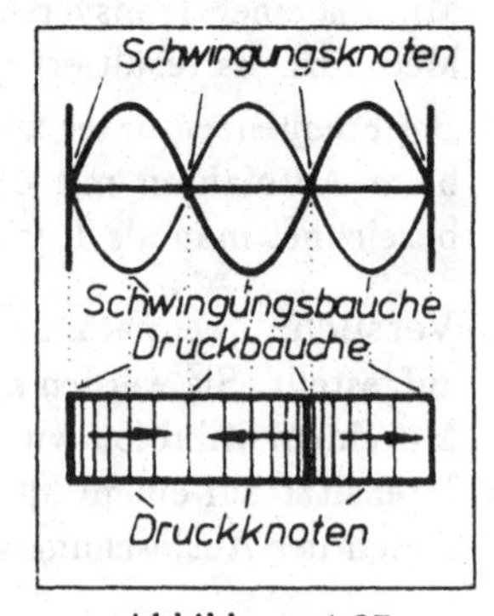

Abbildung 4.37

Füllt man Kohlenstoffdioxid in das Quinckesche Resonanzrohr, liegen die Resonanzstellen und damit auch die Knoten und Bäuche der stehenden Welle enger zusammen. Grund: Die Schallgeschwindigkeit und damit die Wellenlänge ist in Kohlenstoffdioxid kleiner als in Luft.

Elongation, Schallschnelle, Druck

Bei stehenden Schallwellen schwingen die Moleküle zu beiden Seiten eines Schwingungsknotens mit einer Phasendifferenz von π (vgl. Abb. 4.37). Die Knoten der Bewegung sind deshalb Orte größter Druckänderungen! Schwingen die Teilchen aufeinander zu, so wächst der Druck im Schwingungsknoten über den Druck des ungestörten Mediums hinaus. Entfernen sie sich, wird der Druck kleiner. Im Bereich der Schwingungsbäuche bleibt der Druck immer konstant. ***Druckbäuche und Schwingungsknoten sowie Druckknoten und Schwingungsbäuche fallen örtlich zusammen.***

Für die Teilchenelongation gilt

$$\psi(x,t) = \psi_0 \cdot \sin(kx - \omega t).$$

Daraus ergibt sich die Geschwindigkeit der Teilchenbewegung:

$$u = \dot{\psi}(t) = -\psi_0 \cdot \omega \cdot \cos(kx - \omega t) = -u_0 \cdot \cos(kx - \omega t).$$

ψ_0 ist dabei die Schwingungsamplitude, $u_0 = \psi_0 \cdot \omega$ die Geschwindigkeitsamplitude, auch *Schallschnelle* genannt. Mit der *Druckamplitude*

$$\boxed{p_0 = u_0 \cdot \rho \cdot v}$$

stellen auch die Druckschwankungen einen harmonischen Vorgang dar (ρ ist die Dichte des Mediums und v die Ausbreitungsgeschwindigkeit des Schalls im entsprechenden Medium).

$\rho \cdot v$ wird als *Schallwiderstand* bezeichnet. Er ist ein Maß dafür, wie gut ein Medium den Schall leitet. Dort, wo sich der Schallwellenwiderstand unstetig ändert, wird die Schallwelle reflektiert.

4.2.6 Energie im Schallfeld

Die schwingenden Teilchen besitzen im Schallfeld kinetische Schwingungsenergie:

$$E_{kin} = \frac{1}{2} m \cdot u^2 = \frac{1}{2} m \cdot u_0^2 \cdot \cos^2(kx - \omega t) = \frac{1}{2} m \cdot \psi_0^2 \cdot \omega^2 \cdot \cos^2(kx - \omega t).$$

Als *Energiedichte* bezeichnet man die kinetische Energie pro Volumeneinheit:

$$\frac{E_{kin}}{V} = \frac{1}{2} \rho \cdot \psi_0^2 \cdot \omega^2 \cdot \cos^2(kx - \omega t).$$

Im zeitlichen Mittel beträgt die Energiedichte

$$\frac{\overline{E_{kin}}}{V} = \frac{1}{4}\rho \cdot \psi_0^2 \cdot \omega^2 \quad \text{wegen} \quad \overline{\cos^2(kx - \omega t)} = \frac{1}{2}.$$

Außer der kinetischen besitzen die Moleküle im ausgelenkten Zustand noch die potentielle Energie E_{pot}. Sie ist jedoch im zeitlichen Mittel gleich groß wie $\overline{E_{kin}}$. Damit beträgt die gesamte mittlere Energiedichte

$$\boxed{\frac{\overline{E}}{V} = \frac{\overline{E_{kin}} + \overline{E_{pot}}}{V} = \frac{1}{2}\rho \cdot \psi_0^2 \cdot \omega^2.}$$

Die *Intensität* oder *Schallstärke* I wird definiert als

$$I = \frac{\overline{E}}{V}v = \frac{1}{2}\rho \cdot \psi_0^2 \cdot \omega^2 \cdot v = \frac{1}{2}\rho \cdot v \cdot u_0^2 \qquad [I] = 1\,\frac{\mathrm{J}}{\mathrm{s \cdot m^2}} = 1\,\frac{\mathrm{W}}{\mathrm{m^2}}.$$

Das ist die Energie, die pro Zeiteinheit auf eine senkrecht zur Ausbreitungsrichtung der Schallwelle gestellte Flächeneinheit trifft (*Energieflußdichte*).

Das menschliche Ohr besitzt nicht für alle Frequenzen die gleiche Empfindlichkeit. Seine höchste Empfindlichkeit hat es bei ungefähr 3 kHz. Die Hörschwelle — das ist die Schallstärke, die gerade noch wahrgenommen wird — liegt für diese Frequenz bei 10^{-13} W/m^2. Für eine Frequenz von 1 kHz beträgt sie nur noch 10^{-12} W/m^2. Diese Schallstärke entspricht einer Schwingungsamplitude von $\psi_0 = 10^{-10}$ m (!). Wäre das Ohr nur ein wenig empfindlicher, könnte es die thermische Molekülschwingung als Rauschen wahrnehmen.

Es besteht kein linearer Zusammenhang zwischen Hörempfinden (*Lautstärke*) und Schallstärke. Näherungsweise wird dieser Zusammenhang durch das *Weber-Fechnersche Gesetz* beschrieben:

$$\boxed{\text{Lautstärke} = \text{const.} \cdot \log_{10} I.}$$

Die Empfindung des Ohres und der Logarithmus der physikalisch meßbaren Intensität verhalten sich proportional zueinander.

Um die Lautstärke eines Geräusches zu bestimmen, bezieht man sich auf den Hörschwellenwert I_0 von 1 kHz. Man läßt den 1 kHz-Ton so stark tönen, daß man ihn ebenso laut wie das zu bestimmende Geräusch empfindet. Die Intensität I des 1 kHz-Tones wird gemessen:

$$\boxed{\text{Lautstärke des Geräusches } \Lambda = 10 \cdot \log_{10} \frac{I}{I_0}.}$$

Obwohl die so definierte Lautstärke eine reine Zahl ist, trägt ihre Einheit den Namen *Phon*.

Beispiel: Ein Geräusch von 20 Phon bedeutet $\Lambda = 10 \cdot 2$, also $I/I_0 = 100$ bzw. $I = 100 \cdot 10^{-12}$ W/m^2. Die Intensität des 1 kHz-Vergleichstones ist also $I = 10^{-10}$ W/m^2.

	Flüstern	Sprache	Preßluft	Motorrad	Flugzeug
Λ/Phon	20	50	90	100	110

4.2.7 Der Dopplereffekt

Werden Wellen der Frequenz ν_0 von einer ruhenden Quelle ausgesandt, registriert ein ebenfalls ruhender Beobachter ν_0 Schwingungen pro Sekunde. Bewegen sich aber Sender und Empfänger relativ zueinander, nimmt der Beobachter eine andere Frequenz ν wahr. Bewegt sich der Beobachter mit der Geschwindigkeit u auf die im Medium ruhende Quelle zu oder entfernt sich, so überschreitet er in der Zeit Δt einen Wellenzug, der $\Delta n = u \cdot \Delta t/\lambda$ Wellenlängen enthält. $\Delta n/\Delta t$ ist die Zahl der Schwingungen pro Zeiteinheit, die der Beobachter zusätzlich bzw. weniger wahrnimmt.

$$\nu = \nu_0 \pm \nu'; \qquad \frac{\Delta n}{\Delta t} = \nu' = \frac{u}{\lambda} = \nu_0 \cdot \frac{u}{v}$$

$$\boxed{\nu = \nu_0 \cdot (1 \pm u/v)}$$

v ist die Ausbreitungsgeschwindigkeit der Welle und u die Relativgeschwindigkeit zwischen Sender und Beobachter. Bewegt sich die Quelle, während der Beobachter ruht,

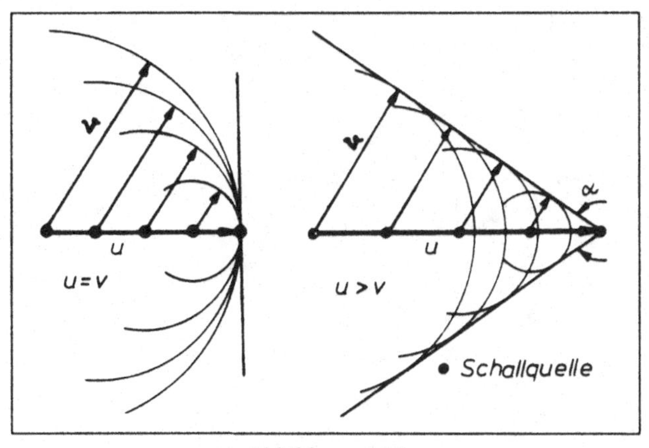

Abbildung 4.38

ergibt sich am Ort des Beobachters die Frequenz

$$\boxed{\nu = \frac{\nu_0}{1 \mp u/v}.}$$

Es ist demnach nicht gleichgültig, ob sich die Quelle oder der Beobachter bewegt! Die Frequenzänderung hängt also nicht nur von der Relativgeschwindigkeit der beiden ab.

Wird $u = v$, bewegt sich der Sender also mit Schallgeschwindigkeit, spricht man vom Erreichen der *Schallmauer.* Die Kreise, welche die entstandenen Wellenberge darstellen (Abb. 4.38), berühren sich am Ort der gleichförmig bewegten Schallquelle. Dort verstärken sich die Amplituden zu sehr großen Werten.

Für $u > v$ liegt *Überschallgeschwindigkeit* vor. Der Schall bleibt hinter der Schallquelle zurück und verdichtet sich zu Bugwellen wie sie in ähnlicher Weise auch bei fahrenden Schiffen auftreten. Als Umhüllende der Bugwellen ergibt sich der sogenannte *Machsche Kegel* mit dem Öffnungswinkel α (M = Machzahl):

$$\boxed{\sin\frac{\alpha}{2} = \frac{v}{u} = \frac{1}{M}.}$$

Kapitel 5

Wärmelehre

5.1 Temperatur, Gasgesetze

5.1.1 Temperatur

Wenn wir von Temperatur sprechen, unterscheiden wir rein qualitativ zwischen warm und kalt. Zur quantitativen Bestimmung benötigen wir eine Meßvorschrift. Hierzu benutzt man die Eigenschaft fast aller Körper, sich mit steigender Temperatur auszudehnen.

Versuch: Lötet man zwei Metallstreifen mit verschiedenen Ausdehnungskoeffizienten zusammen, so führt die unterschiedliche Ausdehnung bei Erwärmung zu einer Krümmung dieses *Bimetallstreifens.* Solche Streifen finden in der Technik häufig Verwendung als automatische Schalter, indem sie bei bestimmten Temperaturen Stromkreise öffnen oder schließen.

Zur Temperaturmessung ist die Ausdehnung von Flüssigkeiten aber viel besser geeignet als die von Festkörpern.

Versuch: Füllt man drei Kolben mit oben angesetztem Glasrohr gleich hoch mit Petroleum, Wasser und Quecksilber und taucht sie in ein Bad mit warmem Wasser, so sieht man am Steigen der Flüssigkeiten in den Röhrchen, daß sich Petroleum am stärksten, Quecksilber am wenigsten ausdehnt (Abb. 5.1).

Zur Füllung von Thermometern wird meistens Quecksilber, aber auch Alkohol und Toluol verwendet. Bei diesen Flüssigkeiten verläuft die Ausdehnung weitgehend linear zum Temperaturanstieg.

Für die quantitative Temperaturmessung haben sich mehrere Temperaturskalen durchgesetzt. Sie unterscheiden sich in der Wahl der *Fixpunkte*: So dienen für die Celsiusskala (A. Celsius, 1701–1744) und die Réaumurskala (R.-A. Réaumur, 1683–1757) die Temperaturen des schmelzenden Eises (0 °C, 0 °R) und des bei Normaldruck siedenden Wassers (100 °C, 80 °R) als Fixpunkte. Für die — hauptsächlich in Amerika verwen-

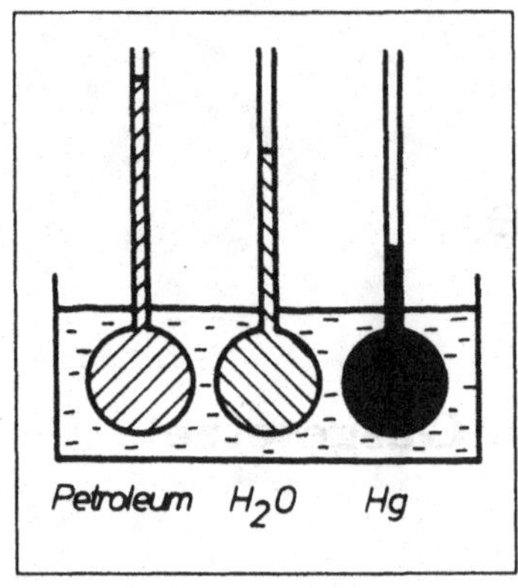

Abbildung 5.1

dete — Fahrenheitskala (G. D. Fahrenheit, 1686–1736) dienten die tiefste Temperatur, die er mit einer Eis-Wasser-Salmiak-Mischung erreichen konnte (0 °F) und die Temperatur des menschlichen Blutes (100 °F) als Fixpunkte. Nach diesen Festlegungen unterteilt man die Differenzen zwischen den unteren und oberen Fixpunkten in äquidistante Teile und setzt diese Einteilungen über die Fixpunkte hinaus fort (Abb. 5.2).

Umrechnungen:

$$
\begin{aligned}
x\ {}^\circ\mathrm{R} &= \frac{5}{4}\, x\ {}^\circ\mathrm{C} \\
x\ {}^\circ\mathrm{C} &= \frac{4}{5}\, x\ {}^\circ\mathrm{R} \\
x\ {}^\circ\mathrm{F} &= \frac{5}{9}\,(x-32)\ {}^\circ\mathrm{C} \\
x\ {}^\circ\mathrm{C} &= \frac{9}{5}\,(x+17{,}8)\ {}^\circ\mathrm{F}
\end{aligned}
$$

Das Volumen einer Flüssigkeit oder die Länge eines Stabes sind nicht die einzigen physikalischen Größen, die eine Temperaturmessung gestatten. Auch der Druck eines Gases oder eines Dampfes, der elektrische Widerstand eines Metalldrahtes und die von einem Körper ausgesandte Wärme- und Lichtstrahlung sind eindeutig von der Temperatur abhängig. Durch Messung der entsprechenden Größen sind Rückschlüsse auf die Temperatur möglich.

Verfügt man über eine Temperaturskala, so kann man die Wärmeausdehnung von Körpern auch quantitativ untersuchen. Für die *Ausdehnung in einer Dimension* (Stab)

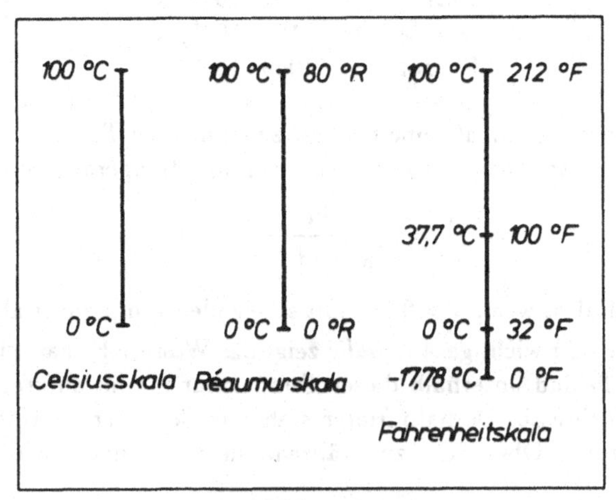

Abbildung 5.2

gilt

$$\boxed{l_t = l_0 \cdot (1 + \alpha t).}$$

Dabei ist t die Temperatur in °C, l_0 die Länge des Stabes bei 0 °C und l_t seine Länge bei der Temperatur t. α ist eine stoffspezifische Größe und heißt *Ausdehnungskoeffizient*. ($[\alpha] = 1/°\mathrm{C}$)

Ausdehnungskoeffizienten einiger Festkörper:

Quarzglas	$0,5 \cdot 10^{-6}/°\mathrm{C}$	Kupfer	$16,7 \cdot 10^{-6}/°\mathrm{C}$
Jenaer Glas	$9,0 \cdot 10^{-6}/°\mathrm{C}$	Aluminium	$23,8 \cdot 10^{-6}/°\mathrm{C}$

Diese Angaben beziehen sich auf 100 °C. Das ist nicht belanglos, da der Ausdehnungskoeffizient selbst — wenn auch nur wenig — von der Temperatur abhängt.

Neben der Längenänderung interessiert auch die Volumenvergrößerung bei Temperaturerhöhung. Ein Material mit einem linearen Ausdehnungskoeffizienten α vergrößert sein Volumen, wenn es als Würfel der Kantenlänge l_0 bei 0 °C vorliegt, nach der Beziehung

$$V_t = l_t^3 = l_0^3 \cdot (1 + \alpha t)^3 = V_0 \cdot (1 + \alpha t)^3.$$

Da α eine sehr kleine Zahl ist, können die Glieder mit α^2 und α^3 gegen das lineare Glied vernachlässigt werden. Man erhält mit γ als den räumlichen Ausdehnungskoeffizienten

$$1 + \gamma t \approx 1 + 3\alpha t \quad \Rightarrow \quad \boxed{\gamma \approx 3\alpha} \quad \Rightarrow \quad \boxed{V_t = V_0 \cdot (1 + \gamma t).}$$

Der räumliche Ausdehnungskoeffizient beträgt also etwa das Dreifache des linearen.

Einige räumliche Ausdehnungskoeffizienten bezogen auf 20 °C:

Glas	$27 \cdot 10^{-6}/°C$
Quecksilber	$181 \cdot 10^{-6}/°C$
Benzol	$1060 \cdot 10^{-6}/°C$

Flüssigkeiten dehnen sich im allgemeinen mit zunehmender Temperatur stärker aus als Festkörper! Für die Abhängigkeit der Dichte von der Temperatur gilt

$$\rho_t = \frac{m}{V_t} = \frac{m}{V_0 \cdot (1 + \gamma t)} < \rho_0 = \frac{m}{V_0}.$$

Die Dichte nimmt also, wenn $\gamma > 0$ ist, mit steigender Temperatur ab!

Eine für die Natur sehr wichtige *Anomalie* zeigt das Wasser. Es hat seine größte Dichte bei 4 °C. Oberhalb und unterhalb dieser Temperatur nimmt aufgrund der Volumenausdehnung die Dichte ab. Deshalb frieren stehende Gewässer bei Unterschreitung des Gefrierpunktes an der Oberfläche zu, während sie am Grund noch eine Temperatur von 4 °C besitzen.

5.1.2 Gesetze von Boyle-Mariotte und Gay-Lussac, Kelvinskala

Der Zustand eines Gases wird durch die drei Zustandsgrößen Druck p, Volumen V und Temperatur t beschrieben. In der Aerostatik wurde bereits für Luft unter Normalbedingungen ($t \approx 20$ °C, $p \approx 1$ bar) die Beziehung

$$\boxed{p \cdot V = \text{const. für } t = \text{const.}}$$

gefunden. Dies ist das Gesetz von *Boyle* (1627–1691) und *Mariotte* (1620–1684). Eine Verkleinerung des Gasvolumens führt bei gleichbleibender Temperatur (*isotherme Zustandsänderung*) zu einem Druckanstieg. Untersucht man die Gültigkeit dieser Beziehung auch bei anderen Gasen, stellt man fest, daß unter Normalbedingungen alle leichten Gase (Wasserstoff, Helium, Neon, näherungsweise auch Stickstoff und Sauerstoff) diesem Gesetz gehorchen, daß es aber für alle verdünnten Gase (Gase unter vermindertem Druck) universell gilt. Man bezeichnet ein Gas, das dem Gesetz von Boyle-Mariotte gehorcht, als *ideales Gas*. Druck p und Volumen V sind dann immer umgekehrt proportional zueinander!

Beobachtet man die Volumenänderung eines Gases in Abhängigkeit von der Temperatur bei konstantem Druck (*isobare Zustandsänderung*), so erhält man die Beziehung

$$\boxed{V_t = V_0 \cdot (1 + \gamma t) \quad \text{für } p = \text{const.}}$$

Dies ist das *erste Gesetz von Gay-Lussac* (1778–1850). V_0 ist das Volumen bei $t_0 = 0$ °C, V_t das bei der Temperatur t. Man findet nun, daß der räumliche Ausdehnungskoeffizient γ für alle idealen Gase gleich und unabhängig von der Temperatur ist. Er besitzt den Wert

$$\boxed{\gamma = \frac{1}{273,2\ °\mathrm{C}}.}$$

Versuch: Für die experimentelle Prüfung dieser Zustandsgleichungen eignet sich ein Zylinder mit verschiebbarem Stempel (Abb. 5.3). Das Gesetz von Boyle-Mariotte prüft man, indem man mit dem Stempel bei gleichbleibender Temperatur nacheinander verschiedene Drucke auf das Gas ausübt und jeweils das Volumen bestimmt. Das Produkt aus Volumen und Druck muß immer gleich sein.

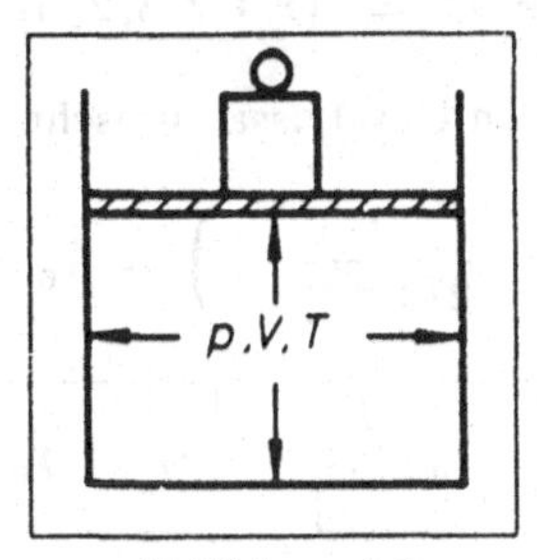

Abbildung 5.3

Zur Prüfung des ersten Gay-Lussacschen Gesetzes ist konstanter Druck erforderlich. Diese Bedingung ist erfüllt, wenn man auf den Stempel eine konstante Kraft wirken läßt. Wie aber ändert sich der Druck in Abhängigkeit von der Temperatur bei konstantem Volumen (*isochore Zustandsänderung*)?

Hierzu zerlegt man die isochore Zuständsänderung in zwei aufeinanderfolgende Teilschritte.

- Erster Schritt: Das Gas wird bei konstantem Druck p_0 von t_0 auf die Temperatur t erwärmt. Dabei ändert sich das Volumen vom ursprünglichen Wert V_0 auf $V_t = V_0 \cdot (1 + \gamma t)$.

- Zweiter Schritt: Das Gas wird bei konstanter Temperatur auf das Ausgangsvolumen V_0 komprimiert. Dabei gilt nach dem Gesetz von Boyle-Mariotte $V_t \cdot p_0 = V_0 \cdot p_t$. Setzt man V_t aus dem ersten Schritt ein, erhält man das *Gesetz von Charles*, das auch oft als *zweites Gesetz von Gay-Lussac* bezeichnet wird:

  $$\boxed{p_t = p_0 \cdot (1 + \gamma t) \quad \text{für } V = \text{const.}}$$

  Es beschreibt das Verhalten eines idealen Gases bei konstantem Volumen. p_0 ist der Druck bei $t_0 = 0$ °C und p_t der Druck bei der Temperatur t. Der Volumen- und der Druckänderungskoeffizient sind gleich!

Nach den Gesetzen von Gay-Lussac gehen für $t \to -273,2$ °C bei einer isobaren Zustandsänderung das Volumen V und bei einer isochoren Zustandsänderung der Druck p gegen den Wert Null. Der Zahlenwert $t = -273,2$ °C markiert den *absoluten Nullpunkt*, dessen genaue Definition in Abschnitt 5.2.5 erfolgt.

Damit läßt sich eine neue Temperaturskala T einführen (*thermodynamische Skala*) mit der Temperatureinheit $[T] = 1$ K (Kelvin), die den Wert $T = 0$ K am absoluten Nullpunkt besitzt und für die gilt, daß die Temperaturdifferenz ΔT denselben Zahlenwert ergibt wie eine entsprechende Differenz Δt in der Celsiusskala. Umrechnung:

$$\begin{aligned} x\,\mathrm{K} &= (x - 273,2)\,{}^\circ\mathrm{C} \\ x\,{}^\circ\mathrm{C} &= (x + 273,2)\,\mathrm{K} \end{aligned}$$

Damit lassen sich die Gesetze von Gay-Lussac umschreiben:

$$V_t = V_0 \cdot \left(1 + \frac{1}{273,2\,{}^\circ\mathrm{C}} \cdot t\right) = V_0 \cdot \frac{273,2\,{}^\circ\mathrm{C} + t}{273,2\,{}^\circ\mathrm{C}}$$

$$\boxed{V_T = V_0 \cdot \frac{T}{T_0}} \qquad \boxed{p_T = p_0 \cdot \frac{T}{T_0}}$$

Gasthermometer

Da der Wärmeausdehnungskoeffizient für alle idealen Gase gleich und unabhängig von der Temperatur ist, bieten sie sich als Füllsubstanzen für Thermometer an: *Gasthermometer*. Es besteht aus einem Gasvolumen V, das durch ein mit Quecksilber gefülltes U-Rohr abgeschlossen ist (Abb. 5.5). Da das Quecksilber-Vorratsgefäß über einen fle-

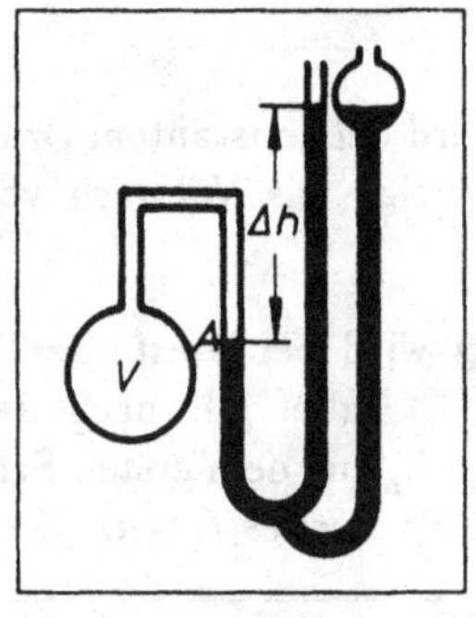

Abbildung 5.5

xiblen Schlauch mit dem U- Rohr verbunden ist, kann man durch Änderung der Höhe des Vorratsgefäßes die Quecksilbersäule so einstellen, daß das Gas immer das gleiche

Volumen einnimmt (bis zur Marke A). Die Höhendifferenz Δh ist ein Maß für den Druckunterschied bei den verschiedenen Temperaturen: $\Delta p = p_T - p_0 = \rho_{Hg} \cdot g \cdot \Delta h$. Mit dem Gay-Lussacschen Gesetz erhält man die Temperatur:

$$T = \frac{p_T \cdot T_0}{p_0} = T_0 \cdot \frac{\Delta p + p_0}{p_0} = T_0 \cdot \left(\frac{\Delta p}{p_0} + 1 \right).$$

5.1.3 Stoffmenge, Avogadro-Gesetz

Aufgrund zahlreicher Untersuchungen formulierte 1799 der französische Chemiker Joseph Louis Proust (1754–1826) das *Gesetz der konstanten Proportionen*:

> „Das Gewichtsverhältnis zweier sich zu einer chemischen Verbindung vereinigender Elemente ist konstant."

Manche Elemente sind jedoch in der Lage, mehrere Verbindungen unterschiedlicher Zusammensetzung miteinander einzugehen. Deshalb erweiterte im Jahre 1803 der englische Naturforscher John Dalton (1766–1844) dieses Gesetz zum *Gesetz der multiplen Proportionen*:

> „Die Gewichtsverhältnisse zweier sich zu verschiedenen chemischen Verbindungen vereinigender Elemente stehen im Verhältnis einfacher ganzer Zahlen zueinander."

Ein Gesetz, das über die beiden vorhergehenden hinausgeht und diese einschließt, wurde prinzipiell schon 1791 von dem deutschen Chemiker Jeremias Benjamin Richter (1762–1807) als das *Gesetz der äquivalenten Proportionen* erkannt:

> „Elemente vereinigen sich stets im Verhältnis bestimmter Verbindungsgewichte, sogenannter Äquivalentgewichte oder ganzzahliger Vielfache dieser Gewichte zu chemischen Verbindungen."

Eine einleuchtende Deutung finden diese empirisch gefundenen stöchiometrischen Gesetze durch die *Atomhypothese von Dalton* (1808):

> „Alle Stoffe sind nicht unendlich teilbar, sondern aus kleinsten, chemisch nicht weiter zerlegbaren Teilchen (Atomen) aufgebaut."

Die Aussage der obengenannten stöchiometrischen Gesetze läßt sich dann in heutiger Sprache so formulieren: Da bei chemischen Reaktionen die kleinsten Teilchen miteinander in Wechselwirkung treten, setzen sich die Atome im Verhältnis ganzer Zahlen zu Molekülen zusammen.

Die in den Gesetzen genannten Gewichtsverhältnisse (besser: Massenverhältnisse) geben dann die Verhältnisse der Massen der miteinander reagierenden Atome an. Weil es bei den stöchiometrischen Rechnungen aber nur auf Massen*verhältnisse* ankommt, kann man den Atomen (Molekülen) eine *relative Atom- bzw. Molekülmasse* M_r zuordnen.

Da Wasserstoff das leichteste Element ist, wurde ihm zunächst willkürlich die relative Atommasse $M_r = 1$ zugeschrieben. Später wurde 1/16 der Atommasse des Sauerstoffs und heute 1/12 des Kohlenstoffisotops $^{12}_{6}C$ (Kernladungszahl 6, Massenzahl 12) als relative Atommasseneinheit bezeichnet. Für den Wasserstoff ergab sich hiermit nur eine Veränderung in der dritten Dezimale. Auf diese Weise können jedem Atom (Molekül) durch Vergleich relative Atommassen (Molekülmassen) zugeordnet werden.

Nun kann die Menge eines beliebigen Stoffes entweder durch die Stoffmasse oder durch die Zahl in der Menge enthaltenen Moleküle, die Teilchenzahl N, charakterisiert werden. (Im folgenden soll der Begriff „Molekül" auch für einatomige Moleküle verwendet werden.) *Zwei Stoffmengen sind gleich, wenn sie die gleiche Anzahl von Molekülen enthalten.* Die Einheit der Stoffmenge ist 1 mol. Sie ist definiert als diejenige Stoffmenge, die die gleich Teilchenzahl enthält wie in 12,000 g des Kohlenstoffnuklids ^{12}C enthalten sind. Diese Anzahl heißt *Avogadrokonstante* N_A (A. Avogadro, 1776-1856) oder *Loschmidtzahl* (J. Loschmidt, 1821-1895).

Aus dem Vorgehenden folgt, daß — angenähert: bei Vernachlässigung der molekularen Bindungsenergien — zwei Stoffmengen gleich sind, wenn ihre Massen im Verhältnis der relativen Atommassen stehen, daß demnach ein Stoff die Stoffmenge 1 mol besitzt, dessen Masse gleich seiner in Gramm gemessenen relativen Molekülmasse ist.

Darüberhinaus fand Gay-Lussac im Jahre 1808 bei chemischen Reaktionen von idealen Gasen das *Volumengesetz*:

> „Das Volumenverhältnis gasförmiger Stoffe, die bei chemischen Umsetzungen vollständig miteinander reagieren, läßt sich bei gegebener Temperatur und gegebenem Druck durch einfache ganze Zahlen wiedergeben."

Damit geben die Volumenverhältnisse auch die Verhältnisse der Teilchenzahlen an. Hieraus folgt ein wichtiger Sachverhalt, den als erster der italienische Physiker Amedeo Avogadro 1811 formulierte:

> „Gleiche Volumina idealer Gase enthalten bei gleichem Druck und gleicher Temperatur gleich viele Moleküle."

Diese Aussage wird als *Molekularhypothese* oder als *Avogadro-Gesetz* bezeichnet. Jedes ideale Gas der Stoffmenge 1 mol erfüllt damit unter Normalbedingungen das gleiche Volumen, das Molvolumen V_0.

Alle Aussagen lassen sich folgendermaßen zusammenfassen:
Gleiche Stoffmengen enthalten die gleiche Anzahl von Teilchen, ihre Massen verhalten sich wie ihre relativen Molekülmassen und sie nehmen — als ideale Gase — bei gleichem

Druck und gleicher Temperatur das gleiche Volumen ein. Für die Stoffmengeneinheit 1 mol beträgt die Teilchenzahl N_A und das Molvolumen $\mathcal{V}_0$.
Experimentell ergeben sich für N_A und $\mathcal{V}_0$ folgende Werte:

$$\begin{aligned} \text{Avogadrokonstante } N_A &= 6,022 \cdot 10^{23}\ 1/\text{mol} \\ \text{Molvolumen } \mathcal{V}_0 &= 22,4\ \text{l/mol}, \end{aligned}$$

wobei der letzte Wert unter Normalbedingungen ($p = 1013$ mbar, $T = 273$ K) gilt.

Beispiele:

1. Die Stoffmenge 1 mol Wasser besitzt die Masse 18 g und besteht aus $6 \cdot 10^{23}$ H_2O-Molekülen.

2. Aus der Dichte von Gasen läßt sich das Molvolumen durch Umrechnung auf die Stoffmenge von 1 mol leicht ausrechnen. Mit der Dichte von Wasserstoff $\rho_{H_2} = 0,0899$ g/l und der Molmasse $M_{H_2} = 2,016$ g/mol erhält man

$$\mathcal{V}_{0,H_2} = \frac{M_{H_2}}{\rho_{H_2}} = \frac{2,016\ \text{g/mol}}{0,0899\ \text{g/l}} = 22,4\ \text{l/mol}.$$

3. Mit Hilfe der Avogadrokonstanten lassen sich die tatsächlichen Atom- bzw. Molekülmassen berechnen. Masse des Wasserstoffmoleküls:

$$m_{H_2} = \frac{M_{H_2}}{N_A} = 3,34 \cdot 10^{-24}\ \text{g}.$$

Da ein Wasserstoffmolekül aus zwei Atomen besteht, beträgt die Masse des Wasserstoffatoms $M_H = 1,67 \cdot 10^{-24}$ g.

5.1.4 Allgemeine Gasgleichung

Ein Mol eines idealen Gases sei in das Volumen $\mathcal{V}_0$ beim Druck p_0 und der Temperatur T_0 eingeschlossen. Betrachtet wird nun eine Zustandsänderung $p_0, \mathcal{V}_0, T_0 \longrightarrow p, \mathcal{V}, T$ und zerlegen die Änderung in zwei Schritte.

- Erster Schritt: Erwärmung von T_0 auf T, wobei der Druck p_0 konstant gehalten wird. Nach Gay-Lussac gilt

$$\mathcal{V}_T = \mathcal{V}_0 \cdot T/T_0. \tag{5.1}$$

- Zweiter Schritt: Unter Konstanthaltung der Temperatur T wird von p_0 auf p komprimiert. Nach Boyle-Mariotte gilt

$$p \cdot \mathcal{V} = p_0 \cdot \mathcal{V}_T. \tag{5.2}$$

Einsetzen von (5.1) in (5.2) ergibt

$$\boxed{\frac{p \cdot \mathcal{V}}{T} = \frac{p_0 \cdot \mathcal{V}_0}{T_0}.}$$

Die Kombination der drei Zustandsgrößen p, V und T liefert eine Konstante. Ihr Zahlenwert lautet

$$\boxed{R := \frac{p_0 \cdot \mathcal{V}_0}{T_0} = 8{,}315 \frac{\mathrm{J}}{\mathrm{mol} \cdot \mathrm{K}}.}$$

Sie wird als *allgemeine Gaskonstante* bezeichnet. Damit erhält man

$$\boxed{p \cdot \mathcal{V} = R \cdot T.}$$

Für eine beliebige Stoffmenge mit der *Molzahl*

$$\nu = \frac{\text{Masse des Gases}}{\text{Molmasse}} = \frac{m}{M}$$

führt dies mit

$$\frac{\mathcal{V}}{V} = \frac{M}{m}$$

auf die *allgemeine Gasgleichung*

$$\boxed{p \cdot V = \nu \cdot R \cdot T.}$$

Durch Messung von Druck und Temperatur läßt sich mit dieser Gleichung bei bekannter Dichte ρ des Gases dessen molare Masse M bestimmen:

$$M = \frac{m}{V} \cdot \frac{R \cdot T}{p} = \rho \cdot \frac{R \cdot T}{p}.$$

5.1.5 Gaskinetischer Druck

Im letzten Abschnitt wurde der Begriff der Teilchenzahl eingeführt. Das Gesetz von Avogadro bringt Teilchenzahl und Druck miteinander in Verbindung. Als nächstes soll gezeigt werden, daß sich das Gesetz von Boyle-Mariotte aus dem molekularen Aufbau eines gasförmigen Stoffes verstehen läßt. Dazu schreibt man den Molekülen eines Gases folgende Eigenschaften zu:

1. Die Moleküle eines Gases befinden sich in ständiger, ungeordneter Bewegung. Zwischen zwei Zusammenstößen bewegen sie sich gleichförmig geradlinig, d. h. sie üben in dieser Zeit keine Kräfte aufeinander aus.

2. Bei Zusammenstößen untereinander und mit der Wand verhalten sie sich wie vollkommen elastische Kugeln. Damit wird die vom Gas auf die Behälterwand ausgeübte Kraft auf die Stöße der Moleküle gegen die Wand zurückgeführt.

Da die Masse m klein ist gegen die Masse der Wand, werden die Moleküle nach dem Auftreffen reflektiert. Die Impulsänderung eines senkrecht auf die Wand auftreffenden Moleküls mit dem Impuls $\vec{p} = m \cdot \vec{v}$ beträgt $\Delta p = 2|\vec{p}| = 2m \cdot v$, da beim Stoß die Richtung des Impulses umgekehrt wird. Für die pro Stoß auf die Wand übertragene Kraft ergibt sich betragsmäßig

$$F = \frac{\Delta p}{\Delta t} = \frac{2m \cdot v}{\Delta t}.$$

Δt ist dabei die (unbekannte) Wechselwirkungszeit zwischen Kugel und Wand.

Versuch: Dieser Zusammenhang kann mit einer Waage überprüft werden, auf deren eine Waagschale in periodischer Folge Kugeln auftreffen. Die resultierende Kraft hängt von der Masse, der Geschwindigkeit und der Anzahl der Kugeln ab, die in der Zeiteinheit auf die Waagschale auftreffen.

Zur Ableitung des Gesetzes von Boyle-Mariotte aus den Vorstellungen der kinetischen Gastheorie sollen folgende vereinfachende Annahmen gemacht werden:

1. Das Gas bestehe aus N Molekülen und sei in einem Würfel mit dem Volumen V eingeschlossen.

2. Alle Gasmoleküle haben den gleichen Geschwindigkeitsbetrag v.

3. Jeweils 1/6 der Gasmoleküle bewege sich senkrecht auf eine der sechs Würfelflächen zu.

In der Zeit Δt wird eine Wand von denjenigen Molekülen erreicht, die maximal um die Strecke $v \cdot \Delta t$ von ihr entfernt sind, sich also im Teilvolumen $\Delta V = A \cdot v \cdot \Delta t$ befinden (vgl. Abb. 5.6). Die Zahl der Teilchen, die in der Zeit Δt auf die Wand treffen, ist dann

$$Z = \frac{1}{6} \cdot N \cdot \frac{\Delta V}{V} = \frac{1}{6} \cdot N \cdot \frac{A \cdot v \cdot \Delta t}{V}.$$

Durch Z Moleküle wird dann aufgrund der Impulsänderungen die Kraft

$$F = Z \cdot \frac{2m \cdot v}{\Delta t} = \frac{1}{3} \cdot N \cdot m \cdot v^2 \cdot \frac{A}{V}$$

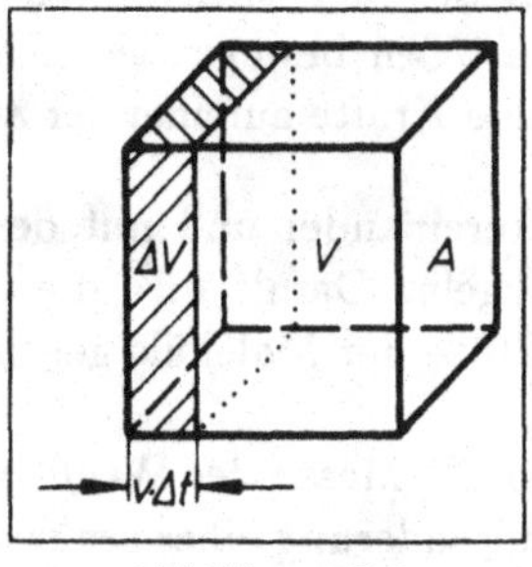

Abbildung 5.6

auf die Wand ausgeübt. Mit der Teilchendichte $n = N/V$ und $p = F/A$ ergibt sich für den Druck

$$\boxed{p = \frac{1}{3} \cdot n \cdot m \cdot v^2.}$$

Dies ist die *Grundgleichung der kinetischen Gastheorie.* Der Druck eines Gases auf die Wand ist damit gleich der auf die Flächeneinheit der Wand übertragenen Impulsänderung der Moleküle! Das Boyle-Mariotte-Gesetz ergibt sich damit sofort zu

$$\boxed{p \cdot V = \frac{1}{3} \cdot N \cdot m \cdot v^2 = \text{const.}}$$

Die Konstante

$$\frac{1}{3} \cdot N \cdot m \cdot v^2 = \frac{2}{3} \cdot N \cdot \frac{m}{2} \cdot v^2$$

enthält die kinetische Energie der einzelnen Moleküle. Andererseits hängt sie über die allgemeine Gasgleichung mit der absoluten Temperatur zusammen:

$$p \cdot V = \frac{2}{3} \cdot N \cdot \frac{m}{2} \cdot v^2 = \nu \cdot R \cdot T.$$

Beträgt die Stoffmenge des eingeschlossenen Gases gerade 1 mol, ist $\nu = 1$ und $N = N_A$, dann gilt

$$R \cdot T = \frac{2}{3} \cdot N_A \cdot \frac{m}{2} \cdot v^2 \quad \Rightarrow \quad \boxed{E_{kin} = \frac{m}{2} \cdot v^2 = \frac{3}{2} \cdot \frac{R}{N_A} \cdot T = \frac{3}{2} \cdot k \cdot T.}$$

k ist eine universelle Konstante und heißt *Boltzmannkonstante.* Sie hat den Zahlenwert

$$\boxed{k = \frac{R}{N_A} = \frac{8,315 \text{ J} \cdot \text{mol}^{-1}\text{K}^{-1}}{6,02 \cdot 10^{23} \text{ mol}^{-1}} = 1,3807 \cdot 10^{-23} \text{ J/K}.}$$

Damit ist gezeigt, daß das Produkt $k \cdot T$ ein Maß für die Energie des einzelnen Moleküls — hier: der kinetischen Energie seiner Translationsbewegung — ist. Man bezeichnet die Summe der Energien aller Moleküle eines Stoffes als die *innere Energie* dieses Stoffes. Wie die abgeleiteten Ausdrücke zeigen, ist die Temperatur T eines Körpers ein Maß für seine innere Energie.

Die bisherige Überlegung enthält die vereinfachenden Annahmen, daß alle Moleküle die gleiche Geschwindigkeit v haben und senkrecht auf die Wand treffen. In Abschnitt 5.4 werden unter Berücksichtigung einer Geschwindigkeitsverteilung entsprechende Beziehungen abgeleitet. Es wird sich zeigen, daß sich dann die hier gemachten Aussagen nur für die Mittelwerte der entsprechenden Größen halten lassen.

5.2 Die Hauptsätze der Wärmelehre

5.2.1 Wärmemenge und Wärmekapazität

Bei den bisherigen Ausführungen wurden die Auswirkungen einer Temperaturänderung auf Druck und Volumen eines Körpers betrachtet, ohne der Frage nachzugehen, wie eine Temperaturänderung zustandekommt. Erfahrungsgemäß gibt es dafür zwei Möglichkeiten:

1. Die Temperatur eines Körpers läßt sich dadurch erhöhen, daß man ihm eine Wärmemenge Q zuführt. Dies geschieht durch Wärmeaustausch in einem Wärmebad, z. B. in einem Kalorimetergefäß oder in den heißen Gasen eines Bunsenbrenners.

2. Temperaturerhöhungen eines Körpers lassen sich erreichen, indem man ihm von außen mechanische Arbeit zuführt, z. B. in Form von Reibungsarbeit oder — bei der Kompression von Gasen — in Form von Volumenarbeit.

Dies zeigt, daß die beim Wärmeaustausch umgesetzte Wärmemenge eine besondere Form von Energie ist! Dennoch rechnete man bis vor kurzem mit einer eigenen Einheit für die Wärmemenge Q: $[Q] = 1$ cal (Kalorie). 1 cal ist diejenige Wärmemenge, die notwendig ist, um 1 g Wasser von 14,5 °C auf 15,5 °C zu erwärmen. Im Internationalen Einheitensystem (SI) wurde diese Einheit der Wärmemenge aufgegeben. Wärmemengen gibt man heute an in Einheiten der Arbeit W: $[W] = 1$ J (Joule).

Um nun kalorimetrische Rechnungen durchführen zu können, benötigt man die Definitionen einiger Größen:

Unter der *Wärmekapazität* $\mathcal{W}$ eines Körpers versteht man diejenige Wärmemenge, die notwendig ist, um diesen Körper um 1 Grad zu erwärmen:

$$\Delta Q = \mathcal{W} \cdot \Delta T \quad \Rightarrow \quad \mathcal{W} = \frac{\Delta Q}{\Delta T} \qquad [\mathcal{W}] = 1 \text{ J/K}.$$

Bezieht man die Wärmekapazität auf ein Mol eines Stoffes, so ergibt sich die *Molwärme* C: $[C] = 1$ J/mol · K. Ebenso kann die Wärmekapazität auf ein Gramm eines Stoffes bezogen werden. Man erhält die *spezifische Wärmekapazität* c:

$$\Delta Q = c \cdot m \cdot \Delta T \quad \Rightarrow \quad c = \frac{\Delta Q}{m \cdot \Delta T} \qquad [c] = 1 \, \frac{\text{J}}{\text{g} \cdot \text{K}}.$$

Beispiele:

Stoff	Al	Cu	H_2O
spez. WK in J/g · K	0,879	0,377	4,184

Bei den Gasen muß man unterscheiden, ob die Temperaturänderung bei konstantem Volumen oder bei konstantem Druck durchgeführt wird. Man beobachtet, daß bei konstantem Druck die spezifische Wärmekapazität c_p und die Molwärme C_p immer größer als die entsprechenden Größen unter Konstanthaltung des Volumens (c_V, C_V) sind:

$$\boxed{c_p > c_V} \quad \text{bzw.} \quad \boxed{C_p > C_V}$$

Man nennt den Quotienten der beiden spezifischen Wärmekapazitäten bzw. den der beiden Molwärmen κ (Kappa):

$$\boxed{\frac{c_p}{c_V} = \frac{C_p}{C_V} = \kappa.}$$

κ ist eine dimensionslose, von der Gassorte abhängige Größe. Mit diesen Beziehungen läßt sich der Wärmeaustausch in einem Wärmebad quantitativ beschreiben:

Man bringt zwei Körper m und m' unterschiedlicher Temperatur $T > T'$ in einem Kalorimetergefäß miteinander in Kontakt. Es wird so lange Wärme ausgetauscht, bis beide Körper die gleiche Temperatur, die Mischungstemperatur T_M, aufweisen. Die vom wärmeren Körper abgegebene Wärmemenge $\Delta Q = c \cdot m \cdot (T - T_M)$ muß gleich sein der vom kälteren Körper aufgenommenen Wärmemenge $\Delta Q' = c' \cdot m' \cdot (T_M - T')$:

$$\Delta Q = \Delta Q'.$$

Dies folgt aus dem Energieerhaltungssatz. Ist die spezifische Wärme eines Körpers bekannt, so kann man diejenige des anderen ausrechnen:

$$\boxed{c = \frac{m' \cdot (T_M - T')}{m \cdot (T - T_M)} \cdot c'.}$$

Die Temperaturerhöhung eines Körpers aufgrund Zuführung mechanischer Arbeit wurde erstmals im Jahre 1842 durch den englischen Physiker James Prescott Joule (1818–1889) gemessen. Er baute eine Maschine, bei der ein in Wasser eintauchendes Schaufelrad durch ein langsam heruntersinkendes Massenstück ($E_{kin} \approx 0$) in Bewegung versetzt wurde (Abb. 5.7). Beim Rühren wird Arbeit gegen die Reibungskräfte geleistet, was zu einer Temperaturerhöhung ΔT führt, die sich mit einem Thermometer feststellen läßt. Man erhält das gleiche Ergebnis, wie wenn man eine Wärmemenge ΔQ zugeführt hätte. Damit gilt

$$M \cdot g \cdot h = c \cdot m \cdot \Delta T = \Delta Q.$$

Durch dieses Experiment war es möglich, die Einheiten cal und J miteinander zu vergleichen (*mechanisches Wärmeäquivalent*):

$$1\ \text{J} = 0{,}239\ \text{cal}$$
$$1\ \text{cal} = 4{,}185\ \text{J}.$$

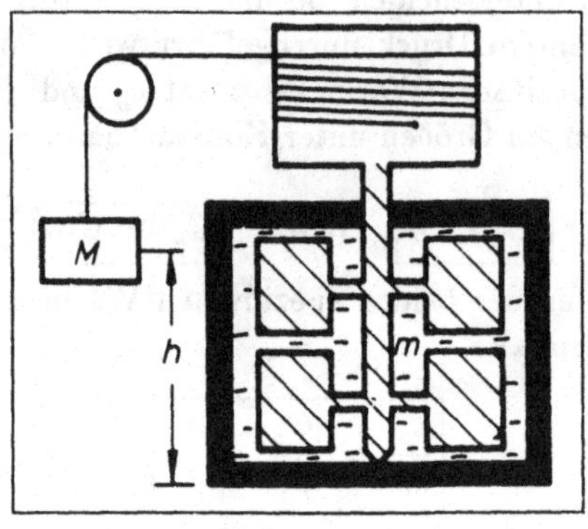

Abbildung 5.7

Ebenfalls im Jahre 1842 leitete Robert Mayer (1814–1878) das mechanische Wärmeäquivalent aus der Differenz der spezifischen Wärmen der Gase ab (vgl. Abschnitt 5.2.3).

5.2.2 Der 1. Hauptsatz der Wärmelehre

Im letzten Abschnitt wurde gezeigt, daß die Temperatur T eines Körpers entweder durch Zufuhr einer Wärmemenge ΔQ oder durch Zufuhr mechanischer Arbeit ΔW erhöht werden kann.

Unter Zugrundelegung dieses Sachverhaltes formulierte Hermann von Helmholtz (1821–1894) im Jahre 1847 in Erweiterung des Energieerhaltungssatzes der Mechanik den *1. Hauptsatz der Wärmelehre*, der eine Erhaltung der Energie auch bei Einschluß kalorischer Prozesse postuliert und dessen Gültigkeit nur an der Erfahrung geprüft werden kann:

> „Bei einem Körper bewirkt die Zuführung einer Wärmemenge ΔQ oder einer mechanischen Arbeit ΔW eine Erhöhung seiner inneren Energie ΔU."

$$\boxed{\Delta Q + \Delta W = \Delta U}$$

Da die Zufuhr einer Wärmemenge oder einer mechanischen Arbeit die Temperatur des Körpers erhöht, muß seine innere Energie ein Maß für seine Temperatur sein. In der Tat zeigten die Betrachtungen im Rahmen der kinetischen Gastheorie (Abschnitt 5.1.5), daß bei einem idealen Gas — aufgefaßt als ein molekulares System von starren Kugeln — die Temperatur mit der Translationsenergie der Moleküle verknüpft ist. Die innere Energie ist also eine weitere Zustandsgröße eines Körpers.

5.2.3 Zustandsänderungen idealer Gase

In einem Zylinder befindet sich 1 Mol eines idealen Gases (Abb. 5.8). Soll das Volumen $\mathcal{V}$ mit Hilfe eines Stempels um $d\mathcal{V}$ verkleinert werden, muß von außen die Arbeit dW aufgebracht werden:

$$dW = F\,ds = p \cdot A\,ds = -p\,d\mathcal{V}.$$

Die Zuführung äußerer Arbeit bewirkt eine Volumenabnahme (→ negatives Vorzeichen), d. h. am Gas wird Volumenarbeit verrichtet.

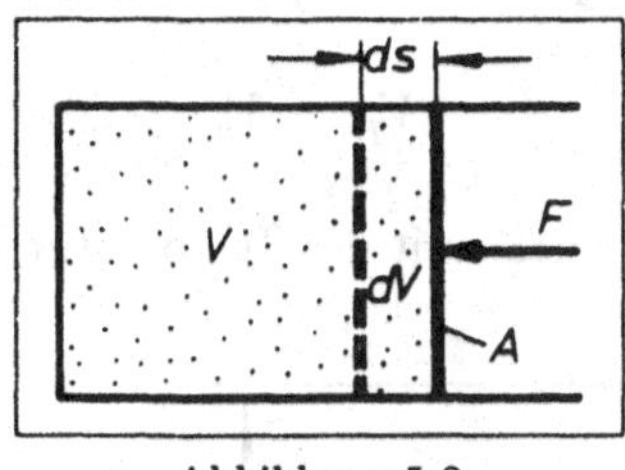

Abbildung 5.8

$dW > 0$: Arbeit wird von außen zugeführt: $dU = dQ + dW = dQ - p \cdot d\mathcal{V}$.
$dW < 0$: Das System gibt nach außen Arbeit ab.
(Im folgenden wird $\mathcal{V}$ durch V ersetzt.)

1. *Isochore Zustandsänderung* ($V = \text{const.}$) Nach Gay-Lussac gilt

$$p_T = p_0 \cdot \frac{T}{T_0}.$$

Der Druck p_T steigt linear mit der Temperatur an (vgl. Abb. 5.9). Der 1. Hauptsatz lautet in diesem Fall

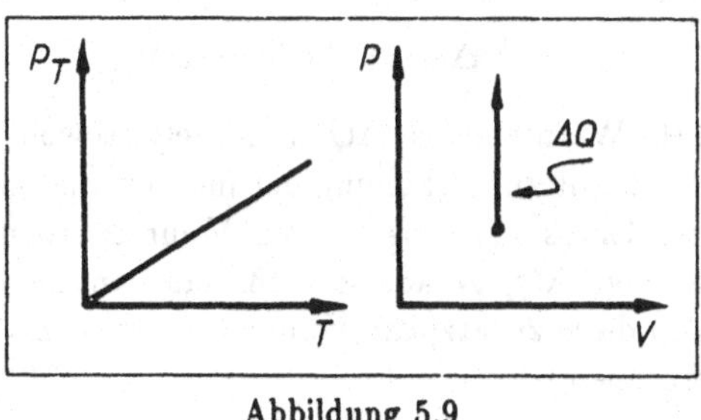

Abbildung 5.9

$$\Delta U = \Delta Q,$$

da $\Delta \mathcal{V} = 0$. Für die Molwärme bei konstantem Volumen C_V ergibt sich

$$C_V = \left.\frac{\Delta Q}{\Delta T}\right|_V = \frac{\Delta U}{\Delta T} \Rightarrow \Delta U = C_V \cdot \Delta T.$$

Bei einem isochoren Prozeß führt die gesamte zugeführte Wärme $\Delta Q = C_V \cdot \Delta T$ zu einer Erhöhung der inneren Energie ΔU. Es resultiert sowohl eine Druck- als auch eine Temperaturerhöhung.

2. *Isobare Zustandsänderung* (p = const.) Diesmal gilt nach Gay-Lussac

$$V_T = V_0 \cdot \frac{T}{T_0}.$$

Das Volumen V_T steigt linear mit der Temperatur T (Abb. 5.10). Da bei einer

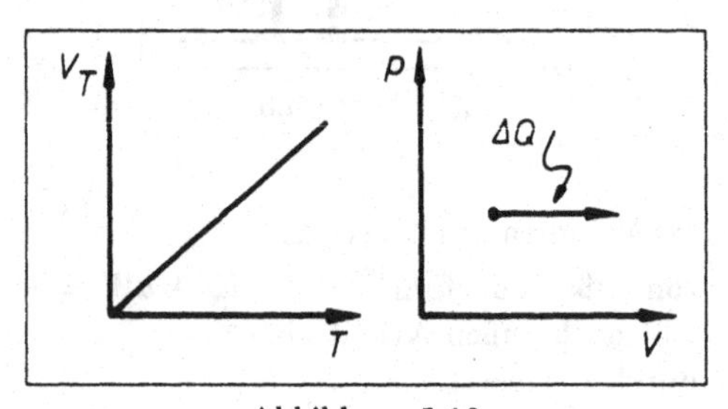

Abbildung 5.10

isobaren Zustandsänderung die Gasmenge unter konstantem Druck steht, dehnt sie sich aus, indem sie etwa den Kolben des Zylinders vor sich herschiebt. Die zur Temperaturerhöhung notwendige Wärmemenge $\Delta Q_p = C_p \cdot \Delta T$ ist größer als die entsprechende Wärmemenge $\Delta Q_V = C_V \cdot \Delta T$ bei isochorer Zustandsänderung. Nach dem 1. Hauptsatz ist

$$\Delta Q = \Delta U + p \cdot \Delta \mathcal{V},$$

d. h. die zugeführte Wärmemenge ΔQ_p führt jetzt sowohl zu einer Temperaturerhöhung ΔT und damit zur Erhöhung der inneren Energie ΔU, als auch durch die Expansion des Gases zur Abgabe von Volumenarbeit $p \cdot \Delta \mathcal{V}$. Ist die zugeführte Wärmemenge ΔQ_p gerade so groß, daß sich die Temperatur T um ΔT erhöht, so läßt sich diese zusätzliche Volumenarbeit $p \cdot \Delta \mathcal{V}$ mit Hilfe der idealen Gasgleichung berechnen:

$$\begin{aligned} p(\mathcal{V} + \Delta \mathcal{V}) &= R \cdot (T + \Delta T) \\ p \cdot \mathcal{V} &= R \cdot T \\ \text{Differenz:} \quad p \cdot \Delta \mathcal{V} &= R \cdot \Delta T. \end{aligned}$$

Nimmt man nun an, daß die ganze bei konstantem Druck zusätzlich zugeführte Wärmemenge $\Delta Q' = \Delta Q_p - \Delta Q_V = (C_p - C_V) \cdot \Delta T$ in diese Volumenarbeit umgesetzt wird, dann gilt

$$(C_p - C_V) \cdot \Delta T = R \cdot \Delta T \quad \Rightarrow \quad \boxed{C_p - C_V = R.}$$

Aus dieser Beziehung leitete Robert Mayer das mechanische Wärmeäquivalent ab (Abschnitt 5.2.1), indem er experimentell die Differenz $C_p - C_V$ (in cal/mol · K) bestimmte und mit dem Zahlenwert von R (in J/mol · K) verglich.

3. *Gay-Lussacscher Überströmversuch.* Die soeben gemachte Annahme, daß die bei einer isobaren gegenüber einer isochoren Zustandsänderung mehr zugeführte Wärmemenge $\Delta Q'$ ganz in Volumenarbeit $p \cdot \Delta V$ umgesetzt wird, ist gleichbedeutend mit der Aussage, daß die Zunahme der inneren Energie in beiden Fällen dieselbe ist: ΔU ist unabhängig davon, ob eine Temperaturänderung ΔT mit einer Volumenänderung ΔV verbunden ist oder nicht.

Diese Aussage läßt sich mit dem Gay-Lussacschen Überströmversuch nachprüfen: In der einen Hälfte eines abgeteilten Gefäßes befindet sich ein ideales Gas unter einem bestimmten Druck. Die andere Hälfte des Gefäßes ist zunächst leer (Abb. 5.11). Entfernt man die Trennwand, verteilt sich das Gas im ganzen Raum

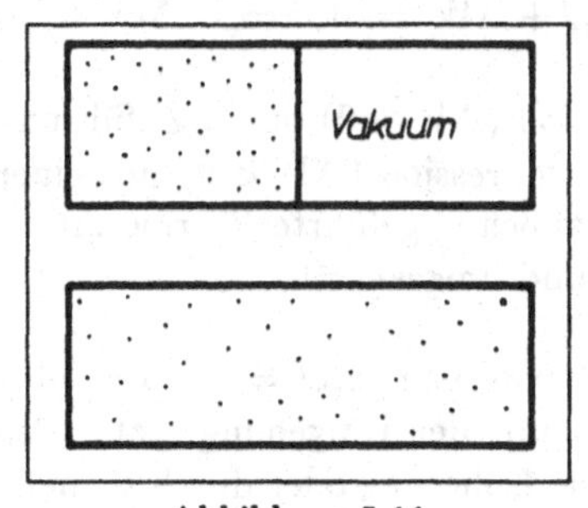

Abbildung 5.11

gleichmäßig. Es nimmt zwar jetzt ein größeres Volumen ein, hat aber beim Überströmen keine mechanische Arbeit verrichtet: $\Delta W = 0$. Da auch von außen keine Wärmemenge übertragen wurde ($\Delta Q = 0$), ist $\Delta U = 0$: Die innere Energie U hat sich beim Überströmen nicht verändert. Als Ergebnis des Versuches findet man, daß auch die Temperatur des Gases gleich bleibt: Bei idealen Gasen ist die innere Energie U unabhängig vom Volumen V, sie hängt nur von der Temperatur T des Systems ab.

$$\boxed{U = U(T)} \quad \text{bei idealen Gasen}$$

4. *Isotherme Zustandsänderung* ($T = \text{const.} \Rightarrow \Delta U = 0$). Aufgrund der Zustandsgleichung $p \cdot V = R \cdot T = \text{const.}$ (Boyle-Mariotte) ergeben sich im p-V-Diagramm Hyperbeln als Kurven mit konstanter Temperatur ($p \sim 1/V$; vgl. Abb. 5.12). Um eine Zustandsänderung isotherm durchzuführen, bringt man die Gasmenge

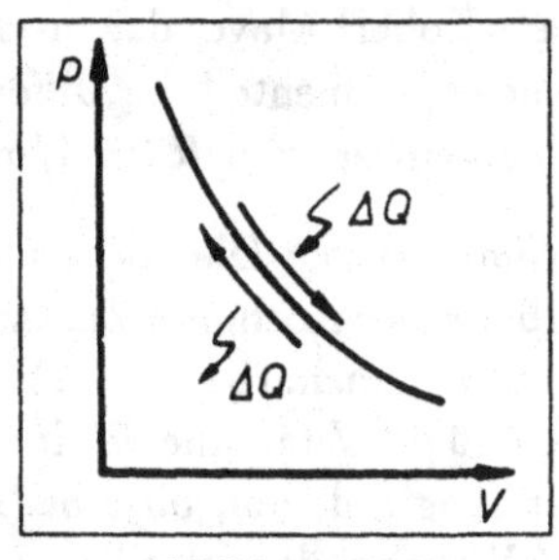

Abbildung 5.12

— eingeschlossen in einen Zylinder mit verschiebbarem Stempel — in Kontakt mit einem Wärmebehälter konstanter Temperatur. Dann lautet der 1. Hauptsatz:

$$\Delta U = \Delta Q + \Delta W = 0 \Rightarrow \Delta Q = -\Delta W = p \cdot \Delta V.$$

Während eine Expansion ($\Delta V > 0$) durch Zuführung von Wärme bewirkt wird ($\Delta Q > 0$), ist eine Kompression ($\Delta V < 0$) mit einer Wärmeabgabe ($\Delta Q < 0$) verbunden. Die von außen zugeführte Wärme ΔQ wird also in Volumenarbeit $p \cdot \Delta V$ umgewandelt und umgekehrt!

5. *Adiabatische Zustandsänderung* ($\Delta Q = 0$). Bei adiabatischen Prozessen findet kein Wärmeaustausch mit der Umgebung statt ($\Delta Q = 0$). Dies kann entweder durch vollkommene Isolierung oder durch schnellen Ablauf der Vorgänge bei geringer Wärmeleitung, so daß sich ein Temperaturausgleich erst allmählich einstellt, erreicht werden. In diesem Fall lautet der 1. Hauptsatz

$$\Delta U = \Delta W = -p \cdot \Delta V.$$

Bei Expansion ($\Delta V > 0$) erfolgt Abkühlung ($\Delta U < 0$), während bei Kompression ($\Delta V < 0$) eine Erwärmung ($\Delta U > 0$) zu beobachten ist. Es wird innere Energie in mechanische Arbeit umgewandelt und umgekehrt! Wegen der mit adiabatischen Zustandsänderungen verbundenen Temperaturänderungen verlaufen Adiabaten im p-V-Diagramm steiler als Isothermen (vgl. Abb. 5.13).

Wie sieht die Zustandsgleichung für adiabatische Zustandsänderungen aus?

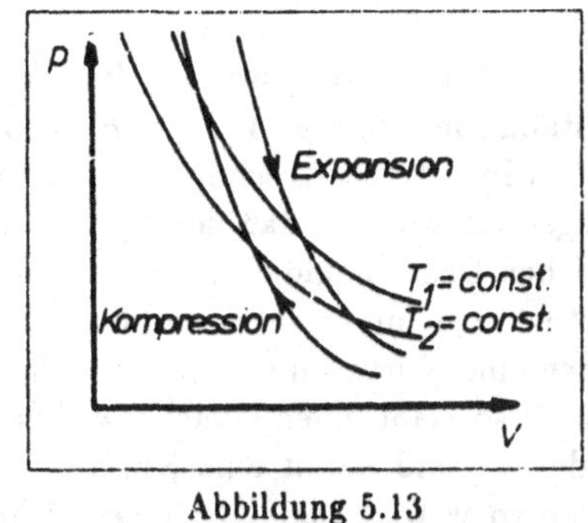

Abbildung 5.13

Die Adiabatengleichung

Wieder geht man von einem Mol eines idealen Gases aus, das sich in einem durch einen Stempel variierbaren Volumen V unter dem Druck p befindet. Der 1. Hauptsatz lautet

$$dQ = dU + p\,dV = 0, \quad \text{also:} \quad C_V\,dT + p\,dV = 0.$$

Mit Hilfe der Zustandsgleichung $p \cdot V = R \cdot T$ wird p eliminiert. Man erhält

$$C_V\,dT + \frac{R \cdot T}{V}\,dV = 0.$$

Trennung der Variablen:

$$\frac{dT}{T} = -\frac{R}{C_V} \cdot \frac{dV}{V}$$

Integration:

$$\int_{T_0}^{T} \frac{dT}{T} = -\frac{R}{C_V} \cdot \int_{V_0}^{V} \frac{dV}{V}$$

$$\ln\frac{T}{T_0} = -\frac{R}{C_V} \cdot \ln\frac{V}{V_0} = \ln\left(\frac{V_0}{V}\right)^{R/C_V} \quad \Rightarrow \quad \frac{T}{T_0} = \left(\frac{V_0}{V}\right)^{R/C_V}$$

Mit Hilfe der Beziehungen $R = C_p - C_V$ und $\kappa = C_p/C_V$ folgt

$$\frac{T}{T_0} = \left(\frac{V_0}{V}\right)^{\kappa-1} \quad \Rightarrow \quad \boxed{T \cdot V^{\kappa-1} = T_0 \cdot V_0^{\kappa-1} = \text{const.} = C_1.}$$

Diese Gleichung bezeichnet man als *Poisson-* oder *Adiabatengleichung*. Um eine Beziehung zwischen p und V zu bekommen, ersetzt man T durch $p \cdot V/R$:

$$\frac{p \cdot V}{R} \cdot V^{\kappa-1} = C_1 \quad \Rightarrow \quad \boxed{p \cdot V^{\kappa} = R \cdot C_1 = C_2 = \text{const.}}$$

5.2.4 Reversible Prozesse

Der Zustand eines idealen Gases ist durch zwei der drei Zustandsvariablen p, V und T charakterisiert. Die Zustandsgleichung $p \cdot V = \nu \cdot R \cdot T$ beschreibt einen Gleichgewichtszustand. Auch bei den im letzten Abschnitt betrachteten Zustands*änderungen* war stillschweigend vorausgesetzt worden, daß der Zustand des Gases zu jedem Zeitpunkt durch einen einheitlichen Druck p und eine einheitliche Temperatur T im ganzen Volumen V gekennzeichnet ist. Nur unter dieser Voraussetzung ist die Darstellung einer Zustandsänderung durch eine Kurve im p,T-, V,T- oder p,V-Diagramm möglich: Jeder Punkt auf der Kurve beschreibt einen Gleichgewichtszustand. Da eine Abfolge von Gleichgewichtszuständen — und damit eine Kurve im Zustandsdiagramm — in beiden Richtungen durchlaufen werden kann, ist eine solche Zustandsänderung umkehrbar oder reversibel. *Ein reversibel geführter Prozeß ist eine Zustandsänderung, die eine Folge von Gleichgewichtszuständen durchläuft.*

Für die praktische Realisierung eines reversibel geführten Prozesses bedeutet das, daß

- die Zustandsänderungen so langsam erfolgen, daß zu jedem Zeitpunkt ein Gleichgewichtszustand gewährleistet ist,
- beim Austausch von mechanischer Arbeit in Form von Volumenarbeit $dW = -p\,dV$ keine Beschleunigungen auftreten und
- der Austausch von Wärmeenergie dQ nur zwischen Körpern mit beliebig kleiner Temperaturdifferenz stattfindet.

5.2.5 Wärmekraftmaschinen, Carnotscher Kreisprozeß

In den letzten Abschnitten wurde gezeigt, daß ein ideales Gas bei einer isothermen Expansion die Wärmemenge ΔQ aufnimmt und mechanische Arbeit in Form von Volumenarbeit abgibt, während die Arbeitsabgabe bei einer adiabatischen Expansion mit einer Verringerung der inneren Energie verbunden ist. Läßt sich nun eine Maschine bauen, die nicht nur bei einer einmaligen Zustandsänderung, sondern über beliebig lange Zeit hinweg Wärmeenergie in mechanische Energie überführt?

Eine solche Maschine läßt sich nur verwirklichen, wenn das Arbeitsmedium (hier: das ideale Gas) eine Folge von Zustandsänderungen durchläuft, dabei wieder zum Ausgangspunkt zurückkehrt und den ganzen Zyklus periodisch wiederholt. Eine Wärmekraftmaschine kann demnach nur eine periodisch arbeitende Maschine sein, bei der das Arbeitsmedium einen *Kreisprozeß* durchläuft und bei der in jeder Periode dem Arbeitsmedium Energie in Form einer Wärmeenergie ΔQ zugeführt wird, die — mindestens teilweise — in Form von mechanischer Arbeit ΔW wieder abgegeben wird. Die innere Energie des Mediums muß — über eine Periode gesehen — konstant sein, da das Arbeitsmedium am Ende einer Periode in seinen Ausgangszustand zurückkehrt.

Als *Wirkungsgrad* einer Wärmekraftmaschine bezeichnet man deshalb den Quotienten

$$\boxed{\eta := \frac{\text{abgegebene Arbeit}}{\text{zugeführte Wärme}} = \frac{-W}{Q}.}$$

Wegen der Gültigkeit des 1. Hauptsatzes (Energieerhaltungssatzes) muß

$$\boxed{\eta \leq 1}$$

sein. Man erhält eine idealisierte Wärmekraftmaschine, wenn man als Arbeitsmedium ein ideales Gas verwendet, das als Kreisprozeß eine Folge von vier reversiblen Zustandsänderungen durchläuft. Hierbei soll die umgesetzte mechanische Arbeit ΔW entweder nur mit der ausgetauschten Wärmeenergie ΔQ oder nur mit der Änderung der inneren Energie ΔU verknüpft sein. Auf eine isotherme und eine adiabatische Expansion folgt eine isotherme und eine adiabatische Kompression. Man nennt diesen Prozeß den *Carnotschen Kreisprozess* (Nicolas Carnot, 1796–1832).

Anhand des p-V-Diagrammes (Abb. 5.14) sollen die Energieumsätze für die einzelnen Teilschritte betrachtet werden:

Vom Punkt 1 ausgehend, an dem das Gas die Temperatur T_1, das Volumen V_1 und den Druck p_1 hat, gelangt man durch eine *isotherme Expansion* zum Punkt 2. Das Gas weist dieselbe Temperatur T_1, aber das Volumen $V_2 > V_1$ und den Druck $p_2 < p_1$ auf. Um die Temperatur konstant zu halten, muß die Wärmemenge $\Delta Q_1 > 0$ zugeführt werden. Das Gas verrichtet nach außen die Volumenarbeit $\Delta W_1 < 0$, während die nur von der Temperatur abhängige innere Energie konstant bleibt. Damit lautet der

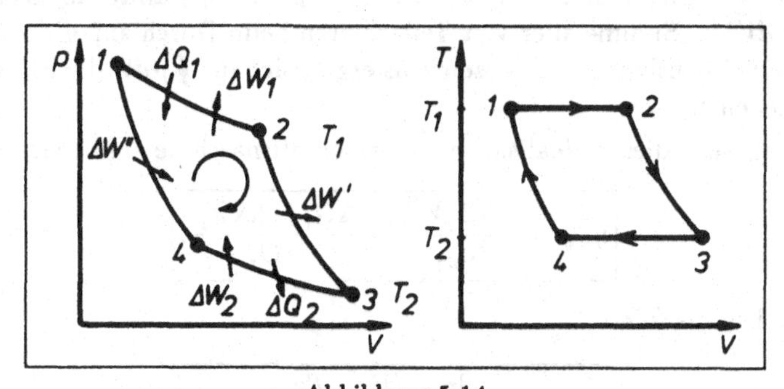

Abbildung 5.14

1. Hauptsatz

$$\Delta Q_1 = -\Delta W_1 = \int_1^2 p\,dV = \nu \cdot R \cdot T_1 \cdot \int_1^2 \frac{dV}{V} = \nu \cdot R \cdot T_1 \cdot \ln \frac{V_2}{V_1}.$$

Vom Punkt 2 nach Punkt 3 erfolgt eine *adiabatische Expansion*, d. h. das Gas kühlt sich auf die Temperatur T_2 ab. Nun wird beim Druck $p_3 < p_2$ das Volumen $V_3 > V_2$ eingenommen. Da kein Wärmeaustausch mit der Umgebung erfolgt, geht die resultierende Volumenarbeit $\Delta W' < 0$ nur auf Kosten der inneren Energie $\Delta U' < 0$. Zwischen den Punkten 3 und 4 findet eine *isotherme Kompression* statt. Es stellen sich Druck $p_4 > p_3$ und Volumen $V_4 < V_3$ ein. Aufgrund der von außen zugeführten Arbeit $\Delta W_2 > 0$ wird die Wärmemenge $\Delta Q_2 < 0$ frei. 1. Hauptsatz:

$$\begin{aligned} \Delta Q_2 &= -\Delta W_2 = \int_3^4 p\,dV = \nu \cdot R \cdot T_2 \cdot \int_3^4 \frac{dV}{V} = \nu \cdot R \cdot T_2 \cdot \ln \frac{V_4}{V_3} \\ &= -\nu \cdot R \cdot T_2 \cdot \ln \frac{V_3}{V_4}. \end{aligned}$$

Im letzten Teilschritt des Kreisprozesses wird das Gas vom Punkt 4 *adiabatisch* auf den Ausgangspunkt 1 mit der Temperatur T_1, dem Volumen $V_1 < V_4$ und dem Druck $p_1 > p_4$ *komprimiert*. Die von außen zugeführte Volumenarbeit $\Delta W'' > 0$ geht ausschließlich in die innere Energie $\Delta U'' > 0$ des Gases und bringt diese wieder auf ihren Ausgangswert.

Da $U = U(T)$, also $\Delta U = \Delta U(\Delta T)$, ist $\Delta U' = -\Delta U''$ und damit $\Delta W' = -\Delta W''$. Die insgesamt abgegebene Arbeit ist dann

$$\Delta W = \Delta W_1 + \Delta W_2 = -(\Delta Q_1 + \Delta Q_2).$$

Die Integrale $\int_A^B p\,dV$ stellen geometrisch die Fläche unter der Kurve im p-V-Diagramm zwischen den Werten A und B dar. Deshalb ist die gesamte abgegebene Arbeit $\Delta W = -\oint p\,dV$ die Summe aller vier Teilarbeiten beim Durchlaufen des Kreisprozesses. Unter Berücksichtigung des Vorzeichens ergibt sich für $\oint p\,dV$ die Fläche innerhalb der geschlossenen Kurve.

Der Wirkungsgrad η dieser idealisierten Wärmekraftmaschine ergibt sich damit zu

$$\boxed{\eta_{rev} = \frac{-\Delta W}{\Delta Q_1} = \frac{\Delta Q_1 - |\Delta Q_2|}{\Delta Q_1},}$$

da $\Delta Q_2 < 0$. Daraus folgt

$$\boxed{\eta_{rev} = \frac{T_1 \cdot \ln V_2/V_1 - T_2 \cdot \ln V_3/V_4}{T_1 \cdot \ln V_2/V_1}.}$$

Der noch unbekannte Zusammenhang zwischen den Volumenverhältnissen läßt sich mit Hilfe der Poissonschen Gleichung $T \cdot V^{\kappa-1} = \text{const.}$ finden:

$$\begin{aligned} \text{Von 2 nach 3 gilt:} \quad T_1 \cdot V_2^{\kappa-1} &= T_2 \cdot V_3^{\kappa-1} \\ \text{Von 4 nach 1 gilt:} \quad T_1 \cdot V_1^{\kappa-1} &= T_2 \cdot V_4^{\kappa-1}. \end{aligned}$$

Die Division beider Gleichungen ergibt

$$\frac{V_2}{V_1} = \frac{V_3}{V_4} \quad \text{bzw.} \quad \ln\frac{V_2}{V_1} = \ln\frac{V_3}{V_4}.$$

Damit:

$$\boxed{\eta_{rev} = \frac{T_1 - T_2}{T_1} = 1 - \frac{T_2}{T_1} \leq 1.}$$

In den Wirkungsgrad einer Wärmekraftmaschine, die als Kreisprozeß einen Carnotprozeß durchläuft, geht nur die Temperaturdifferenz zwischen den Wärmebehältern ein. Der Wirkungsgrad ist umso größer, je größer diese Temperaturdifferenz ist.

Das Maximum des Wirkungsgrades $\eta_{rev} \to 1$ wird erreicht, wenn sich T_2 der unteren Isotherme dem absoluten Nullpunkt nähert: $T_2 \to 0$ K. *Durch die Aussage* $\eta_{rev} \to 1$ *ist der Nullpunkt der thermodynamischen Temperaturskala definiert.* Beispiele:

$$T_1 = 900\text{ K};\quad T_2 = 300\text{ K} \;\Rightarrow\; \eta = 66\,\%$$
$$T_1 = 500\text{ K};\quad T_2 = 300\text{ K} \;\Rightarrow\; \eta = 40\,\%$$

Es werden also nur 66 % bzw. 40 % der zugeführten Wärme ΔQ_1 in mechanische Arbeit umgesetzt. Der Rest wird dem kälteren Wärmebehälter in Form von Wärme zugeführt.

Umkehrung des Carnotschen Kreisprozesses

Der Carnotsche Kreisprozeß kann als reversibel geführter Prozeß die Zustandsänderungen auch in umgekehrter Richtung durchlaufen. Dann muß insgesamt Arbeit aufgewandt werden, wobei dem kälteren Wärmebehälter noch Wärmeenergie entzogen und dem wärmeren zugeführt wird. Eine solche Maschine bezeichnet man als *Kältemaschine* bzw. als *Wärmepumpe*. Im obigen p-V-Diagramm mit den beiden Isothermen und den beiden Adiabaten kehren dann alle Pfeile ihre Richtung um.

Aus der Definition des Wirkungsgrades einer Wärmekraftmaschine

$$\eta = \frac{\text{abgegebene Arbeit}}{\text{zugeführte Wärme bei } T = T_1} = -\frac{\Delta W}{\Delta Q_1}$$

folgt für den *Pumpfaktor* einer Wärmepumpe

$$f = \frac{\text{abgegebene Wärme bei } T = T_1}{\text{zugeführte Arbeit}} = -\frac{\Delta Q_1}{\Delta W} = \frac{1}{\eta}.$$

Für eine Wärmepumpe, die einen Carnotprozeß durchläuft, ergibt sich f zu

$$\boxed{f_{rev} = \frac{T_1}{T_1 - T_2}.}$$

Der Pumpfaktor ist umso größer, je kleiner die Temperaturdifferenz ist! Beispiele:

$$T_1 = 300\text{ K};\ T_2 = 270\text{ K} \Rightarrow f_{rev} = 10$$
$$T_1 = 300\text{ K};\ T_2 = 1\text{ K} \Rightarrow f_{rev} \approx 1.$$

Den *Kühlfaktor* φ_{rev} einer Kältemaschine, deren Arbeitssubstanz einen Carnotprozeß durchläuft, ist definiert als das Verhältnis der dem kälteren Reservoir entzogenen Wärme (= dem Arbeitsgas zugeführte Wärme) zur aufgewandten Arbeit:

$$\boxed{\varphi_{rev} = \frac{\text{zugeführte Wärme bei } T = T_2}{\text{zugeführte Arbeit}} = \frac{\Delta Q_2}{\Delta W} = \frac{T_2}{T_1 - T_2} = f_{rev} - 1.}$$

Auch der Kühlfaktor ist umso größer, je kleiner die Temperaturdifferenz ist! Beispiele:

$$T_1 = 300\text{ K};\ T_2 = 270\text{ K} \Rightarrow \varphi_{rev} = 9$$
$$T_1 = 300\text{ K};\ T_2 = 1\text{ K} \Rightarrow \varphi_{rev} \approx 1/300.$$

Trägt man sowohl den Pumpfaktor f_{rev} als auch den Kühlfaktor φ_{rev} in einem Diagramm gegen das Temperaturverhältnis T_2/T_1 auf, so erhält man ähnliche Kurven (Abb. 5.15). Daß Pumpfaktoren f bzw. Kühlfaktoren φ größer als 1 erzielt werden

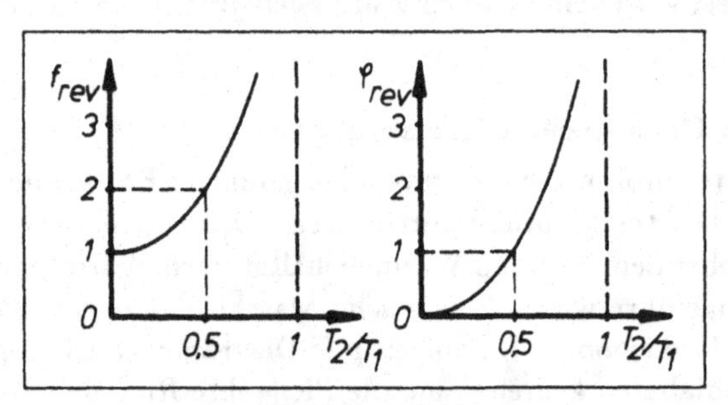

Abbildung 5.15

können, bedeutet, daß die umgepumpte Wärmeenergie größer als die aufgewandte Arbeit ist. Das ist natürlich *kein* Verstoß gegen den Energieerhaltungssatz, denn wie bei der Wärmekraftmaschine ist auch hier die Summe *aller* Wärmeenergien gleich der mechanischen Arbeit.

5.2.6 Entropie, irreversible Prozesse, 2. Hauptsatz

Beim Carnotschen Kreisprozeß hat sich für die umgesetzte Arbeit ergeben:

$$-\Delta W_1 = +\Delta Q_1 = \nu \cdot R \cdot T_1 \cdot \ln \frac{V_2}{V_1}$$

$$+\Delta W_2 = -\Delta Q_2 = \nu \cdot R \cdot T_2 \cdot \ln \frac{V_3}{V_4}$$

und $\ln V_2/V_1 = \ln V_3/V_4$. Daraus folgt

$$\frac{\Delta Q_1}{T_1} = -\frac{\Delta Q_2}{T_2} \quad \text{bzw.} \quad \boxed{\frac{\Delta Q_1}{T_1} + \frac{\Delta Q_2}{T_2} = 0.}$$

Wird bei der Temperatur T die Wärmemenge ΔQ ausgetauscht, so nennt man die Größe $\Delta Q/T$ die *reduzierte Wärmemenge.*

Nun läßt sich jeder beliebige Kreisprozeß in eine Vielzahl von kleinen Carnot-Prozessen zerlegen, deren Isothermen bzw. Adiabaten beliebig geringe Abstände aufweisen (vgl. Abb. 5.16). Im Innern des beliebigen Kreisprozesses heben sich die Zustandsänderungen der kleinen Carnot-Prozesse gegenseitig auf, da jede Teilkurve paarweise in entgegengesetzter Richtung durchlaufen wird. Lediglich die Randkurve des beliebigen Kreisprozesses bleibt übrig.

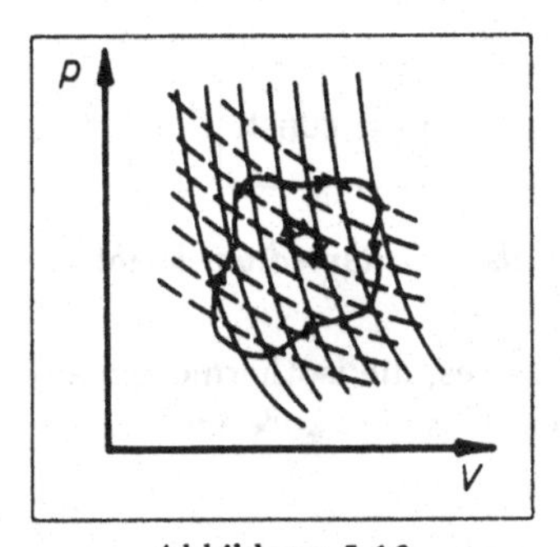

Abbildung 5.16

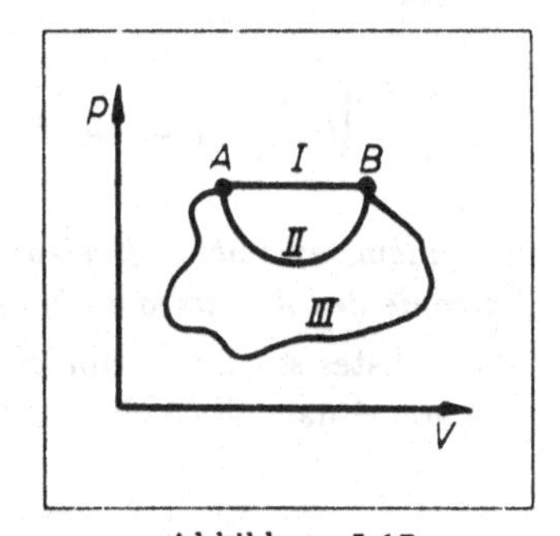

Abbildung 5.17

Damit gilt allgemein: *Bei jedem reversiblen Kreisprozeß mit einem idealen Gas als Arbeitsmedium verschwindet die Summe der reduzierten Wärmemengen.*

$$\boxed{\sum_i \left(\frac{\Delta Q_i}{T_i}\right) = \oint_{rev} \frac{dQ}{T} = 0.}$$

Nun soll bei einem beliebigen reversiblen Kreisprozeß mit einem idealen Gas der Teilprozeß $A \to B$ (Abb. 5.17) betrachtet werden. Wegen

$$\sum_i \left(\frac{\Delta Q_i}{T_i}\right) = 0$$

gilt für die reduzierten Wärmemengen beim Übergang $A \to B$:

$$\sum_i \left(\frac{\Delta Q_i}{T_i}\right)_{rev,\,\text{Weg I}} = \sum_i \left(\frac{\Delta Q_i}{T_i}\right)_{rev,\,\text{Weg II}} = \sum_i \left(\frac{\Delta Q_i}{T_i}\right)_{rev,\,\text{Weg III}}$$

Bei einer zwischen den Zuständen A und B reversibel geführten Zustandsänderung eines idealen Gases ist die reduzierte Wärmemenge unabhängig vom gewählten Zustandsweg!

Ordnet man jedem Zustand Z eines Gases, also jedem Punkt im p-V-Diagramm, eine Größe S_Z zu, so läßt sich die reduzierte Wärmemenge beim Übergang von $Z = A$ nach $Z = B$ darstellen als Differenz von S_A und S_B (in Analogie zur Definition der Arbeit in einem konservativen Kraftfeld als Differenz zweier potentieller Energien!):

$$\sum_i \left(\frac{\Delta Q_i}{T_i}\right)_{rev, A \to B} = S_B - S_A = \Delta S_{A \to B}.$$

Die Größe S heißt *Entropie* des Zustandes; sie ist wie die innere Energie eine für das System charakteristische Zustandsgröße. Nun läßt sich die Aussage, daß bei einem reversiblen Prozeß die Summe der reduzierten Wärmen verschwindet, folgendermaßen formulieren:

$$\Delta S_{\text{rev. Kreisprozeß}} = \oint dS = \oint \frac{dQ_{rev}}{T} = 0 \quad \Rightarrow \quad S = \text{const.}$$

Bei einem reversiblen Kreisprozeß mit einem idealen Gas als Arbeitsmedium bleibt die Entropie des Arbeitsgases konstant.

Als nächstes soll ein Teilprozeß des Carnotschen Kreisprozesses, die isotherme Expansion von A nach B (Abb. 5.18), betrachtet werden. Die dem Gas vom äußeren Wärme-

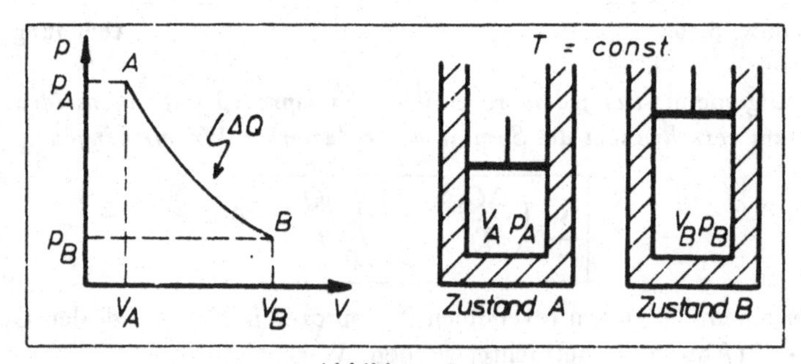

Abbildung 5.18

behälter zugeführte Wärmemenge ΔQ geht in Volumenarbeit über: $\Delta Q = p \cdot \Delta V$. Bei diesem Teilprozeß ist für das Arbeitsgas die Entropieänderung ΔS ungleich null:

$$\Delta S_{rev}(\text{Gas}) = \frac{\Delta Q}{T} > 0,$$

da es Wärme aufnimmt. Die Wärmemenge ΔQ wird dem äußeren Reservoir entzogen:

$$\Delta S_{rev}(\text{Behälter}) = -\frac{\Delta Q}{T} < 0,$$

da der Behälter Wärme abgibt. Arbeitsgas und Wärmebehälter stellen zusammen ein *abgeschlossenes System* dar, deshalb gilt

$$\boxed{\Delta S_{rev} = \Delta S_{rev}(\text{Gas}) + \Delta S_{rev}(\text{Behälter}) = 0.}$$

Für eine reversible Zustandsänderung mit einem idealen Gas als Arbeitsmedium ist für das abgeschlossene System die Entropie konstant.

Man kann die isotherme Volumenvergrößerung auch ablaufen lassen, indem man einfach eine Zwischenwand herausnimmt und damit das Volumen von V_A auf V_B vergrößert (Abb. 5.19). Dann wird das Gas nach kurzer Zeit das ganze Volumen des Zustandes B ausfüllen (siehe Überströmungsversuch, Abschnitt 5.2.3). Dieser Prozeß verläuft „von

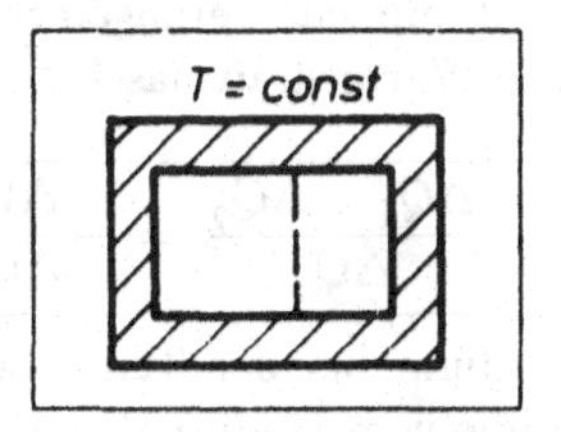

Abbildung 5.19

selbst" nur in Richtung von Zustand A nach Zustand B, wobei die Zwischenzustände *keine* Gleichgewichtszustände sind, die Zustandsänderung also nicht reversibel geführt ist. Man nennt solche Prozesse *irreversibel.* Da der Endzustand B des Arbeitsgases am Ende des irreversiblen Prozesses ununterscheidbar ist vom Endzustand B bei reversibler Führung, gilt auch hier

$$\Delta S(\text{Gas}) > 0.$$

Dem Außenraum wird beim Überströmen keine Wärmemenge entzogen! Das Überströmen von A nach B erfolgt bei völliger Wärmeisolierung nach außen. Also: $\Delta S(\text{Behälter}) = 0$. Die gesamte Entropieänderung des irreversiblen Prozesses beträgt

$$\boxed{\Delta S_{irrev} > 0}$$

Alle bisher abgeleiteten Gesetzmäßigkeiten galten für Systeme mit einem idealen Gas als Arbeitsmedium. Die Erweiterung dieser Aussagen auf beliebige Arbeitsmedien beinhaltet der *2. Hauptsatz der Wärmelehre*:

„Bei einem reversiblen Kreisprozeß bleibt für jedes Arbeitsmedium die Entropie konstant. Die Entropie eines abgeschlossenen Systems kann niemals abnehmen. Sie nimmt bei allen natürlichen, mit endlicher Geschwindigkeit ablaufenden Vorgängen zu. Im Idealfall unendlich langsam verlaufender, reversibler Vorgänge bleibt sie konstant."

Der 2. Hauptsatz ist ebenso wie der 1. Hauptsatz ein Erfahrungssatz. Weitere Beispiele für irreversible Prozesse:

1. Zwei verschiedene, in getrennten Behältern befindliche Gase durchmischen sich nach Wegnahme der Trennwand vollständig von selbst aufgrund der Diffusion. Selbständige Entmischung tritt nicht ein.

2. Berühren sich zwei Körper unterschiedlicher Temperatur, so fließt Wärme nur vom Körper mit höherer auf denjenigen mit der geringeren Temperatur.

Bereits zu Beginn dieses Abschnittes wurde gezeigt, daß bei jedem reversibel geführten Kreisprozeß (mit einem idealen Gas als Arbeitsmedium) der Wirkungsgrad gleich dem eines Carnotprozesses ist. Der 2. Hauptsatz verallgemeinert diese Aussage für jedes beliebige Arbeitsmedium: Für jede Wärmekraftmaschine ist der *Wirkungsgrad* definiert als

$$\boxed{\eta = \frac{\Delta Q_1 + \Delta Q_2}{\Delta Q_1} = -\frac{\Delta W}{\Delta Q_1},}$$

wobei ΔQ_1 die dem Arbeitsmedium bei der Temperatur T_1 vom äußeren Behälter zugeführte Wärmemenge, ΔQ_2 die vom Medium bei $T = T_2$ an einen zweiten äußeren Behälter abgegebene Wärmemenge ist. Da nach dem 2. Hauptsatz die Entropie eines reversibel geführten Kreisprozesses konstant bleibt, gilt für beliebige Arbeitsmedien

$$\frac{\Delta Q_1}{T_1} + \frac{\Delta Q_2}{T_2} = 0 \quad \text{bzw.} \quad \boxed{\eta_{rev} = \frac{T_1 - T_2}{T_1} = \eta_{Carnot}.}$$

Jede zwischen zwei Wärmebehältern T_1 und T_2 arbeitende Wärmekraftmaschine, bei der ein beliebiges Arbeitsmedium einen reversibel geführten Kreisprozeß durchläuft, hat den gleichen Wirkungsgrad wie die Carnotmaschine.

Bei einem reversiblen Kreisprozeß wie beispielsweise dem Carnotprozeß, handelt es sich um einen idealisierten Vorgang, weil alle Zustandsänderungen bedingungsgemäß unendlich langsam verlaufen müssen. In allen realisierten Wärmekraftmaschinen laufen alle Vorgänge mit endlicher Geschwindigkeit ab und sind deshalb irreversibel. Aus diesem Grund nimmt nach dem 2. Hauptsatz die Entropie des Systems zu. Um in einer solchen Maschine eine isotherme Expansion durchführen zu können, bei der die Wärmemenge ΔQ_1 vom Wärmebehälter auf das System übergeht, muß eine *endliche Temperaturdifferenz* zwischen beiden vorhanden sein, denn Wärme kann in endlicher Zeit nur von einem Körper mit höherer Temperatur auf einen zweiten mit tieferer

Temperatur übergehen. Im Arbeitsmedium wird auf dessen Arbeitsweg von 1 nach 2 (Abb. 5.20) die Temperatur T_1' immer etwas niedriger sein als diejenige des Wärmebehälters T_1. Entsprechendes gilt für die Wärmeabgabe ΔQ_2 auf dem Zustandsweg von 3 nach 4: Das Arbeitsmedium muß eine höhere Temperatur T_2' als der Behälter (T_2) aufweisen.

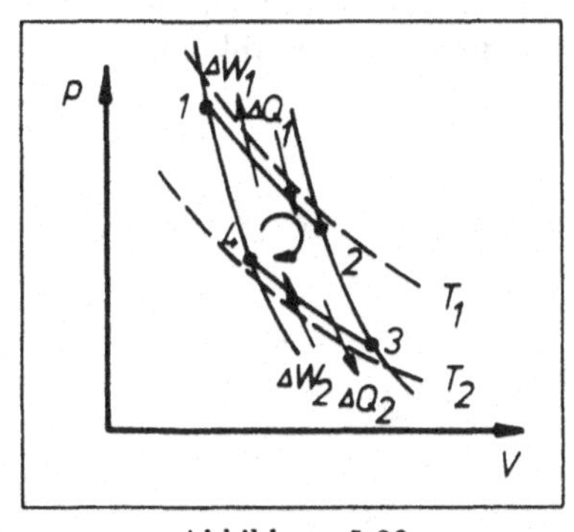

Abbildung 5.20

Die vom System abgegebene Arbeit, entsprechend der Fläche innerhalb der geschlossenen Kurve zwischen T_1' und T_2', ist kleiner als die zwischen T_1 und T_2, die sich für einen reversibel geführten Prozeß ergeben würde. Damit gilt

$$\boxed{\eta_{irrev} < \eta_{rev}.}$$

Die Carnotmaschine hat von allen Wärmekraftmaschinen den größten Wirkungsgrad.

Aus dieser Formulierung des 2. Hauptsatzes folgt sofort eine weitere und letzte: Angenommen, es gäbe eine Wärmekraftmaschine mit einem Wirkungsgrad $\eta' > \eta_{Carnot}$. Dann könnte man diese Maschine koppeln mit einer Carnotmaschine, die den Kreisprozeß in umgekehrter Richtung durchläuft, also als Wärmepumpe arbeitet. Die Kopplung soll derart sein, daß die Wärmepumpe diejenige Wärmemenge vom unteren in den oberen Wärmebehälter pumpt, die die Wärmekraftmaschine zum Arbeiten benötigt, also dem oberen Behälter entnimmt. Andererseits soll die Wärmepumpe die zum Umpumpen der Wärme nötige Arbeit aus der abgegebenen Arbeit der Wärmekraftmaschine entnehmen. Da deren Wirkungsgrad $\eta' > \eta_{Carnot} = 1/f_{Carnot}$ ist, bleibt in der Bilanz eine vom gekoppelten System nach außen abgegebene Arbeit übrig. Außerdem wird dem unteren Gefäß ständig Wärme entzogen, da die Wärmekraftmaschine wegen $\eta' > 1/f_{Carnot}$ an das untere Gefäß weniger Wärme abgibt als die Carnotsche Wärmepumpe aufnimmt. Ein solches System würde nicht den 1. Hauptsatz der Wärmelehre verletzen! Es wäre also kein perpetuum mobile 1. Art, sondern ein perpetuum mobile 2. Art, das wegen $\eta' > \eta_{Carnot}$ den 2. Hauptsatz der Wärmelehre verletzt. Eine andere Formulierung des 2. Hauptsatzes lautet deshalb:

> „Es gibt keine periodisch arbeitende Maschine, die nichts anderes bewirkt, als einen Wärmebehälter abzukühlen und diese Wärmeenergie in mechanische Arbeit umzuwandeln. Mit anderen Worten: Es gibt kein perpetuum mobile 2. Art.“

In der Tat wurde ein derartiger Prozeß noch nie beobachtet. Ein Beispiel für ein perpetuum mobile 2. Art ist ein Schiff, das seine zum Fortbewegen notwendige Energie dem Meerwasser entnimmt, indem es dieses abkühlt.

5.3 Phasenumwandlungen, Lösungen, Wärmeleitung

5.3.1 Reale Gase

Kühlt man ein Gas isobar ab, verringert sich sein Volumen nach dem Gesetz von Gay-Lussac zunächst linear mit der Temperatur. Kühlt man es weiter ab, so verringert sich sein Volumen stärker als linear mit T. Bei noch weiterer Temperaturerniedrigung geht das Gas schließlich in den flüssigen Aggregatzustand über, d. h. es kondensiert.

Auch bei isothermen Zustandsänderungen beobachtet man entsprechende Abweichungen vom Boyle-Mariotteschen Gesetz $p \cdot V = \text{const.}$, wenn das Gas stärker komprimiert wird. Ist die Temperatur des Gases niedriger als eine für jedes Gas charakteristische, sogenannte *kritische Temperatur* T_{krit}, so läßt sich das Gas bei zunehmender Kompression verflüssigen. Man nennt Gase, die *nicht* der allgemeinen Zustandsgleichung $p \cdot V = \nu \cdot R \cdot T$ gehorchen, *reale Gase.*

Versuch (isotherme Kompression von CO_2): In einer dickwandigen Glaskapillare befindet sich über einer Quecksilbersäule gasförmiges Kohlenstoffdioxid (Abb. 5.21). Mit einer hydraulischen Presse kann man das Quecksilber in die Kapillare hineinpressen und das CO_2 komprimieren. Der momentane Druck p ist an einem Manometer ablesbar. Um den Vorgang isotherm durchführen zu können, befindet sich die Kapillare in einem Wasserbad.

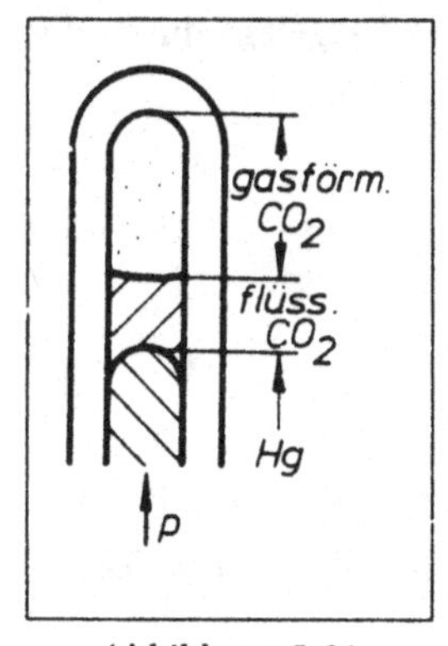

Abbildung 5.21

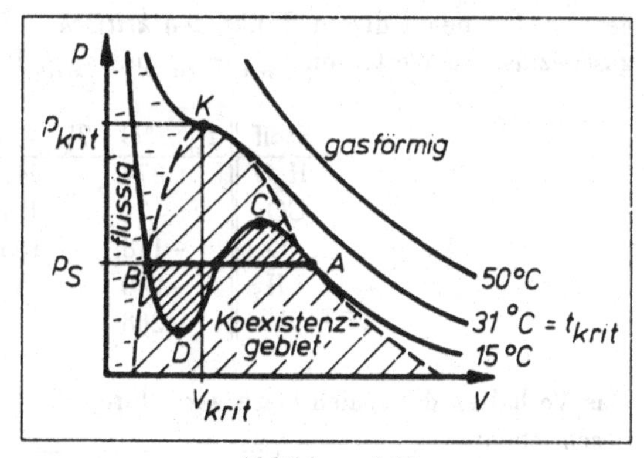

Abbildung 5.22

1. Hat das Wasserbad eine Temperatur von 24 °C, so beginnt das Gas bei einem Druck von 64 bar oberhalb der Quecksilbersäule zu kondensieren. Bei weiterer Verkleinerung des Volumens bleibt der Druck unverändert, während das Flüssigkeitsvolumen zunimmt. Wird das Volumen vergrößert, verdampft die Flüssigkeit

wieder. Der Druck bleibt konstant, bis alle Flüssigkeit verschwunden ist. Erst dann nimmt er bei weiterer Volumenvergrößerung wieder ab.

2. Komprimiert man das CO_2 bei einer Wasserbadtemperatur von 35 °C, läßt sich das Gas auch bei Anwendung sehr hoher Drucke nicht verflüssigen, denn die kritische Temperatur $T_{krit}(CO_2) = 304$ K, entsprechend 31 °C, wurde überschritten.

Bei einem idealen Gas ergeben sich im p-V-Diagramm Hyperbeln als Kurven konstanter Temperatur (Isothermen). Die Verhältnisse beim realen Gas werden im folgenden abgehandelt:

Komprimiert man das reale Gas CO_2 bei der Temperatur $T < T_{krit}$ isotherm und trägt die Meßwerte in ein p-V-Diagramm (Abb. 5.22) ein, so steigt der Druck zunächst langsam an. Vom Punkt A ab erhöht sich bei fortschreitender Volumenverkleinerung der Druck nicht mehr, während das Gas zu kondensieren beginnt. Die Isotherme verläuft entlang der Geraden AB. Im Punkt B ist alles Gas verflüssigt. Jetzt beschreibt die Isotherme das Kompressionsverhalten der Flüssigkeit. Sie verläuft deshalb außerordentlich steil. Im Bereich zwischen den Punkten A und B kommen die beiden Aggregatzustände (Phasen) flüssig und dampfförmig (= gasförmig) nebeneinander vor. Der gesamte Koexistenzbereich ist — in grober Näherung — gestrichelt gezeichnet.

Bei einer isothermen Kompression für $T > T_{krit}$ besitzen die Isothermen durchgehend eine negative Steigung. In diesem Bereich beobachtet man keine Kondensation. Für $t > 80$ °C sind die Isothermen wieder annähernd Hyperbeln.

Bei $T = T_{krit}$ besitzt die Isotherme einen Wendepunkt mit horizontaler Wendetangente. Man nennt diesen Punkt den *kritischen Punkt K*. Er ist festgelegt durch die gasspezifischen Werte von T_{krit}, p_{krit} und V_{krit}. Beispiele:

Stoff	t_{krit}/°C	T_{krit}/K	p_{krit}/bar
H_2O	374	647	213,4
CO_2	31	304	71,5
O_2	−118	155	49,8
H_2	−240	33	12,7
He	−268	5	2,2

Das Verhalten der realen Gase wird durch die *Van-der-Waalssche Zustandsgleichung* beschrieben:

$$\left(p + \frac{a}{V^2}\right) \cdot (V - b) = R \cdot T.$$

Dies ist die Zustandsgleichung für ein reales Gas, bezogen auf ein Mol. Es handelt sich um eine Gleichung dritten Grades in V mit zwei gasspezifischen Konstanten a und b. Die Van-der-Waalssche Zustandsgleichung beschreibt das Verhalten eines realen Gases und der kondensierten Flüssigkeit außerhalb des Koexistenz- bzw. Verflüssigungsgebietes recht gut. Im Koexistenzbereich von Gas und Flüssigkeit durchläuft die von der Van-der-Waalsschen Gleichung beschriebene Isotherme eine Kurve mit zwei Extremwerten C und D. Dieser Kurvenverlauf gibt den experimentellen Befund nicht richtig wieder. Man muß dieses Kurvenstück zwischen den Punkten A und B durch die *Maxwellsche Gerade* ersetzen, die so konstruiert wird, daß die beiden Flächenstücke zwischen der Geraden und der Kurve dritten Grades (eng schraffierte Gebiete) gleichen Inhalt haben.

Die beiden Konstanten a und b lassen sich interpretieren, wenn man den molekularen Aufbau der Materie berücksichtigt. Auch zwischen den Molekülen eines Gases (und nicht nur in Flüssigkeiten und Festkörpern) wirken zwischenmolekulare Kräfte, sogenannte *Van-der-Waals-Kräfte*. Da diese Kräfte kurzreichweitig sind, machen sie sich erst bei größeren Gasdichten bemerkbar. Auf ein Molekül im Innenbereich des Gasvolumens wirken diese Kräfte im zeitlichen Mittel nach allen Seiten gleichmäßig. In der Nähe der Wand erfahren die Moleküle eine resultierende Kraft nach innen: Die auf ein einzelnes Molekül wirkende Kraft f ist proportional der Anzahl der Moleküle in einem Raumelement, dessen Größe durch die Reichweite der Van-der-Waals-Kraft gegeben ist, d. h. $f \sim$ Dichte; andererseits ist der Druck auf die Wand ebenfalls proportional zur Teilchenzahl, damit der sogenannte *Binnendruck* p_i proportional zu ρ^2:

$$\boxed{p_i \sim \rho^2 \qquad p_i = \frac{a}{\mathcal{V}^2}.}$$

Neben den Van-der-Waals-Kräften muß bei komprimierten Gasen auch das Eigenvolumen der Moleküle berücksichtigt werden, dessen Anteil am Gesamtvolumen $\mathcal{V}$ den Molekülen nicht für ihre regellose Bewegung zur Verfügung steht. Man spricht vom sogenannten *Kovolumen* b, das etwa das Vierfache des Eigenvolumens der enthaltenen Moleküle beträgt:

$$\boxed{b \approx 4 \cdot V_{\text{Moleküle}}.}$$

Für große Volumina ($V \gg b$) kann man b gegen V sowie $a/\mathcal{V}^2$ gegen p ($p \gg a/\mathcal{V}^2$) vernachlässigen. Das bedeutet, daß für hohe Temperaturen und geringe Gasdichten die Van der Waalssche Zustandsgleichung in die allgemeine Zustandsgleichung für ideale Gase übergeht!

5.3.2 Sättigungsdampfdruck, Verdunsten, Sieden

Der isotherme Übergang vom gasförmigen in den flüssigen Aggregatzustand (und umgekehrt) entlang der Maxwellschen Geraden $A - B$ erfolgt, wie im letzten Abschnitt gezeigt, bei konstantem Druck, dem *Sättigungsdampfdruck* p_s. Man erkennt, daß dieser Druck unabhängig vom Volumen ist. Eine Veränderung des abgeschlossenen Volumens bewirkt nur, daß bei $p = p_s$ und $T =$ const. mehr Gas kondensiert (Verkleinerung von V) bzw. mehr Flüssigkeit verdampft (Vergrößerung von V). Demnach kann eine Flüssigkeit nicht für sich allein in einem sonst leeren Raum bestehen: Neben der flüssigen Phase existiert eine Dampf- bzw. Gasphase (Abb. 5.23). Im betrachteten Koexi-

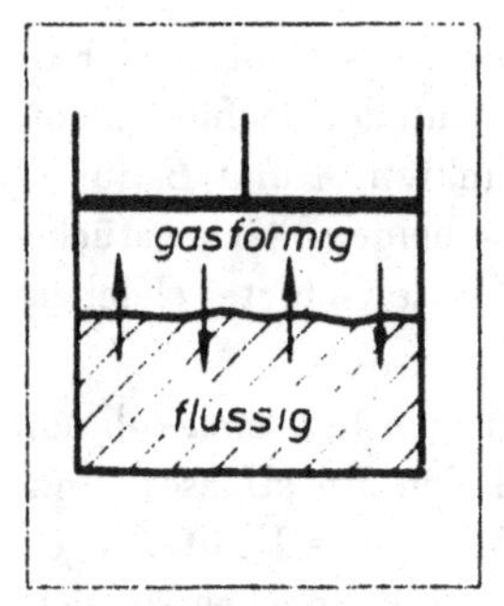

Abbildung 5.23

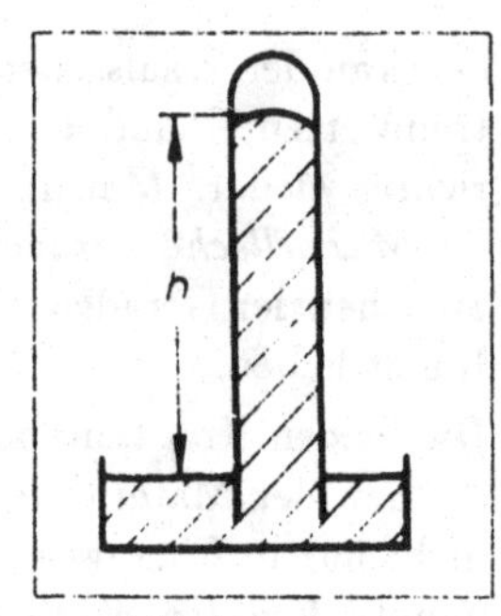

Abbildung 5.24

stenzbereich befinden sich beide Phasen im Gleichgewicht. Mit Hilfe der kinetischen Gastheorie läßt sich dieses Gleichgewicht leicht veranschaulichen: Es gehen in der Zeiteinheit gleich viele Moleküle von der gasförmigen in die flüssige Phase über und umgekehrt. Dieses Austauschgleichgewicht an der Oberfläche der Flüssigkeit ist zwar temperaturabhängig, aber unabhängig vom zur Verfügung stehenden Volumen, solange noch Flüssigkeit vorhanden ist: $p_s = p_s(T) = \text{const.}$

Versuch: Der „leere" Bereich in einem mit Quecksilber gefüllten Rohr oberhalb der Quecksilbersäule von 760 mm Höhe ist aus diesem Grund kein „absolutes Vakuum", sondern ein *Torricelli-Vakuum* (Abb. 5.24): Quecksilberflüssigkeit und -dampf befinden sich im Gleichgewicht. Auch der Dampfdruck des Quecksilbers hängt von der Temperatur ab.

Wie bereits früher erwähnt, kann mit einer Wasserstrahlpumpe nur ein „schlechtes" Vakuum erzeugt werden. Der Restdruck ist gleich dem Dampfdruck des Wassers bei der entsprechenden Temperatur. Analoges gilt für alle Vakuumpumpen, die mit irgendeiner Flüssigkeit arbeiten.

Die folgende Tabelle gibt die Temperaturabhängigkeit des Sättigungsdampfdruckes p_s von Wasser an ($p_s = f(T)$):

$t/°C$	0	4	20	60	100	120	200	300
p_s/bar	$6,12 \cdot 10^{-3}$	$8,11 \cdot 10^{-3}$	$23,3 \cdot 10^{-3}$	0,2	1	2	15	85

Trägt man den Sättigungsdampfdruck p_s in Abhängigkeit von der Temperatur in ein Diagramm ein (Abb. 5.25), so erhält man eine mit zunehmender Temperatur immer steiler verlaufende Kurve, die *Dampfdruckkurve*. Bei p-T-Werten, die auf der Kurve liegen, existieren gasförmige und flüssige Phase nebeneinander im Gleichgewicht. Die Dampfdruckkurve stellt die Grenzkurve zwischen den beiden Phasen in dem Bereich dar, in dem der Phasenwechsel mit unstetigen Änderungen der physikalischen Eigenschaften verbunden ist. Deshalb endet die Dampfdruckkurve bei $T = T_{krit}$ am kritischen Punkt K.

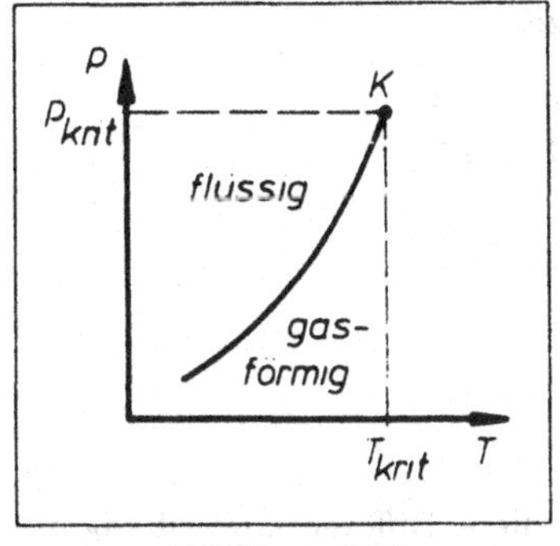

Abbildung 5.25

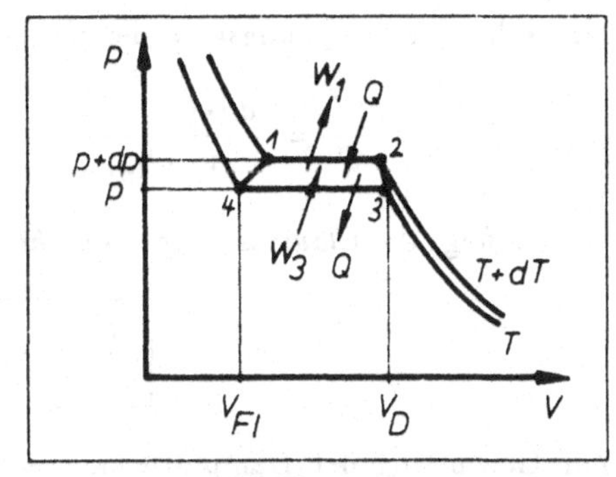

Abbildung 5.26

Beim Übergang von der flüssigen in die gasförmige Phase (Verdampfung) muß Energie in Form von Wärme zugeführt werden, die beim umgekehrten Vorgang (Kondensation) vom System nach außen abgegeben wird. In Analogie zur Definition der Wärmekapazität bezeichnet man

$$Q_{VD} = \frac{Q}{m} \qquad [Q_{VD}] = 1\,\frac{\mathrm{J}}{\mathrm{g}}$$

als *spezifische Verdampfungswärme* und

$$Q_{VD,m} = \frac{Q}{M} \qquad [Q_{VD,m}] = 1\,\frac{\mathrm{J}}{\mathrm{mol}}$$

als *molare Verdampfungswärme*.

Unter Verwendung der Ergebnisse vom Wirkungsgrad reversibler Kreisprozesse soll nun eine Beziehung abgeleitet werden, die es erlaubt, den Dampfdruck einer Flüssigkeit in einem abgeschlossenen Volumen zu berechnen. Dazu wird zwischen zwei benachbarten Isothermen eines realen Gases ein Carnotscher Kreisprozeß durchgeführt (vgl. Abb. 5.26). Bei 1 liegt reine flüssige Phase vor. Dann wird unter Zufuhr der Verdampfungswärme $Q = \nu \cdot Q_{VD,m}$ unendlich langsam vollständig verdampft. Nach außen wird die Arbeit $W_1 = (p + dp) \cdot (V_D - F_{Fl})$ abgegeben. Von 2 nach 3 erfolgt eine Expansion unter Abkühlung auf die Temperatur T. Je kleiner der Temperaturunterschied dT ist, umso weniger unterscheidet sich $V_D(3)$ von $V_D(2)$, sowie $V_{Fl}(4)$ von $V_{Fl}(1)$. In guter Näherung kann der Beitrag dieser Zustandsänderung in der Arbeitsbilanz vernachlässigt werden. Von 3 nach 4 wird isotherm komprimiert bis zur vollständigen Kondensation. Die Volumenarbeit $W_3 = p \cdot (V_D - V_{Fl})$ muß aufgewendet und die Kondensationswärme Q' abgegeben werden. Auf dem Weg von 4 nach 1 erfolgt wieder eine Erwärmung auf $T + dT$, deren Beitrag vernachlässigt wird. Die vom Kreisprozeß insgesamt abgegebene Arbeit ist demnach

$$W = W_1 - W_3 = dp \cdot (V_D - V_{Fl}).$$

Man erhält den Wirkungsgrad des reversiblen Kreisprozesses

$$\eta = \frac{W}{Q} = \frac{dp \cdot (V_D - V_{Fl})}{\nu \cdot Q_{VD,m}} \overset{\text{2.Hauptsatz}}{=} \frac{(T + dT) - T}{T} = \frac{dT}{T}$$

Daraus folgt die *Clausius-Clapeyronsche Differentialgleichung*:

$$\boxed{\frac{dp}{dT} = \frac{\nu \cdot Q_{VD,m}}{T \cdot (V_D - V_{Fl})}.}$$

Zur Gewinnung der Dampfdruckkurve $p(T)$ hat man diese Differentialgleichung zu integrieren. Zuvor kann man jedoch wegen $V_{Fl} \ll V_D$ das Volumen der Flüssigkeit vernachlässigen: $V_{Fl} \approx 0$. Weiterhin entnimmt man der allgemeinen Gasgleichung $V_D = \nu \cdot R \cdot T/p$, wenn man den Dampf als ideales Gas betrachtet.

$$\Rightarrow \quad \frac{dp}{dT} = \frac{Q_{VD,m} \cdot p}{R \cdot T^2}$$

Nach Trennung der Variablen und anschließender Integration erhält man

$$\ln \frac{p}{p_0} = \frac{Q_{VD,m}}{R} \cdot \int_{T_0}^{T} \frac{dT}{T^2} = -\frac{Q_{VD,m}}{R} \cdot \left(\frac{1}{T} - \frac{1}{T_0} \right).$$

Bei der Integration wurde vorausgesetzt, daß die molare Verdampfungswärme nicht von der Temperatur abhängt, also konstant ist. Diese Voraussetzung ist nur für enge Temperaturbereiche erfüllt!

$$\ln \frac{p}{p_0} = \ln A - \frac{Q_{VD,m}}{R \cdot T} \quad \Rightarrow \quad \boxed{p = A' \cdot \exp\left(-\frac{Q_{VD,m}}{R \cdot T} \right)}$$

Trägt man $\ln p$ gegen $1/T$ auf, so erhält man eine Gerade (Dampfdruckkurve) mit negativer Steigung (Abb. 5.27).

Bisher wurden Gleichgewichtszustände zwischen flüssiger und gasförmiger Phase betrachtet, die sich nur in einem abgeschlossenen Volumen einstellen können. Bringt man eine Flüssigkeit in ein offenes Gefäß, kann sich das Gleichgewicht nicht einstellen: Die Flüssigkeit verdunstet (Abb. 5.28). *Verdunstung* ist also ein Übergang vom flüssigen in den gasförmigen Zustand, ohne daß sich an der Oberfläche der Flüssigkeit ein Gleichgewicht zwischen beiden Phasen einstellen kann. Um ein Mol einer Flüssigkeit zu verdunsten, ist ebenfalls die molare Verdampfungswärme aufzubringen. Diese Wärmemenge wird der Umgebung entzogen, weshalb sich diese abkühlt. So reguliert beispielsweise der Körper seine Temperatur durch Verdunsten von Schweiß, also durch Entzug von Verdunstungswärme.

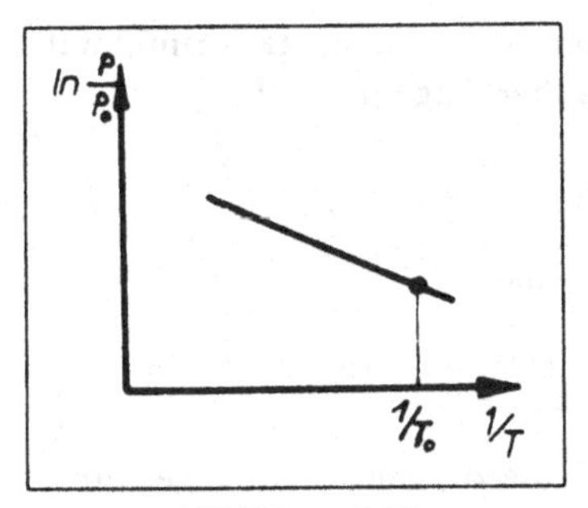

Abbildung 5.27

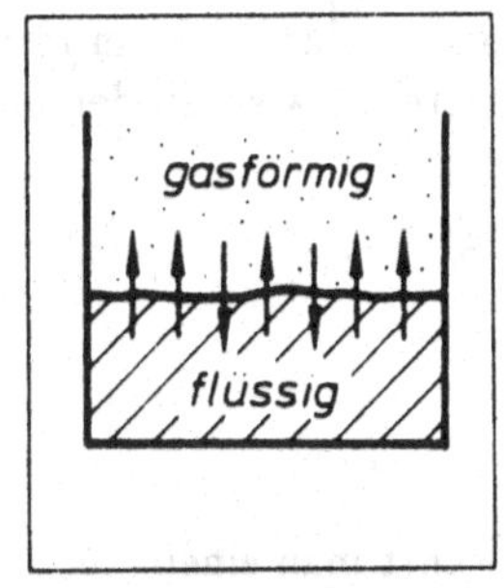

Abbildung 5.28

Versuch: Besprüht man ein Thermometer mit Chloräthyl (leicht verdampfbare Flüssigkeit), so sinkt dessen Temperatur stark ab.

In einem offenen Gefäß befindet sich die Flüssigkeit unter dem Druck p_a eines äußeren Gases, z. B. der Luft. Die Flüssigkeit beginnt bei der Temperatur T_s zu *sieden*, bei der der äußere Druck p_a gleich dem Dampfdruck der Flüssigkeit ist: $p_a = p_s(T_s)$. Unter diesen Bedingungen bilden sich im Innern der Flüssigkeit Dampfblasen, deren Druck (= Sättigungsdampfdruck p_s) vom äußeren Luftdruck p_a kompensiert wird. Da die Dampfblasen eine kleinere Dichte als die Flüssigkeit besitzen, steigen die Blasen an die Oberfläche.

Aufgrund der Abnahme des Atmosphärendruckes sieden alle Flüssigkeiten in größeren Höhen über dem Meeresspiegel bei niedrigerer Temperatur. Siedepunktsangaben müssen deshalb immer auf Normaldruck bezogen werden! Zusammenstellung einiger Siedetemperaturen T_s bzw. t_s bei $p_a = 1$ bar:

Stoff	H_2O	CO_2	O_2	H_2	He
t_s/°C	100	−78	−183	−249	−269
T_s/K	373	(195)	90	24	4

CO_2 sublimiert bei 195 K, d. h. es geht direkt von der festen in die gasförmige Phase über.

5.3.3 Phasenumwandlungen

Eine Phase ist ein Teil eines Systems, der bis in molekulare Bereiche physikalisch homogen aufgebaut ist. Auch homogene Mischungen verschiedener chemischer Stoffe bilden eine einzige Phase, eine Mischphase, obwohl die chemische Zusammensetzung nicht einheitlich ist. In jedem System kann es immer nur eine einzige gasförmige Phase geben, da Gase bis in molekulare Bereiche vollkommen mischbar und daher homogen sind. Unter den Flüssigkeiten gibt es mischbare und unmischbare Kombinationen. Unmischbare Flüssigkeiten bilden zwei getrennte Phasen. Bei Festkörpern ist die Kristallstruktur das Kriterium, ob diese aus einer oder aus mehreren Phasen bestehen.

Jede Substanz kann in verschiedenen Aggregatzuständen (fest, flüssig, gasförmig) auftreten. Zwischen den einzelnen Zuständen sind Phasenübergänge möglich:

fest	schmelzen → ← erstarren	flüssig
flüssig	verdampfen → ← kondensieren	gasförmig
fest	Sublimation → ← Deposition	gasförmig

Führt man einem zunächst festen Körper genügend Wärme zu, geht er im allgemeinen vom festen über den flüssigen in den gasförmigen Zustand über (vgl. Abb. 5.29). Bei

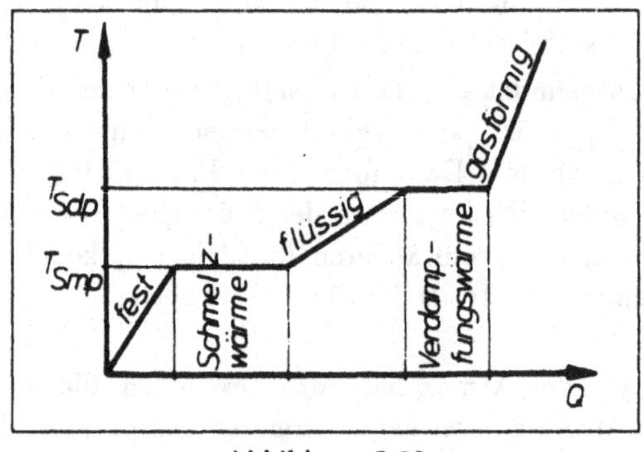

Abbildung 5.29

den Phasenübergängen nimmt er zwar Wärme (Schmelz- bzw. Verdampfungswärme) auf, seine Temperatur bleibt während des Übergangs jedoch unverändert. Da diese Umwandlungswärmen keine Temperaturänderungen bewirken, bezeichnet man sie als *verborgene* oder *latente Wärmen.*

Phasendiagramm einkomponentiger Systeme

Untersucht man z. B. CO_2 bei niedrigen Drücken und Temperaturen, so gelangt man zu dem in Abb. 5.30 dargestellten p-T-Diagramm: Man erhält drei Kurven, die die verschiedenen Aggregatzustände gegeneinander abgrenzen. Auf den Kurven befinden sich die aneinandergrenzenden Phasen im thermischen Gleichgewicht (Koexistenzkurven). Kurve a stellt die schon bekannte Dampfdruckkurve dar. Sie endet am kritischen Punkt K. Den Schmelzpunkt in Abhängigkeit vom Druck gibt Kurve b an. Kurve c schließlich repräsentiert die Sublimationskurve, also die Grenzkurve zwischen fester und gasförmiger Phase. Am Punkt T, dem *Tripelpunkt*, befinden sich alle drei Phasen miteinander im Gleichgewicht. Dies ist bei jeder Substanz nur bei einer einzigen Temperatur T_T und einem einzigen Druck p_T möglich. Der Tripelpunkt ist spezifisch für das betreffende System!

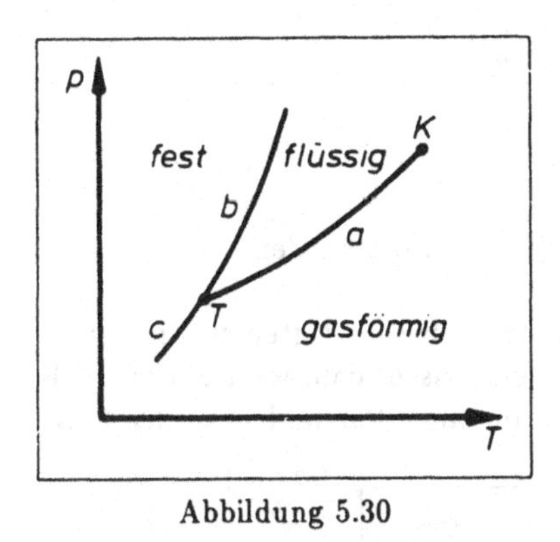

Abbildung 5.30

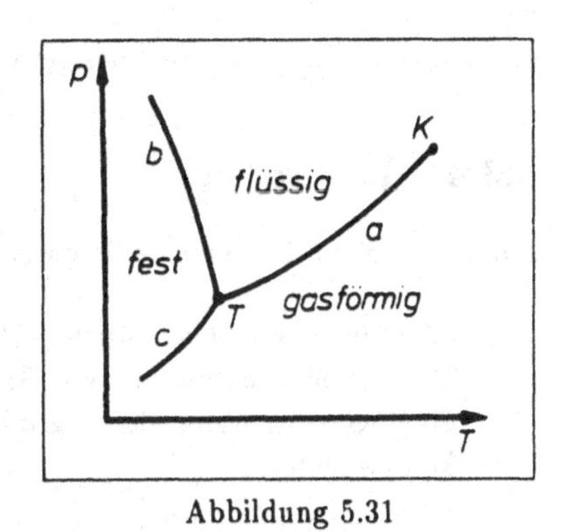

Abbildung 5.31

Für CO_2 findet man $t_T = -57$ °C, $p_T = 5$ bar.

Die Anomalie des Wassers

Wie schon erwähnt, besitzt Eis eine geringere Dichte als Wasser. Außerdem wird Eis im Gegensatz zu den meisten anderen festen Stoffen flüssig, wenn es unter Druck gesetzt wird. Im p-T-Diagramm (Abb. 5.31) zeigt sich dies durch eine negative Steigung der Schmelzkurve b (a ist die Dampfdruck- und c die Sublimationskurve). So schmilzt Eis beispielsweise unter dem Druck einer Schlittschuhkufe, wodurch ein Gleiten mit geringerer Reibung erst möglich wird.

Neuerdings spielt der Tripelpunkt des Wassers für die Definition der Kelvinskala eine wichtige Rolle: Er definiert die Temperatur $T_{T,H_2O} = 273,16$ K $= 0,0074$ °C. Der zugehörige Druck beträgt $p_{T,H_2O} = 6,1 \cdot 10^{-3}$ bar.

Damit ist die Kelvinskala vollständig definiert: 0 K entspricht $\eta_{rev} \to 1$ (Abschnitt 5.2.5); 273,16 K dem Tripelpunkt des Wassers.

Für die Kondensation sind im allgemeinen Kondensationskeime (Staub, elektrische Ladungsträger etc.) erforderlich. Bei vollkommen sauberem Arbeiten, d. h. ohne Kondensationskeime, kann der Übergang vom gasförmigen in den flüssigen Zustand durch p- oder T-Änderungen hinausgezögert werden. Man erhält einen sogenannten *unterkühlten Dampf*. Ein eindringendes elektrisch geladenes Teilchen (z. B. α- oder β-Teilchen) ionisiert bei seinem Flug die Gasmoleküle der Umgebung, die dann als Kondensationskeime dienen. Man sieht daraufhin die Teilchenbahn als eine Kette von kleinen Nebeltröpfchen. Auf dieser Wirkungsweise beruht die *Wilsonsche Nebelkammer*, der man wichtige Erkenntnisse in der Kernphysik verdankt.

Im Gegensatz zum unterkühlten Dampf bedeutet ein *Siedeverzug* eine Verzögerung des Übergangs vom flüssigen in den gasförmigen Zustand. Der Dampfdruck der Flüssigkeit ist dann größer als der von außen vorgegebene Druck. In der *Blasenkammer* nutzt man diese Erscheinung ebenfalls zum Teilchennachweis in der Hochenergiephysik aus. Entlang der Bahn der nachzuweisenden Teilchen bilden sich feine Dampfbläschen. Blasenkammern sind i. a. mit flüssigem Wasserstoff gefüllt.

5.3.4 Lösungen

Zunächst sollen die verschiedenen Arten von Lösungen erläutert werden.

1. *Gase in Gasen.* Cavendish (1781) und Dalton (1802) beschäftigten sich mit dem Druck von Gasmischungen. Sie erkannten rein empirisch, daß der Gesamtdruck einer Gasmischung gleich groß ist wie die Summe aller Partialdrücke der Gaskomponenten:

   $$p_{ges} = p_1 + p_2 + \ldots + p_n = \sum_{i=1}^{n} p_i .$$

   Dies ist das *Daltonsche Partialdruckgesetz.* Unter dem *Partialdruck* einer Komponente versteht man dabei den Druck einer Komponente der Gasmischung, den diese ausüben würde, wenn sie sich allein in demselben Behälter befände. Da die Gesetze von Boyle-Mariotte und Gay-Lussac unabhängig vom speziellen Typ der Gasmoleküle sind, gilt das allgemeine Gasgesetz auch für Mischungen idealer Gase.

   Definition der relativen Luftfeuchtigkeit:

   $$f_r = 100\,\% \cdot \frac{p_{\mathrm{H_2O}}}{p_s(T)} \qquad [f_r] = 1\,\%$$

   $p_{\mathrm{H_2O}}$ ist der gemessene Wasserdampfpartialdruck und $p_s(T)$ der Sättigungsdampfdruck des Wassers bei der Temperatur T. Die relative Luftfeuchtigkeit gibt also das Verhältnis zwischen Wasserdampfpartialdruck und Sättigungsdampfdruck in Abhängigkeit von der Temperatur an.

2. *Gase in Flüssigkeiten.* Die in der Flüssigkeit gelöste Gasmenge ist bei gegebener Temperatur proportional dem Partialdruck dieses Gases über der Lösung (*Henry-Daltonsches Gesetz*). Mit steigender Temperatur nimmt die Löslichkeit ab.

   So läßt sich z. B. Wasser durch Abkochen luftfrei machen.

3. *Gase in Festkörpern.* Bei den Oberflächenerscheinungen wurde gezeigt, daß Flüssigkeitsmoleküle an den Gefäßwänden haften bleiben (Adhäsion). Im Gegensatz dazu versteht man unter *Okklusion* die Absorption eines Gases, das dabei in tiefere Schichten des festen Körpers eindringt. Fast alle Metalle können Gase okkludieren und geben diese selbst im Vakuum erst bei hohen Temperaturen wieder ab. Platin (Pt) und Palladium (Pd) können beispielsweise beträchtliche Mengen von Wasserstoff aufnehmen.

4. *Feste Stoffe in Flüssigkeiten.* Beim Lösen ist zur Überwindung der zwischenmolekularen Kräfte eines Festkörpers eine Energie erforderlich. Da elektrische Prozesse bei Lösungsvorgängen eine wichtige Rolle spielen, sind Wasser und Ammoniak (NH_3) ausgesprochen gute Lösungsmittel für ionogene und polare Verbindungen. Sie besitzen elektrische Dipolmomente (vgl. Bd. II, Kapitel 6) und können sich deshalb an die gelösten Moleküle oder Ionen anlagern: *Solvatation.* Speziell beim Wasser spricht man von *Hydratation.*

   Je nachdem, ob diese „Anlagerungsenergie" größer oder kleiner als die Bindungsenergie ist, verläuft der Vorgang exotherm, also unter Wärmeabgabe oder endotherm, d. h. unter Abkühlung.

Osmose

Eine Lösung (z. B. Zucker in Wasser) befindet sich einem Behälter, der durch eine semipermeable Wand in zwei Teile geteilt ist. Im Raum 1 befindet sich die Lösung, während Raum 2 nur das Lösungsmittel (Wasser) enthalten soll (Abb. 5.33). Die semipermeable Trennwand hat die Eigenschaft, zwar die Wassermoleküle durchzulassen, nicht aber die größeren Zuckermoleküle. Nach einiger Zeit stellt sich auf der linken Seite (Raum 1) ein Überdruck, der sogenannte ***osmotische Druck***, ein. Ist die Membran aus elastischem Material, so wölbt sie sich in den Raum 2 hinein.

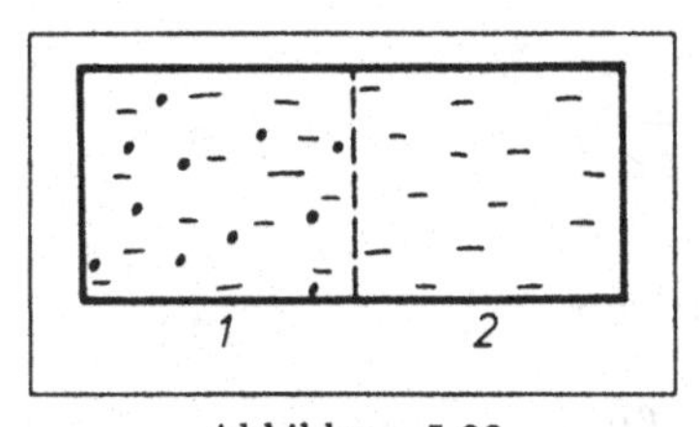

Abbildung 5.33

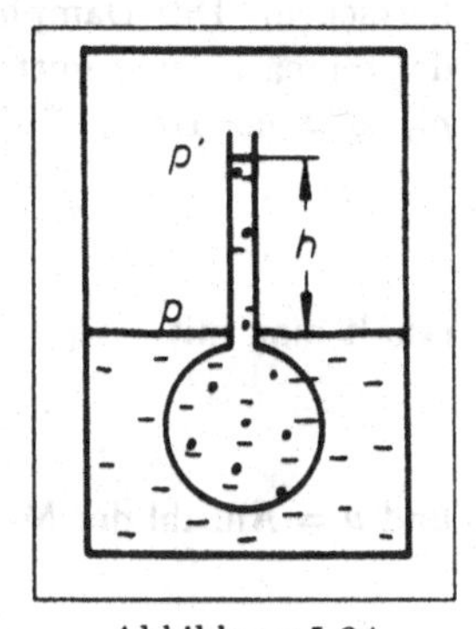

Abbildung 5.34

Der Gleichgewichtszustand ist erreicht, wenn der Wasserpartialdruck auf beiden Seiten gleich groß ist. Im Bild der kinetischen Gastheorie bedeutet das: Die Zahl der Stöße der Wassermoleküle auf die semipermeable Wand ist von beiden Seiten gleich groß. Unter diesen Bedingungen verhalten sich die Zuckermoleküle wie ein verdünntes bzw. ideales Gas. Für den osmotischen Druck π gilt damit die Zustandsgleichung der idealen Gase:

$$\boxed{\pi \cdot V = \nu \cdot R \cdot T.}$$

Diese Beziehung heißt *Van't-Hoffsches Gesetz.* ν bezeichnet die Anzahl der gelösten Mole.

Der osmotische Druck einer Lösung ist gleich dem Druck, den der gelöste Stoff ausüben würde, wenn seine Moleküle als ideales Gas im gleichen Raum vorhanden wären, den die Lösung einnimmt.

In der Natur spielt der osmotische Druck eine bedeutende Rolle. Er ist beispielsweise verantwortlich für den Aufstieg von Säften in Pflanzen.

Versuch: Eine zweckmäßige Anordnung zur Messung des osmotischen Druckes stellt die *Pfeffersche Zelle* dar (Abb. 5.34). In einer Blase mit semipermeabler Wand befindet sich eine Zuckerlösung, außerhalb davon reines Wasser. Durch den osmotischen Druck steigt die Lösung im Steigrohr um die Höhe h über den äußeren Wasserspiegel. Daraus läßt sich der osmotische Druck nach der Formel für den hydrostatischen Druck berechnen:

$$\boxed{\pi = \rho_{\mathrm{Lsg}} \cdot g \cdot h.}$$

Dampfdruckerniedrigung

Befindet sich eine Pfeffersche Zelle — wie in Abb. 5.34 angegeben — in einem abgeschlossenen Gefäß, dann muß sowohl an der Lösungsmitteloberfläche im Hauptgefäß als auch an der im Steigrohr Gleichgewicht zwischen Verdunstung und Kondensation herrschen. Der Dampfdruck p' der Lösung muß kleiner sein als der Dampfdruck p des reinen Lösungsmittels, da über dem Lösungsmittel zusätzlich der statische Druck $\rho_D \cdot g \cdot h$ der Dampfsäule wirkt. Für die Dampfdruckerniedrigung

$$\Delta p = p - p' = \rho_D \cdot g \cdot h$$

erhält man mit

$$\pi = \rho_{\mathrm{Lsg}} \cdot g \cdot h = \frac{\nu \cdot R \cdot T}{V_{\mathrm{Lsg}}}$$

und ν = Anzahl der Mole des gelösten Stoffes die Beziehung

$$\Delta p = \pi \cdot \frac{\rho_D}{\rho_{\mathrm{Lsg}}} = \frac{\nu \cdot R \cdot T}{V_{\mathrm{Lsg}}} \cdot \frac{\rho_D}{\rho_{\mathrm{Lsg}}}.$$

Da der Dampf näherungsweise als ideales Gas betrachtet werden kann, gilt

$$p = \nu_D \cdot \frac{R \cdot T}{V_D}$$

(ν_D = Anzahl der Mole im Dampfraum). Daraus folgt

$$\frac{\Delta p}{p} = \frac{\nu}{\nu_D} \cdot \frac{\rho_D \cdot V_D}{\rho_{\mathrm{Lsg}} \cdot V_{\mathrm{Lsg}}} = \frac{\nu}{\nu_D} \cdot \frac{m_D}{m_{\mathrm{Lsg}}}.$$

Da im wesentlichen nur das Lösungsmittel verdampft, ist die molare Masse des Dampfes M_D identisch mit der molaren Masse des Lösungsmittels $M_{\text{LöMi}}$. Deshalb gilt

$$\nu_D = \frac{m_D}{M_D} = \frac{m_D}{M_{\text{LöMi}}} = \frac{m_D \cdot \nu_{\text{LöMi}}}{m_{\text{LöMi}}}.$$

Für verdünnte Lösungen ist außerdem die Masse der Lösung m_{Lsg} etwa gleich der Masse des reinen Lösungsmittels $m_{\text{LöMi}}$. Nach Einsetzen von ν_D erhält man das *Raoultsche Gesetz*:

$$\boxed{\frac{\Delta p}{p} = \frac{\nu}{\nu_{\text{LöMi}}}.}$$

Die Dampfdruckerniedrigung ist demnach proportional der Menge des gelösten Stoffes. Dieser Effekt beruht auf der größeren Kohäsion in der Lösung.

Versuch: Der Dampfdruck über dem reinen Lösungsmittel (Wasser) wird mit dem Dampfdruck über der gleichen Menge Zuckerlösung verglichen. Durch Öffnen des Hahns (Abb. 5.35) stellt man zunächst Druckausgleich her. Schließt man den Hahn, so stellt sich das Manometer sofort gemäß den in den getrennten Räumen herrschenden Dampfdrücken ein. Der Dampfdruck über einer Lösung ist immer niedriger als über dem reinen Lösungsmittel!

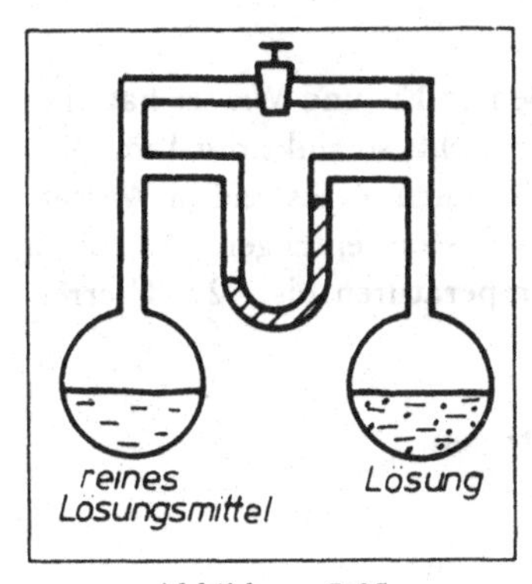

Abbildung 5.35

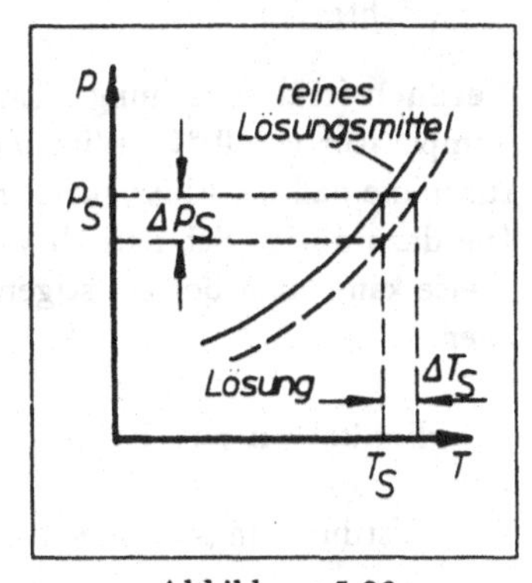

Abbildung 5.36

Aus der Dampfdruckerniedrigung folgt, daß Lösungen einen höheren Siedepunkt als das reine Lösungsmittel besitzen. Im *Dampfdruckdiagramm* (Abb. 5.36) zeigt sich das folgendermaßen: Reines Wasser beispielsweise hat bei 373 K einen Dampdruck von $p_s = 1,013$ bar. Eine Lösung hat einen etwas geringeren Dampfdruck. Der Dampfdruck von $1,013$ bar ist aber nötig zur Überwindung des Luftdruckes über der Flüssigkeit. Demnach wird die Siedetemperatur der Lösung oberhalb derjenigen des reinen Lösungsmittels liegen: *Siedepunktserhöhung* um ΔT_s.

Aus der Dampfdruckerniedrigung folgt auch, daß der Gefrierpunkt einer Lösung tiefer liegt als der der Lösungsmittels. Wie die Darstellung im Phasendiagramm (Abb. 5.37) zeigt, muß man unterscheiden, ob die feste Phase ein kleineres oder ein größeres Volumen (Anomalie: Wasser!) besitzt als die flüssige Phase. In beiden Fällen folgt eine *Gefrierpunktserniedrigung* um ΔT_G.

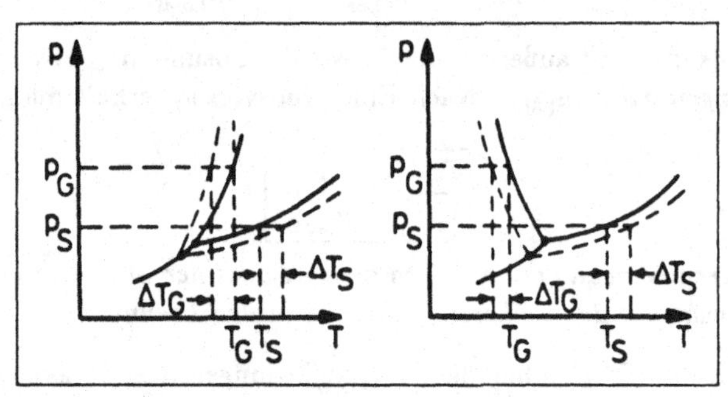

Abbildung 5.37

Sowohl Gefrierpunktserniedrigung als auch Siedepunktserhöhung einer Lösung werden zusammen mit dem Raoultschen Gesetz in der Chemie zur Bestimmung des Molekulargewichtes benutzt.

Versuch (Kältemischung): Ein Gemisch aus kleingestoßenem Eis und Wasser hat eine Temperatur von 0 °C. Wird jedoch Kochsalz daruntergemischt, so sinkt die Temperatur, ohne daß die Flüssigkeit erstarrt. Grund: Kochsalz löst sich in Eis und in Wasser. Die dazu nötige Schmelz- bzw. Lösungswärme wird dem System entzogen. Auf diese Weise kann man bei günstigem Mischungsverhältnis Temperaturen bis −22 °C erreichen.

Möglichkeiten zur Erzeugung niedriger Temperaturen

1. Verdunstungswärme (Abschnitt 5.3.2)
2. Kältemischung
3. Adiabatische Abkühlung
4. Expansion von realen Gasen: *Joule-Thomson-Effekt*

Zwischen den Molekülen von realen Gasen wirken die Van-der-Waalsschen Anziehungskräfte. Bei einer Expansion muß gegen diese Kräfte Arbeit verrichtet werden. Diese Energie wird der inneren Energie des Systems entnommen. Damit ist die innere Energie von realen Gasen volumenabhängig, das Gas kühlt sich i. a. bei der Expansion ab.

Versuch: Kohlenstoffdioxid (CO_2), das in Stahlflaschen unter hohem Druck flüssig aufbewahrt wird, verdampft, wenn man es ausströmen läßt. Dadurch kühlt es sich so stark ab, daß es erstarrt. Man erhält „Kohlensäureschnee", der eine Temperatur von ca. −80 °C besitzt. Der „Schnee" geht beim Erwärmen unter Sublimation sofort in den gasförmigen Zustand über. Für die Abkühlung bei dieser Effusion ist neben dem Joule-Thomson-Effekt auch die adiabatische Expansion mitverantwortlich.

Auch die *Lindesche Luftverflüssigungsmaschine* beruht auf dem Joule-Thomson-Effekt:
Versuch: Preßluft strömt durch eine Spirale, die so angeordnet ist, daß die beim Ausströmen durch Expansion abgekühlte Luft an der Preßluftzuleitung entlangstreicht und diese dadurch vorkühlt (Gegenstromprinzip; vgl. Abb. 5.38). Nach etwa zehn

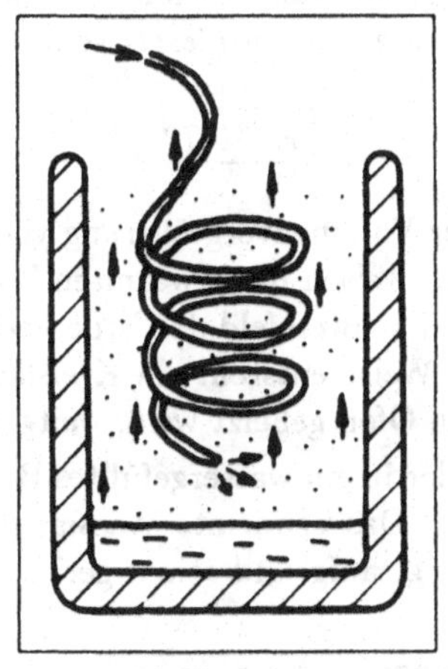

Abbildung 5.38

Minuten erhält man am Ausgang der Düse flüssige Luft, die man in einem Dewar-Gefäß auffangen kann.
Flüssige Luft hat eine Temperatur von −191 °C und wird deshalb im Labor häufig zum Kühlen verwendet.

Experimente mit flüssiger Luft

1. Eine Bleiglocke hat bei Zimmertemperatur einen dumpfen Klang, da Blei sehr weich ist. Nach Abkühlung mit flüssiger Luft hat die Glocke einen hellen, metallischen Klang.

2. Gummi wird bei so tiefen Temperaturen hart und spröde. Ein abgekühlter Gummischlauch z. B. zersplittert, wenn man mit einem Hammer daraufschlägt.

Sind noch tiefere Temperaturen erforderlich, benutzt man flüssiges Helium. Heliumgefäße sind zur Vorkühlung von einem Mantel mit flüssiger Luft oder flüssigem Stickstoff umgeben.

5.3.5 Wärmeleitung

Die Ausbreitung von Wärme kann durch Wärmestrahlung, Konvektion und durch Wärmeleitung erfolgen.

Bei der *Wärmestrahlung* ist kein Trägermedium erforderlich. Wärmestrahlen sind wie Licht- und Röntgenstrahlen elektromagnetische Wellen, haben jedoch beträchtlich größere Wellenlängen (Infrarotstrahlung). Die bei Zimmertemperatur übertragenen Wärmemengen sind sehr gering. Mit zunehmender Temperatur wächst die abgestrahlte Energie nach dem *Stefan-Boltzmannschen Gesetz* sehr stark an:

$$\boxed{E \sim T^4.}$$

Die *Konvektion* beruht auf der Volumenvergrößerung von Gasen und Flüssigkeiten bei Temperaturerhöhung. Deshalb weisen die erwärmten Zonen eine geringere Dichte als die kälteren auf und steigen im Schwerefeld der Erde nach oben, während die kälteren nach unten sinken. Auf diese Weise entsteht ein Kreislauf. So erfolgt die Erwärmung eines Raumes, der durch einen Ofen geheizt wird, weitgehend durch Konvektion.

Versuch: Wird ein Tauchsieder in ein wassergefülltes Becherglas gehalten, beobachtet man aufsteigende „Schlieren". Das erwärmte Wasser, das einen etwas anderen optischen Brechungsindex hat, steigt aufgrund seiner geringeren Dichte nach oben.

Wärmeleitung in Festkörpern

Verbindet man zwei Körper mit den Temperaturen $T_1 > T_2$ durch einen Metallstab (Abb. 5.39), fließt durch diesen Stab ein Wärmestrom vom wärmeren zum kälteren Körper. Der Wärmestrom ist proportional dem Temperaturunterschied $T_1 - T_2$ und

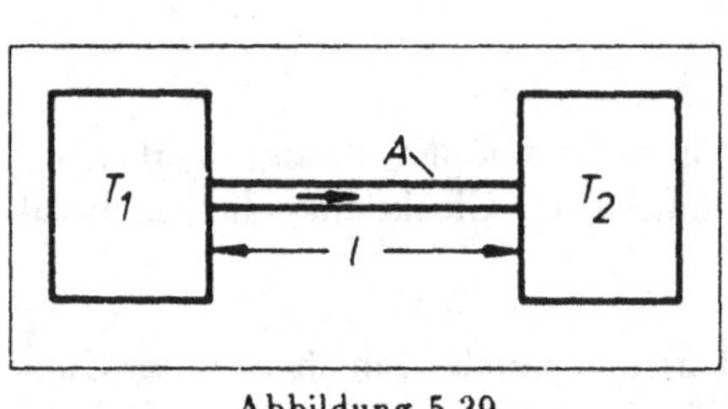

Abbildung 5.39

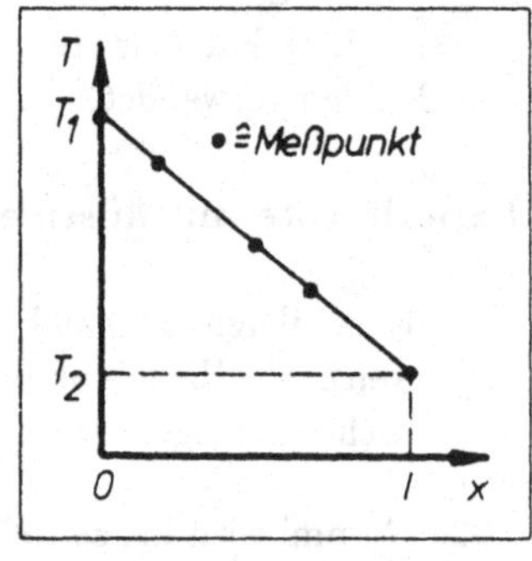

Abbildung 5.40

der Querschnittsfläche A, aber umgekehrt proportional der Länge l des Stabes. Der vollständige Ausdruck lautet

$$\frac{Q}{t} = A \cdot \frac{T_1 - T_2}{l} \cdot \lambda.$$

Die Proportionalitätskonstante λ hängt vom Material des Wärmeleiters ab. Die analoge Größe in der Beziehung für den elektrischen Strom (er entspricht dem Wärmestrom: die Wärmemenge entspricht der elektrischen Ladung) in einem elektrischen Leiter ist die elektrische Leitfähigkeit. Deshalb nennt man λ die *Wärmeleitfähigkeit.*

$$[\lambda] = 1 \frac{\mathrm{J}}{\mathrm{K} \cdot \mathrm{m} \cdot \mathrm{s}}$$

Werden in der in Abb. 5.39 skizzierten Versuchanordnung entlang des Wärmeleiters an verschiedenen Stellen Thermoelemente zur Messung der örtlichen Temperatur angebracht, erhält man bei einem homogenen Stab ein lineares Temperaturgefälle (vgl. Abb. 5.40). Vom wärmeren zum kälteren Körper nimmt also die Temperatur mit zunehmender Entfernung gleichmäßig ab. Die gemessenen Temperaturen als Funktion der Entfernung liegen auf einer Geraden. Für alle Metalle gilt die *Wiedemann-Franzsche Regel*:

Gute elektrische Leiter sind auch gute Wärmeleiter.

Diese Regel deutet darauf hin, daß der Mechanismus der elektrischen Leitung und der Wärmeleitung in Festkörpern ähnlich sein muß. Gute Leiter sind z. B. Silber, Kupfer und Aluminium. Schlechte Wärmeleiter sind Blei und Quecksilber.

Das Wärmeleitvermögen von Flüssigkeiten und Gasen ist um mehrere Zehnerpotenzen kleiner als das der Metalle (vgl. Abschnitt 5.4.8, Transportphänomene).

5.4 Kinetische Gastheorie

In Abschnitt 5.1.5 wurde bereits gezeigt, daß man den Druck eines idealen Gases aus gaskinetischen Vorstellungen ableiten kann. Unter der Voraussetzung, daß dieses Gas in ein würfelförmiges Volumen eingeschlossen ist und daß 1/6 aller Moleküle mit der gleichen Geschwindigkeit v senkrecht auf eine Wand zufliegen, hatte sich ergeben

$$p = \frac{1}{3} \cdot n \cdot m \cdot v^2 = \frac{2}{3} \cdot n \cdot \left(\frac{m}{2} \cdot v^2\right) \quad \text{bzw.} \quad \frac{m}{2} \cdot v^2 = \frac{3}{2} \cdot k \cdot T,$$

wobei n die Teilchendichte und m die Molekülmasse sind sowie $k = R/N_A$ gilt. Nun sollen die genannten idealisierten Voraussetzungen aufgegeben werden. Die Antwort auf die Frage, mit welchen Geschwindigkeiten $\vec{v}$ man zu rechnen hat, geben der Boltzmannsche Energieverteilungssatz und das Maxwellsche Gesetz der Geschwindigkeitsverteilung.

5.4.1 Boltzmannsche Energieverteilung

Anhand zweier einfacher Beispiele soll zunächst der Begriff einer Verteilungsfunktion plausibel gemacht werden.

Wir betrachten ein Volumen V, in dem sich N Teilchen aufhalten sollen (Abb. 5.41). Die Schwerkraft sei „abgeschaltet", das Gas homogen verteilt. Dann ist die Teilchendichte $n = N/V$ im ganzen Raum konstant.

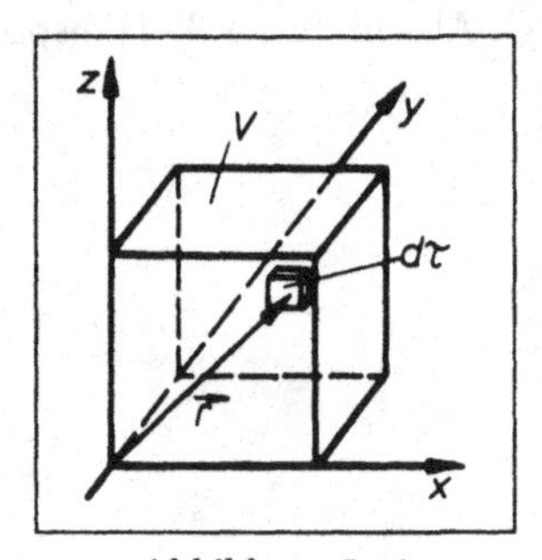

Abbildung 5.41

Unter diesen Bedingungen ist die Zahl der Teilchen dN, die sich im Volumenelement $d\tau = dx\,dy\,dz$ am Ort $\vec{r}$ befinden, proportional zur Größe des Volumenelementes: $dN \sim d\tau$.

$$\boxed{dN = f(\vec{r})\,d\tau}$$

$f(\vec{r})$ heißt räumliche Verteilungsfunktion ($[f(\vec{r})] = 1\ \mathrm{m}^{-3}$). Sie hat die Bedeutung einer Teilchendichte am Ort $\vec{r}$. In diesem einfachen Beispiel läßt sich $f(\vec{r})$ sofort angeben:

$$f(\vec{r}) = \frac{dN}{d\tau} = \frac{N}{V} = n = \text{const.}$$

$f(\vec{r})$ ist konstant, also unabhängig vom Ort. Wegen $\int_V dN = N$ einerseits und $\int_V dN = \int_V f(\vec{r})\, d\tau$ andererseits gilt

$$\boxed{\int\limits_V f(\vec{r})\, d\tau = N} \quad \text{bzw.} \quad \boxed{\frac{1}{N} \cdot \int\limits_V f(\vec{r})\, d\tau = 1.}$$

Die Verteilungsfunktion $f(\vec{r})$ ist auf die Gesamtteilchenzahl N normiert.

Nun soll in z-Richtung die Schwerkraft „eingeschaltet" werden und das den Teilchen zur Verfügung stehende Volumen in z-Richtung unbegrenzt sein. Aus der Aerostatik ist bereits bekannt, daß der Druck p eines idealen Gases bei konstanter Temperatur nach der barometrischen Höhenformel als Funktion der Höhe z abnimmt.

$$\boxed{p = p_0 \cdot \exp\left(-\frac{\rho_0}{p_0} \cdot g \cdot z\right).}$$

Dabei bedeuten p_0 und ρ_0 den Druck bzw. die Dichte bei der Höhe $z = 0$.
Bei einem idealen Gas verhält sich die Teilchendichte proportional zum jeweils herrschenden Druck (Boyle-Mariotte, $T = \text{const.}$):

$$n(z) \sim p(z) \quad \Rightarrow \quad n(z) = n_0 \cdot \exp\left(-\frac{\rho_0}{p_0} \cdot g \cdot z\right).$$

Bezieht man nun die Dichte ρ_0 auf ein Mol eines Gases, das nur aus Molekülen der Masse m bestehen soll, kann man mittels der allgemeinen Zustandsgleichung für ideale Gase den Exponenten auf molekulare Größen umrechnen:

$$\frac{\rho_0 \cdot g \cdot z}{p_0} = \frac{M_0 \cdot g \cdot z}{\mathcal{V}_0 \cdot p_0} = \frac{N_A \cdot m \cdot g \cdot z}{\mathcal{V}_0 \cdot p_0} = \frac{N_A \cdot m \cdot g \cdot z}{R \cdot T} = \frac{m \cdot g \cdot z}{(R/N_A) \cdot T} = \frac{m \cdot g \cdot z}{k \cdot T},$$

M_0 ist dabei die Molmasse, $\mathcal{V}_0$ das Molvolumen und N_A die Avogadrokonstante. Man erhält

$$\boxed{n(z) = n_0 \cdot \exp\left(-\frac{m \cdot g \cdot z}{k \cdot T}\right) = n_0 \cdot \exp\left(-\frac{E_{pot}}{k \cdot T}\right).}$$

Diese Dichteverteilung gilt für die atmosphärische Luft natürlich nicht streng, da die Voraussetzungen ($T = \text{const.}$, alle Teilchen gleiche Masse) nicht erfüllt sind und Turbulenzen zusätzlich die Verteilung stören.

Eine derartige Verteilung muß sich aber auch für aufgeschwemmte Teilchen der Dichte ρ in einer Flüssigkeit (Dichte ρ') einstellen. Bei Berücksichtigung des Auftriebes folgt dann

$$n(z) = n_0 \cdot \exp\left(-\frac{(\rho - \rho') \cdot V \cdot g \cdot z}{k \cdot T}\right),$$

V ist dabei das Teilchenvolumen. Mit Hilfe dieses Ausdruckes bestimmte Perrin (1870-1942) aus dem Sedimentationsgleichgewicht aufgeschwemmter Teilchen die Boltzmannkonstante und aus dieser mit Hilfe von $k = R/N_A$ die Avogadrokonstante.

Da die Verteilungsfunktion $f(\vec{r})$ die Teilchendichte am Ort $\vec{r}$ angibt, darf man auch schreiben

$$f(\vec{r}) = f(z) = f_0 \cdot \exp\left(-\frac{m \cdot g \cdot z}{k \cdot T}\right) = f_0 \cdot \exp\left(-\frac{E_{pot}(z)}{k \cdot T}\right).$$

f_0 entspricht der Teilchendichte n_0, $f(\vec{r})$ ist die Dichte der Teilchen eines Gases der Temperatur T am Ort $\vec{r}$, an dem ein Teilchen die potentielle Energie $E_{pot}(z) = m \cdot g \cdot z$ besitzt (Abb. 5.42). Der Ausdruck

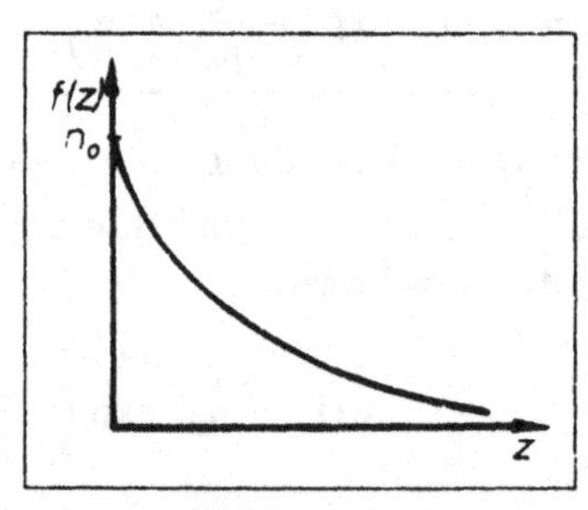

Abbildung 5.42

$$f(\vec{r})\, d\tau = f_0 \cdot \exp\left(-\frac{E_{pot}(z)}{k \cdot T}\right) dx\, dy\, dz$$

gibt die Anzahl der Teilchen an, die sich in einem Volumenelement der Größe $d\tau = dx\, dy\, dz$ am Ort $\vec{r}$ mit der potentiellen Energie $E_{pot}(z)$ aufhalten, wenn das Gas die Temperatur T besitzt.

Die Verallgemeinerung dieses Satzes ist der *Boltzmannsche Energieverteilungssatz*:

$$f(\vec{r}, \vec{v}) = f_0 \cdot \exp\left(-\frac{E}{k \cdot T}\right) = f_0 \cdot \exp\left(-\frac{E_{pot}(\vec{r}) + E_{kin}(\vec{v})}{k \cdot T}\right).$$

An der Stelle von E_{pot} steht jetzt die Gesamtenergie E, die Summe aus potentieller und kinetischer Energie. Der Satz ermöglicht, die Verteilung der Teilchen eines Systems bei der Temperatur T nicht nur auf die verschiedenen Zustände der potentiellen Energie, sondern auch auf diejenigen der kinetischen Energie auszurechnen. Der ortsabhängige Teil der Gesamtenergie ist die potentielle Energie, während die kinetische Energie nur von der Geschwindigkeit abhängt. Deshalb ist f zu einer Funktion des Ortes und der Geschwindigkeit geworden.

Wegen $E = E_{pot}(\vec{r}) + E_{kin}(\vec{v})$ kann man die Verteilungsfunktion faktorisieren:

$$\boxed{f(\vec{r},\vec{v}) = f_1(\vec{r}) \cdot f_2(\vec{v}).}$$

$f_1(\vec{r})$ gibt die geschwindigkeitsunabhängige Verteilung im Ortsraum an. Sie ist gleich der Teilchendichte am Ort $\vec{r}$. Man erhält sie durch Integration von $f(\vec{r},\vec{v})$ über alle Geschwindigkeiten.

$$\boxed{f_1(\vec{r}) = \iiint_{-\infty}^{\infty} f(\vec{r},\vec{v})\, dv_x\, dv_y\, dv_z = n(\vec{r})}$$

Damit gilt für die Verteilung der Geschwindigkeiten an einem festen Ort $\vec{r}$:

$$\boxed{f_2(\vec{v}) = \phi(\vec{v}) = \frac{f(\vec{r},\vec{v})}{n(\vec{r})}.}$$

Die Geschwindigkeitsverteilungsfunktion ist auf eins normiert:

$$\boxed{\iiint_{-\infty}^{\infty} \phi(\vec{v})\, dv_x\, dv_y\, dv_z = \iiint_{-\infty}^{\infty} \frac{f(\vec{r},\vec{v})}{n(\vec{r})}\, dv_x\, dv_y\, dv_z = \frac{n(\vec{r})}{n(\vec{r})} = 1.}$$

$\phi(\vec{v})$ gibt also die Wahrscheinlichkeit dafür an, ein Teilchen mit der Geschwindigkeit zwischen v_x und $v_x + dv_x$, v_y und $v_y + dv_y$, v_z und $v_z + dv_z$ zu finden, d. h. ein Teilchen in einem Raumelement $dv_x \cdot dv_y \cdot dv_z$ des Geschwindigkeitsraumes zu finden, der von den Vektoren $\vec{v}_x$, $\vec{v}_y$ und $\vec{v}_z$ aufgespannt wird. ($[\phi(\vec{v})] = 1\ \mathrm{m^{-3}s^3}$)

Interessiert man sich bei einem Problem nur für die Geschwindigkeitsverteilung (bei fester potentieller Energie), so erhält man

$$\phi(\vec{v}) = \phi_0 \cdot \exp\left(-\frac{mv^2}{2kT}\right) \quad \text{mit} \quad \iiint_{-\infty}^{\infty} \phi(\vec{v})\, dv_x\, dv_y\, dv_z = 1.$$

Aus dieser Normierung ergibt sich der Wert von ϕ_0:

$$\phi_0 = \left(\frac{m}{2\pi \cdot kT}\right)^{3/2} \quad \text{und damit} \quad \phi(\vec{v}) = \left(\frac{m}{2\pi \cdot kT}\right)^{3/2} \cdot \exp\left(-\frac{mv^2}{2kT}\right).$$

Wegen $\vec{v} = \vec{v}_x + \vec{v}_y + \vec{v}_z$ und $v^2 = v_x^2 + v_y^2 + v_z^2$ folgt mit

$$\phi(\vec{v}) = \left(\frac{m}{2\pi \cdot kT}\right)^{3/2} \cdot \exp\left(-\frac{mv_x^2}{2kT} - \frac{mv_y^2}{2kT} - \frac{mv_z^2}{2kT}\right)$$
$$= \phi(v_x) \cdot \phi(v_y) \cdot \phi(v_z)$$

der Ausdruck für die *Boltzmannsche Geschwindigkeitsverteilung*

$$\boxed{\phi(v_x) = \left(\frac{m}{2\pi \cdot kT}\right)^{1/2} \cdot \exp\left(-\frac{mv_x^2}{2kT}\right).}$$

Der Ausdruck gibt die Verteilung der x-Komponenten der Geschwindigkeiten an. Für die y- und z-Komponenten gelten analoge Beziehungen. $\phi(v_x)\,dv_x$ gibt also die Wahrscheinlichkeit an, ein Teilchen im Geschwindigkeitsintervall zwischen v_x und $v_x + dv_x$ anzutreffen.

Multipliziert man $\phi(v_x)$ mit der räumlichen Teilchendichte n sowie mit dv_x, dann erhält man

$$\boxed{\phi(v_x) \cdot n\,dv_x = n(v_x)\,dv_x = n \cdot \left(\frac{m}{2\pi \cdot kT}\right)^{1/2} \cdot \exp\left(-\frac{mv_x^2}{2kT}\right) dv_x.}$$

$n(v_x)\,dv_x$ ist die Zahl derjenigen Teilchen pro Volumeneinheit, die eine Geschwindigkeitskomponente im Geschwindigkeitsintervall zwischen v_x und $v_x + dv_x$ besitzen.

Wird in einem Diagramm $n(v_x)$ in Abhängigkeit von v_x unter Berücksichtigung des Vorzeichens aufgetragen, ergibt sich eine *Gaußfunktion*, deren wahrscheinlichster Wert bei $v_x = 0$ liegt (vgl. Abb. 5.43). Größere Geschwindigkeitskomponenten sind weni-

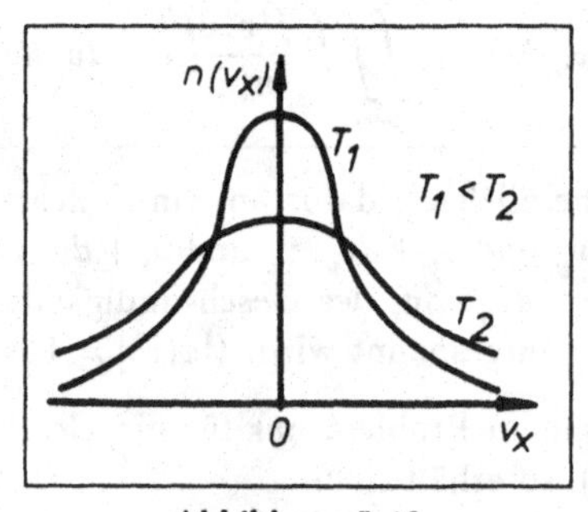

Abbildung 5.43

ger wahrscheinlich. Die Fläche zwischen der Kurve und der v_x-Achse entspricht der räumlichen Teilchendichte

$$n = \int_{-\infty}^{\infty} n(v_x)\,dv_x = \frac{N}{V}.$$

Bei Temperaturerhöhung bleibt die Fläche unter der Kurve konstant. Die Kurve selbst wird jedoch flacher, d. h. es treten mehr Teilchen mit höheren Geschwindigkeiten auf, während die Anzahl der Teilchen mit $v_x = 0$ abnimmt.
Analoges gilt für die Geschwindigkeitskomponenten in y- und z-Richtung.

5.4.2 Die Maxwellsche Geschwindigkeitsverteilung

In vielen Fällen interessiert man sich nicht für die Verteilung der Geschwindigkeitskomponenten v_x, v_y, v_z, sondern für die Verteilung der Geschwindigkeitsbeträge $|\vec{v}| = v$. Dann lautet die Fragestellung: Mit welcher Wahrscheinlichkeit kommen — unabhängig von der Bewegungsrichtung — Teilchen mit Geschwindigkeiten im Geschwindigkeitsintervall $v \ldots v + dv$ vor?
Diese Wahrscheinlichkeit wird beschrieben durch einen Ausdruck der Form $\varphi(v)\, dv$. Da die Wahrscheinlichkeit dafür, ein Teilchen irgendwo im Geschwindigkeitsraum (Abb. 5.44), der von den Komponenten $\vec{v}_x$, $\vec{v}_y$ und $\vec{v}_z$ aufgespannt wird, zu finden gleich der Gewißheit, also gleich eins ist, muß

$$\iiint_{-\infty}^{\infty} \phi(\vec{v})\, dv_x\, dv_y\, dv_z \;=\; \iiint_{-\infty}^{\infty} \phi(\vec{v})\, d\tau_v \;=\; \int_0^{\infty} \varphi(v)\, dv \;=\; 1$$

gelten. Das Problem läuft also darauf hinaus, ein Integrationsintervall zu finden, das es erlaubt, das Dreifachintegral (mittlerer Term) in ein Einfachintegral (rechter Term) überzuführen.

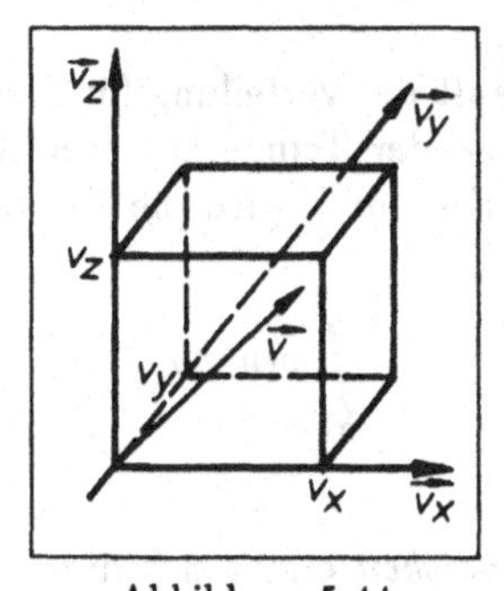

Abbildung 5.44

Da im Geschwindigkeitsraum die Spitzen der Geschwindigkeitsvektoren $\vec{v}$, die den gleichen Betrag v besitzen, auf einer Kugelschale mit dem Radius v liegen, lautet das gesuchte Integrationsintervall $d\tau_v = 4\pi \cdot v^2\, dv$. Also:

$$\iiint_{-\infty}^{\infty} \phi(\vec{v})\, d\tau_v = \int_0^{\infty} \phi(\vec{v}) \cdot 4\pi \cdot v^2\, dv,$$

bzw.

$$\boxed{\varphi(v) = 4\pi \cdot v^2 \cdot \left(\frac{m}{2\pi \cdot kT}\right)^{3/2} \cdot \exp\left(-\frac{mv^2}{2kt}\right)} \quad \text{mit} \quad \int_0^{\infty} \varphi(v)\, dv = 1.$$

Dies ist die *Maxwellsche Geschwindigkeitsverteilung.* Trägt man die Verteilungsfunktion $\varphi(v)$ in Abhängigkeit vom Betrag der Geschwindigkeit v auf, erhält man das in Abb. 5.45 dargestellte Diagramm. Im Unterschied zur Boltzmannverteilung für die

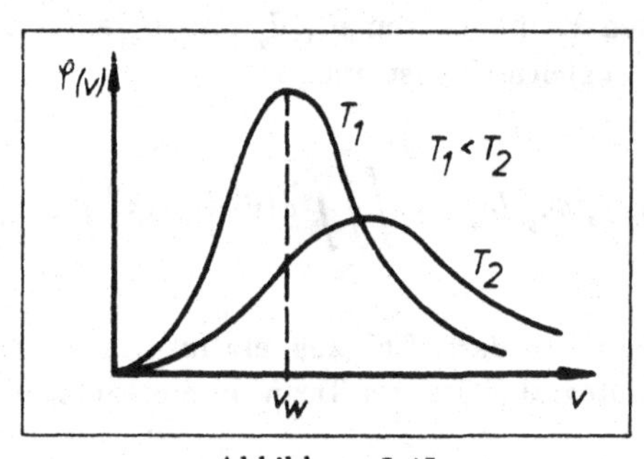

Abbildung 5.45

Geschwindkeitskomponenten läuft die Verteilung für die Geschwindigkeitsbeträge nur über positive Werte. Mit steigender Temperatur verschiebt sich das Maximum der Kurve zu größeren v-Werten. Hierdurch wird die Kurve flacher, da die Fläche unter der Kurve

$$\int_0^{\infty} \varphi(v)\, dv$$

auf eins normiert ist.

Die *wahrscheinlichste Geschwindigkeit* ergibt sich durch Extremwertbildung

$$\left.\frac{d\varphi(v)}{dv}\right|_{v=v_w} = 0 \quad \text{zu} \quad \boxed{v_w^2 = \frac{2kT}{m}} \quad \Rightarrow \quad \boxed{v_w = \sqrt{\frac{2kT}{m}}.}$$

Die Aussage dieses Satzes läßt sich durch folgendes Experiment nachprüfen:

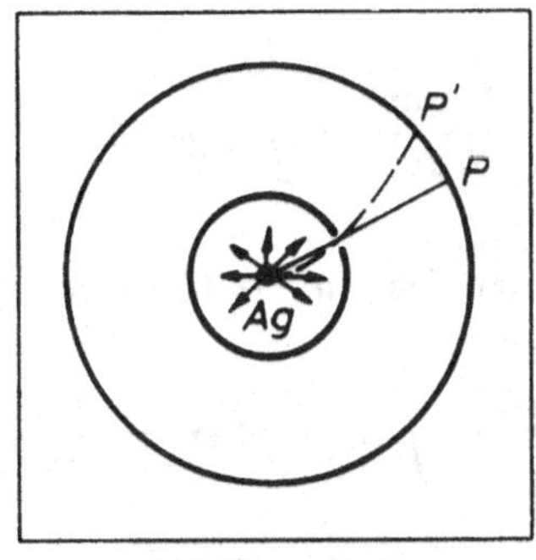

Abbildung 5.46

Ein Silberdraht wird elektrisch aufgeheizt, bis Silberatome aus seiner Oberfläche austreten. Der Draht ist in der Achse eines Hohlzylinders gespannt, in dessen Mantel ein Schlitz parallel zum Draht läuft (Abb. 5.46). Dieser Hohlzylinder befindet sich in einem zweiten Hohlzylinder. Die ganze Anordnung wird evakuiert.
Die Silberatome treten in beliebiger Richtung aus dem Draht aus. In den Raum zwischen den Hohlzylindern gelangt jedoch nur ein schmales durch den Schlitz ausgeblendetes Bündel, das sich im Punkt P niederschlägt. Dreht sich die ganze Anordnung, so treffen die Silberatome nicht mehr im Punkt P sondern in P' auf die äußere Zylinderwand. Aus dem Abstand zwischen P und P' und der Winkelgeschwindigkeit der Drehung kann man die Geschwindigkeit der Silberatome berechnen. Da die Geschwindigkeiten der Atome nicht gleich sind, erhält man einen verwaschenen Streifen, dessen Intensitätsverteilung der Boltzmannschen Geschwindigkeitsverteilung entspricht, d. h. er weist ein Intensitätsmaximum in der Mitte auf. Durch „Auszählen" läßt sich nun genau die Geschwindigkeitsverteilung der Silberatome bestimmen.

Nun soll die mittlere Geschwindigkeit $\overline{v}$ und das mittlere Geschwindigkeitsquadrat $\overline{v^2}$ aus der Maxwellschen Geschwindigkeitsverteilung berechnet werden. Definition des Mittelwertes einer Folge von Größen x_i, von denen jede mit dem statistischen Gewicht m_i vorkommt:

$$\overline{x} = \frac{\sum_i m_i \cdot x_i}{\sum_i m_i}$$

(vgl. dazu die Definition des Massenmittelpunktes). Ist die Größe x_i kontinuierlich verteilt, gilt

$$\overline{x} = \frac{\int x \cdot m(x)\, dx}{\int m(x)\, dx}.$$

Im vorliegenden Fall wird das statistische Gewicht $m(x)$, d. h. die Wahrscheinlichkeit dafür, die Größe x zu finden, durch die Verteilungsfunktion angegeben. Damit gilt für die *mittlere Geschwindigkeit*

$$\overline{v} = \frac{\int_0^\infty \varphi(v) \cdot v\, dv}{\int_0^\infty \varphi(v)\, dv} = \int\limits_0^\infty \varphi(v) \cdot v\, dv = \sqrt{\frac{8kT}{\pi \cdot m}}.$$

Auf die gleiche Weise erhält man das *mittlere Geschwindigkeitsquadrat*

$$\overline{v^2} = \int\limits_0^\infty \varphi(v) \cdot v^2\, dv = \frac{3kT}{m}.$$

Die mittlere Geschwindigkeit und die Wurzel aus dem mittleren Geschwindigkeitsquadrat sind weder untereinander noch mit der wahrscheinlichsten Geschwindigkeit identisch! Es ergeben sich folgende Verhältnisse:

$$\sqrt{\overline{v^2}} : \overline{v} : v_w = 1 : \sqrt{\frac{8}{3\pi}} : \sqrt{\frac{2}{3}} = 1 : 0,92 : 0,82.$$

Bei der Temperatur $T = 273$ K erhält man als Wurzel aus dem mittleren Quadrat der Geschwindigkeit

für Wasserstoff	(H_2)	$\sqrt{\overline{v^2}} \approx 1850$ m/s
für Stickstoff	(N_2)	$\sqrt{\overline{v^2}} \approx 500$ m/s
für Iod	(I_2)	$\sqrt{\overline{v^2}} \approx 160$ m/s

5.4.3 Gaskinetischer Druck eines idealen Gases

Aus $\overline{v^2} = 3kT/m$ folgt sofort

$$\frac{m}{2} \cdot \overline{v^2} = \frac{3}{2} \cdot k \cdot T \quad \text{bzw.} \quad \boxed{\overline{E_{kin}} = \frac{3}{2} \cdot k \cdot T.}$$

In einem Gas der Temperatur T beträgt die mittlere kinetische Energie der Translationsbewegung eines Teilchens $3kT/2$. Diese Aussage tritt an die Stelle der früheren Aussage $E_{kin} = 3kT/2$ (Abschnitt 5.1.5). Zahlenbeispiel:

$$\begin{aligned} T = 300 \text{ K} \quad \Rightarrow \quad \overline{E_{kin}} &= \frac{3}{2} kT \\ &= \frac{3}{2} \cdot 1,4 \cdot 10^{-23} \cdot 300 \text{ J} \\ &= 6,3 \cdot 10^{-21} \text{ J}. \end{aligned}$$

Setzt man $T = 2\overline{E_{kin}}/3k$ in die Zustandsgleichung des idealen Gases $p \cdot V = R \cdot T$ ein. folgt daraus mit $N = N_A$ sofort die Beziehung für den gaskinetischen Druck

$$\boxed{p = \frac{2}{3} \cdot n \cdot \overline{E_{kin}} = \frac{1}{3} \cdot n \cdot m \cdot \overline{v^2}}$$

mit der Teilchendichte $n = N/V$. Natürlich läßt sich dieser Ausdruck auch aus der kinetischen Gastheorie ableiten:

$$n(v_x)\, dv_x = \phi(v_x) \cdot n\, dv_x$$

gibt nach Abschnitt 5.4.1 die Anzahl der Teilchen im Volumenelement mit den Geschwindigkeitskomponenten zwischen v_x und $v_x + dv_x$ an. Die Teilchen, die in der Zeit dt eine Wand in der y-z-Ebene erreichen, stammen aus dem Volumenelement $dV = A \cdot v_x\, dt$ und übertragen dabei den Impuls $2mv_x$. Die gesamte Impulsübertragung in der Zeit dt beträgt

$$\int_{v_x=0}^{\infty} \phi(v_x) \cdot n\, dv_x \cdot A \cdot v_x\, dt \cdot 2 \cdot m \cdot v_x = 2 \cdot m \cdot n \cdot A\, dt \cdot \int_{v_x=0}^{\infty} \phi(v_x) \cdot v_x^2\, dv_x.$$

Mit der übertragenen Kraft

$$F_x = \frac{\text{übertragener Impuls}}{dt}$$

erhält man den Druck

$$\begin{aligned} p &= \frac{F_x}{A} \\ &= 2 \cdot m \cdot n \cdot \int_{v_x=0}^{\infty} \phi(v_x) \cdot v_x^2\, dv_x \\ &= 2 \cdot m \cdot n \cdot \frac{1}{2} \cdot \int_{-\infty}^{\infty} \phi(v_x) \cdot v_x^2\, dv_x \\ &= m \cdot n \cdot \overline{v_x^2}. \end{aligned}$$

Da $v^2 = v_x^2 + v_y^2 + v_z^2 = 3v_x^2$, ergibt sich für beliebige Raumrichtungen der *gaskinetische Druck*

$$\boxed{p = \frac{1}{3} \cdot m \cdot n \cdot \overline{v^2}.}$$

5.4.4 Brownsche Molekularbewegung

Die kinetische Gastheorie macht keine Voraussetzungen über die Masse der Teilchen. Deshalb muß der Ausdruck

$$\frac{m}{2} \cdot \overline{v^2} = \frac{3}{2} \cdot k \cdot T$$

für alle Teilchen gelten, die dem System der Temperatur T angehören. Insbesondere muß dieser Ausdruck für kleine makroskopische Schwebeteilchen gelten. Bereits 1827 beobachtete der Botaniker Robert Brown (1773–1858) unter dem Mikroskop, daß Öltröpfchen in einer Kieselalge in ständiger Bewegung sind: *Brownsche Molekularbewegung.*

Versuch: Bringt man einen Tropfen Wasser mit etwas Titanoxid (TiO_2, wasserunlöslich) auf einem Objektträger unter ein Mikroskop, so beobachtet man, daß die TiO_2-Partikel nicht in Ruhe sind, sondern ständig unregelmäßige Zickzackbewegungen ausführen. Kleinere Teilchen bewegen sich schneller als größere. Diese Bewegung ist auf Stöße zurückzuführen, die die TiO_2-Partikel von den Wassermolekülen erhalten. Die Flüssigkeitsmoleküle sind wegen ihrer Kleinheit nicht sichtbar.

Über den Weg eines einzelnen Teilchens bei seiner Zitterbewegung kann man keine Voraussagen machen. Wohl aber läßt sich statistisch der Mittelwert des Quadrates der Verschiebung nach der Zeit Δt bestimmen: Bewegt sich ein Teilchen mit dem Radius r in einer Flüssigkeit der Zähigkeit η und der Temperatur T, so beobachtet man nach der Zeit Δt eine Verschiebung x, d. h. den momentanen Abstand des Teilchens von seinem Ausgangspunkt (vgl. Abb. 5.47).

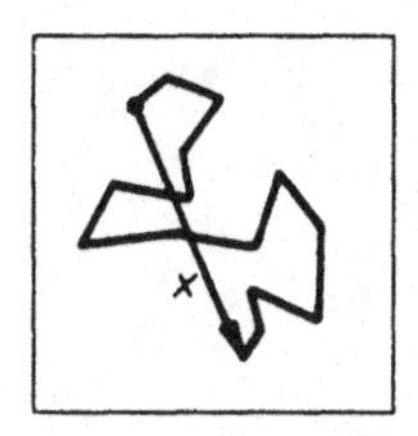

Abbildung 5.47

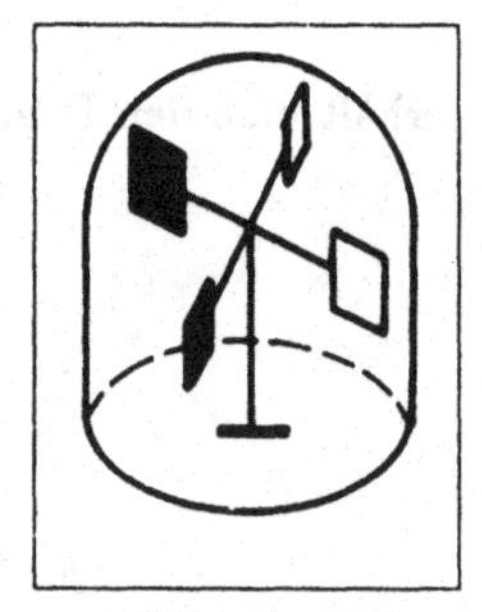

Abbildung 5.48

Einstein berechnete 1905 den über viele Teilchen gemittelten Wert des Quadrates dieser Größe:

$$\boxed{\overline{x^2} = \frac{k \cdot T}{3\pi \cdot \eta \cdot r} \cdot \Delta t.}$$

Durch Bestimmung dieses *mittleren Verschiebungsquadrates* läßt sich über die Boltzmannkonstante k die Avogadrokonstante N_A bestimmen.

Bei hochempfindlichen Meßinstrumenten mit sehr leichten Meßwerken führt die Brownsche Molekularbewegung zu Zitterschwingungen, deren Amplitude die Empfindlichkeit des Instrumentes bestimmt (*thermisches Rauschen*).

Die Brownsche Molekularbewegung ist auch die Ursache für die Wirkungsweise einer „Lichtmühle" (Abb. 5.48):

Versuch: In einem hochevakuierten Glaskolben befindet sich ein Drehkreuz (Mühle), dessen vier Flügel — bezogen auf eine feste Umlaufrichtung — auf der Vorderseite geschwärzt und auf der Rückseite verspiegelt sind. Beleuchtet man die ganze Anordnung mit einer Lampe, bleibt die Lichtmühle noch in Ruhe. Erst wenn langsam Luft in den Glaskolben eingelassen wird, setzt sich die Mühle mit der verspiegelten Seite voran in Bewegung. Dieses Verhalten beobachtet man in einem sehr engen Druckbereich unterhalb von 1 mbar. Bei weiterer Druckerhöhung bleibt die Mühle wieder stehen.

Die Drehung der Lichtmühle ist keine Folge des Strahlungsdruckes der Photonen. Wäre dies der Fall, würde sich die Mühle in die andere Richtung drehen, denn bei der Reflexion eines Photons an der verspiegelten Seite wird ein doppelt so großer Impuls übertragen wie bei der Absorption an der geschwärzten.

Die Ursache für die Drehung ist vielmehr eine stärkere Erwärmung der geschwärzten Flügelseiten gegenüber den verspiegelten. Das gleiche gilt dann für das umgebende Gas. Die unterschiedlichen mittleren kinetischen Energien der Luftmoleküle zu beiden Seiten der Flügel bewirken dann die Drehung. Im Hochvakuum ist aufgrund der geringen Gasdichte die Impulsübertragung zu gering, um das Drehkreuz in Bewegung zu versetzen. Bei zu hohen Drucken bleibt die Mühle wegen des größeren Luftreibungswiderstandes stehen.

5.4.5 Boltzmannscher Gleichverteilungssatz

Ein Molekül eines idealen Gases besitzt bei der Temperatur T die mittlere kinetische Energie $m\overline{v^2}/2 = 3kT/2$. Die Geschwindigkeit $\vec{v}$ ist in Komponenten zerlegbar, von denen keine bevorzugt ist:

$$\vec{v} = \vec{v}_x + \vec{v}_y + \vec{v}_z \quad \text{bzw.} \quad v^2 = v_x^2 + v_y^2 + v_z^2 \quad \Rightarrow \quad \overline{v_x^2} = \overline{v_y^2} = \overline{v_z^2} = \frac{1}{3} \cdot \overline{v^2}.$$

Die mittlere kinetische Energie der Translationsbewegung eines Moleküls in einem idealen Gas ist gleichverteilt auf drei statistisch unabhängige (d. h. nicht korrelierte) Komponenten (*Freiheitsgrade*):

$$\frac{m}{2} \cdot \overline{v_x^2} = \frac{m}{2} \cdot \overline{v_y^2} = \frac{m}{2} \cdot \overline{v_z^2} = \frac{1}{2} \cdot k \cdot T.$$

Diese Aussage ist der Sonderfall eines viel allgemeineren Gesetzes, des Boltzmannschen Gleichverteilungssatzes.

Die innere Energie U eines Gases beinhaltet nicht nur die kinetische Energie der Translationsbewegung seiner Moleküle. Mehratomige Moleküle können zusätzlich Rotationen und Schwingungen ausführen. Auch in diesen Bewegungen steckt Energie. Bei einem Festkörper sitzen die Moleküle auf festen Gitterplätzen. Deshalb besteht die innere Energie in diesem Fall nur aus Schwingungsenergie.

$$\text{Innere Energie:} \quad U = E_{trans} + E_{rot} + E_{schw} + \ldots$$

Betrachtet man ein Molekül als starren Körper, so beträgt die Rotationsenergie bei Rotation um eine der drei Hauptträgheitsachsen

$$E_{rot} = \frac{1}{2} \cdot J_i \cdot \omega_i^2 = \frac{L_i^2}{2J_i} \qquad (i \in \mathbf{N}),$$

wobei J_i, ω_i und L_i die dazugehörigen Trägheitsmomente, Winkelgeschwindigkeiten bzw. Drehimpulse sind.

Bei einer harmonischen Schwingung der Atome im Molekül gilt in bezug auf jede Raumrichtung (Abb. 5.49):

$$x = x_0 \cdot \sin \omega t \qquad \omega^2 = k/m.$$

Die kinetische Schwingungsenergie beträgt

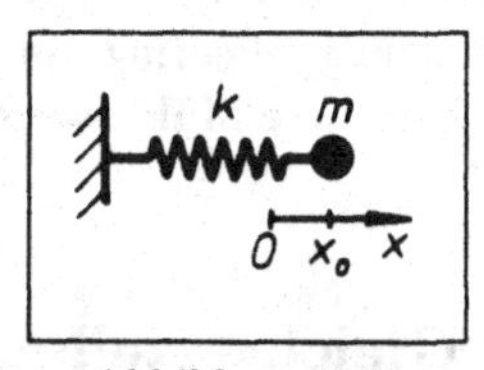

Abbildung 5.49

$$E_{kin,schw} = \frac{m}{2} \cdot \dot{x}^2 = \frac{m}{2} \cdot x_0^2 \cdot \omega^2 \cdot \cos^2 \omega t.$$

Von Interesse ist nur die zeitlich gemittelte Energie:

$$\begin{aligned} \overline{E_{kin,schw}} &= \frac{m}{2} \cdot x_0^2 \cdot \omega^2 \cdot \underbrace{\overline{\cos^2 \omega t}}_{=1/2} \\ &= \frac{m}{4} \cdot x_0^2 \cdot \omega^2. \end{aligned}$$

Daneben existiert noch die potentielle Schwingungsenergie:

$$E_{pot,schw} = \frac{k}{2} \cdot x^2$$

$$
\begin{aligned}
&= \frac{1}{2} \cdot k \cdot x_0^2 \cdot \sin^2 \omega t \\
\Rightarrow \quad \overline{E_{pot,schw}} &= \frac{1}{2} \cdot k \cdot x_0^2 \cdot \underbrace{\overline{\sin^2 \omega t}}_{=1/2} \\
&= \frac{1}{4} \cdot k \cdot x_0^2.
\end{aligned}
$$

Der Vergleich von $\overline{E_{pot,schw}}$ und $\overline{E_{kin,schw}}$ mittels $\omega^2 = k/m$ zeigt, daß die potentielle und die kinetische Energie der Schwingung im zeitlichen Mittel gleich groß sind:

$$
\boxed{\overline{E_{pot,schw}} = \overline{E_{kin,schw}}.}
$$

Auch diese Aussage ist ein Sonderfall des allgemeinen Gleichverteilungssatzes.

Ein Molekül besitzt also nicht nur die drei Freiheitsgrade v_x, v_y und v_z für die Translationsenergie, sondern i. a. eine ganze Reihe weiterer, statistisch unabhängiger Parameter (Freiheitsgrade), die in die Energie eingehen: ω_1, ω_2, ω_3 für die Rotation, v_x, v_y, v_z für die kinetische Energie der Schwingung, x, y, z für die Auslenkung bei der Schwingung usw.

Die Gesamtenergie E läßt sich darstellen als eine Summe von insgesamt f Gliedern, die jeweils *einen* statistisch unabhängigen Parameter enthalten. Dann ergibt sich die mittlere Energie pro Freiheitsgrad durch Bildung des gewichteten Mittels, wobei das „Gewicht" durch die Boltzmannsche Energieverteilungsfunktion gegeben ist. Diese Verteilungsfunktion gibt die Wahrscheinlichkeit dafür an, daß bei einer Messung ein Teilchen mit der Energie E beobachtet wird.

$$
\overline{E} = \frac{\int_{-\infty}^{\infty} \exp(-E/kT) \cdot E \, dv_x(\text{Transl.}) \cdots d\omega_1(\text{Rot.}) \cdots dv_x(\text{Schw.}) \cdots dx(\text{Schw.})}{\int_{-\infty}^{\infty} \exp(-E/kT) \, dv_x(\text{Transl.}) \cdots d\omega_1(\text{Rot.}) \cdots dv_x(\text{Schw.}) \cdots dx(\text{Schw.})}
$$

Beide Integrationen sind über alle f statistisch unabhängigen Variablen (Freiheitsgrade) durchzuführen. Für *solche Variablen, die quadratisch in die Energie eingehen* (z. B. $E \sim v_x^2$, $E \sim \omega_1^2$ usw.), lautet das Ergebnis

$$
\boxed{\overline{E} = f \cdot \frac{1}{2} \cdot k \cdot T.}
$$

Diese Beziehung heißt *Gleichverteilungssatz* (Äquipartitionsprinzip): *Die mittlere thermische Energie beträgt für jeden Freiheitsgrad, der quadratisch in die innere Energie eingeht,* $\overline{E} = kT/2$.

5.4.6 Spezifische Wärmekapazitäten

Für ein Mol eines idealen Gases beträgt die Zahl der Freiheitsgrade $N_A \cdot f$, und es gilt nach dem Boltzmannschen Gleichverteilungssatz für die innere Energie

$$\boxed{U = N_A \cdot f \cdot \frac{1}{2} \cdot k \cdot T = \frac{f}{2} \cdot R \cdot T.}$$

Die innere Energie eines Mols des idealen Gases hängt also von der Zahl der Freiheitsgrade f für das einzelne Molekül ab. Diese Größe läßt sich durch Messung der Molwärmen bestimmen. Es ist (GVS = Gleichverteilungssatz):

$$\begin{aligned} C_V &= \left(\frac{\Delta Q}{\Delta T}\right)_V \overset{\text{1.HS}}{=} \frac{\Delta U}{\Delta T} \overset{\text{GVS}}{=} \frac{f}{2} \cdot R \\ C_p &= C_V + R = \frac{f+2}{2} \cdot R \\ \kappa &= \frac{C_p}{C_V} = \frac{f+2}{f}. \end{aligned}$$

Bei einem Gas aus einatomigen Molekülen erwartet man $f = 3$, entsprechend $C_V = 3R/2 \approx 3\ \text{cal/K} \cdot \text{mol}$, da die Moleküle nur Translationsenergie aufnehmen können. Zweiatomige Moleküle besitzen zusätzlich zwei Rotationsfreiheitsgrade. Sie können nur um die Achsen senkrecht zur Verbindungslinie der Atome, also um die Achsen mit dem größten Trägheitsmoment J rotieren. Dreiatomige Moleküle besitzen schließlich drei Freiheitsgrade der Translation und drei der Rotation.

ideales Gas	f			$U = fRT/2$	C_V	$\kappa = 1 + R/C_V$
	Trl.	Rot.	Schw.			
1-atomig	3			$\frac{3}{2} RT$	$\frac{3}{2} R = 3 \frac{\text{cal}}{\text{K}\cdot\text{mol}}$	$\frac{5}{3}$
2-atomig	3	2		$\frac{5}{2} RT$	$\frac{5}{3} R = 5 \frac{\text{cal}}{\text{K}\cdot\text{mol}}$	$\frac{7}{5}$
3-atomig	3	3		$3\,RT$	$3\,R = 6 \frac{\text{cal}}{\text{K}\cdot\text{mol}}$	$\frac{4}{3}$
Festkörper			3+3	$3\,RT$	$3\,R = 6 \frac{\text{cal}}{\text{K}\cdot\text{mol}}$	

Vergleicht man experimentelle Befunde mit den Werten dieser Tabelle, so findet man bei den Edelgasen (1-atomige Moleküle) gute Übereinstimmung: $C_V(\text{He}) = 3{,}015 \frac{\text{cal}}{\text{K}\cdot\text{mol}}$. Bei den zweiatomigen Molekülen (N_2, H_2) findet man bei hohen Temperaturen gute Übereinstimmung: $C_V \approx 5 \frac{\text{cal}}{\text{K}\cdot\text{mol}}$. Dagegen fällt $C_V(H_2)$ bei niederen Temperaturen auf den Wert $3 \frac{\text{cal}}{\text{K}\cdot\text{mol}}$ ab. Eine ähnliche Temperaturabhängigkeit findet man auch bei den dreiatomigen Molekülen (z. B. H_2O). Diese — vom Gleichverteilungssatz nicht wiedergegebene — Temperaturabhängigkeit, also die Tatsache, daß manche Freiheitsgrade bei tieferen Temperaturen „einfrieren" bzw. daß manche Freiheitsgrade

(z. B. die Schwingungsfreiheitsgrade bei Molekülen) „nicht angeregt" werden, erklärt erst die Quantentheorie. Die letzte Zeile der Tabelle (mit „Festkörper" sind insbesondere Metalle gemeint) bestätigt die seit langem bekannte *Dulong-Petitsche Regel*

$$\boxed{\text{Die Molwärmen fester Stoffe betragen} \quad C = 6\,\frac{\text{cal}}{\text{K}\cdot\text{mol}}.}$$

5.4.7 Mittlere freie Weglänge

Gasmoleküle stoßen nicht nur mit der Wand (→ Druck), sondern auch untereinander zusammen. Der Weg, den ein Molekül zwischen zwei Stößen zurücklegt, heißt *freie Weglänge x*. Das zeitliche Mittel von x bezeichnet man als *mittlere freie Weglänge* $\bar{l}$.

Gedankenversuch: Ein Teilchenstrahl werde in ein Gasvolumen (Target), das aus N Molekülen besteht, eingeschossen (Abb. 5.50). Bei $x = 0$ treffen auf die Fläche A in der Zeiteinheit Z_0 Teilchen. Ein Teil von ihnen stößt mit den Gasmolekülen zusammen und wird aus dem Strahl herausgestreut. Am Ort x seinen noch Z Teilchen im Strahl. Im Volumen $\Delta V = A \cdot \Delta x$ stoßen ΔZ Teilchen mit den Gasmolekülen zusammen. Der Rest fliegt ungehindert weiter.

$$\Delta Z = -Z \cdot \frac{\text{versperrte Fläche}}{\text{Gesamtfläche}}$$

Jedes Targetmolekül versperrt die Fläche $\pi \cdot (2r)^2 = 4\pi r^2 = 4q$ (q ist dabei der Molekülquerschnitt), sofern man stoßende und gestoßene Teilchen näherungsweise als gleich groß betrachtet.

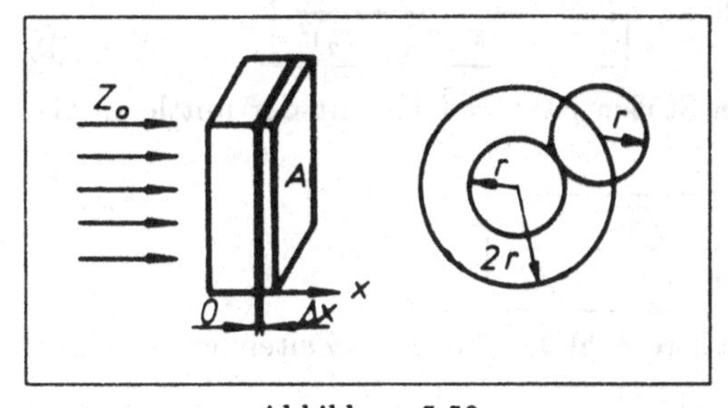

Abbildung 5.50

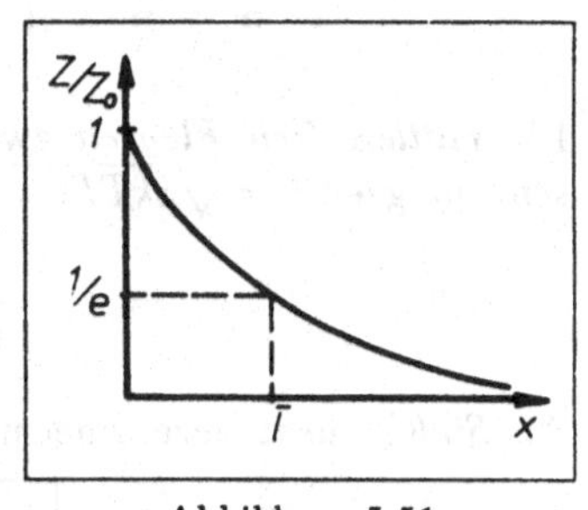

Abbildung 5.51

Versperrte Fläche im Volumen ΔV: $4q \cdot N \cdot A \cdot \Delta x / V = 4q \cdot n \cdot A \cdot \Delta x$, daraus folgt

$$\Delta Z = -Z \cdot \frac{4q \cdot n \cdot A \cdot \Delta x}{A} = -4q \cdot n \cdot Z \cdot \Delta x$$

mit $n = N/V$. In der Schicht Δx beträgt die Zahl der Streuungen pro Zeiteinheit

$$\boxed{\frac{\Delta Z}{\Delta x} = -4q \cdot n \cdot Z.}$$

Die Zahl Z der Teilchen im Strahl, die noch keine Streuung erfahren haben, berechnet sich aus

$$\frac{dZ}{Z} = -4q \cdot n\,dx \quad \Rightarrow \quad \ln Z = -4q \cdot n \cdot x + C.$$

Aus der Randbedingung $Z = Z_0$ bei $x = 0$ folgt $\ln Z_0 = C$. Also $\ln Z/Z_0 = -4q \cdot n \cdot x$. Daraus erhält man

$$\boxed{Z = Z_0 \cdot \exp(-4q \cdot n \cdot x) = Z_0 \cdot \exp-(\alpha x) = Z_0 \cdot \exp(-n \cdot \sigma \cdot x),}$$

wobei $\alpha = 4q \cdot n$ den Absorptions- bzw. Streukoeffizient ($[\alpha] = 1/\text{m}$) und $\sigma = 4q$ den Streu- bzw. Wirkungsquerschnitt ($[\sigma] = 1\ \text{m}^2$) bezeichnet. Z/Z_0 gibt die Wahrscheinlichkeit dafür an, daß ein Teilchen ungestreut den Abszissenwert x erreichen kann. Bei einer Targetdicke von $\bar{x}$ nimmt diese Wahrscheinlichkeit auf $1/e$ ab: $\bar{x} = 1/4qn$ (vgl. Abb. 5.51).

Zur Berechnung der *mittleren freien Weglänge* $\bar{l}$ ist die Mittelung zu bilden mit der Verteilungsfunktion für die freien Weglängen Z/Z_0 als Gewichtung

$$\bar{l} = \frac{\int_0^\infty \exp(-\alpha x) \cdot x\,dx}{\int_0^\infty \exp(-\alpha x)\,dx} = \frac{1}{\alpha} = \frac{1}{4q \cdot n} = \bar{x}.$$

Bestimmt man Z als Funktion der Targetdicke x, läßt sich α und damit auch $\bar{l}$ berechnen. Aus α erhält man für den Moleküldurchmesser Werte in der Größenordnung $d \approx 10^{-8}$ cm.

Besitzen Targetmoleküle und Moleküle des Strahls unterschiedliche Radien r_1 und r_2, dann ergibt sich

$$\alpha = n \cdot \pi \cdot (r_1 + r_2)^2 \quad \text{bzw.} \quad \boxed{\bar{l} = \frac{1}{n \cdot \pi \cdot (r_1 + r_2)^2}.}$$

Die *mittlere freie Flugzeit* zwischen zwei Stößen ist $\bar{\tau} = \bar{l}/\bar{v}$. Mit der mittleren Geschwindigkeit $\bar{v} = \sqrt{8kT/\pi m}$ ergibt sich

$$\boxed{\bar{\tau} \sim \frac{\sqrt{m}}{n \cdot (r_1 + r_2)^2 \cdot \sqrt{T}}.}$$

Als *Stoßfrequenz* bezeichnet man die mittlere Zahl der Stöße pro Zeiteinheit:

$$\boxed{\bar{\nu} = \frac{1}{\tau} \sim \frac{n \cdot (r_1 + r_2)^2 \cdot \sqrt{T}}{\sqrt{m}}.}$$

In der folgenden Tabelle sind einige Ergebnisse für Luft in Abhängigkeit vom Druck angegeben.

Druck/bar	n/cm^{-3}	$\bar{l}/\text{cm}$	$\bar{\tau}/\text{s}$	$\bar{\nu}/\text{s}^{-1}$
$1{,}013$	$2{,}68 \cdot 10^{19}$	$2 \cdot 10^{-5}$	$5 \cdot 10^{-10}$	$2 \cdot 10^{10}$
$1{,}3 \cdot 10^{-4}$	$3{,}54 \cdot 10^{16}$	$1{,}5 \cdot 10^{-1}$	$3 \cdot 10^{-6}$	$3 \cdot 10^{5}$
$1{,}3 \cdot 10^{-9}$	$3{,}54 \cdot 10^{11}$	$1{,}4 \cdot 10^{4}$	$0{,}3$	3

5.4.8 Transportphänomene

Diffusion, innere Reibung und Wärmeleitung werden als *Transportphänomene* bezeichnet. Dabei wird jeweils durch die räumliche Inhomogenität einer Größe der Transport einer anderen Größe ausgelöst.

a) Diffusion

Ein Kasten sei durch eine Zwischenwand in zwei Räume geteilt (Abb. 5.52). Zunächst sollen sich alle Gasmoleküle im Raum 1 befinden. Gibt man in der Zwischenwand eine Öffnung frei, so fliegen aufgrund der Brownschen Molekularbewegung N_{1-2} Gasmoleküle in den Raum 2 und N_{2-1} auch wieder zurück in den Raum 1. Nach einer

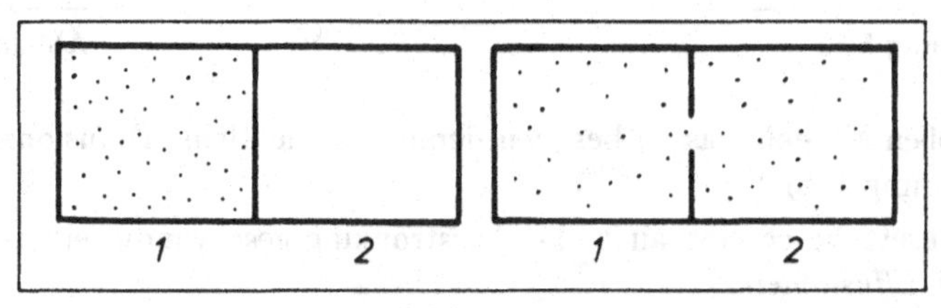

Abbildung 5.52

gewissen Zeit werden sich im Mittel gleich viele Teilchen in jedem Raum befinden: $n(1) = n(2)$. Diesen Vorgang nennt man *Diffusion*. Transportierte Teilchenzahl:

$$\begin{aligned} \Delta N &= N_{1-2} - N_{2-1} \\ &= \frac{1}{6} \cdot A \cdot \overline{v} \cdot \Delta t \cdot (n_{x_0 - \bar{l}} - n_{x_0 + \bar{l}}) \\ &= \frac{1}{6} \cdot A \cdot \overline{v} \cdot \Delta t \cdot 2\bar{l} \cdot \frac{\Delta n}{\Delta x} \\ \Rightarrow & \boxed{\frac{dN}{dt} = A \cdot D \cdot \frac{dn}{dx}.} \end{aligned}$$

Dies ist das *Ficksche Gesetz* (vgl. Abb. 5.53); D ist die Diffusionskonstante ($[D] = 1\ \mathrm{m^2/s}$) und A die Fläche der Öffnung. Das anfänglich vorhandene *Dichtegefälle* dn/dx (n: Teilchenzahl pro Volumeneinheit) verursacht also einen *Teilchenstrom* dN/dt, auch *Diffusionsstrom* genannt. Aufgrund der Diffusion resultiert ein Konzentrationsausgleich der Teilchen in beiden Raumhälften.

Da $D \sim \overline{v} \sim \sqrt{T/m}$, erhält man bei konstanter Temperatur für zwei verschiedene Gase mit den Molmassen M_1 und M_2 als Verhältnis ihrer Diffusionsgeschwindigkeiten

$$\boxed{\frac{v_1}{v_2} = \sqrt{\frac{M_2}{M_1}}.}$$

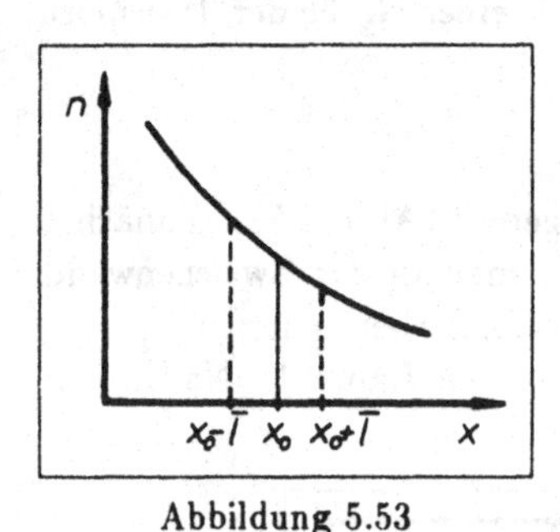

Abbildung 5.53

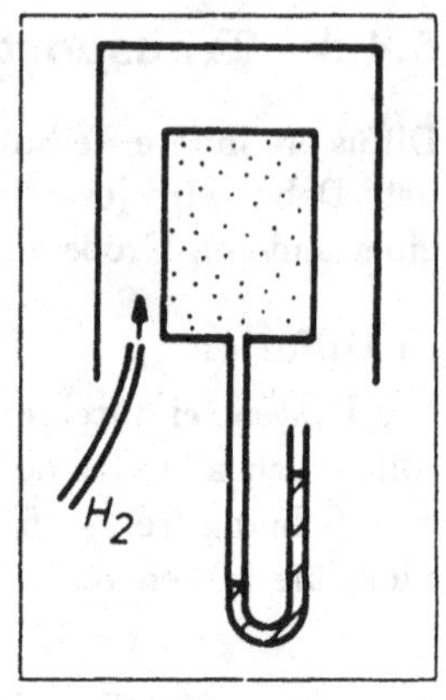

Abbildung 5.54

Gase mit großen Molekülmassen besitzen demnach eine kleine Diffusionsgeschwindigkeit und und umgekehrt!

Das obige Gesetz beschreibt auch die Ausströmungsgeschwindigkeiten zweier Gase (*Bunsensches Effusiometer*).

Versuch: Über einen mit Luft gefüllten Tonzylinder wird ein Becherglas gestülpt und in dieses von unten Wasserstoff eingeleitet (Abb. 5.54). Das Flüssigkeitsmanometer zeigt eine Vergrößerung des Druckes innerhalb des Tonzylinders an. Nach einer gewissen Zeit verschwindet der Druckunterschied wieder.

Erklärung: Da Wasserstoffmoleküle eine viel kleinere Masse als die Moleküle der Luft haben, diffundieren sie viel schneller in den Tonzylinder hinein als die Luft hinausdiffundieren kann. Dadurch entsteht zunächst ein Überdruck innerhalb des Zylinders. Nach kurzer Zeit hat sich auch die Luft gleichmäßig auf den Innen- und Außenraum verteilt, wodurch der Druckunterschied verschwindet. Nimmt man das Becherglas weg, so diffundiert in stärkerem Maße Wasserstoff heraus und man erhält eine Druckverminderung im Innern des Zylinders. Auch sie verschwindet nach und nach, wie ebenfalls am Manometer beobachtet werden kann.

b) Innere Reibung bei Gasen

Gedankenversuch: Parallel zu einer ebenen Unterlage wird im Abstand $z = z_0$ eine Platte mit der gleichförmigen Geschwindigkeit v_0 bewegt (Abb. 5.55). Ein Molekül, das aus dem Innern des Gasvolumens kommend mit der Platte zusammenstößt, bekommt durch den Kontakt während des Stoßes die gerichtete Geschwindigkeit $\vec{v}_0$ übertragen, die sich seiner Wärmebewegung überlagert. Während das Teilchen vorher (bei ruhender Platte) die mittlere Geschwindigkeit in x-Richtung $\overline{v_x} = 0$ besaß, gilt nach der Reflexion an der bewegten Platte $\overline{v_x} = v_0$. Dem Molekül wird also ein Impuls übertragen. Diese Impulsänderung des Moleküls an der bewegten Platte bedeutet natürlich auch eine Impulsänderung für die Platte. Aus diesem Grund muß an der Platte die Kraft $\vec{F}$

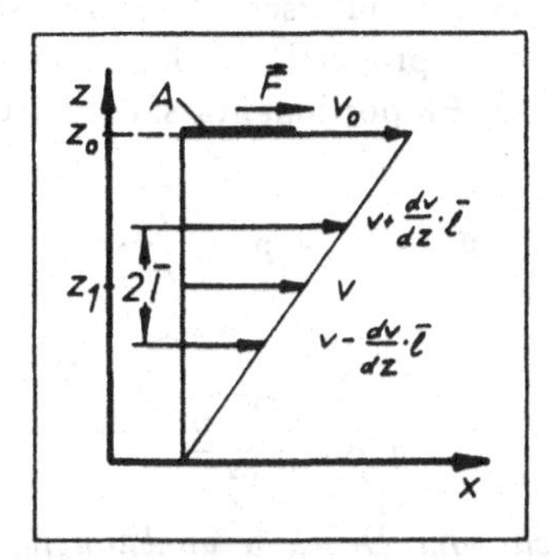

Abbildung 5.55

angreifen, damit die konstante Geschwindigkeit $\vec{v}_0$ erhalten bleibt.

Die mit der Platte zusammengestoßenen Moleküle geben ihren Impuls an Teilchen in tieferen Schichten weiter: Im Gasraum entsteht ein Geschwindigkeitsgefälle in z-Richtung: $dv_x/dz \neq 0$.

Die in x-Richtung zeigende gerichtete Geschwindigkeit des Moleküle soll in der Ebene $z = z_1$ gleich v sein. In der Ebene $z = z_1 + \bar{l}$ ist die Geschwindigkeit dann größer $(v + \bar{l} \cdot \Delta v/\Delta z)$, während sie in der Ebene $z = z_1 - \bar{l}$ kleiner ist $(v - \bar{l} \cdot \Delta v/\Delta z)$. Durch die Ebene $z = z_1$ treten in der Zeit Δt von oben und unten gleich viele Teilchen:

$$\Delta N = \frac{n}{6} \cdot \bar{v} \cdot A \cdot \Delta t.$$

$\bar{v}$ ist dabei die mittlere thermische Geschwindigkeit, n die Teilchendichte und $\bar{l}$ die mittlere freie Weglänge.

Diese Teilchen transportieren einen unterschiedlichen Impuls:

$$p_\downarrow = \frac{n}{6} \cdot A \cdot \bar{v} \cdot \Delta t \cdot m \cdot \left(v + \frac{\Delta v}{\Delta z} \cdot \bar{l} \right)$$

$$p_\uparrow = \frac{n}{6} \cdot A \cdot \bar{v} \cdot \Delta t \cdot m \cdot \left(v - \frac{\Delta v}{\Delta z} \cdot \bar{l} \right).$$

Aus der Impulsänderung $\Delta p = p_\downarrow - p_\uparrow$ in der Zeit Δt ergibt sich die Reibungskraft

$$\boxed{F = \frac{\Delta p}{\Delta t} = \frac{n}{6} \cdot A \cdot \bar{v} \cdot m \cdot 2\bar{l} \cdot \frac{\Delta v}{\Delta z} = \eta \cdot A \cdot \frac{dv}{dz}.}$$

Dies ist das *Newtonsche Gesetz* (Abschnitt 3.5.2) mit dem gaskinetischen Wert

$$\eta = \frac{n}{3} \cdot \bar{v} \cdot \bar{l} \cdot m.$$

Die Reibungskraft zwischen den mit unterschiedlichen Geschwindigkeiten strömenden Schichten des zähen Mediums ist proportional der Fläche A und dem Geschwindigkeitsgefälle an dieser Stelle. Der Proportionalitätsfaktor ist die *Zähigkeit* η. Da

$$\eta \sim n \cdot \bar{v} \cdot m \cdot \bar{l} \sim p \cdot \sqrt{\frac{T}{m}} \cdot m \cdot \frac{1}{p \cdot r^2},$$

ergibt sich

$$\eta \sim \frac{\sqrt{T \cdot m}}{r^2}.$$

Die Zähigkeit η ist demnach vom Druck p unabhängig, solange die mittlere freie Weglänge $\bar{l}$ klein gegen die Gefäßdimensionen ist.

Versuch: Zur Untersuchung der Druckabhängigkeit der inneren Reibung verwendet man ein luftgefülltes, evakuiertes Gefäß, in dem sich eine kleine, schnell rotierende Scheibe befindet (Abb. 5.56). Hinter dieser Scheibe ist in geringem Abstand eine zweite Scheibe angebracht, die einen etwas größeren Radius besitzt und mit einer Strichskala versehen ist. Durch die innere Reibung wird auf die größere Scheibe ein Drehmoment übertragen, das von einer Torsionsfeder kompensiert wird, an der die Scheibe befestigt ist. Die an der Strichskala ablesbare Auslenkung der Scheibe ist damit ein Maß für die innere Reibung.

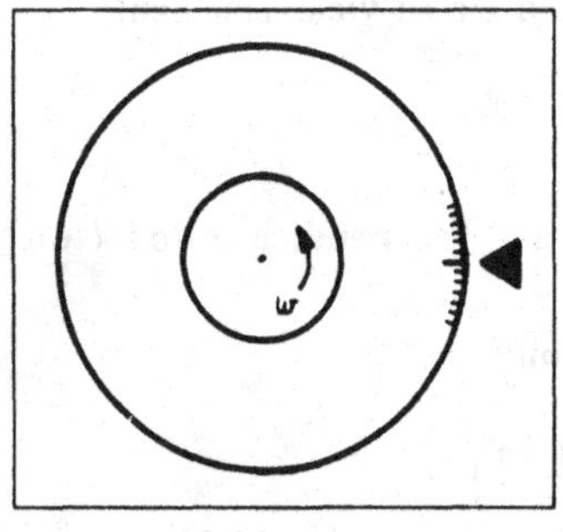

Abbildung 5.56

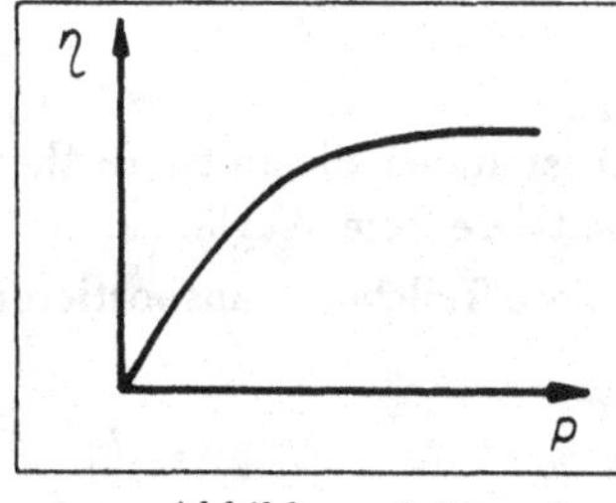

Abbildung 5.57

Ergebnisse:

- Bei einem Druck von $1 \cdot 10^{-6}$ bar ist die Auslenkung Null, da die Gasdichte zu gering ist.

- Bis zu einem Druck von $1,3 \cdot 10^{-3}$ bar ist die Auslenkung näherungsweise dem Druck proportional, denn die mittlere freie Weglänge der Gasmoleküle (vgl. Tabelle in Abschnitt 5.4.6) ist in der Größenordnung des Abstandes zwischen den beiden Scheiben.

- Im Druckbereich zwischen $1,3 \cdot 10^{-3}$ bar und dem äußeren Luftdruck (ca. 1 bar) ist die Auslenkung der zweiten Scheibe und damit die innere Reibung konstant, d. h. unabhängig vom Druck. Aus den Meßergebnissen resultiert das in Abb. 5.57 dargestellte Diagramm für die Druckabhängigkeit der inneren Reibung bei Gasen.

Die Temperaturabhängigkeit der inneren Reibung von Gasen läßt sich folgendermaßen zeigen:

Versuch: Gas strömt durch ein spiralförmig gebogenes Rohr und wird beim Austritt entzündet (Abb. 5.58). Erhitzt man das Rohr, so wird die Gasflamme kleiner, da die

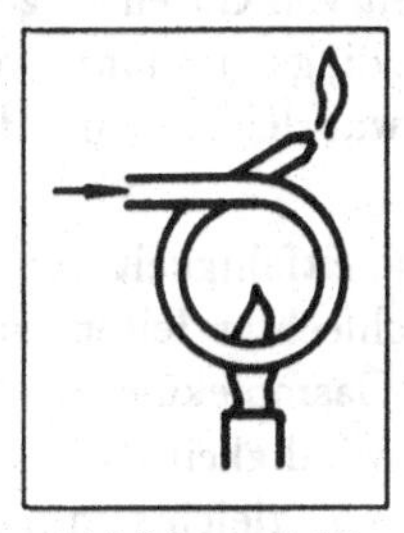

Abbildung 5.58

Ausströmungsgeschwindigkeit sich wegen der größeren inneren Reibung bei steigender Temperatur verkleinert. Kühlt man das Rohr durch Eintauchen in Eiswasser wieder ab, so vergrößert sich die Flamme, was auf eine geringere innere Reibung bei tiefen Temperaturen zurückzuführen ist.

Flüssigkeiten verhalten sich gerade umgekehrt: Hier nimmt die Zähigkeit im allgemeinen mit steigender Temperatur ab.

c) Wärmeleitung von Gasen

Im Gegensatz zu Festkörpern und Flüssigkeiten sind Gase sehr schlechte Wärmeleiter. Dies zeigt sich beim *Leidenfrostschen Phänomen*:

Versuch: Ein Wassertropfen wird auf eine stark aufgeheizte Metallplatte gebracht. Er verdampft nicht, sondern bewegt sich auf einer Dampfschicht, die bei der ersten Berührung zwischen ihm und der Platte entstanden ist. Da die Dampfschicht die Wärme schlecht leitet, verhindert sie eine weitere Erwärmung des Tropfens. Ein Teil des Wasserdampfes verteilt sich jedoch allmählich im Raum. Hierdurch wird die Dampfschicht immer dünner und der Tropfen zerplatzt plötzlich, d. h. er berührt die heiße Platte und verdampft augenblicklich.

Bringt man zwei Gasbehälter unterschiedlicher Temperatur miteinander in Kontakt, so findet aufgrund der unterschiedlichen inneren Energien ein Energietransport statt.

Der *Wärmestrom* beträgt

$$\boxed{\frac{\Delta Q}{\Delta t} = \frac{n}{6} \cdot A \cdot \bar{v} \cdot 2\bar{l} \cdot \frac{\Delta U}{\Delta x} = \frac{n}{6} \cdot A \cdot \bar{v} \cdot \bar{l} \cdot f \cdot k \cdot \frac{\Delta T}{\Delta x} = \lambda \cdot A \cdot \frac{\Delta T}{\Delta x}.}$$

A ist die Kontaktfläche, $\bar{v}$ die mittlere thermische Geschwindigkeit, $\bar{l}$ die mittlere freie Weglänge, f die Zahl der Freiheitsgrade, k die Boltzmannkonstante, $\Delta T/\Delta x$ das Temperaturgefälle, n die Teilchendichte und λ die *Wärmeleitfähigkeit*:

$$\lambda \sim n \cdot \bar{v} \cdot \bar{l} \cdot f \sim \sqrt{\frac{T}{m}} \cdot \frac{1}{r^2}.$$

Demnach ist die Wärmeleitfähigkeit von Gasen — genau wie die innere Reibung — unabhängig vom Druck. Das gilt allerdings nur dann, wenn genügend Moleküle vorhanden sind, die den Wärmetransport gewährleisten. Im Hochvakuum ist dies beispielsweise nicht mehr der Fall.

Aus der Abhängigkeit der Wärmeleitfähigkeit von m und r folgt, daß schwere und große Gasmoleküle die Wärme schlechter leiten als leichte und kleine. Grund: Da die kinetische Energie $m\overline{v^2}/2$ der Gasmoleküle die Temperatur bestimmt, ist bei gleicher Temperatur die Molekülgeschwindigkeit eines schweren Gases kleiner als die eines leichten, weil $m\overline{v^2}/2 = kT/2$ für beide gleich sein muß.

Im folgenden Versuch wird gezeigt, daß Wasserstoff die Wärme besser leitet als Luft.

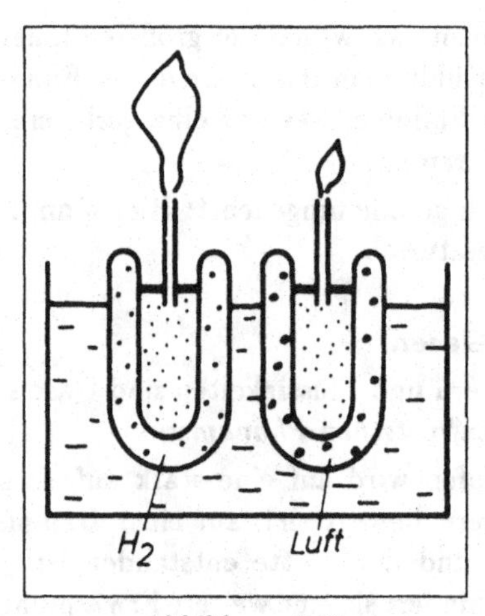

Abbildung 5.59

Versuch: Der innere Teil zweier doppelwandiger Gefäße ist mit Äther gefüllt. Im Raum zwischen den beiden Wänden befindet sich beim einen Luft, beim anderen Wasserstoff (Abb. 5.59). In einem Bad mit heißem Wasser erwärmt sich der Äther aufgrund der Wärmeleitung langsam und entweicht durch ein enges Glasrohr, an dessen Ende er entzündet wird. Über dem mit Wasserstoff isolierten Gefäß brennt eine viel größere Flamme als über dem anderen. Wasserstoff leitet demnach die Wärme besser als Luft.

Anhang A

Literatur

Alonso-Finn: Fundamental University Physics, Addison-Wesley, 1992. Deutsche Übersetzung: Physik, Addison-Wesley, 3. Aufl. 1980

Bergmann-Schäfer: Lehrbuch der Experimentalphysik (6 Bde.), de Gruyter

Berkeley Physics Course, McGraw Hill, 1965. Deutsche Übersetzung: Vieweg, 4. Aufl. 1989

Brandt-Dahmen: Physik, Bd. 2 (Elektrodynamik), Springer, 2. Aufl. 1986

Dransfeld-Kienle-Vonach: Physik, Oldenbourg, 4. Aufl. 1991

Feynman-Lectures on Physics, Addison-Wesley, 1963. Deutsche Übersetzung: Oldenbourg, 1991

Fleischmann: Einführung in die Physik, Physik-Verlag – Verlag Chemie, 2. Aufl. 1980

Frauenfelder-Huber: Einführung in die Physik, Bd. 2, Reinhardt, 2. Aufl. 1967

Gerthsen-Kneser-Vogel: Physik, Springer, 16. Aufl. 1989

Gönnenwein: Experimentalphysik, rororo-Vieweg, 1977

Hänsel-Neumann: Physik, Spektrum Akademischer Verlag, 1993

Kneubühl: Repetitorium der Physik, Teubner, 4. Aufl. 1990

Lüscher: Experimentalphysik II, BI-Taschenbuch 115, 1987

Martienssen: Einführung in die Physik, Akadem. Verlagsgesellschaft, 6. Aufl. 1992

Niedrig: Physik, Springer, 1992

Orear: Physik, Carl-Hanser-Verlag, 1982

Pohl: Einführung in die Physik, Bd. 2, Springer, 21. Aufl. 1975

Wegener: Physik für Hochschulanfänger, Teubner, 3. Aufl. 1991

Westphal: Physik, Springer, 26. Aufl. 1970

Anhang B

Konstanten und Vorsätze

Lichtgeschwindigkeit im Vakuum	c	$:=$	$2{,}99792458 \cdot 10^{8}$ m/s (festgelegt)
Elementarladung	e	$=$	$1{,}6021892(46) \cdot 10^{-19}$ C
Ruhemasse des Elektrons	m_e	$=$	$9{,}109534(47) \cdot 10^{-31}$ kg
Ruhemasse des Protons	m_p	$=$	$1{,}6726485(86) \cdot 10^{-27}$ kg
Elektrische Feldkonstante	ε_0	$=$	$8{,}85418782(7) \cdot 10^{-12}$ As/Vm
Magnetische Feldkonstante	μ_0	$=$	$1{,}25663706 \cdot 10^{-6}$ Vs/Am
Avogadro-Konstante	N_A	$=$	$6{,}0221358(41) \cdot 10^{23}$ 1/mol
Plancksches Wirkungsquantum	h	$=$	$6{,}626176(36) \cdot 10^{-34}$ Js
Boltzmann-Konstante	k	$=$	$1{,}380662(44) \cdot 10^{-23}$ J/K

Zehner-potenz	Vorsatz	Vorsatz-zeichen	Zehner-potenz	Vorsatz	Vorsatz-zeichen
10^{-1}	Dezi	d	10^{1}	Deka	da
10^{-2}	Zenti	c	10^{2}	Hekto	h
10^{-3}	Milli	m	10^{3}	Kilo	k
10^{-6}	Mikro	μ	10^{6}	Mega	M
10^{-9}	Nano	n	10^{9}	Giga	G
10^{-12}	Piko	p	10^{12}	Tera	T
10^{-15}	Femto	f	10^{15}	Peta	P
10^{-18}	Atto	a	10^{18}	Exa	E

Index

Übungsaufgaben

Die nachfolgenden Aufgaben sind nach den Inhalten des in diesem Buch beschriebenen Stoffs geordnet. Der Schwierigkeitsgrad wurde so gewählt, daß die Aufgaben sowohl von Studierenden der Physik im Nebenfach, als auch von Physikstudenten gelöst werden können. Die Lösungsansätze sollten nach Lektüre des Buches keine Schwierigkeit bereiten; durch komplexere Aufgaben wird der Leser anhand von Teilaufgaben Schritt für Schritt auf die physikalische relevanten Größen geführt. Eine Unterteilung dieser einzelnen Teilaufgaben in a), b) usw. wurde daher vermieden. Bei größeren Problemen ist es hilfreich, zunächst nochmals das entsprechende Kapitel im Buch sorgfältig durchzulesen. Verwenden Sie bei der Angabe Ihrer Lösung immer die zu berechnende physikalische Größe mit dem Zahlenwert und der Einheit.

Aufgaben zu Kapitel 1:

Ein Auto beschleunigt in 12 s von 0 km/h auf 100 km/h. Welchen Weg hat es in dieser Zeit zurückgelegt?

Die Schallgeschwindigkeit in Luft beträgt unter normalen Umständen 333 m/s. Rechnen Sie diese Geschwindigkeit im km/h um. Wie lange dauert es, bis man den Abschußknall einer Kanone vernimmt, die 4 km entfernt steht?

Wie lange benötigt ein Auto, um von der Geschwindigkeit 80 km/h zum Stillstand abzubremsen, wenn es mit 3,5 m/s² bremst?

Ein Stein löst sich von der Steilkante des Roten Kliffs auf der Nordseeinsel Sylt und fällt gerade nach unten. Wie groß ist (unter Vernachlässigung des Luftwiderstands) die Geschwindigkeit des Steins nach t = 0,5 s? Wie hoch ist das Kliff, wenn der Stein nach 2,6 s auf dem Strand aufkommt und wie groß ist seine Aufprallgeschwindigkeit?

Eine Rakete soll in 2,5 min die Geschwindigkeit 5 km/s erreichen. Wie groß ist die Beschleunigung und welchen Weg legt die Rakete in dieser Zeit zurück? Die Beschleunigung verringert sich nach dieser Zeit auf 75%. Welche Zeit wird nun benötigt, um die erste kosmische Geschwindigkeit von 7,9 km/s zu erreichen?

Ein Fahrzeug bremst bei einer Geschwindigkeit von 47 m/s gleichmäßig, d.h. mit konstanter Verzögerung, über eine Strecke von 132 m ab und kommt zum Stillstand. Wie groß ist die Beschleunigung während der Abbremszeit und wie lange benötigt das Fahrzeug, bis es vollständig zum Stillstand kommt? Geben Sie die Geschwindigkeit des Fahrzeugs nach der Hälfte des Bremsweges an!

Ein Ball wird auf einem Hochhaus (Höhe 75 m) unmittelbar senkrecht hochgeworfen. Der Ball passiert die Abwurfstelle nach 1,9 Sekunden. Was war, unter Vernachlässigung der Luftreibung, die Abwurfgeschwindigkeit und wie hoch wurde der Ball über den Ausgangspunkt geworfen? Nach welcher Zeit insgesamt trifft der Ball auf den Boden auf?

Die Beschleunigung des ICE-Höchstgeschwindigkeitszuges der Deutschen Bundesbahn kann bis zu 1,2 m/s^2 erreichen. Nach welcher Zeit würde danach der Zug seine Höchstgeschwindigkeit von 350 km/h erreichen? Welche Strecke hat er dann zurückgelegt? Der Zug komme danach auf der Strecke von 3500 m aus der Höchstgeschwindigkeit zum Stillstand. Berechnen Sie die Bremsbeschleunigung und die Bremszeit.

Ein Radfahrer bricht um 9 Uhr morgens mit einer konstanten Geschwindigkeit von 25 km/h zu einer Radtour auf. Ein PKW verläßt den gleichen Ausgangspunkt um 11:30 Uhr mit einer Geschwindigkeit von 50 km/h auf derselben Route. Welchen Weg haben Radfahrer und PKW bis 11 Uhr zurückgelegt? Wie lange benötigt der PKW, um den Radfahrer einzuholen und wie weit sind beide dann vom Ausgangspunkt entfernt?

Ein Naturwissenschaftler fährt in einem Aufzug den Berliner Fernsehturm hoch. Er hält einen Ball in einer Höhe von einem Meter über dem Boden des Aufzugs. Wie lange fällt der Ball, bis er auf den Boden prallt, wenn sich der Aufzug mit einer konstanten Geschwindigkeit von 6,5 m/s empor bewegt? Wie lange würde es dauern, wenn der Aufzug bei derselben Momentangeschwindigkeit mit 0,9 m/s^2 konstant beschleunigt wird?

Auf der Sauerlandlinie sieht ein mit 120 km/h fahrender Wagen im Nebel einen auf der Fahrbahn vor ihm fahrenden Lastzug, der noch 85 m entfernt ist. Der Lastzug fährt mit einer Geschwindigkeit von 80 km/h. Wie lange dauert es, bis beide Fahrzeuge kollidieren, wenn beide unverändert mit konstanter Geschwindigkeit unterwegs sind? Mit welcher konstanten Verzögerung müßte der Wagen sofort nach Sichtung des Lastzugs mindestens abbremsen, damit er den Unfall vermeiden kann?

Ein Objekt bewegt sich zu einer Zeit $t = 0$ mit einer Geschwindigkeit von $v_0 = 9$ m/s und erfährt eine konstante Beschleunigung $a = - 12$ m/s^2. Nach welcher Zeit kommt das Objekt zum Stillstand und wie weit ist es dann vom Ausgangspunkt ($t = 0$) entfernt? Nach welcher Zeit passiert das Objekt wieder den Ausgangspunkt?

Ein Ball wird mit einer Ausgangsgeschwindigkeit von 26 m/s in einem Winkel von 40° vom Boden abgeworfen. Wie hoch fliegt der Ball maximal? Nach welcher Zeit landet der Ball auf dem Boden und wie weit ist er dann vom Abwurfort entfernt? Wie hoch ist die Aufprallgeschwindigkeit auf den Boden?

Zur Zeit des Dreißigjährigen Krieges wird eine Kanonenkugel mit einer Geschwindigkeit von $v_0 = 48$ m/s in einem Winkel von 31° über der Ebene in positiver x-Richtung abgeschossen. Wie groß sind nach einer Flugzeit von 7 s: Die horizontale Beschleunigung, die vertikale (positive y-Achse) Beschleunigung, die vertikale Geschwindigkeit, die horizontale Geschwindigkeit der Kugel, der momentane Winkel zwischen Flugbahn und Boden, die horizontale Entfernung vom Abschußpunkt, die Flughöhe im Verhältnis zum Abschußort. Nach welcher Zeit erreicht die Kugel ihre maximale Flughöhe? Wie groß müßte der Abschußwinkel sein, damit die Kugel maximale Weite vom Ausgangsort erreicht?

Der Rhein fließt mit einer Geschwindigkeit von 2,4 m/s über Grund. Ein Schwimmer mit einer Geschwindigkeit von 1 m/s relativ zum Wasser möchte den Fluß an einer 85 m breiten Stelle überqueren und schwimmt immer senkrecht zur Uferlinie. Wie weit wurde der Schwimmer längs der Flußrichtung abgetrieben, wenn er das gegenüberliegende Ufer erreicht? Um nicht zu stark abgetrieben zu werden, schlägt der Schwimmer einen Winkel von 45° zur Uferlinie ein. Wie weit wird er jetzt abgetrieben und nach welcher Zeit erreicht er das gegenüberliegende Ufer? In welchem Winkel zur Uferlinie müßte er schwimmen, um exakt an der gegenüberliegenden Uferseite anzukommen?

Der Erdradius beträgt etwa 6370 km. Ein Satellit umkreist die Erde in einem Abstand von 300 km zur Oberfläche. Welche Geschwindigkeit besitzt der Satellit gegenüber der Oberfläche, wenn er eine Erdumkreisung in 2 Stunden vollendet?

Ein Flugzeug fliegt mit 850 km/h relativ zur Luft in Richtung Westen. Die Windgeschwindigkeit Richtung Süden beträgt 11 m/s. Mit welcher Geschwindigkeit bewegt sich das Flugzeug relativ zum Boden? Welchen Winkel, gemessen im Uhrzeigersinn von Norden, muß der Pilot fliegen, um einen exakten Westkurs über Grund zu halten und wie groß ist dann die Geschwindigkeit des Flugzeugs?

In einer Fernsehbildröhre werden die Elektronen zwischen Kathode und Anode auf einer Strecke von 7 cm auf ein Fünftel der Lichtgeschwindigkeit beschleunigt. Berechnen Sie die Beschleunigung und die Zeit, die die Elektronen für die Beschleunigungsstrecke benötigen. Nach der Anode fliegen die Elektronen mit konstanter Geschwindigkeit bis zum Leuchtschirm, dessen Mittelpunkt sich in 35 cm Entfernung von der Anode befindet. Berechnen Sie die Zeit, die die Elektronen für diesen Weg benötigen.

Ein Ball wird vom Flachdach des 23 m hohen Physikgebäudes geworfen und trifft in einem Abstand von 8,5 m von der Gebäudewand auf dem Boden auf. Der höchste Punkt der Flugbahn des Balles über der Dachkante beträgt 4,6 m. Wie groß sind die vertikale und horizontale Komponente der dafür erforderlichen Abwurfgeschwindigkeit? Nach welcher Zeit erreicht der Ball seine maximale Flughöhe und wann trifft er auf den Boden auf?

Ein Ball wird von der 18 m hohen Steilkante des Roten Kliffs mit einer Anfangsgeschwindigkeit von $v_0 = 12$ m/s in einem Winkel von 45° geworfen. Nach welcher Zeit landet der Ball auf dem Strand und wie weit ist er dann von der Steilkante entfernt? Wie groß ist die Aufprallgeschwindigkeit? Welche Flughöhe, gemessen über dem Strand, hat der Ball maximal erreicht? (Die Größe des Werfers wird vernachlässigt.)

Ein (ungezogenes) Kind möchte einen Stein in die Scheibe des Fensters im zweiten Stock eines Hauses werfen. Die Fenstermitte befindet sich in 3,8 m Höhe und das Kind steht 8 m vom Haus entfernt. Die Abwurfgeschwindigkeit beträgt 23 m/s. In welchem Winkel muß das Kind des Stein abwerfen, um das Fenster exakt zu treffen? Wie lange befindet sich der Stein dann in der Luft und mit welcher Geschwindigkeit trifft er auf das Fenster? (Die Größe des Kindes soll vernachlässigt werden.)

Ein Astronaut im Raumanzug kann einen Ball auf der Erde maximal 15 m weit werfen. Wie groß muß der Abwurfwinkel zum Boden sein, um bei gegebener Abwurfgeschwindigkeit die größte Weite zu erreichen? Bei welcher Abwurfgeschwindigkeit erreicht der Ball bei diesem Winkel die Weite von 15 m? Wie weit würde der Astronaut den Ball auf dem Mond werfen können ($g_m = 1{,}62$ m/s^2)?

Ein 112 kg schwerer Mann wiegt sich auf einer Waage in einem Aufzug. Was zeigt die Waage an, wenn der Aufzug konstant mit 7 m/s nach unten fährt, der

Aufzug aufwärts mit 1,2 m/s^2 beschleunigt wird, nach unten mit 1,6 m/s^2 beschleunigt wird?

Ein Auto mit der Masse 900 kg erfährt eine Beschleunigung von 4,5 m/s^2. Welche Kraft muß dabei von jedem Rad auf den Wagen übertragen werden?

Ein Junge gibt einen Ball mit der Masse 0,5 kg in der Zeit von 0,2 s aus der Ruhe eine Geschwindigkeit von 8 m/s. Welche Kraft übt er auf den Ball aus?

Drei Massen mit 2, 4 und 6 kg in Form von rechteckigen Blöcken sind von rechts nach links nebeneinander auf einer reibungsfreien Unterlage aufgestellt, so daß sie sich gegenseitig berühren. Eine nach links gerichtete Kraft von 10 N wird auf den ganz rechts stehenden Block ausgeübt. Welche Kraft übt dieser Block auf den mittleren Block aus? Welche Kraft übt der mittlere Block auf den Block links außen aus?

Ein Block der Masse 45 kg hängt, wie dargestellt, an zwei Seilen, die mit den umgebenden Wänden verbunden sind. Das linke Seil hängt waagerecht, das rechte schließt einen Winkel von 49° mit der Horizontalen ein. Wie groß ist die Spannung im linken und im rechten Seil?

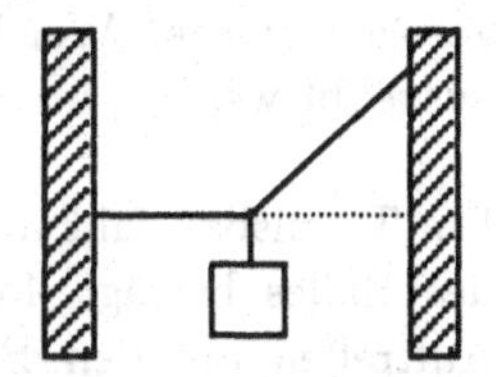

Eine Luftgewehrkugel der Masse 8 g trifft mit einer Geschwindigkeit von 456 m/s in einen Baumstamm und kommt nach 0,5 m zum Stillstand. Die Verzögerung der Kugel sei konstant anzunehmen. Wie groß ist die Kraft, die durch das Holz des Stammes auf die Kugel ausgeübt wird?

Eine Hasenpfote von 100 g Gewicht hängt an einem dünnen Faden am Innenspiegel eines Autos. Das Auto fährt mit 2 m/s^2 an. In welchem Winkel (in Grad) von der Vertikalen hängt der Faden und wie groß ist die Spannung im Faden? Wie groß darf die maximale Beschleunigung des Fahrzeugs sein, wenn der Faden bei einer Belastung von 1 N reißt?

Ein Pendel übt eine Kraft von 15 N auf seine Aufhängung aus, die aus einem an einer Zimmerdecke befestigten Draht besteht. Ein Physiker zieht an einem Seil, das mit der Pendelmasse verbunden ist. Wie groß ist die Spannung im Draht, wenn mit einer Kraft von 15 N senkrecht nach unten gezogen wird? Wie groß ist die Spannung im Draht und der Winkel des Drahtes gegen die Vertikale, wenn der Physiker schräg nach unten am Seil in einem Winkel von 45° zur Horizontalen zieht?

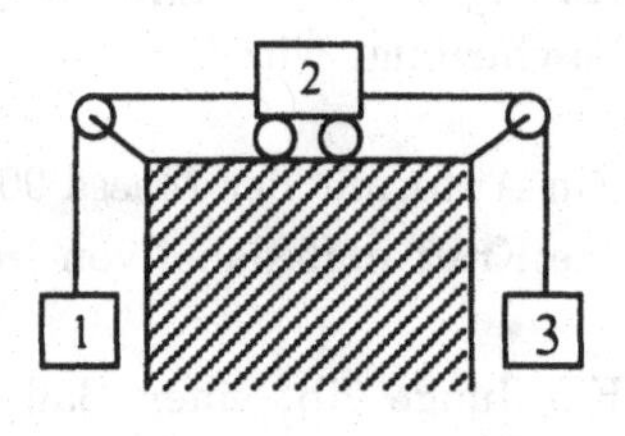

Die Massen in nebenstehender Anordnung betragen m_1 = 1,2 kg, m_2= 1,8 kg und m_3 = 3,5 kg; die Massen der Verbindungsseile können vernachlässigt werden. Die Rollen und Räder seien reibungsfrei gelagert. Die Anordnung wird aus dem Ruhezustand losgelassen. Wie groß ist die Beschleunigung a? Wie groß ist die Spannung im Seil zwischen der hängenden Masse 2 und dem Wagen? Wie groß ist die Geschwindigkeit aller Massen, nachdem die Anordnung losgelassen wurde und sich über eine Strecke von 25 cm bewegt hat?

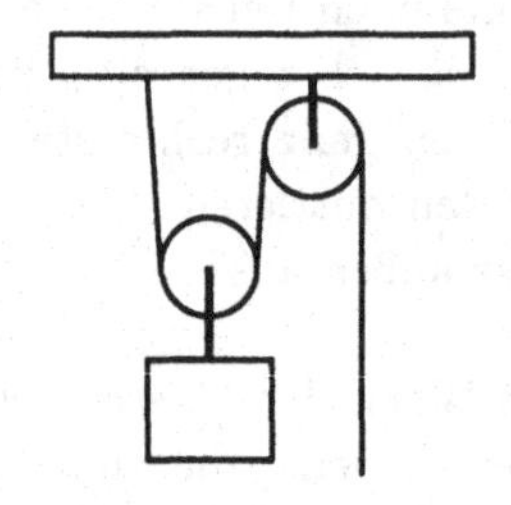

Ein 1 t schwerer Steinquader wird mittels eines über zwei Rollen gelagerten Seils gehoben, wie nebenstehend skizziert. Wie weit ist der Quader angehoben, wenn das freie Seilende 7 m nach unten gezogen wurde? Welche Kraft muß auf das Seilende ausgeübt werden, um den Quader zu heben?

Ein Tennisball fällt aus einer Höhe von 7,3 m auf einen Hartplatz. Das Gewicht des Balles beträgt 450 g. Wie groß ist die Geschwindigkeit des Balles beim Auftreffen auf den Boden? Eine Momentaufnahme zeigt, daß der Ball beim Aufprall um maximal 8 mm zusammengedrückt wird. Wie groß ist die Kraft des Bodens auf den Ball, wenn die Beschleunigung des Balles während des Aufpralls als konstant angenommen wird? Über welche Zeit muß die Kraft wirken, um den Ball zur Ruhe zu bringen?

Ein Blumentopf (6 kg) fällt vom Fensterbrett eines Hauses in eine mit Wasser und Matsch gefüllte Regentonne. Wie groß ist die Kraft auf den Topf, 0,5 s nachdem er vom Fensterbrett gefallen ist (die Anfangsgeschwindigkeit sei Null, Luftreibung wird vernachlässigt)? Wie groß ist seine Geschwindigkeit nach 12 m? Nach 12 m fällt der Topf in die Regentonne und kommt nach 1,2 m zum Stillstand. Wie groß ist dabei die (als konstant angenommene) Verzögerung? Welche Kraft wird auf die Flüssigkeit durch den Topf ausgeübt?

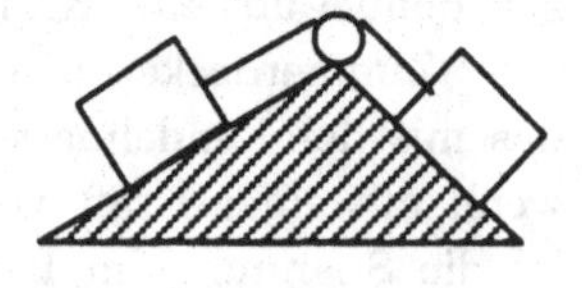

Zwei identische Blöcke sind mit einem Seil verbunden, das an der Spitze einer beidseitig abfallenden schiefen Ebene in einer Rolle gelagert ist. Der Winkel der Ebenen beträgt 31° bzw. 45° zur Horizontalen. Wie groß ist die Beschleunigung, mit der sich beide Blöcke bewegen, wenn die Blöcke reibungsfrei gleiten? Wieviel beträgt in diesem Fall die Spannung im Seil, wenn für jeden Block eine Masse von 1,5 kg angenommen wird? Berechnen Sie die Beschleunigung der Blöcke unter Berücksichtigung eines Gleitreibungskoeffizienten von $\mu = 0{,}06$ zwischen den Blöcken und den ebenen Flächen.

Ein Mann wiegt sich in einem Aufzug, der aufwärts beschleunigt wird. Die Skala zeigt 928 N an. Hebt er gleichzeitig eine 23,6 kg schwere Kiste hoch, mißt er 1230 N. Wieviel beträgt die Masse des Mannes und wie groß ist die Beschleunigung des Fahrstuhls?

Ein 73 kg schwerer Astronaut des Space-Shuttle stößt einen Satelliten von 380 kg Masse an und übt dabei eine Kraft von 120 N über 0,85 s aus. Wie groß sind die Geschwindigkeiten, mit der sich der Astronaut bzw. der Satellit voneinander entfernen? Wie weit sind beide nach 2 Minuten entfernt?

Zwei Blöcke der Massen 1,5 kg und 2,7 kg sind fest über ein Seil verbunden und werden aus der Ruhelage mittels einer Kraft von 18 N über den Boden gezogen. Der Reibungskoeffizient (Block-Boden) beträgt $\mu = 0{,}16$. Wie groß ist die Beschleunigung der beiden Blöcke? Wie groß ist die Spannung im Verbindungsseil?

Ein mit einer Geschwindigkeit von 115 km/h fahrender Sportwagen kommt bei einer Vollbremsung nach 98 m zum Stehen. Der Wagen besitzt ein Anti-Blockier-System (ABS), das ein Schleudern oder Gleiten des Fahrzeugs verhindert. Wie groß ist die Beschleunigung des Fahrzeugs? Wieviel beträgt der Haftreibungskoeffizient zwischen Reifen und Straße? Wie steil darf eine Straße (Winkel zur Horizontalen) sein, auf der das Auto mit angezogener Bremse noch parken kann?

Ein mit Physikbüchern beladener Umzugskarton der Masse 35 kg wird von einem Studenten über den Boden geschoben. Der Student wendet an der Seitenkante des Kartons eine Kraft von 340 N in einem Winkel von 28° zur Horizontalen an. Wie groß ist die Normalkraft des Bodens auf den Karton? Welche Beschleunigung würde der Karton erfahren, wenn keine Reibung zwischen Karton und Boden angenommen würde? Wie groß ist die Beschleunigung bei einem Gleitreibungskoeffizienten von 0,42? Bei welchem Reibungskoeffizienten bewegt sich der Karton mit konstanter Geschwindigkeit über den Boden?

Ein Postpaket der Masse 1,5 kg befindet sich auf einem ausgeschalteten Fließband. Der Gleitreibungskoeffizient beträgt 0,22. Das Fließband wird ruckartig mit einer Geschwindigkeit von 7,0 m/s in Bewegung gesetzt. In welche Richtung wirkt die Gleitreibung auf das Paket? Wie groß ist die Beschleunigung des Paketes? Nach welcher Dauer hat das Paket diese Geschwindigkeit angenommen? Wie weit hat sich das Paket bewegt (relativ zum Fußboden), wenn es die Geschwindigkeit des Bandes erreicht hat? Beantworten Sie diese Fragen für ein weiteres Paket der Masse 3 kg, das sich beim Einschalten ebenfalls auf dem Band befand.

Ein Klotz der Masse 2,1 kg liegt auf der Auflagefläche eines Wägelchens ($m = 3{,}8$ kg), welches sich reibungsfrei auf einer Ebene bewegt. Der Haftreibungskoeffizient zwischen Klotz und Auflagefläche beträgt $\mu = 0{,}85$. Das Wägelchen wird nun beschleunigt. Bis zu welcher maximalen Beschleunigung bleibt der Klotz auf dem Wägelchen liegen? Wie groß ist die Kraft, um diese Maximalbeschleunigung zu erreichen?

Ein Holzblock der Masse 7 kg befindet sich in Ruhelage auf einer schiefen Ebene, die einen Winkel θ zur Horizontalen aufweist. Der Block ist 5,5 m vom Ende des Ebene entfernt. Wie groß ist die Reibungskraft bei einer Schräge von $\theta = 18°$? Der Holzblock beginnt zu gleiten, nachdem die Ebene langsam auf einen Winkel von $\theta = 27°$ abgeschrägt wurde. Wie groß ist der Haftreibungskoeffizient? Bestimmen Sie den Gleitreibungskoeffizienten für den Fall, daß der Block bei diesem Winkel nach 1,8 s das Ende der Ebene erreicht hat.

Eine schiefe Ebene ($\theta = 25°$ zur Horizontalen) ist rollbar auf einer Unterlage gelagert. Ein Block der Masse 1,5 kg ruht auf der Ebene (Haftreibungskoeffizient $\mu = 0{,}75$). Die Ebene wird so beschleunigt, daß der Block schließlich die Ebene herabgleitet. Wie groß muß die Beschleunigung der Ebene mindestens sein, damit der Block abrutscht?

Ein Auto fährt in einem Gewitter bei Regen einen Hang hinab, der 22° zur Horizontalen geneigt ist. Das Auto wird bei einer Geschwindigkeit von 100 km/h abrupt bis zum Stillstand abgebremst. Der Haftreibungskoeffizient sei 0,9 und der Gleitreibungskoeffizient betrage 0,7. Bezeichnen Sie alle Kräfte, die auf das Auto wirken. Wie weit rutscht das Auto bis zum Stillstand den Hang herab, wenn die Räder blockiert sind? Welche Steigung darf der Hang maximal haben, damit das Auto mit angezogener Bremse parken kann, ohne ins Rutschen zu kommen?

Ein Ball der Masse 5 kg wird im Schwerefeld der Erde senkrecht mit einer Anfangsgeschwindigkeit von 13 m/s nach oben geworfen. Wie groß ist die kinetische Energie des Balles beim Abwurf? Wieviel Arbeit wird durch das Schwerefeld geleistet, wenn der Ball bis zu einer Höhe von 1,8 m fliegt und wie groß ist die Geschwindigkeit des Balls an diesem Punkt?

Ein Schlitten fährt von einen 45 m hohen, vereisten Hügel (Start) hinab über zwei weitere Hügel. Der zweite ist 25 m hoch, der dritten 10 m (Ziel). Die Reibung sei vom Start bis zum Fuß des letzten Hügels vernachlässigbar. Der Gleitreibungskoeffizient vom Fuß des letzten Hügels bis zum Ziel beträgt $\mu = 0{,}27$. Die Masse des Schlittens und des Fahrers beträgt 100 kg. Wie groß ist die Geschwindigkeit des Schlittens in der Talsohle zwischen den ersten beiden bzw. den letzten beiden Hügeln? Welche Arbeit wird durch die Schwerkraft am Schlitten zwischen dem Start und der Spitze des zweiten Hügels geleistet? Erreicht der Schlitten das Ziel; wenn ja, mit welcher Endgeschwindigkeit?

Eine Kiste gleitet reibungsfrei über einen gebohnerten Flur mit einer Anfangsgeschwindigkeit von 3,7 m/s. Die Kiste passiert einen aufgerauhten Bereich des Bodens mit einem Gleitreibungskoeffizienten von 0,5. Wie lang muß die rauhe Strecke mindestens sein, damit die Kiste zum Stillstand kommt? Mit welcher Geschwindigkeit verläßt die Kiste den rauhen Bereich, wenn dieser genau 0,7 m lang ist?

Ein Quader der Masse 10 kg befindet sich auf einer schiefen Ebene, die einen Winkel von 20° zur Horizontalen aufweist. Um den Quader (reibungsfrei) die schiefe Ebene hinaufzuschieben, wird auf den Quader horizontal eine Kraft von 120 N angewandt. Wie groß ist die durch diese Kraft verrichtete Arbeit, nachdem der Quader 11 m entlang der Schräge bewegt wurde und wie groß ist die am Quader geleistete Arbeit der Schwerkraft auf der gleichen Distanz? Wie groß ist die am Quader verrichtete Arbeit der Normalkraft während dieser Strecke? Wie schnell ist der Quader nach 11 m?

Ein Klotz (5 kg) ist über ein auf einer Rolle reibungsfrei gelagertes Seil mit einem Wagen der Masse 5 kg verbunden. Das System befindet sich im Stillstand. Bestimmen Sie folgende Größen, nachdem der Klotz eine Strecke von 60 cm nach unten gefallen ist: Die Arbeit, die durch die Schwerkraft am System geleistet wurde; die Zunahme der kinetischen Energie des Gesamtsystems aus Klotz und Wagen; den Betrag der Geschwindigkeit des Gesamtsystems; die Arbeit, die am Wagen (ohne Klotz) durch das Seil geleistet wird; die Seilspannung.

Ein Quader der Masse 3 kg gleitet aus der Ruhelage über eine Strecke von 6 m reibungslos über eine schiefe Ebene hinab und trifft auf eine Feder. Die Feder wird um 1,2 m zusammengedrückt, bevor der Quader zum Stillstand kommt. Die Ebene hat eine Neigung von 40° zur Horizontalen. Wieviel potentielle

Energie hat der Quader verloren, wenn er gerade die Feder berührt bzw. wenn die Feder vollständig eingedrückt wurde? Wie groß ist die Federkonstante?

Ein Körper ist fest mit einer Wand verbunden. Eine Kraft von 5 N kann den Körper nicht von der Wand entfernen. Wie groß ist die Arbeit, die von dieser Kraft verrichtet wird? Insgesamt ist die resultierende Kraft auf den Körper Null, da die Wand eine entgegengesetzte Kraft von 3 N auf den Körper ausübt. Wie groß ist die Arbeit, die von dieser Gegenkraft verrichtet wird?

Ein Ball der Masse 380 g fällt aus einer Höhe von 3,8 m senkrecht auf den Boden. Der Ball springt danach wieder 2,9 m hoch. Wieviel mechanische Energie wird beim Aufprall in andere Energieformen umgewandelt?

Zum Beseitigen baufälliger Mauern werden oft sogenannte Abrißbirnen verwendet. Das sind kleine, massereiche Körper, die an einem Stahlseil hängen. Sie werden ausgelenkt und schlagen nach dem Freigeben gegen die zu zerstörende Mauer. Eine solche Abrißbirne mit der Masse 520 kg hängt an einem 6,80 m langen Seil mit vernachlässigbarer Masse. Das Seil wird um $\alpha = 34°$ ausgelenkt. Aus diesem Zustand heraus wird die Birne freigegeben und stößt nach Durchlaufen ihrer tiefsten Lage gegen die 0,58 m davon entfernte Mauer. Die Bahn der Birne liegt in einer Ebene senkrecht zur Mauer. Die Birne darf als Massepunkt angesehen werden. Beschreiben Sie die Energieumwandlungen bei einem schwingenden Fadenpendel. Berechnen Sie die Geschwindigkeit und die kinetische Energie der Abrißbirne in ihrer tiefsten Lage. Berechnen Sie die Geschwindigkeit und die kinetische Energie der Abrißbirne beim Stoß auf die Mauer.

Eine Kiste der Masse 7 kg wird zunächst über 6 m durch eine horizontale Kraft von 30 N reibungslos über den Boden geschoben. Für die weiteren 5 m beträgt der Reibungskoeffizient zwischen Kiste und Boden 0,15. Die Kiste ist in der Ausgangsposition in Ruhe. Wie groß ist die an der Kiste verrichtete Arbeit nach den ersten 11 m? Wie groß ist die durch Reibung an der Kiste verrichtete Arbeit über diese Strecke? Berechnen Sie die Geschwindigkeit der Kiste nach dieser Distanz.

Ein Gewicht der Masse 9 kg hängt an einer Feder. Nachdem ein zweites Gewicht von 9 kg an der ersten Masse befestigt wurde, dehnt sich die Feder um einen weiteren Meter. Was ist die Federkonstante? Die zweite Masse fällt plötzlich ab. Wie weit von der ursprünglichen Ruhelage entfernt erreicht die verbleibende Masse ihre größte Geschwindigkeit und wie groß ist diese?

Ein Rennläufer verwendet pro Schritt 0,5 J mechanische Energie pro Kilogramm Körpergewicht. Wie schnell rennt der Läufer, wenn er 85 kg wiegt und eine Energie von 85 W während des Laufs entfaltet? Die Schrittweite sei 1,3 m.

Eine waagerecht liegende Feder, die an einem Ende an der Wand befestigt ist, wird über eine Strecke von 40 cm aus der Gleichgewichtslage gedehnt. Dann wird an das Ende der Feder eine Masse von 8 kg befestigt, die auf einer reibungsfreien Unterlage ruht. Um die Masse in dieser Lage zu halten, muß eine Kraft von 28 N aufgewandt werden. Nun wird diese Kraft aufgehoben. Wie groß ist die Geschwindigkeit des Masseblocks, wenn die Feder ihre (ungedehnte) Gleichgewichtslage passiert? Wie groß ist die Geschwindigkeit der Masse, nachdem die Feder nur um die Hälfte, also um 20 cm entspannt wurde?

Ein liegengebliebenes Fahrzeug (Masse 850 kg) wird von einem Sattelschlepper über ein Abschleppseil gezogen. Der Verbund aus beiden Fahrzeugen wird gleichmäßig in 5,5 s von einer Geschwindigkeit $v_0 = 5$ m/s auf $v_1 = 1{,}6 \cdot v_0$ beschleunigt, wobei die Seilspannung 3.800 N beträgt. Die Räder des Fahrzeugs haben immer guten Kontakt zur Straße und rutschen nicht durch; die Reibung am Fahrzeug soll berücksichtigt werden. Wie weit wird das Fahrzeug in dieser Zeit bewegt? Wieviel Arbeit leistet das Seil am Fahrzeug? Wie groß ist die Arbeit, um die Reibung des Fahrzeugs zu überwinden?

Ein Klotz der Masse 6 kg rutscht aus der Ruhelage eine schiefe Ebene (27° geneigt zur Horizontalen) hinab. Der Gleitreibungskoeffizient (Klotz-Ebene) sei $\mu = 0{,}27$. Wie groß ist die Beschleunigung des Klotzes auf der Ebene? Nachdem der Klotz eine Strecke von 2,5 m zurückgelegt hat, sind folgende Größen zu bestimmen: die von der Schwerkraft am Klotz geleistete Arbeit; die Energie, die zur Überwindung der Reibungskraft aufgewandt wurde; die kinetische Energie des Klotzes. Die Ebene übt eine Normalkraft (senkrecht zur Ebene) auf den Klotz aus. Wieviel Arbeit wurde auf einer Distanz von 4 m ab der Ruhelage des Klotzes von der Normalkraft am Klotz verrichtet?

Ein Springbrunnen soll bei einer Flußrate von 2 kg Wasser pro Sekunde mit einer 4 m hohen Wasserfontäne betrieben werden. Wieviel Energie muß zum Betrieb aufgebracht werden?

Ein Eisenbahnwaggon der Masse 5.000 kg, der von einem Ablaufberg abgestoßen wurde, läuft in der nachfolgenden Ebene mit einer Geschwindigkeit von 7,5 m/s. Er stößt auf einen ruhenden Waggon und koppelt an diesen an. Beide gekoppelten Wagen bewegen sich danach mit 2,8 m/s weiter. Wie groß ist der Impuls des ersten Waggons vor dem Stoß? Wieviel beträgt die Masse des zweiten (zunächst ruhenden) Waggons?

Ein Eisenbahnwaggon der Masse 4.000 kg fährt mit einer Geschwindigkeit von 9,5 m/s. Er stößt auf einen ruhenden Waggon der Masse 5.000 kg und koppelt an diesen an. Reibungseffekte werden vernachlässigt. Wie groß ist der Gesamtimpuls beider Waggons vor dem Stoß? Wie schnell bewegen sich beide (gekoppelten) Waggons nach dem Zusammenstoß? Welcher Impuls wurde auf den ruhenden Wagen übertragen? Wieviel mechanische Energie wird während der Kollision in andere Energieformen umgewandelt?

Eine Luftgewehrkugel der Masse 9 g und einer Geschwindigkeit von 230 m/s dringt in eine in Ruhe befindliche, leere Getränkedose der Masse 67 g ein und verläßt diese mit 195 m/s. Wie groß ist der ursprüngliche Impuls des Gesamtsystems aus Kugel und Dose? Wieviel beträgt der Impuls der Kugel nach Verlassen der Dose? Wie schnell bewegt sich die Dose nach dem Austritt der Kugel? Wieviel kinetische Energie wurde insgesamt in diesem Prozeß verloren (durch Erwärmung, Verformung von Dose und Kugel, Schall, ...)?

Eine Schale (Masse 200 g) befindet sich in einem schwerkraftfreien Raum in Ruhe. Plötzlich explodiert die Schale in drei Bruchstücke. Masse und x-y-Komponenten der Geschwindigkeit von zwei der drei Fragmente sind: (1) $m =$ 0,10 kg; v_x = 21 m/s; v_y = 55 m/s und (2) m = 0,02 kg; v_x = – 5,6 m/s; v_y = 18 m/s. Bestimmen Sie Masse und x-y-Komponenten der Geschwindigkeit des dritten Bruchstücks.

Eine Masse (1 kg) bewegt sich mit konstanter Geschwindigkeit von 2,5 m/s entlang der positiven x-Achse und stößt auf eine weitere Masse (2 kg), die sich mit 5 m/s entlang der positiven y-Achse bewegt. Nach dem Zusammenprall kleben beide Massen zusammen. Wieviel beträgt der Winkel zwischen der x-Achse und der Bewegungsrichtung beider Massen nach dem Zusammenprall?

Der Reibungskoeffizient eines Messingblocks und einer rotierbaren Scheibe ist $\mu =$ 0,15. Wie weit von der Rotationsachse entfernt darf sich der Block befinden, um gerade noch nicht von der Scheibe abzurutschen, wenn die Scheibe mit 35 Umdrehungen pro Minute rotiert?

Ein PKW besitzt einen Wendekreis von 8,8 m. Der Haftreibungskoeffizient zwischen Reifen und Straße sei $\mu =$ 0,13. Wie groß darf die maximale Geschwindigkeit des PKW sein, damit es bei einer am Lenkrad voll eingeschlagenen Linkskurve nicht ins Schleudern gerät?

Tarzan will aus 10 m Höhe mit einer 15 m langen Liane über einen Fluß voller Krokodile schwingen. Die Liane ist gerade kurz genug, daß er den Fluß beim

Schwung nicht berührt. Tarzans Masse beträgt 88 kg. Wieviel Gewicht muß die Liane tragen können, damit Tarzan heil am anderen Ufer ankommt?

Ein Fußballspieler soll einen Strafstoß schießen. Sein Fuß ist für 7 ms in Kontakt mit dem Ball und übt während dieser Zeit eine durchschnittliche Kraft von 5.400 N aus. Die Masse des Balls sei 780 g. Wie groß ist die Geschwindigkeit, mit der der Ball den Fuß des Fußballspielers verläßt?

Eine Stahlkugel von 33 g Masse prallt elastisch auf eine Stahlplatte und kehrt immer wieder zur Ausgangshöhe von 14,1 m zurück. Mit welcher Geschwindigkeit verläßt die Kugel die Platte? Wie groß ist der Gesamtbetrag der Impulsänderung der Kugel beim Aufprall und welcher Impuls wird dabei von der Kugel auf die Platte übertragen? Welches Zeitintervall liegt zwischen jedem Aufprall? Wie groß ist die zeitlich gemittelte Rate, mit der der Impulsübertrag stattfindet? Wie groß ist die gemittelte Kraft, die von der Kugel auf die Platte ausgeübt wird? Wieviel wiegt die Kugel (in N)?

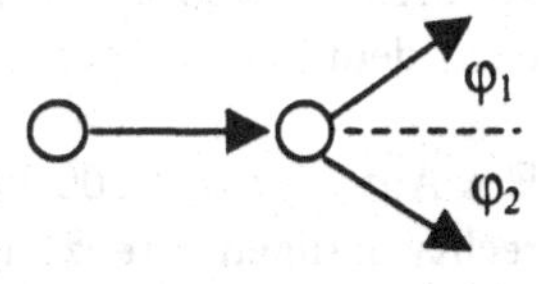

Eine Kugel der Masse 2,9 kg bewegt sich mit einer Geschwindigkeit von 11,5 m/s und trifft auf eine identische Kugel, die sich in Ruhe befindet. Nach dem Stoß bewegt sich die auftreffende Kugel in einem Winkel von $\varphi_1 = 22°$ zur Ursprungsrichtung (positive x-Achse), während die angestoßene Kugel um $\varphi_2 = 37°$ abgelenkt wurde (Skizze). Wie groß ist der anfängliche Impuls des Systems aus zwei Kugeln? Welches Verhältnis bilden die beiden Endgeschwindigkeiten der Kugeln? Wie groß sind die Endgeschwindigkeiten der auftreffenden Kugel und der gestoßenen Kugel? Welcher Betrag an kinetischer Energie wurde während der Kollision verbraucht (Erwärmung, Schall,...)?

Zwei Kinder stehen ruhig auf einem (reibungsfreien) zugefrorenen See. Die Massen von Kind A und Kind B sind 30 kg und 26 kg. Kind A hält einen Schneeball von 250 g Masse und wirft ihn auf Kind B mit einer Geschwindigkeit von 35 m/s. Wie groß ist die Rückstoßgeschwindigkeit des Werfers? Wie groß ist die Geschwindigkeit des getroffenen Kindes B (Kind plus Schneeball)? Welche Energie bringt Kind A mindestens für den Wurf (und den Rückstoß) auf und welche Energie geht verloren, wenn der Schneeball auf Kind B trifft?

Auf dem Jahrmarkt schießt ein Besucher eine Kugel der Masse 2 g mit dem Luftgewehr in einen ruhenden Holzklotz der Masse 0,48 kg. Die Kugel bleibt im Klotz stecken und der Klotz gleitet über eine ebene Fläche. Der Reibungskoeffizient ist $\mu = 0{,}3$. Welche Arbeit wird durch die Reibung geleistet, wenn der Klotz über eine Strecke von 22 cm gleitet, bevor er zum Stillstand kommt?

Unter Annahme dieser Reibungsarbeit ist der Anfangsimpuls des Klotzes zu bestimmen, unmittelbar nachdem die Kugel steckengeblieben ist. Sei die anfängliche Geschwindigkeit der Kugel 230 m/s. Wie groß ist in diesem Fall der Anfangsimpuls des Klotzes unmittelbar nach dem Steckenbleiben der Kugel?

Bei einem Football-Spiel der ‚Düsseldorf Tigers' gegen die ‚Frankfurt Lions' rennt ein Stürmer der Masse 75 kg mit einer Geschwindigkeit von 8 m/s gegen die Verteidigungslinie. Der Stürmer und ein Verteidiger prallen Kopf-an-Kopf aufeinander, so daß der Stürmer gestoppt wird. Die Spieler stoßen mit ihren Helmen innerhalb von 0,3 s zusammen. Welche Kraft wird im Mittel auf die Köpfe der Spieler ausgeübt? Derselbe Zusammenstoß ohne Helme würde in 0,03 s ablaufen. Wie groß ist in diesem Fall die mittlere Kraft?

Auf ein an einer Ampel wartendes Fahrzeug fährt von hinten ein Lastwagen mit einer Geschwindigkeit von 50 km/h auf. Obwohl der Zusammenstoß vollkommen inelastisch ist und beide Fahrzeuge ineinander verkeilt sind, wird niemand verletzt. 75% der ursprünglichen kinetischen Energie gingen beim Aufprall verloren. Wie groß ist die Geschwindigkeit der ineinander verkeilten Fahrzeuge nach dem Zusammenstoß?

Ein Auto ($m = 1.000$ kg) und ein Sattelschlepper ($m = 10{,}3$ t) stoßen an einer rechtwinkligen Kreuzung aufeinander. Der Sattelschlepper kommt von Norden mit einer Geschwindigkeit von 23 km/h und das Auto von Osten. Nach dem Zusammenstoß verkeilen sich beide Fahrzeuge und bewegen sich Richtung Südwesten. Wie schnell ist diese Bewegung der verkeilten Fahrzeuge nach dem Zusammenstoß? Wie groß ist die westliche Komponente des Impulses beider Fahrzeuge nach dem Aufprall? Welche Geschwindigkeit besaß das Auto vor dem Zusammenstoß? Wieviel beträgt die kinetische Energie des Fahrzeugpaares vor bzw. nach der Kollision?

Eine Gewehrkugel der Masse 3,5 g trifft mit einer Geschwindigkeit von 920 km/h auf das Gewichtsstück eines Pendels mit der Masse 270 g, das sich in Ruhe befindet und vertikal mit einem masselosen Faden der Länge 2,2 m aufgehängt ist. Die Kugel bleibt im Gewichtsstück stecken. Wie hoch schwingt das Pendel (mit Kugel) nach dem Einschlag der Kugel?

Zwei Rollwagen sind durch eine (masselose) Feder mit einer Federkonstanten von 18 N/m verbunden. Ein Wagen hat eine Masse von 6 kg, der andere von 2,8 kg. Die Wagen werden gegeneinander gedrückt, bis die Feder um 1,5 m zusammengedrückt ist. Danach werden die Wagen losgelassen und die Feder entspannt sich. Wie groß sind die Geschwindigkeiten der Wagen, nachdem sie von der Feder weggeschleudert wurden?

Aufgaben zu Kapitel 2:

Eine Scheibe mit einem Durchmesser von 11 cm dreht sich um eine zentrale Achse senkrecht durch die Scheibe. Mit wieviel Umdrehungen pro Sekunde muß sich die Scheibe drehen, damit die Beschleunigung an der Außenkante genau das 12fache der Erdbeschleunigung beträgt? Wie groß ist bei dieser Frequenz die Geschwindigkeit eines Punktes auf der Mitte zwischen Achse und Rand der Scheibe und was ist seine Periode? Wie lange benötigt ein Punkt auf der Kante der Scheibe, um einen Weg von 2 km zurückzulegen?

Ein Kleinwagen der Masse 500 kg befindet sich auf nasser Straße vor einer Autobahnausfahrt, die noch mit Blaubasalt gepflastert ist (Der Haftreibungskoeffizient zwischen Straße und Reifen ist $\mu = 0{,}25$). Ein Schild weist auf einen Kurvenradius der Ausfahrt von 12 m hin. Wie groß ist die maximale Zentripetalkraft, die die Räder ausgleichen können, ohne die Spur zu verlieren? Wie schnell darf das Auto fahren, um nicht in die Leitplanke (sofern vorhanden) zu geraten?

Ein Mann auf dem Mond wirft einen Ball waagerecht zur Mondoberfläche. Wie groß müßte die Geschwindigkeit des Balles beim Abwurf sein, damit der Ball den Mond umrundet und den Mann wieder von hinten trifft? Wie lange würde eine vollständige Umrundung des Mondes durch den Ball dauern? Wie groß ist das Verhältnis zwischen kinetischer und potentieller Energie des Balls auf der Umlaufbahn? (Masse des Mondes: $m = 7{,}35 \times 10^{22}$ kg, der Mondradius beträgt 1.740 km und die Gravitationskonstante $g = 6{,}67 \times 10^{-11}$ Nm^2 /kg^2.)

Der ‚Todesstern' im Film ‚Krieg der Sterne' besitzt einen Radius von 1 km und eine Masse von 10^{16} kg. Wie groß ist die Gravitationsbeschleunigung auf der Oberfläche des ‚Todessterns'? Welche Geschwindigkeit muß ein Raumschiff mindestens haben, um aus dem Schwerefeld des ‚Todessterns' zu entkommen? Das Raumschiff startet mit einer Geschwindigkeit von 100 m/s senkrecht von der Oberfläche des ‚Todessterns'. Wie schnell fliegt das Raumschiff weit außerhalb des Schwerefeldes des ‚Todessterns'? (Gravitationskonstante: siehe letzte Aufgabe.)

Auf einer um eine zentrale Achse drehbar gelagerte Scheibe befindet sich eine aufgemalte, gerade Linie vom Zentrum zum Rand, die in der Ruhelage einen Winkel von -90° zum Koordinatensystem (Ursprung im Zentrum der Scheibe, 0° entspricht der positiven x-Achse) einnimmt. Die Scheibe erfährt aus der Ruhelage eine Winkelbeschleunigung für 3,5 s. Nach dieser Zeit hat sich die aufgemalte Linie gegen den Uhrzeigersinn verschoben und befindet sich nun bei 111°. Wie groß war die Winkelbeschleunigung der Scheibe? Wie groß ist die

Winkelgeschwindigkeit, wenn die Linie die 111°-Postion passiert? Die Beschleunigung wird nun solange fortgesetzt, bis die Scheibe mit 280 Umdrehungen pro Sekunde rotiert. Nach Einlegen einer Bremse wird die Scheibe konstant mit 1,2 Umdr./s^2 abgebremst. Wie lange benötigt die Bremse, um die Scheibe zum Stillstand zu bringen? Durch welchen Winkel geht die aufgemalte Linie, wenn die Scheibe zur Ruhe gekommen ist?

Um eine homogene Seilrolle einer Masse von 12 kg und 30 cm Radius ist ein Seil gerollt, an dem ein Gewicht von 3,8 kg hängt. Das System wird aus der Ruhelage freigesetzt. Wie groß ist die kinetische Energie des Gesamtsystems, wenn sich das Gewicht mit einer Geschwindigkeit von 1,6 m/s bewegt? Wie weit ist das Gewicht dann gefallen und wie groß ist die Winkelbeschleunigung?

Eine regennasse Fahne (60 cm hoch, 1 m breit) der Masse 250 kg hängt waagerecht an einer 1,34 m langen, leichten Stange an einer Halterung in der Hauswand. Die Spitze der Fahnenstange wird von einem Draht gehalten, der in einem Winkel von 23° zur Horizontalen oberhalb der Stangenhalterung an der Wand befestigt ist. Der Raum zwischen dem Rand der Fahne und der Wand beträgt 34 cm. Wie groß ist die Spannung im Draht? Wie groß ist die Normalkraft, die durch die Stange auf die Halterung ausgeübt wird? Wenn die Halterung entfernt wird, wird die Fahne nur noch durch die Reibung zwischen Wand und Stangenende gehalten. Wie klein darf der Haftreibungskoeffizient werden, damit die Fahne noch gehalten wird? Beantworten Sie die gleiche Frage für den Fall, daß ein starker Wind einen Teil der Fahne von der Stange gerissen hat, so daß nur noch ein Fahnenrest von 69 kg an der Wand hängen geblieben ist.

Ein Physikprofessor ($m = 99$ kg) möchte sein Haus neu streichen. Er verwendet eine Plattform aus einer Holzplanke der Masse 100 kg und einer Länge von 7 m, die auf zwei Böcken gelagert ist. Der Abstand der Auflagestelle auf den Böcken zum Rand der Plattform beträgt je 2 m. Wie groß ist die Kraft, die durch die Planke auf die Auflagestelle eines Bocks ausgeübt wird, wenn der Professor gerade über dem anderen Bock steht? Wie nah am Rand der Planke muß der Professor stehen, um die Plattform aus dem Gleichgewicht zu bringen?

Ein Instrument zur Bestimmung der Windgeschwindigkeit besteht aus vier Metallschalen mit einer Masse von jeweils 98 g, die auf den vier Enden von zwei rechtwinklig übereinander gelegten Stangen montiert sind. Der Kreuzungspunkt der Stangen ist drehbar gelagert. Die Länge der Stangen vom Drehpunkt beträgt 30 cm. Das Instrument rotiert mit 11 Umdrehungen pro Sekunde. Wie groß ist das Trägheitsmoment des Windmessers bezüglich der Rotationsachse? Wie groß ist der Drehimpuls bezüglich dieser Achse? (Die Masse der Stangen soll vernachlässigt werden und die Metallschalen können als Punktmassen angenommen werden.)

Eine Masse von 1,5 kg gleitet reibungslos auf einem waagerechten Tisch auf einer Kreisbahn mit Radius 69 cm und einer Geschwindigkeit von 1,5 m/s. Die Masse wird durch ein Seil auf der Kreisbahn gehalten, welches in der Mitte des Tisches (und der Kreisbahn) durch ein Loch im Tisch nach unten hängt. Das Seil wird nun um 15 cm nach unten gezogen. Diese Bewegung geschieht so langsam, daß sich die Masse auf einer Kreisbahn mit langsam geringer werdendem Radius bewegt. Wie groß ist die endgültige Geschwindigkeit der Masse? Wieviel Arbeit ist von der Kraft verrichtet worden, die das Seil nach unten zieht? Der Strick wird nun um weitere 30 cm langsam nach unten gezogen. Welches Drehmoment bezüglich des Lochs wird durch die Seilspannung auf die Masse ausgeübt? Wie groß ist der endgültige Drehimpuls der Masse und wie schnell bewegt sie sich dann?

Im Jahre 1849 führte Armad Fizeau (1819-1896) seine berühmt gewordene Messung der Lichtgeschwindigkeit aus. Das Licht aus einer Lichtquelle L wurde von einer Glasplatte durch die Lücke zwischen zwei Zähnen des Zahnrades auf einen 8630 m entfernten Spiegel reflektiert. Nach der Rückkehr vom Spiegel traf es in das Auge des Beobachters. Wenn das Zahnrad mit seinen 720 Zähnen 12,6 Umdrehungen in der Sekunde ausführte, wurde der rückkehrende Lichtstrahl vom folgenden Zahn abgedeckt. Welchen Wert für c konnte Fizeau daraus berechnen?

Aufgaben zu Kapitel 3:

Ein U-förmig gebogenes Glasrohr mit homogenen Durchmesser ist gleichmäßig mit Wasser aufgefüllt. Beide Ende sind offen. Welcher Druck wirkt von außen auf die Wasseroberfläche?

Ein U-förmig gebogenes Glasrohr mit homogenen Durchmesser ist mit Wasser aufgefüllt. Der Querschnitt des Rohres ist 0,05 m^2. Auf einem Ende des Rohrs befinde sich ein Wasserbehälter, der mit dem Rohr verbunden ist. Die Oberfläche des Behälters beträgt 0,08 m^2. Über zwei Kolben wird auf beide Seiten des Aufbaus eine Kraft ausgeübt, und zwar so, daß die Kolben in der gleichen Höhe verharren. Wie groß ist die Kraft auf den Kolben über dem Behälter, wenn die Kraft auf den Kolben über der Rohröffnung 20 N beträgt? Betrachten Sie nun den einen analogen Aufbau, bei dem die Kräfte auf die Kolben so gewählt wurden, daß sich eine Höhendifferenz von 43 cm zwischen den Wasserständen im Rohrstück bzw. im Behälter auf dem Rohr ergibt. Wie groß ist die Kraft auf den Kolben über dem Rohrstück, wenn die Kraft auf den Kolben über dem Behälter 138 N beträgt?

In einem U-förmig gebogenen, beidseitig offenen Glasrohr mit homogenen Durchmesser befindet sich Wasser. Im linken Arm des Rohrs befindet sich eine Flüssigkeitssäule der Höhe 150 mm aus Öl einer unbekannter Dichte auf dem Wasser. Der Flüssigkeitsstand in beiden Armen des Rohrs unterscheidet sich in der Höhe um 13 mm. Wie groß ist die Dichte des Öls?

Eine hydraulische Hebebühne wird über zwei miteinander verbundene Kolben betrieben, die mit Öl (Dichte: $\rho = 750$ kg/m^3) gefüllt sind. Der Querschnitt der Kolben beträgt 18 cm^2 und 250 cm^2. Mit welcher Masse muß der kleine Kolben belastet werden, um ein Fahrzeug von 1,1 t bei ausgeglichenem Flüssigkeitsstand zu tragen? Nachdem die Hebebühne mit dieser Masse ausgeglichen ist und die Flüssigkeitsstände gleich sind, steigt eine Person von 80 kg in das Fahrzeug. Welche Höhendifferenz der Flüssigkeitsstände in den Kolben stellt sich im Gleichgewicht ein und wie weit sinkt das Fahrzeug auf der Hebebühne hinunter, wenn die Person eingestiegen ist?

Die Dichte von Salzwasser ist $\rho = 1025$ kg/m^3 und die Dichte von Eis beträgt $\rho = 917$ kg/m^3. Warum ist die Dichte von Eis geringer, als die Dichte von Wasser?

Eine rechteckige Eisscholle einer Kantenlänge von 15 m und 3 m Dicke schwimmt im Meer. Wie weit ragt die Oberfläche der Eisscholle über den Meeresspiegel hinaus? Wieviel Eisbären der Masse 100 kg finden auf der Scholle Platz, ohne daß sie nasse Füße bekommen? (Angabe der Dichten s.o.)

Ein Angelschwimmer besteht aus einem hohlen, kugelförmigen Plastikball der Masse 8 g und besitzt ein Volumen von 78 cm^3. Der Ball schwimmt auf der Wasseroberfläche und trägt einen Angelhaken mit Köder (Gesamtmasse 7 g, Volumen insgesamt 2 cm^3), die sich unter Wasser befinden. Wie groß ist das Volumen des Balls, welches sich über der Wasseroberfläche befindet? Welche Kraft muß ein Fisch am Haken ausüben, um den Ball vollständig unter Wasser zu ziehen, wenn das Gewicht des Fisches vernachlässigt wird?

Ein Rohr mit Durchmesser 10 cm verjüngt sich in der Mitte auf einem kurzen Teilstück auf einen Durchmesser von 2 cm. In das Rohrende wird eine Wassermenge von 10 l/s geleitet. Der Druck am Rohranfang beträgt 10^5 Pa. Wie schnell fließt das Wasser durch das Rohrstück mit Durchmesser 10 cm bzw. durch das Teilstück mit 2 cm Durchmesser? Wie groß ist der Druck im

Rohrstück mit 2 cm Durchmesser? (das Wasser wird als nicht-viskose, unkomprimierbare Flüssigkeit angenommen.)

Ein langer Gartenschlauch mit Durchmesser 5 cm hängt an einem Wasserhahn. Auf der anderen Seite des Schlauchs befindet sich eine Düse von 1,6 cm Durchmesser. Das Wasser tritt aus der Düse mit einer Geschwindigkeit von 35 m/s aus. Wie schnell fließt das Wasser durch den Schlauch? Wie groß ist der Druckunterschied zwischen dem Wasser im Schlauch und in der Düse? Wie lange dauert es, einen Eimer mit 80 l Wasser zu füllen? (die Viskosität des Wassers wird vernachlässigt.)

Ein Rohr von 5 cm Durchmesser verjüngt sich auf einen Durchmesser von 1 cm. Im breiteren Abschnitt des Rohres, der (vom Einlaß bis zur Querschnittverjüngung) 50 cm mißt, fließt eine (unkomprimierbare) Flüssigkeit der Dichte $\rho =$ 1.000 kg/m^3 mit einer Geschwindigkeit von 0,1 m/s. Wie groß ist die Durchflußrate in Litern pro Sekunde? Wie groß ist die Geschwindigkeit der Flüssigkeit im schmalen Teil des Rohres? Im schmalen Abschnitt des Rohres wird 2 m nach der Querschnittsverringerung eine Sonde eingeführt. Wie groß ist die gemessene Druckdifferenz zwischen Einlaß und der Position der Drucksonde, wenn die Flüssigkeit als ideale Flüssigkeit angenommen wird?

Eine Glaskugel mit Durchmesser 3 mm und Dichte $\rho = 2.350$ kg/m^3 wird in ein Röhrchen geworfen, das 60 cm hoch Glyzerin ($\rho = 1.450$ kg/m^3) enthält. Nach dem Einführen in das Glasröhrchen befindet sich die Kugel in Ruhe. Wie groß ist die Geschwindigkeit, mit der die Kugel den Boden des Kolbens trifft, wenn das Glyzerin keine Viskosität hätte? Wie groß ist die Endgeschwindigkeit bei Berücksichtigung einer Viskosität von Glyzerin von 0,15 Pa·s? Wie schnell wird im gleichen Aufbau eine Luftblase von 3 mm Durchmesser, die vom Boden des Röhrchens aufsteigt? (Die Dichte von Luft kann gegenüber der Dichte des Glyzerins als vernachlässigbar klein angenommen werden.)

Ein Tank ist 60 cm hoch mit einer Flüssigkeit der Dichte $\rho = 750$ kg/m^3 gefüllt. Eine 30 m lange Rohrleitung mit einem Durchmesser von 5 cm läuft horizontal vom Grund des Tanks zum Keller eines Hauses. Wieviel beträgt die Flußrate durch die Leitung, wenn die Flüssigkeit keine Viskosität hätte? Wie groß ist die Flußrate unter Annahme einer Viskosität von 0,06 Pa·s und eines laminaren Flusses? Wie groß ist die Reynolds-Zahl für diesen Fluß? Wie tief müßte die Flüssigkeit im Tank stehen, um einen turbulenten Fluß zu verursachen?

Beschreiben Sie das Prinzip, warum ein Flugzeug fliegt.

Ein Flugzeug der Masse 25 t und einer gesamten Oberfläche der Tragflächen von 120 m^3 befindet sich im Flug. Wie groß muß der Druckunterschied zwischen der Unter- und Oberseite der Tragflächen sein, damit das Flugzeug in der Luft gehalten wird?

Aufgaben zu Kapitel 4:

Eine Feder mit der Federkonstanten 50 N/m besitzt im ungedehnten Zustand eine Länge von 20 cm. Welche Arbeit muß aufgebracht werden, um die Feder auf 30 cm zu dehnen?

Ein Klotz der Masse 8 kg gleitet mit einer Anfangsgeschwindigkeit von 1,6 m/s in eine entspannte Feder mit der Federkonstanten 74 N/m. Wie weit wird die Feder zusammengedrückt? Welche Zeit ist der Klotz in Kontakt mit der Feder, bevor die Feder in die entgegengesetzte Seite zurückspringt? Wie lang ist diese Zeit, wenn der Klotz eine Anfangsgeschwindigkeit von nur 0,37 m/s hatte?

Das Pendel einer Wanduhr macht in 2 Minuten 150 Schwingungen. Wie lang ist dieses Pendel? Wieviel Schwingungen macht das Pendel an einem Tag, wieviel in einem Jahr?

Zwei Pendel verschiedener Länge, deren Periodendauer sich wie 19:20 verhalten, beginnen ihre Schwingungen gleichzeitig aus der Ruhelage. Nach 15 s hat das erste Pendel 3 Schwingungen mehr ausgeführt als das zweite. Welche Frequenzen und Periodendauer haben die Pendel?

In einer Wellenwanne werden mit einer Schiene als Erreger geradlinige Wellenfronten der Frequenz 25 Hz erzeugt. Befindet sich Wasser in der Wellenwanne, werden für 10 Wellenlängen 39 cm gemessen. Bei Alkohol werden für 10 Wellenlängen 30 cm gemessen. Bestimmen Sie die Wellengeschwindigkeit in den beiden Flüssigkeiten.

Eine Masse von 60 g, die an einer masselosen Feder von der Zimmerdecke hängt, schwingt um die Gleichgewichtsposition gemäß $y(t) = 1{,}2 \cdot \sin(3{,}1415 \cdot t)$. Wie groß ist die Federkonstante? Wieviel beträgt die Gesamtenergie von Masse und Feder? Wie groß ist die maximale kinetische Energie der Masse? Wieviel beträgt die größte Geschwindigkeit der Masse?

Wieviel Zeit verstreicht, bis die Auslenkung einer Sinusschwingung von $f = 54$ Hz und der Amplitude 8 cm von 3 cm auf 7 cm anwächst?

Wasserwellen der Länge 1,5 cm laufen gegen einen Spalt der Breite b. Die hinter dem Spalt entstehenden Elementarwellen überlagern sich und bilden unter einem Winkel von 30° gegen die Einfallsrichtung das erste Minimum. Wie breit ist der Spalt?

In einem an einem Ende eingespannten Kupferstab der Länge 1,85 m hat sich eine stehende Welle mit 6 Knoten und der Frequenz 6000 Hz gebildet. Bestimmen Sie daraus die Wellengeschwindigkeit in Kupfer.

Ein Pendel hat eine Periode von 1,9 s. Die Masse wird nun verdoppelt. Wieviel beträgt jetzt die Periode? Die Länge wird statt dessen verdoppelt. Geben Sie die Periode in diesem Fall an! Das ursprüngliche Pendel wird auf einen Planeten gebracht, wo $g = 16$ m/s2 ist. Wie groß ist die Periode des Pendels auf diesem Planeten?

Eine stehende Welle besitzt die Wellenlänge 6 cm. Bestimmen Sie die Anzahl der Knoten der stehenden Welle, wenn die Seillänge 30 cm beträgt und die stehende Welle durch eine Reflexion am festen Ende bzw. am losen Ende entstand.

Die Schallgeschwindigkeit in Luft beträgt unter normalen Bedingungen 331 m/s. Bestimmen Sie die Wellenlängen für die Musiktöne c (262 Hz), f (349 Hz) und a (440 Hz).

Ein Seil wird zwischen zwei Haken an einer Wand gespannt, die 1,2 m voneinander entfernt sind. Das Seil schwingt resonant mit 450 Hz in einer stehenden Welle, die zwei Knoten zwischen den Enden aufweist. Wie gorß ist die Wellenlänge in Metern? Die Seilspannung wird nun vervierfacht. Mit welcher Frequenz schwingt jetzt das Seil, wenn die stehende Welle wie oben beschrieben zwei Knoten aufweist?

Die Wellen auf einem Ozean bewegen sich mit 24 m/s in einer Richtung. Der Abstand zwischen 2 Wellenkämmen beträgt 8 m. In welchem zeitlichen Abstand laufen die Wellen gegen den Strand des Meeres?

Eine Platte der Masse 850 g wird von vier Federn unterstützt. Ein Klumpen Ton von 0,6 kg wird so auf die Platte gelegt, das er die Platte mit einer Geschwindigkeit von 0,8 m/s berührt. Der Tonklumpen klebt nun fest auf der Platte, die auf und ab schwingt. Schließlich kommt die Platte 6 cm unter der Ausgangshöhe zur Ruhe. Wie groß ist die (effektive) Federkonstante aller vier Federn? Mit welcher Amplitude schwingt die Platte unmittelbar nach dem Auftreffen des Tonklumpens auf der Platte?

Eine Stahlkugel der Masse 1 kg hängt von einer masselosen Feder herab. Die Kugel wird 10 cm nach unten aus ihrer Gleichgewichtslage gezogen, wobei die Rückhaltekraft 0,5 N beträgt. Nun wird die Kugel losgelassen. Wieviel beträgt die Federkonstante? Wie groß ist die Schwingungsfrequenz? Wieviel beträgt die Geschwindigkeit der Masse 0,5 s nachdem die Kugel losgelassen wurde? Welche potentielle Energie hat die Masse zu diesem Zeitpunkt?

Ein Stein der Masse 100 g wird von einem Jungen an einem Gummiband im Kreis herum geschleudert, so daß er pro Sekunde einmal den Kopf des Jungen umrundet. Um das Gummiband um einen Zentimeter zu dehnen, benötigt man 0,5 N. Um wieviel wird das Band durch die Rotation gestreckt, wenn die ursprüngliche Länge 1 m betrug? Wieviel Energie muß aufgebracht werden, um den Stein aufzuheben, ihn um 2 m zu heben und ihn auf die angegebene Rotationsfrequenz zu beschleunigen? (Die Masse des Bandes soll vernachlässigt werden.)

Ein Eisenblock von 1 kg hängt von einer Feder (Federkonstante 130 N/m) in einen mit Wasser gefüllten Behälter. Der Behälter ist mit 10 l Wasser gefüllt, das den Block vollständig bedeckt. Der Block wird um 10 cm aus der Gleichgewichtslage bewegt und dann losgelassen. Wieviel Energie wurde in der Zeit freigesetzt, in der Masse zur Ruhe gekommen ist? Wie groß ist die Masse des Wasser im Behälter? Um wieviel Grad steigt die Temperatur von Block und Wasser in dieser Zeit an, wenn beide thermisch von der Umgebung isoliert sind? (Wärmekapazitäten: Wasser c = 4,186 kJ/kg K; Eisen c = 448 J/kg K.)

Eine alte Uhr geht pro Stunde um eine Minute nach. Nahezu das gesamte Gewicht des Pendels befindet sich in der Pendelmasse, die 12 cm von der Pendelachse entfernt ist. Die Ungenauigkeit der Uhr kann durch Veränderung der Pendellänge korrigiert werden. Um wieviel cm und in welche Richtung muß die Pendelmasse verschoben werden? Die (nun exakt funktionierende) Uhr wird von Umgebungstemperatur (20°C) in einen Kühlraum (–10°C) gebracht. Um wieviel Sekunden geht die Uhr an einem Tag nach, wenn das Pendel komplett aus Eisen besteht? (Der lineare Wärmeausdehnungs-Koeffizient von Eisen beträgt $\alpha = 11 \times 10^{-6}$ /K.)

Ein Strick der Länge 5 m wiegt 10 kg. Eine Seilwelle läuft entlang des Stricks. Wie groß ist die Geschwindigkeit der Welle, wenn die Seilspannung 200 N beträgt?

Zwei identische Seile sind zwischen denselben Pfosten gespannt. Wie groß ist das Verhältnis der Seilspannungen beider Seile, wenn die Fundamentalschwingung des ersten Seils doppelt so groß ist, wie die des zweiten?

Sie befinden sich exakt zwischen zwei Lautsprechern, die beide den gleichen Ton derselben Intensität abgeben. Wenn Sie in Richtung eines Lautsprechers gehen, wird das Signal leiser und verschwindet nach 0,5 m Wegstrecke. Wie groß ist die Frequenz des Tons, wenn die Schallgeschwindigkeit mit 331 m/s angenommen wird?

Ein Pendel hängt von einer Zimmerdecke und schwingt harmonisch. Wie groß ist die Pendellänge, wenn die Periode 5 s an einem Punkt mit $g = 9{,}8$ m/s^2 beträgt? Wie groß ist die Periode auf einem Planeten, auf dem die Gravitation 5,5mal so groß wie auf der Erde ist?

Ein Auto besitzt eine Eigenfrequenz von 1,2 Hz. Die Fahrbahn hat im Abstand von 15 m tiefe Querfugen (alte Autobahnabschnitte). Berechnen Sie, bei welcher Geschwindigkeit die Stoßdämpfer das Autos besonders beansprucht werden. Wie nennt man diese Erscheinung?

Die zwei Pufferfedern eines Eisenbahnwagens (10 t Masse) werden um je 10 cm eingedrückt, wenn dieser mit der Geschwindigkeit 1 ms^{-1} auf ein festes Hindernis prallt. Wie groß ist die Federkonstante einer jeden Feder?

Aufgaben zu Kapitel 5:

Wieviel Wasser von 85°C und wieviel Wasser von 15°C sind zu mischen, damit man 200 l Wasser von 50°C erhält?

Der Kessel einer Heißwasseranlage enthält 100 l Wasser. Berechnen Sie die Wärme, die erforderlich ist, um diese Wassermenge von 20°C auf 82°C zu erwärmen!

Der Mast eines Mobilfunk-Senders ist 41 m hoch und besteht aus Stahlbeton. Der lineare Wärmeausdehnungs-Koeffizient von Stahlbeton sei $\alpha = 12 \times 10^{-6}$ K^{-1}. Wie groß ist der Höhenunterschied zwischen einer kalten Winternacht bei -15°C und einem Hochsommertag von 34°C?

Der Tank eines Autos mit einer Kapazität von 50 Litern wird an der Tankstelle randvoll mit Benzin der Temperatur 10°C gefüllt. Das Auto wird danach mehrere Stunden in der prallen Sonne geparkt, bis das Benzin eine Temperatur von 50°C hat. Wieviel Benzin (in Litern) läuft aus dem Tank? Der Volumenausdehnungskoeffizient von Benzin ist 940×10^{-6} K^{-1}. (Die Wärmeausdehnung des Tanks soll vernachlässigt werden.)

Ein Zylinder eines Kolbens mit einem Querschnitt von 0,05 m^2 wird von einem Stempel dicht verschlossen. Der Zylinder besitzt ein Ausgangsvolumen von 25 l und wird dann mit einem idealen Gas der Temperatur 20°C und 1 atm Druck gefüllt. Wieviele Gasmoleküle befinden sich im Zylinder? Der Kolben wird auf ein Volumen von 5 l zusammengepreßt, wobei der Druck im Kolben auf 4 atm ansteigt. Was ist nun die Temperatur des Gases?

Zum Antrieb einer Rakete wird ein geschlossener Aluminiumtank mit komprimiertem Sauerstoff auf dem Flug zum Saturn mitgeführt. Der Gastank hat ein Volumen von 10 m^3 und wurde bei 273 K bis auf einen Druck von 200 atm aufgefüllt. Die maximal zulässige Druckbelastung des Tanks beträgt 1.000 atm. Welche Temperatur darf der Tank (und das Gas) höchstens haben, damit die Belastungsgrenze nicht überschritten wird, vorausgesetzt, Sauerstoff wäre ein ideales Gas? Wie groß ist die mittlere Geschwindigkeit der Sauerstoffmoleküle im Tank bei dieser Maximaltemperatur? Nach einem Teil des Fluges wird ein Teil des Tanks in einen anderen, teilweise gefüllten Tank von 10 m^3 Volumen umgepumpt, der bereits unter einem Druck von 2 atm bei 300 K stand. Wie groß ist der Druck nach dem Umfüllen bei 300 K?

Eine Spritze von 20 ml Volumen liegt nach Benutzung leer in einem Raum bei 20°C und einem Druck von 100.000 Pa. Die Luft sei als ideales Gas aufzufassen, welches aus 80 % Stickstoff (N_2) und 20 % Sauerstoff (O_2) besteht. Wie groß ist der Druck, der von den Sauerstoffmolekülen auf die Wand der Spritze ausgeübt wird? Wie viele Sauerstoffmoleküle befinden sich in der Spritze? Was beträgt die mittlere Geschwindigkeit der O_2-Moleküle? (Das Gewicht von O_2 sei

32 g/mol.) Zur Desinfektion wird die Spritze auf 200°C aufgeheizt. Volumen, Druck und Luftzusammensetzung bleiben gleich. Um wieviel Prozent nimmt die mittlere Geschwindigkeit der O_2-Moleküle zu und deren Anzahl in der Spritze ab?

Eine (sinnvolle?) Praktikumsaufgabe: Die Länge einer Autobahnbrücke soll mit einem Kupfer-Metermaß ausgemessen werden. Bei 0°C werden vom Studenten 653 m gemessen. Um wieviel Meter ändert sich die Messung bei 20°C? (Der Wärmeausdehungskoeffizient von Beton beträgt 12×10^{-6} K^{-1} und der von Kupfer 17×10^{-6} K^{-1}.)

Ein Manometer besteht aus einem U-förmig gebogenen Glasrohr, das eine Öffnungsfläche von 3 cm^2 an beiden Enden aufweist. Das Manometer wird mit einem halben Liter Wasser von 20 °C aufgefüllt. Wie groß ist die Änderung des Wasserstands, wenn das Wasser auf 40°C aufgeheizt wird? Wie groß ist die Dichte des erwärmten Wassers? (Volumenausdehnungs-Koeffizient von Wasser: 2×10^{-4} K^{-1}). Das Wasser habe eine Temperatur von 20°C. Nun wird Öl der Dichte 400 kg/m^3 auf das Wasser in einer Hälfte des Manometers gegossen bis der Flüssigkeitsstand im Manometer einen Höhenunterschied von 9 cm anzeigt. Wie groß ist das Volumen des Öls?

Ein Heißluftballon hat eine Masse von 200 kg ohne die eingeschlossene Luft. Die Tuchfläche des Ballons hat eine Oberfläche von 830 m^2 und das Volumen des Ballons beträgt $2{,}2 \times 10^3$ m^3. Zum Aufsteigen wird die Luft im Ballon mit einem Brenner erhitzt. Der Luftdruck im Innern und außerhalb des Ballons betrage 1 atm bei einer Außentemperatur von 17°C. Wieviel Mol Luft befinden sich bei dieser Temperatur im Ballon, wenn Luft als ideales Gas aufgefaßt wird? Welcher Temperaturunterschied zwischen dem Innern des Ballons und außerhalb muß erreicht werden, damit der Ballon steigt? (Die molare Masse von Luft beträgt 28,8 g/mol.)

Das Ungeheuer von Loch Ness schwimmt 10 m unterhalb der Oberfläche des Wassers und läßt eine Luftblase entweichen. Die runde Blase ist mit 0,01 Mol Sauerstoff gefüllt. Die Temperatur im Wasser beträgt 19°C. Wie groß ist das Volumen der Blase (Sauerstoff wird als ideales Gas betrachtet)? Wie groß ist der Auftrieb der Blase? Nach einer kurzen Strecke ist die Aufstiegsgeschwindigkeit der Blase konstant. Wie groß ist die Geschwindigkeit, mit der die Blase aufsteigt, wenn die Viskosität des Wassers 0,001 Pa s beträgt?

In einem geschlossenen Behälter befindet sich Luft von 15 °C und 0,11 MPa. Durch Wärmezufuhr steigt der Druck auf 0,4 MPa. ($c = 0{,}718$ kJ $kg^{-1}K^{-1}$.) Skizzieren Sie den Prozeß im p-V-Diagramm. Auf welche Temperatur wird die

Luft im Kessel erwärmt? Welche Wärme wird je kg Luft zugeführt?

Luft mit einem Volumen von 0,5 m^3 hat die Temperatur 20 °C und einen Druck 0,1 MPa. Welche Arbeit in kJ wird verrichtet, wenn bei gleichbleibendem Druck die Temperatur auf 150 °C erhöht wird? Stellen Sie diesen Vorgang in einem p-V-Diagramm dar.

Bei welcher Temperatur in °C nimmt ein Gas unter konstantem Druck das doppelte Volumen ein, wenn das Gas eine Anfangstemperatur von 15 °C hat?

In einem Ottomotor mit 1600 cm^3 Volumen wird ein Benzin-Luft-Gemisch auf den 100. Teil des ursprünglichen Volumens verdichtet und dann gezündet. Die Verbrennungstemperatur beträgt 600°C. Die Abgase kühlen bei der darauf folgenden Expansion auf 80°C ab und gelangen zum Auspuff. Welcher maximale Wirkungsgrad ist bei diesem Motor möglich?

In einem Kinderplanschbecken befinden sich 200 Liter Wasser von 25°C. Um die Temperatur abzusenken, werden solange Eiswürfel (0°C, Masse je 30 g) in das Becken geworfen, bis die Temperatur des Wassers 16°C beträgt. Wieviel Würfel sind dafür erforderlich gewesen?

Eine 10 cm dicke Eisschicht auf einem See wird durch Sonneneinstrahlung geschmolzen. Die an einem sonnigen Frühlingstag einfallende Sonnenenergie beträgt 4 kWh/m^2. Davon werden 20% von der Eisschicht absorbiert, der Rest wird zurückgestrahlt. Wie viele Sonnentage sind erforderlich, um das Eis zu schmelzen? (Dichte von Eis 900 kg/m^3)

Ein Eisenbahnzug aus 40 Waggons hat die Masse 2.500 t. Er wird von der Geschwindigkeit 72 km/h bis zum Stillstand abgebremst. Jeder Waggon hat vier Räder und der Bremsmechanismus aus Stahl an jedem Rad hat eine Masse von 20 kg. Berechnen Sie die Temperaturerhöhung der Bremsteile, wenn angenommen wird, das beim Vorgang des Bremsens keine Wärme an die Umgebung übertragen wird.

Ein Zinkstab hat einen Querschnitt von 1,5 cm^2. Ihm wird Wärme vom Betrag 30 kJ zugeführt. Berechnen Sie die Längenänderung des Stabes.

In einem Gefäß befindet sich eine Mischung aus 50 g Eis und 1,00 kg Wasser mit der Temperatur 0,0 °C. Mittels eines Tauchsieders, dessen Leistung 500 W beträgt, wird Wärme so zugeführt, daß Wasser mit der Temperatur 20 °C entsteht. Wie lange dauert dieser Vorgang, wenn 80 % der elektrischen Energie in Wärme umgesetzt werden und der Einfluß des Gefäßes vernachlässigt werden kann?

In einem Behälter mit 80 l Wasser der Temperatur 25 °C soll soviel heißes Wasser der Temperatur 100°C gegossen werden, daß eine Mischungstemperatur von 36 °C entsteht. Die vom Gefäß aufgenommene Wärme wird vernachlässigt.

6,2 kg Aluminium der Temperatur 85 °C werden in einem Stahlbehälter der Masse 1 kg gebracht, der mit 8 l Wasser gefüllt ist. Wasser und Behälter haben vor dem Eintauchen eine Temperatur von 15 °C. Welche Mischungstemperatur stellt sich ein, wenn keine Wärme an die Umgebung abgegeben wird?

In einem Carnotprozeß mit dem Wirkungsgrad 0,6 wird bei 900 K je Zyklus die Wärmemenge 2000 J zugeführt. Welche Wärmemenge wird abgeführt und bei welcher Temperatur geschieht dies?

Welche Anfangstemperatur hat eine glühende Kupferkugel von der Masse 63 g, die, in 300 g Wasser von 18 °C geworfen, dieses auf 37 °C erwärmt?

Ein Kolbenzylinder ist mit einem idealen Gase gefüllt. Die Gastemperatur wird bei 500 K gehalten. Der Zylinder wird durch einen Ofen geheizt, der über eine im Querschnitt quadratische Metallstange der Kantenlänge 2,5 cm und der Länge 2 m mit dem Zylinder verbunden ist. Wie groß ist die thermische Leitfähigkeit des Metalls, wenn der Wärmefluß durch die Stange 17 W beträgt und der Ofen bei einer Temperatur von 1.300 K betrieben wird? Um die Kolbentemperatur aufrecht zu erhalten, sei ein Wärmefluß von 50 W notwendig. Auf welche Temperatur muß der Ofen gebracht werden, wenn die gleiche Stange zum Wärmetransport verwendet werden soll?

Der Reaktor eines Kernkraftwerks wird bei einer Temperatur von 5.000 K betrieben. Die Temperatur in den Kühltürme beträgt 300 K. Das Kraftwerk produziert 1,21 GW Energie und läuft bei maximaler Effizienz. Wie groß ist der Wirkungsgrad des Kraftwerks? Wie groß ist der Wärmefluß aus dem Reaktor pro Sekunde? Bestimmen Sie die Änderung der Entropie im Innern des Reaktors pro Sekunde! Wieviel Wasser werden pro Sekunde in den Kühltürmen verdampft? (Die spezifische Verdampfungswärme von Wasser beträgt 2.257 kJ/kg.)

Luft mit einem Volumen von 0,5 m^3 hat die Temperatur 20 °C und einen Druck 0,1 MPa. Welche Arbeit in kJ wird verrichtet, wenn bei gleichbleibendem Druck die Temperatur auf 150 °C erhöht wird? Stellen Sie diesen Vorgang in einem p-V-Diagramm dar.

Welche Wärme ist notwendig, um 400 ml Wasser auf einem Spirituskocher von 20°C auf 95°C zu erwärmen? In dem Kocher befinden sich noch 10 ml Spiritus. Reicht diese Menge zum Erwärmen des Wassers aus? (Der Heizwert von Spiritus beträgt 32 MJ/l.)

In einem aufrecht stehenden Zylinder mit einem reibungsfrei beweglichen und dicht schließenden Kolben (Masse 0,5 kg, Querschnitt 40 cm^2) befindet sich Luft. Diese wird vereinfacht als ideales Gas aufgefaßt. Bei dem Außendruck 1013 hPa und der Temperatur 10°C steht der Kolben zunächst in der Höhe h_1 = 49,6 cm. Durch Zufuhr der Wärme 126 J erhöht sich die Temperatur auf 60°C; gleichzeitig steigt der Kolben bis zur Höhe h_2. Berechnen Sie den Druck im Inneren des Zylinders; die Masse der eingeschlossenen Luft und die Höhe h_2.

Ein Kilogramm Wasser sollen in 5 m zu Eis gefroren werden. Die Temperatur im Kühlschrank sei 273 K, außerhalb 350 K. Der Kühlschrank arbeite mit maximalem Wirkungsgrad (Die spezifische Schmelzwärme von Wasser beträgt 334 kJ/kg.) Die Anfangstemperatur des Wassers beträgt 273 K. Wie groß ist der Wärmefluß aus dem Kühlelement pro Sekunde? Wieviel beträgt die Änderung der Entropie des Wassers pro Sekunde? Wie groß ist der Wärmefluß in den Hitzeschild pro Sekunde und wieviel Leistung muß aufgebracht werden, um den Kühlschrank zu betreiben?

Die Erde hat eine Oberflächentemperatur von ungefähr 270 K und ein Emissionsvermögen von 0,8. Die Temperatur im All beträgt knapp 2 K. Verwenden Sie die Beziehung $P = 5{,}67\times10^{-8}$ W/K^4 $m^2 \cdot A \cdot \exp(T^4 - T_0{}^4)$ (Stefan-Boltzmann-Gesetz) um die folgenden Fragen zu beantworten: Welche Energie wird im Mittel von der Erdoberfläche ins All abgegeben? Wieviel Energie muß die Erde im thermischen Gleichgewicht absorbieren? Wie groß ist die Oberflächentemperatur der Sonne, wenn die von der Erde absorbierte Energie nur 1/10 der gesamten Strahlungsenergie der Sonne in den Weltraum ausmacht und die Sonne als Schwarzer Strahler angenommen wird? (Der Erdradius beträgt 6,38 × 10^6 m, der Radius der Sonne ist 7 × 10^8 m.)

Ein Zylinderkolben mit einem frei beweglichen Kolben und einem Querschnitt von 0,2 m^2 wird in einem Labor mit Gas gefüllt. Der Kolben wird mit einer Gewichtskraft von 10.000 N verbunden. Das Gas im Zylinder hat zunächst eine Temperatur von 300 K und wird dann auf 400 K erwärmt. Die Wärmekapazität des Gases bei konstantem Druck sei 500 J/K. Um wieviel ändert sich die Innere Energie des Gases im Zylinder, wenn der Kolben aufgrund der Erwärmung des Gases um 20 cm herausgedrückt wird?

Ein Skifahrer der Masse 85 kg fährt einen verschneiten Hang hinab und erreicht eine Geschwindigkeit von 50 m/s. Dann bremst er ab, bis er zum Stillstand kommt. Wieviel Wärme wurde von seinen Skiern an den Schnee übertragen?

Ein Metallklotz von 200 g wird bei 100°C in ein Kalorimeter gelegt, das 400 g Wasser von 20°C enthält. Die Endtemperatur des Wasser ist 28°C. Wie groß ist die spezifische Wärme des Metalls, wenn die Wärme des Kalorimeters vernachlässigt wird?

Ebenfalls aus dieser Reihe lieferbar:

Für Studierende der Physik sowie der Naturwissenschaften, Pharmazie und Medizin:

Günter Staudt

Experimentalphysik

Teil 2: Elektrodynamik und Optik

8., durchgesehene Auflage
326 Seiten, 86 Abbildungen
ISBN 3-527-40361-2

Der zweite Teil aus der vorliegenden Reihe zur Experimentalphysik enthält die Themengebiete:

Elektrizität
Magnetismus
Optik
Strahlung

und Übungsaufgaben zu allen Kapiteln